Von der Finsternis zum Licht im Gleichnis der Relativitätstheorie

Jürgen Götzen

**Von der Finsternis zum Licht
im Gleichnis der Relativitätstheorie**
Jürgen Götzen

Version: 1.4.2022

© BOAS media e.V.
www.boasmedia.de

ISBN: 978-3-942258-70-8

Lektorat: Gabriele Pässler, www.g-paessler.de

Die Rechtschreibung ist in den Zitaten
z. T. der neuen Rechtschreibung angepasst.
Die Hervorhebung ist in den Zitaten hinzugefügt.

Abbildungen und Tabellen: Johannes Weiss; www.grafik-design.ch
Urheberrechte der Grafiken soweit bekannt sind angegeben,
falls nicht bitte beim Verlag oder Autor melden.
Coverbild, Fotos (Abb. 3; 79a; 79b): AdobeStock

Von der Finsternis zum Licht
im Gleichnis
der Relativitätstheorie

Jürgen Götzen

Vorwort

Um geistliche Wahrheiten zu illustrieren, gebrauchte Jesus in seinem irdischen Dienst immer wieder Beispiele aus seiner Schöpfung – unvergesslich, wie er seine Jünger in der Bergpredigt darauf hinweist, wie wunderbar Gott die Lilien auf dem Felde kleidet und dass wir uns deshalb um unsere Kleidung keine Sorgen machen müssen. Oder er verglich das Herz des Menschen mit einem Baum, dessen Zustand man an seinen Früchten erkennen kann. Diese Bildsprache war für die Zuhörer nicht nur verständlich und einprägsam, sie hatte auch den Vorteil, dass der Anblick von Lilien oder Bäumen sie im Alltag immer wieder neu an diese geistlichen Wahrheiten erinnerte.

Auch die Autoren der Weisheitsliteratur und der prophetischen Bücher im Alten Testament (AT) verdeutlichten ihre Botschaft oft mit kraftvollen Vergleichen aus der Natur. Ein Satz wie „Geh hin zur Ameise, du Fauler, sieh ihre Wege an und werde weise!" – wem würde er sich nicht sofort einprägen? Oder wer erinnerte sich nicht an diesen Vergleich aus dem Buch der Psalmen: „Wie ein Hirsch schreit nach frischem Wasser, so schreit meine Seele, Gott, zu dir"? So wurde die Botschaft dieser Verse den Lesern in ihrem Innern lebendig und prägte sich ihnen tief ein. Ohne solche Illustrationen wirken Texte schnell sperrig, trocken und monoton.

Es freut mich sehr, dass Jürgen Götzen mit dem vorliegenden Buch diese wertvolle Tradition aufgreift und weiterführt anhand von Entdeckungen in der Relativitätstheorie. Viele mag es auf den ersten Blick überraschen, dass Ergebnisse der modernen Wissenschaft geeignet sind, um jahrtausendealte Wahrheiten zu illustrieren – als die Autoren der Bibel ihre Texte niederschrieben, waren Phänomene wie eine absolute Lichtgeschwindigkeit, verlangsamte Uhren oder gekrümmte Räume noch kein Thema. Diese Konzepte entwickelten sich auf Grundlage neuer Entdeckungen erst gegen Ende des neunzehnten und zu Beginn des zwanzigsten Jahrhunderts.

Für überzeugte Christen lässt sich die Nützlichkeit moderner Erkenntnisse zur Illustration viel älterer Wahrheiten jedoch einfach erklären: Gemäß christlichem Verständnis sind sowohl die Naturgesetze als auch die Bibel auf denselben Urheber zurückzuführen, ein und derselbe Gott hat sowohl die Funktionsweise des Kosmos festgelegt als auch die Autoren der Bibel zu ihrer Botschaft inspiriert. Deshalb ist es nicht erstaunlich, dass die Schöpfung passende Vergleiche liefert, um geistliche Erkenntnisse zu illustrieren. Gott ist der Urgrund allen Seins; bei ihm laufen, bildlich gesprochen, alle Fäden zusammen.

Um die von Herrn Götzen beschriebenen eindrücklichen Parallelen von Relativitätstheorie und christlichem Glauben zu entdecken, ist es gut, wenn sie eine Neugierde für naturwissenschaftliche Fragen mitbringen. Falls Sie schon immer wissen wollten, wie Einstein unser Wissen über die Natur verändert hat: Diese Frage wir Ihnen im vorliegenden Buch gut verständlich beantwortet. Wie Sie feststellen werden, lassen sich die entscheidenden physikalischen Einsichten gut verstehen, auch ohne das an Universitäten gelehrte mathematische Vorgehen. Deshalb benötigen Sie für dieses Buch auch keine einschlägigen Vorkenntnisse; Herr Götzen vermittelt die notwendigen Kenntnisse zur Relativitätstheorie schrittweise und anschaulich – dank vieler Illustrationen und Erklärungen.

Licht war das erste Werk, das Gott laut dem Schöpfungsbericht im ersten Buch Mose durch sein Wort ins Dasein rief; später bezeichnete Jesus sich als das Licht der Welt. Auch in der Speziellen Relativitätstheorie steht Licht ganz im Zentrum. Wie Sie sehen werden, ist Licht deshalb eine ausgezeichnete Quelle für vielfältige und eindrückliche Illustrationen geistlicher Wahrheiten. Mit Recht kann das vorliegende Buch auch als ein Buch über das Licht bezeichnet werden. Bei der Lektüre wünsche ich Ihnen viele faszinierende Begegnungen mit diesem Licht und hoffe, dass dieses auch Sie zu neuem Leben führt.

Stuttgart, im Dezember 2021

Dr. Peter Trüb
Wort und Wissen

Inhaltsverzeichnis

1 Aufbruch vom Relativen zum Licht — 16

1.1 Einleitung — 16

1.2 Die Relativität der Geschwindigkeiten in der materiellen Welt (Weltbild der Mechanik) — 18

- 1.2.1 Die Relativität der Geschwindigkeiten in der Mechanik, illustriert an der Rolltreppe 18
- 1.2.2 Die Relativität der Geschwindigkeiten als Gleichnis................. 21
- 1.2.3 Die Relativität der Geschwindigkeit von Wellen, die an ein *Medium (an Masse) gebunden sind................. 23
- 1.2.3.1 > Geschwindigkeiten von Wasserwellen sind relativ — 23
- 1.2.3.2 > Geschwindigkeiten von Schallwellen sind relativ — 26
- 1.2.4 An Masse gebundene Wellen als Gleichnis................. 26
- 1.2.4.1 Relativität von Weltanschauungen und Glaubenssystemen — 27
- 1.2.4.2 Relativität in Gesellschaft und Kultur (Kulturrelativismus) — 28
- 1.2.4.3 Relative Ergebnisse und Denkweisen in Philosophie und Zeitgeist 28

1.3 Was ist in der Mechanik absolut? — 30

- 1.3.1 Das Galilei-Newton'sche *Relativitätsprinzip: Die Gesetze der Mechanik gelten im gesamten Kosmos 30
- 1.3.1.1 Das erste Newton'sche Gesetz, auch als Gleichnis: Trägheit — 31
- 1.3.1.2 Das zweite Newton'sche Gesetz, auch als Gleichnis: Kraft bewirkt Veränderung — 32
- 1.3.1.3 Das dritte Newton'sche Gesetz, auch als Gleichnis: Druck und Gegendruck — 34
- 1.3.2 Der Begriff „*Relativitätsprinzip" als Bezeichnung für die absolute Gültigkeit der Gesetze der Mechanik 35
- 1.3.3 Die drei Grundgrößen der Mechanik................. 36
- 1.3.3.1 Raum und Zeit sind laut Newton und in unserer menschlichen Intuition absolut — 37
- 1.3.3.2 Masse ist in der Naturphilosophie (18./19. Jh.) und in unserer menschlichen Intuition absolut — 38
- 1.3.4 Das Weltbild der Mechanik als Gleichnis................. 38

1.3.4.1	Die Verabsolutierung des mechanistischen Weltbildes	38
1.3.4.2	Gibt es eine Alternative dazu?	40
1.4	**Elektrodynamik und das Licht**	**43**
1.4.1	Elektrostatische und magnetostatische Felder sind nicht an ein Medium gebunden	43
1.4.1.1	**> Elektrostatische Felder sind nicht an ein Medium (und damit nicht an Masse) gebunden**	43
1.4.1.2	**> Magnetostatische Felder sind nicht an ein Medium gebunden (und damit nicht an Masse)**	44
1.4.2	Die Alternative zum mechanistischen Weltbild, als Gleichnis betrachtet, führt zu Fragen an die Physik	45
1.4.3	Der Zusammenhang elektrischer und magnetischer Felder	46
1.4.3.1	**> Ein sich änderndes elektrisches Feld erzeugt ein Magnetfeld**	46
1.4.3.2	**> Ein sich änderndes Magnetfeld erzeugt ein elektrisches Feld**	49
1.4.4	Elektromagnetische Wellen (Licht) und die vier Maxwell-Gleichungen	50
1.4.5	Bewertung der Religionen und Glaubensüberzeugungen im Gleichnis der Elektrodynamik	57

2	**Absolutes Licht und das *Relativitätsprinzip als Grundlage der Relativitätstheorie**	**60**
2.1	**Gedankenexperiment: Auf einer elektromagnetischen Welle stehen**	**60**
2.1.1	Erste Möglichkeit: Die Lichtgeschwindigkeit ist relativ – auch als Gleichnis betrachtet	62
2.1.1.1	**Die Vorstellungen der Mehrheit der Physiker damals**	**62**
2.1.1.2	**Im Gleichnis: Die Vorstellungen der Mehrheit**	**64**
2.1.2	Zweite Möglichkeit: Die Lichtgeschwindigkeit ist absolut – auch als Gleichnis betrachtet	65
2.1.2.1	**Die Vorstellungen von Einstein damals**	**65**
2.1.2.2	**Im Gleichnis: Die Aussage der Bibel im Gegensatz zur Mehrheit**	**66**
2.1.3	Sind die Gesetze der Physik in allen *Bezugssystemen gleichermaßen gültig?	67

2.2		**Die beiden *Postulate der Relativitätstheorie**	**68**
2.2.1		Das Gedankenexperiment führt zu zwei *Postulaten	68
2.2.1.1		**Das R-Postulat**	**68**
2.2.1.2		**Das L-Postulat**	**70**
2.2.2		Die beiden *Postulate in der Zusammenschau	71
2.3		**Die beiden *Postulate als Gleichnis betrachtet**	**73**
2.3.1		Die absolute Lichtgeschwindigkeit als Gleichnis: Gott ist Licht.	73
2.3.2		Das *Relativitätsprinzip als Gleichnis: Der „rote Faden" der Bibel.	78
2.4		**Experimentelle Belege für die absolute Lichtgeschwindigkeit**	**80**
2.4.1		Die Bestätigung beider *Postulate durch das Experiment mit Lichtgeschwindigkeit.	80
2.4.2		Das Michelson-Morley-Experiment bestätigt das *L-Postulat (und damit beide *Postulate)	82
2.4.2.1		**Grundidee von Michelson nach Maxwell: Vergleich unterschiedlich bewegter Lichtquellen**	**83**
2.4.2.2		**Messgenauigkeit durch Verstärken/Auslöschen von Wellentälern/Wellenbergen (Interferometrie)**	**84**
2.4.2.3		**Durchführung und Ergebnis des Michelson-Morley-Experiments**	**86**
2.4.3		Analoge Experimente mit Sternlicht bestätigen das *L-Postulat (und damit beide *Postulate)	88
2.4.3.1		**Die Erde bewegt sich in Richtung also vom Stern weg**	**88**
2.4.3.2		**Licht vom Doppelsternsystem, das sich von der Erde weg- und zur Erde hinbewegt**	**89**
2.4.3.3		**Weitere Experimente bestätigen das Ergebnis**	**90**
2.5		**Die experimentellen Fakten als Gleichnis gedeutet**	**91**
2.5.1		Die absolute Lichtgeschwindigkeit als Gleichnis in den Augen des Zeitgeistes (Postmoderne)	91
2.5.2		Das Michelson-Morley-Experiment als Gleichnis für die historischen Fakten der Bibel	95
2.5.2.1		**Die Fakten zur Textüberlieferung und Historizität der Bibel**	**96**
2.5.2.2		**Die Fakten zu Vorhersagen (Prophetie)**	

2.5.2.2.1	und zur Auferstehung Jesu	99
2.5.2.2.1	*Die Fakten zu Vorhersagen (Prophetie)*	*99*
2.5.2.2.2	*Die Fakten zur Auferstehung Jesu*	*104*

3 Die relativierte Welt als Folge des absoluten Lichts — 108

3.1	**Übersicht über die relativierte Welt mit Blick auf das Ganze**	**108**
3.1.1	Die beiden *Postulate: Die Wahrheit und das Licht.	108
3.1.2	Die relativierte Welt als Folge der beiden *Postulate	109
3.2	**Die relativierte Welt im Detail, zerlegt in ihre Grundgrößen Raum, Zeit und Masse**	**112**
3.2.1	Die relativierte Zeit als Folge der absoluten Lichtgeschwindigkeit:	113
3.2.1.1	**> Die Relativierung der Gleichzeitigkeit als logische Folge der absoluten Lichtgeschwindigkeit**	113
3.2.1.2	**> Die Zeitdehnung als logische Folge der absoluten Lichtgeschwindigkeit**	115
3.2.1.3	**Bestätigung der Zeitdehnung durch Experimente**	120
3.2.2	Der relativierte Raum als Folge der beiden *Postulate	122
3.2.2.1	**> Längenschrumpfung als logische Folge der absoluten Lichtgeschwindigkeit**	122
3.2.2.2	**Längenschrumpfung als logische Folge des *Relativitätsprinzips (SRT), auch als Gleichnis betrachtet**	124
3.2.3	Die relativierte Masse	126
3.2.3.1	**> Relativistische Massenzunahme als Folge der beiden *Postulate**	126
3.2.3.2	**Bestätigung der relativistischen Massenzunahme durch Experimente**	128
3.2.4	Sind Phänomene wie Längenschrumpfung, Zeitdehnung und Massenzunahme Wunder der Physik?	128
3.2.5	Der Übergang von der Mechanik zur Relativitätstheorie	130
3.2.5.1	**Können die klassische Mechanik und die Relativitätstheorie gleichzeitig richtig sein?**	130
3.2.5.2	**Übergang von relativen Geschwindigkeiten zur absoluten Lichtgeschwindigkeit**	132

3.3	**Die relativierte Welt der Relativitätstheorie als Gleichnis**	**134**
3.3.1	Die relativierte Welt gemäß Einstein und die absolute Welt gemäß Newton als Gleichnis	134
3.3.2	Die drei relativierten Grundgrößen Raum, Zeit und Masse, einzeln betrachtet, als Gleichnis	135
3.3.2.1	**Längenschrumpfung**	135
3.3.2.2	**Zeitdehnung**	137
3.3.2.3	**Relativistische Massenzunahme**	138
3.3.3	Die relativierte Welt (Synthese von Raum, Zeit und Masse) als Gleichnis	140
3.3.3.1	**Am Anfang der Bibel (1. Mose)**	142
3.3.3.2	**Die Geschichte des Volkes Israels (ab 2. Mose)**	143
3.3.3.3	**Der Götzendienst als Beispiel für die Nichtigkeit dieser Welt**	144
3.3.3.4	**Im NT genannte Beispiele**	146
3.3.3.5	**Die Erwartung der Wiederkunft Jesu**	148
3.3.4	Der Übergang von relativen Geschwindigkeiten zur absoluten Lichtgeschwindigkeit im Gleichnis	149
3.3.5	Das bisher betrachtete Gleichnis der Relativitätstheorie, auf zentrale Fragen angewandt	151
3.3.5.1	**Hilft dieses Gleichnis, die Theodizee-Frage zu beantworten, die Frage nach dem Sinn des Leides?**	151
3.3.5.2	**Hilft das Gleichnis der Relativitätstheorie, echte Liebe hervorzubringen?**	159
3.4	**Die relativierte Welt und das Absolute (*Invariante) in der vierdimensionalen *Raumzeit**	**163**
3.4.1	Die formale, auf 2-D vereinfachte Darstellung von Raum und Zeit	164
3.4.2	Verschmelzen von Raum und Zeit zum vierdimensionalen Sein (Minkowski-Raum)	165
3.4.3	Die neue absolute Größe (*Invariante) im vierdimensionalen Sein	173
3.4.3.1	**> Die absolute Ereignis-Strecke als *Invariante**	173
3.4.3.2	**> Die absolute Geschwindigkeit durch die *Raumzeit**	179
3.4.3.3	**Das Zwillingsparadoxon: Lösung durch Asymmetrie der beiden Brüder**	182
3.4.4	Das vierdimensionale Sein als Gleichnis	185
3.4.4.1	**Der ewige Schöpfer steht über Raum und Zeit**	185
3.4.4.2	**Im Gleichnis ist unser vergängliches Leben vierdimensional**	

	aufgezeichnet, zur ewigen Bewertung von Gott	187
3.5	**Abstoßende und anziehende Kraft als Folge der relativierten Welt**	**189**
3.5.1	Die Magnetkraft als Folge der Relativitätstheorie	189
3.5.2	Die Magnetkraft, Folge der relativierten Welt, als Gleichnis betrachtet	196
3.5.2.1	**Die sich abstoßende Kraft der einander aus dem Weg drückenden Feldlinien**	197
3.5.2.2	**Die einander anziehende Kraft der sich vereinigenden Feldlinien**	199
3.5.2.3	**Sind alle Magnetfelder entweder einander abstoßend oder einander anziehend?**	201

4 Auf krummen Wegen zur Finsternis — 203

4.1	**Die Welt ist eine durch Masse gekrümmte *Raumzeit**	**203**
4.1.1	Die allgemeine Relativitätstheorie berücksichtigt Gravitation (erweitertes *R-Postulat)	203
4.1.2	Gekrümmte *Raumzeit	205
4.1.2.1	**Rotierende Scheibe mit gekrümmter *Raumzeit am Außenkreis**	205
4.1.2.2	**Gekrümmter Raum im beschleunigten Aufzug; Geodäte**	207
4.1.2.3	**Das Äquivalenzprinzip**	209
4.1.2.3.1	> Das Äquivalenzprinzip: Kein Unterschied zwischen der trägen und der schweren Masse	209
4.1.2.3.2	Die Ausnahme: Im heterogenen Gravitationsfeld gilt das *Äquivalenzprinzip nicht mehr („Gezeitenkraft")	211
4.1.3	Masse krümmt die *Raumzeit	213
4.1.3.1	**> „Krümmung" (Verzerrung) durch Masse**	213
4.1.3.2	**> Gravitation ist die Folge einer veränderten (gekrümmten) Geometrie**	215
4.1.3.3	**> Das *Relativitätsprinzip (ART) gilt auch für gekrümmte Räume**	218
4.1.3.4	**Die Einstein'schen Feldgleichungen (ohne Mathematik!)**	219
4.1.4	Experimentelle Bestätigung der allgemeinen Relativitätstheorie (soweit bereits behandelt)	221

4.1.4.1	Gekrümmte Lichtstrahlen (Eddington-Experiment)	222
4.1.4.2	Die Bahn des Merkurs (Perihel-Drehung) und anderer astronomischer Systeme	225
4.1.4.3	Rotverschiebung (durch Gravitation)	227
4.1.4.4	Relativistische Zeitverzögerung von Radarsignalen (Shapiro-Effekt)	229
4.1.4.5	Atomuhren-Vergleich wird durch die allgemeine Relativitätstheorie genauer (Gravity Probe A)	230
4.1.4.6	Genaue Positionierung durch Satelliten (GPS)	230
4.2	**Die allgemeine Relativitätstheorie als Gleichnis**	**231**
4.2.1	Jesu Anleitung zur Deutung von Gleichnissen, hier der allgemeinen Relativitätstheorie	231
4.2.2	Der Zusammenhang von räumlicher und „moralischer" Krümmung in der Bibel	232
4.2.3	Ursprachen-Statistik (systematische Analyse) zu „krümmen, beugen, neigen …"	235
4.2.4	Die „Masse" ist der Mensch mit seiner sündigen Natur	237
4.2.5	Die Krümmung der *Raumzeit ist die „Tat der Sünde", also sündigen	238
4.2.6	Das *Relativitätsprinzip (ART) zeigt die Folge der Sünde und die angemessene Reaktion darauf	242
4.2.6.1	Gericht als Folge der Sünde	245
4.2.6.2	Das Evangelium: Sich demütigen, bekehren und anbeten als angemessene Reaktion auf Sünde und Gericht	247
4.3	**Die durch Masse hinreichend gekrümmte *Raumzeit führt zum Schwarzen Loch**	**254**
4.3.1	Theoretische Überlegungen und Vorstellungen der Physiker über das Schwarze Loch	254
4.3.2	Beobachtungen zum Nachweis von Schwarzen Löchern	259
4.3.3	Klassifikation von Schwarzen Löchern	267
4.3.4	Das Schwarze Loch als Gleichnis	269

5	**Verwandelt zum Licht – oder in tiefster Finsternis**	**272**
5.1	**Die Masse bzw. der Mensch kann das Licht nicht erreichen**	**272**
5.1.1	Die Masse kann das Licht nicht erreichen, weder in der Relativitätstheorie noch im Gleichnis	272
5.1.2	Im Gleichnis der Relativitätstheorie hat der Mensch keine Chance, von sich aus zu Gott zu kommen	274
5.2	**$E = mc^2$ in der Relativitätstheorie**	**276**
5.2.1	Die Äquivalenz zwischen Energie und Masse	276
5.2.2	Die Verwandlung von Energie und Masse nach $E = mc^2$	280
5.2.2.1	**Licht kann Masse werden durch Paarerzeugung**	**280**
5.2.2.2	**Masse kann Licht werden durch Paarvernichtung (Annihilation)**	**283**
5.2.2.3	**Die große Bestätigung von $E = mc^2$ durch Teilchen-Beschleuniger**	**284**
5.2.2.4	**Das meiste Licht bei der Verwandlung der Masse entsteht in Sternen**	**285**
5.2.3	$E = mc^2$ in der absoluten (*invarianten) Definition von Masse bzw. Energie	285
5.3	**$E = mc^2$ als Gleichnis**	**288**
5.3.1	Licht ist Masse geworden: Gott ist Mensch geworden in Jesus Christus	288
5.3.1.1	**Identifikation im Verborgenen: Christus und die Christen**	**288**
5.3.1.1.1	Christus identifiziert sich mit der sündigen Menschheit	288
5.3.1.1.2	Die Identifikation der Christen mit Christus	289
5.3.1.1.2.1	*Die Identifikation der Christen mit Christus beginnt mit Sündenerkenntnis*	*291*
5.3.1.1.2.2	*Die Identifikation der Christen mit Christus zeigt sich durch Verwandlung (Wiedergeburt)*	*294*
5.3.1.1.2.3	*Die Identifikation der Christen mit Christus durch die Wiedergeburt ist verborgen*	*295*
5.3.1.1.2.4	*Die Identifikation der Christen mit Christus zeigt sich nach der Wiedergeburt im neuen Leben*	*300*

5.3.1.2	**Christus im Verborgenen als Licht für seine Jünger**	303
5.3.2	Masse ist Licht geworden: Von der Auferstehung bis in alle Ewigkeit	306
5.3.2.1	**Durch den stellvertretenden Tod am Kreuz wurde Christus für alle Christen zum Licht**	306
5.3.2.2	**Durch die Auferstehung hat Christus bestätigt, dass er zum Licht der Christen geworden ist**	307
5.3.2.3	**Auch für wiedergeborene Christen heute ist Christus noch das verborgene Licht**	308
5.3.2.4	**Bei der Entrückung wird die wiedergeborene Natur der Christen offenbar im Herrlichkeitsleib (Licht)**	310
5.3.2.5	**Bei seiner Wiederkunft wird Christus zum Licht der Welt**	312
5.3.2.6	**Christus leuchtet als Richter auf dem großen leuchtenden Thron mit ewiger Gerechtigkeit**	317
5.3.2.7	**Christus leuchtet als Lamm im himmlischen Jerusalem mit ewiger Gnade**	321
5.4	**Die Masse auf dem Weg ins Schwarze Loch oder aber zur Zerstrahlung in Licht**	**323**
5.4.1	Das Ende des Kräftespiels zwischen Gravitation und $E = mc^2$	323
5.4.1.1	**Das Ende der astrophysikalischen Entwicklung der Sterne**	323
5.4.1.2	**Das Ende des kosmischen Werdegangs im Strudel des Schwarzen Lochs**	325
5.4.2	Das Gleichnis vom Ende der Zeit (bzw. der *Raumzeit): Die Ewigkeit	326
5.4.2.1	**Der Übergang von dieser Welt zur Ewigkeit**	326
5.4.2.2	**Der schmale Weg zum Licht und der breite Weg ins supermassive Schwarze Loch**	328
5.4.2.2.1	Das Verhältnis von Strahlung und Masse im heutigen Kosmos, auch als Gleichnis	328
5.4.2.2.2	Der schmale Weg und der breite Weg	331
5.4.3	Die Notwendigkeit der ewigen Trennung von Licht und Finsternis	335
5.4.3.1	**Selbst Licht wird von Schwarzen Löchern aufgesogen und damit zur Finsternis**	335
5.4.3.2	**Das Gleichnis für die ewige Trennung von Licht und Finsternis durch die neue Schöpfung**	335
5.4.4	Kann das wirklich wahr sein?	340
5.4.4.1	**Die Grundlage: Gott ist Liebe und er ist gerecht**	341

5.4.4.2	**Die Umsetzung von Gottes Gerechtigkeit und Liebe**	342
5.4.4.3	**Das Ziel dieser Schöpfung**	346
5.4.5	Abschließende Bewertung der zentralen Behauptung dieses Buches und Vorschlag einer Konsequenz	347
5.4.5.1	**Die Bewertung hängt ab von den Motiven des Herzens – ist Herzenssache**	347
5.4.5.2	**Erste Schritte und die vier Pfeiler**	350

6 Anhang 354

6.1	**Hawking-Strahlung und die Verdampfung Schwarzer Löcher**	**354**
6.1.1	Ausblick auf den aktuellen Stand der Physik	354
6.1.2	Die Irrelevanz der Hawking-Strahlung für astrophysikalische Schwarze Löcher	355
6.2	**Stichwortverzeichnis**	**357**
6.3	**Bibelverzeichnis**	**364**
6.4	**Literatur- und Quellenverzeichnis**	**370**
6.5	**Dank**	**376**

1 Aufbruch vom Relativen zum Licht

1.1 Einleitung

Dieses Buch bietet eine leicht verständliche Einführung sowohl in die Relativitätstheorie als auch in die Bibel[1], um den tiefen Zusammenhang von beidem aufzuzeigen: Die Relativitätstheorie dient als Gleichnis für das Evangelium – und das nicht nur in einem einzigen Punkt, sondern in seiner Gesamtheit mit vielen Details. Die Bibel enthält viele Gleichnisse[2] und behauptet, die Schöpfung und alles Geschaffene sei ein Gleichnis für den Schöpfer.[3] Zu diesem Geschaffenen gehören auch die Gesetze der Physik.

Um jeglichem Missverständnis von Anfang an vorzubeugen: Die Bibel verweist einerseits auf die Schöpfung (einschließlich der Gesetze der Physik) als Gleichnis für den Schöpfer[4]; andererseits macht sie aber auch deutlich, dass wir nur durch Glauben[5] mit diesem Schöpfer in Verbindung treten können. Wer die hier beschriebenen Zusammenhänge zwischen der Relativitätstheorie und der Bibel so versteht, als könne man damit Gott oder Gottes Wort beweisen, der hat dieses Buch gründlich missverstanden! Denn laut Selbstaussage der Bibel, der Heiligen Schrift, bleibt Gott bewusst im Verborgenen, lässt sich aber von denen finden, die ihn von ganzem Herzen suchen[6] (bzw. denen er sich offenbart[7]).

Auch wenn das Buch keinerlei Vorkenntnis in Sachen Physik voraussetzt und auf Mathematik völlig verzichtet,[8] richtet es sich eher an einen technisch/wissenschaftlich interessierten Leserkreis.

Dieses Buch verlangt auch keinerlei Vorkenntnisse der Bibel; dennoch ergibt es einen Sinn nur für jene, die zumindest als Möglichkeit in Erwägung ziehen, dass die Bibel (entsprechend ihrer Selbstaussage) von Gott eingegeben ist.[9]

Wenn Sie hingegen – wie früher ich selbst[10] – aufgrund von Bibelkritik Gott als den eigentlichen Autor der Bibel ablehnen und damit auch die Selbstaussage der Heiligen Schrift, werden Sie mit diesem Buch nichts anfangen können; aber vielleicht wollen Sie trotzdem aus den Gesetzen der Physik Prinzipien kennenlernen, die Sie auch auf Ihr persönliches Leben anwenden können? Dann wäre es sinnvoller, ein Buch zu lesen, das von Ihren Voraussetzungen ausgeht. Ein solches Buch in roman-ähnlicher Gesprächsform (und viel leichter verdaulich als dieses Sachbuch) ist erschienen unter dem Titel *Der verborgene Weg zum Licht – Geheimnisvolle Suche nach dem Sinn des Lebens in der Relativitätstheorie*.

Auch, wenn Sie sich weniger zum technisch/naturwissenschaftlichen Leserkreis zählen und populärwissenschaftliche Bücher nicht Ihr Fall sind, sollten Sie eher den „Gesprächsroman" lesen. Oder wollen Sie gleich beide Bücher lesen? Dann empfehle ich Ihnen: Gönnen Sie sich zuerst den Gesprächsroman.

Dieses, das Sachbuch, enthält viele Zitate aus populärwissenschaftlichen Büchern und zwar aus mindestens zwei Gründen: Erstens fehlt mir, der ich selbst ein volles Physikstudium durchlaufen habe, das Gespür dafür, was ein Nicht-Physiker verstehen kann und was nicht; deshalb habe ich in diesem Buch aus ca. 20 populärwissenschaftlichen Büchern zitiert. Zweitens richtet sich dieses Buch bewusst an kritische Leser; die sollen zumindest die Möglichkeit haben, bei Bedarf jede Aussage zu überprüfen; das gewährleisten die vielen Zitate aus anderen populärwissenschaftlichen Büchern (ergänzt durch Links aus dem Internet).

Die Quellen-Angaben in den Fußnoten werden ergänzt durch die Literaturliste am Schluss des Buches. Bei allen fett gedruckten Autoren und Buchtiteln in der Literaturliste handelt es sich um Physik-Bücher, meistens populärwissenschaftliche[11].

Was die Aussagen der Bibel angeht, gibt die Fußnote die Referenzen aller Zitate an (oder Stellen mit der jeweiligen Aussage). Wegen der großen Anzahl der Referenzen in der Bibel werden meist mehrere in einer Fußnote zusammengefasst.

Um die Relativitätstheorie ohne Vorkenntnis zu verstehen, brauchen Sie einiges an Schulwissen aus anderen Bereichen der Physik, konkret aus der Mechanik und der Elektrodynamik (Elektrizitätslehre); diesen Grundlagen widmet sich das erste Kapitel dieses Buches und erklärt gleichzeitig, wie die Physik sich deuten lässt als Gleichnis für unser persönliches Leben. Erst ab dem zweiten Kapitel kommen wir direkt zur Relativitätstheorie.

Dem Überblick zuliebe sind die wichtigsten Aussagen der Physik hervorgehoben durch eine vorangestellte Pfeilspitze (>) sowie **Fettdruck**; ein Stern (*) markiert die Schlüsselbegriffe, die im Stichwortverzeichnis eigens erklärt werden (in Zitaten ist er stets vom Verfasser hinzugefügt).

1. Sämtliche Bibelzitate – sofern nicht anders angegeben – sind der revidierten Elberfelder Übersetzung der Fassung von 1993 (aus dem BibleWorks-Programm) entnommen: © 1994. Die veraltete Rechtschreibung wurde im Nachhinein durch die Neue Rechtschreibung korrigiert.
2. Hesekiel 21,5; Hosea 12,11; Matthäus 13,3; **Markus 4,33–34!**
3. Hiob 12,9; Psalm 19,2; **Römer 1,19–20!**
4. Römer 1,19–20; Kolosser 1,15-16
5. **Hebräer 11,1.6**; 2.Korinther 5,7
6. **Jesaja 45,15; Matthäus 7,7–8;** 13,10–11; Jeremia 29,13–14a
7. Johannes 6,37.44.65; Epheser 1,4–5; 2. Thessalonicher 2,13.
8. … bis auf gelegentliche Anmerkungen in den Fußnoten, die allerdings nur für jene gedacht sind, die es genauer wissen wollen. Eine Reihe von Fußnoten geht über den populärwissenschaftlichen Rahmen etwas hinaus; diese sind i. d. R. eher für den anspruchsvollen Leser gedacht.
9. 2. Timotheus 3,16; 2. Petrus 1,21. Die Bibel ist so geschrieben, dass man diese Selbstaussage nicht blind zu glauben braucht; man kann sie prüfen an der Bibel und den damit zusammenhängenden Ereignissen. In Kapitel 2 stellt dieses Buch zwei Möglichkeiten vor für einen Test der Bibel.
10. Als ich viel später (etwa zehn Jahre nach Beendigung meines Physikstudiums) noch Theologie studierte, habe ich hinter die Kulissen geschaut und erkannt, dass es unter Theologen nicht anders ist als unter Laien: Die einen vertreten die Bibelkritik; die anderen vertreten, dass die Bibel Gottes Wort ist mit Gott als dem eigentlichen Autor. Welche Position stärker vertreten wird, das hängt sehr von dem jeweiligen Land ab. Die Bibelkritik kommt aus Deutschland und in unserem Land ist sie dominierend; in anderen Ländern sieht das ganz anders aus.
11. Die wenigen Ausnahmen unter den Autoren und Buchtiteln sind mit einem Paragrafen (§) markiert; das eine Buch mit Doppel-Paragraf (§§) ist mathematisch sehr anspruchsvoll.

1.2 Die Relativität der Geschwindigkeiten in der materiellen Welt (Weltbild der Mechanik)

1.2.1 Die Relativität der Geschwindigkeiten in der Mechanik, illustriert an der Rolltreppe

> Alle Geschwindigkeiten in der Mechanik sind relativ. Denn in der Mechanik gibt es kein absolutes *Bezugssystem.

Drei Jungen, nennen wir sie Athos, Christian und Mito, tummeln sich in einem Kaufhaus. Eine Rolltreppe bewegt sich von einer Etage zur nächsthöheren. Mito macht sich einen Sport daraus, die Rolltreppe gegen die Transportrichtung hinunterzulaufen; er schafft es, ihr Tempo genau auszugleichen und gleichsam auf der Stelle zu treten. Christian lässt sich von einer Stufe der Rolltreppe nach oben in die nächste Etage tragen, Athos bleibt unten neben der Rolltreppe stehen und beobachtet, wie Christian sich Mito nähert [**Abb. 1**[12]]. Die drei Jungen betrachten diese Situation als Momentan-Aufnahme; anschließend diskutieren sie darüber, wer sich nun bewegt habe und wer nicht. Dabei gilt die Spielregel, dass sie die Umgebung ausblenden und nur ihr Verhältnis zueinander berücksichtigen. Aber sie können sich nicht einigen – denn jeder von ihnen sieht die Situation aus seiner eigenen Sicht und jeder bleibt bei seiner Meinung:

Mito behauptet, er habe sich bewegt und Christian auch, Christian habe sich

Abb. 1: Athos bleibt im Erdgeschoss neben der Rolltreppe stehen und beobachtet, wie Christian sich Mito immer mehr nähert.

Drei verschiedene Ansichten von Athos, Christian und Mito			
Sicht von Athos	Mito steht	Christian bewegt	Athos steht
Sicht von Christian	Mito bewegt	Christian bewegt	Athos bewegt
Sicht von Mito	Mito bewegt	Christian bewegt	Athos steht

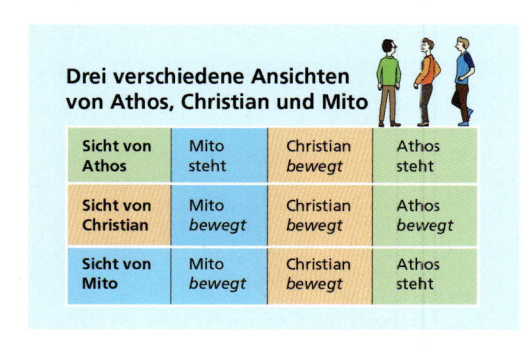

Abb. 2: Drei verschiedene Ansichten von Athos, Christian und Mito bzgl. der Frage, wer von den dreien steht und wer sich bewegt.

---

12. Der Fettdruck bei der Bezeichnung der Abbildungen besagt lediglich, dass Sie die Abbildung auch auf dieser Seite finden. Spätere Verweise auf die jeweilige Abbildung bleiben ohne Bild und sind deshalb unfett. Gedruckt werden alle Abb.

auf ihn zubewegt; der Einzige, der sich nicht bewegt habe, sei Athos. – Christian beurteilt die Situation anders: Er habe auf der Rolltreppe gestanden, er sei der Einzige gewesen, der sich nicht bewegt habe; Mito dagegen habe sich auf ihn zubewegt, sei von oben nach unten gekommen; und auch Athos unten am Boden auf halber Strecke habe sich ihm zunächst immer mehr genähert, dann sei er aus seinem Gesichtsfeld verschwunden. – Auch die Sicht von Athos unterscheidet sich von der der beiden anderen: Er behauptet, nur Christian habe sich bewegt; er selbst und Mito seien in einem gewissen Abstand voneinander beide an derselben Position geblieben **[Abb. 2]**. – Jeder der drei hat also eine andere Meinung darüber, wer sich nun bewegt und wer gestanden habe.

Aber gibt es nicht gute Gründe dafür, dass Athos recht hat? Er stand doch auf festem Boden, bewegte sich nicht. Christian blieb zwar auf seiner Stufe ebenfalls stehen, aber die Rolltreppe bewegte sich; also, so könnte man argumentieren, hat sich doch auch Christian bewegt. Und wie entscheiden wir bei Mito? Er hat sich auf der Rolltreppe bewegt, er nahm eine Stufe nach der anderen. Aber Athos gegenüber bewegte er sich nicht; sein Abstand zu Athos blieb gleich, er kompensierte lediglich die Bewegung der Rolltreppe. Und Athos schließlich stand auf festem Boden.

Letztlich müssen wir uns entscheiden, wessen Sicht wir übernehmen, die von Mito oder die von Athos. Jede Sicht hängt ab von ihrem jeweiligen Standpunkt, und der bezieht sich auf ein bestimmtes „System": Mitos „System" ist die Rolltreppe, auf der er sich bewegt; Athos' „System" ist der Fußboden, auf dem er steht. Jeder hat also sein eigenes *Bezugssystem.

Wenn wir von Athos' System des Bodens aus bewerten, uns also für das *Bezugssystem von Athos entscheiden, dann nehmen wir damit Athos' Sicht ein. Wenn wir aber wirklich die Umgebung vergessen, können wir genauso gut das *Bezugssystem von Christian einnehmen, der ruhig auf der Stufe der Rolltreppe steht und behauptet, allein er stehe, während Athos sich seitlich an ihm vorbeibewege.

Nun sagt uns unsere menschliche Intuition, dass wir die Umgebung nicht einfach ausblenden können; dann aber scheint es uns selbstverständlich, dass Athos – im Gegensatz zu Mito und Christian – wirklich auf festem Boden steht, sein Standpunkt also absolut ist. Denn Athos steht auf der Erde.

Aber steht die Erde wirklich absolut fest? Aristoteles, einer der größten Denker des antiken Griechenlands, war davon überzeugt: Er glaubte, dass die Erde im Mittelpunkt des Universums stillstände, Sonne, Mond, Planeten und Sterne dagegen umkreisten die Erde auf 55 konzentrischen Kristallsphären.[13] Ptolemäus stimmte darin mit ihm überein und dachte sich ein ziemlich kompliziertes Modell aus, um die Bewegungen der Planeten zu beschreiben.[14]

---

13. Cox & Forshaw, S. 17.   14. Cox & Forshaw, S. 20.

Heute wissen wir, dass die Erde sich mit knapp 110.000 km/h relativ zur Sonne bewegt; und auch die Sonne ruht nicht, sondern wandert mit 790.000 km/h um das Zentrum der Milchstraße[15] **[Abb. 3]** – also ist auch das *Bezugssystem von Athos nicht absolut.

Keiner der drei Jungs hat ein absolutes *Bezugssystem. Alle drei Ansichten sind nur relativ, nämlich relativ zu ihrem *Bezugssystem. Ein absolutes *Bezugssystem gibt es nicht, im ganzen Weltall nicht.[16] Somit ist auch jede Bewegung, jede Geschwindigkeit, nur relativ, und zwar immer relativ zum jeweiligen ***Bezugssystem**.

Abb. 3: Wenn Athos vom Weltraum aus – oberhalb der Planeten unseres Sonnensystems – beobachten würde, so würde er erkennen, dass auch die Erde sich bewegt und damit auch ein Beobachter im Erdgeschoss neben der Rolltreppe.

Ob sich jemand mit einer bestimmten Geschwindigkeit bewegt oder ob er steht, ist also Ansichtssache, hängt vom jeweiligen *Bezugssystem ab. Aber nicht nur die Aussage „Ich stehe" oder „Ich bewege mich" ist eine relative Aussage; auch die Aussage, mit welcher Geschwindigkeit ich mich bewege, ist relativ zum *Bezugssystem.

Die Angabe einer Geschwindigkeit ist daher nur im Rahmen eines bestimmten *Bezugssystems sinnvoll; sie kann aber durch eine einfache mathematische Beziehung von einem *Bezugssystem auf ein anderes übertragen werden.

Im genannten Beispiel stand Christian auf der Rolltreppe. Seine Geschwindigkeit im *Bezugssystem der Rolltreppe betrug also null. Nehmen wir nun an, dass Christian nicht mehr auf der Rolltreppenstufe stehen bleibt, sondern mit einer Geschwindigkeit von 3 km/h nach oben läuft. Nehmen wir weiter an, dass die Rolltreppe sich – von Athos' *Bezugssystem aus gesehen – mit einer Geschwindigkeit von 5 km/h nach oben

---

15. Cox & Forshaw, S. 19.
16. Das gilt auf jeden Fall in der Mechanik, und um die geht es an dieser Stelle. Vorgreifend sei aber schon hier mitgeteilt: Das gilt auch für die *spezielle* Relativitätstheorie; in der *allgemeinen* Relativitätstheorie wird manchmal diskutiert, dass man die kosmische Hintergrundstrahlung nutzen könnte, um ein absolutes *Bezugssystem zu definieren.

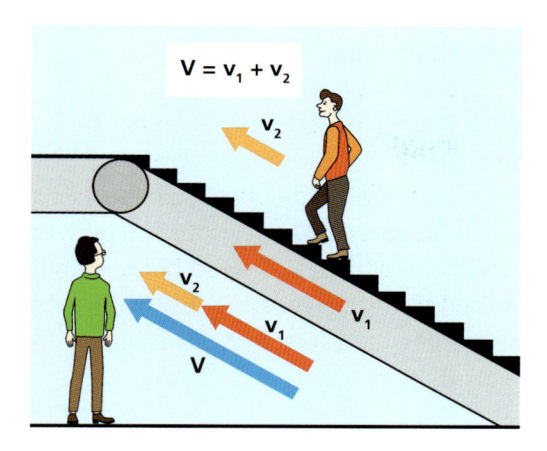

Abb. 4a: Galilei - Transformation
Die Rolltreppe bewegt sich mit einer Geschwindigkeit von 5 km/h (v_1). Christian läuft mit einer Geschwindigkeit von 3 km/h (v_2) nach oben. Dann ist die Geschwindigkeit aus Athos Sicht: 5 (v_1) + 3 (v_2) = 8 km/h (V)

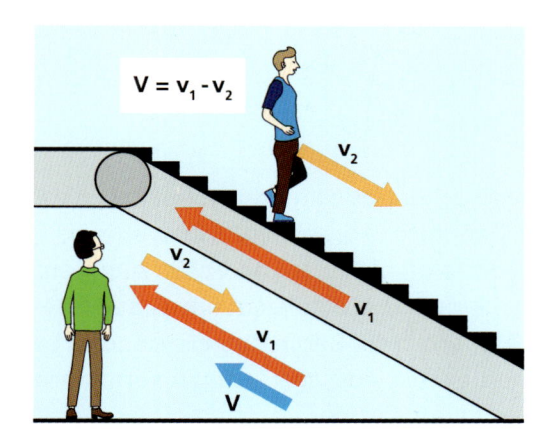

Abb. 4b: Galilei - Transformation
Die Rotreppe bewegt sich mit einer Geschwindigkeit von 5 km/h (v_1). Mito bewegt sich in entgegensetzer Richtung mit einer Geschwindigkeit von 3 km/h (v_2) nach unten. Dann ist die Geschwindigkeit aus Athos Sicht: 5 (v_1) - 3 (v_2) = 2km/h (V)

bewegt: Dann bewegte sich Christian – aus Athos' Sicht – mit 5 plus 3 km/h, also 8 km/h nach oben **[Abb. 4a]** (Geschwindigkeitsaddition).

Nehmen wir weiter an, dass Mito nicht mehr mit Rolltreppengeschwindigkeit in Gegenrichtung läuft; jetzt verringert er das Tempo von Rolltreppengeschwindigkeit (5 km/h) auf nur 3 km/h gegen die Richtung der Rolltreppe. Da diese aus Athos' Sicht sich mit 5 km/h nach oben bewegt, Mito aber in der Gegenrichtung mit 3 km/h, bewegt er sich aus Athos' Sicht mit 5 km/h minus 3 km/h, also 2 km/h nach unten **[Abb. 4b]** (Geschwindigkeitssubtraktion).

Diese Übertragung (Transformation) der Geschwindigkeiten von einem *Bezugssystem in ein anderes durch Addition oder Subtraktion wird nach dem Universalgelehrten Galileo Galilei (1564 - 1641) auch *Galilei-Transformation genannt. Die Relativität der Geschwindigkeiten wurde bereits im 17. Jahrhundert formuliert.[17]

Diese Überlegungen gelten für alle möglichen Objekte bzw. Gegenstände, die sich relativ zueinander bewegen, es seien Autos, Züge, Flugzeuge, irgendwelche beliebige Teilchen oder sonstige Objekte.

---

17. Bührke, S.18

1.2.2. Die Relativität der Geschwindigkeiten als Gleichnis

Soweit die reine Physik, bisher nur elementare Mechanik. Aber kommen wir nun zur Schnittstelle, wo wir die Physik deuten als Denkmuster, Analogie oder Gleichnis für andere Lebensbereiche, andere Fächer, also fächerübergreifend (interdisziplinär).

Die unterschiedlichen Meinungen von Athos, Christian und Mito zu der Frage, wer sich bewegt, wer steht oder wer welche Geschwindigkeit hat – die Meinung hierzu hängt also ab vom jeweiligen *Bezugssystem. Aber Meinungsverschiedenheiten gibt es nicht nur bei der Beurteilung von Geschwindigkeiten, sondern auch über Erkenntnisse und Werte; die hängen nämlich ebenfalls ab vom jeweiligen *Bezugssystem (oder Bezugspunkt).

Ein Beispiel dafür ist die erkenntnistheoretische Position von Immanuel Kant und der Marburger Schule. Diese Schule spricht von Relativismus; sie stellt fest, dass „Erkenntnisse und Werte nicht absolut, sondern relativ zu bestimmten Bezugspunkten gelten"[18]. Weiter beschreibt die Brockhaus-Enzyklopädie unter dem Stichwort „Relationalismus" (auch Relationismus, Relativismus) diese „von I. Kant und der Marburger Schule des Neukantianismus vertretene Position, laut der es keine Erkenntnis der Dinge an sich gibt, sondern Erkenntnis beschränkt sich auf Erkenntnis der Beziehungen der Dinge und Begriffe zueinander"[19].

Bei Wikipedia lesen wir unter dem Stichwort „Relativismus":

> Der Relativismus, gelegentlich auch Relationismus (entsprechend von lateinisch relatio, „Verhältnis", „Beziehung"), ist eine philosophische Denkrichtung, welche die Wahrheit von Aussagen, Forderungen und Prinzipien als stets von etwas Anderem bedingt ansieht und absolute Wahrheiten verneint – dass also jede Aussage auf Bedingungen aufbaut, deren Wahrheit jedoch wiederum auf Bedingungen fußt und so fort. Diese Rahmen bedingungen ermöglichen es, die Aussage auch zu verändern und zu verhandeln. Relativisten begründen dies oft mit dem epistemologischen[20] Argument, dass eine sichere Erkenntnis der Welt unmöglich ist. Andere verweisen auf den zusammengesetzten Charakter von Wahrheiten, die stets auf andere Wahrheiten Bezug nehmen. Ethische Relativisten verwerfen die Idee absoluter ethischer Werte.[21]

---

18. Brockhaus, Elektronische Version; Stichwort: "Relativismus"
19. Brockhaus, Elektronische Version; Stichwort: "Relationalismus"
20. Der Begriff der Epistemologie wird von Wikipedia gleichbedeutend für Erkenntnistheorie verwendet, das Teilgebiet der Philosophie, das sich mit der Frage nach den Bedingungen von begründetem Wissen befasst. (Wikipedia: „Erkenntnistheorie" bzw. „Epi-stemologie", https://de.wikipedia.org/wiki/Erkenntnistheorie).
21. https://de.wikipedia.org/wiki/Relativismus

Und freilich kennen wir diesen Relativismus aus so vielen Diskussionen, die damit enden, dass jemand feststellt: „Ich habe eben meine Meinung und du hast deine Meinung. Jeder muss auf seine Weise glücklich werden." Oder ich denke an das Glaubensbekenntnis eines Gesprächspartners von mir: „Ich glaube, dass es so etwas wie eine absolute Wahrheit nicht gibt."

Die relativen Geschwindigkeiten in der Mechanik zeigen uns damit ein Denkmuster, ein Gleichnis für die Grundeinstellung „Relativität von Werten und Wahrheit".

1.2.3 Die Relativität der Geschwindigkeit von Wellen, die an ein *Medium (an Masse) gebunden sind

Hat diese Relativität aller Dinge wirklich das letzte Wort? Wir wollen dieser Frage zunächst in der Physik nachgehen; denn manche Gesetze der Physik gelten nur unter bestimmten ***Randbedingungen**. Wir hatten uns am Beispiel der bewegten Rolltreppe klargemacht: Die Geschwindigkeit von bewegten Objekten zueinander ist relativ zum gewählten *Bezugssystem. – Gibt es vielleicht andere Arten von Bewegungen oder andere *Randbedingungen, wo das nicht mehr gilt?

1.2.3.1 > Geschwindigkeiten von Wasserwellen sind relativ

Wie ist das z. B. bei Wasserwellen? Die Wasserteilchen der Welle bewegen sich auch, aber doch ganz anders. Im Wasser entstehen Wellen, wenn z. B. ein Stein hineingeworfen wird – dann erregt der Stein das Wasser im See; in der Badewanne kann ein wiederholtes Eintauchen des Fingers Wellen erzeugen **[Abb. 5]**: Die „Wasserteilchen" zirkulieren kreisförmig um eine Stelle (vom *Bezugssystem des Wannenbodens aus betrachtet) **[Abb. 6]**.

Abb. 5: Konzentrische Wellen im Wasser, hervorgerufen durch einen ins Wasser geworfenen Stein

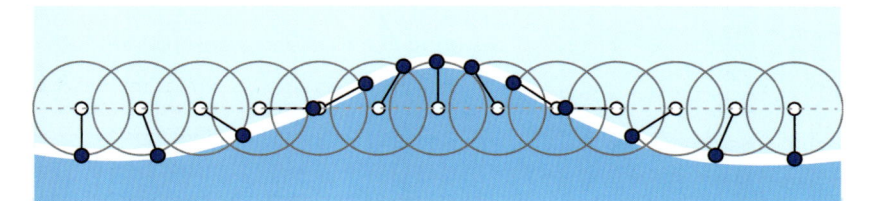

Abb. 6: Die Wasserteilchen, für sich betrachtet, bewegen sich jeweils kreisförmig.

Auch die Wasserwelle als Ganzes bewegt sich nicht geradlinig wie Teilchen (wie z. B. die Rolltreppe), sondern eben wellenförmig.

Was jedoch die Geschwindigkeit der Welle angeht, kann man das Rolltreppen-Experiment von Mito, Christian und Athos im Kaufhaus zumindest in Gedanken wiederholen. Dafür müssten wir annehmen, wir könnten auf Wasser gehen wie auf einer hügelig-wellenförmigen Landschaft. Im Kaufhaus stellte sich Christian auf eine der Rolltreppenstufen und ließ sich hinauftragen, ohne sich zu bewegen. Genauso kann sich Christian in Gedanken auf einen der Wellenberge im Meer stellen und sich auf diesem Wellenberg in Richtung Ufer tragen lassen **[Abb. 7a]**. Wenn er auf dem Wellenberg steht, sieht das Wasser für ihn wie eingefroren aus. Zwischen dem Wellenberg, auf dem er steht, und dem nächsten Wellenberg liegt das Wellental, dieses trennt ihn vom nächsten Wellenberg.

Mito lief im Kaufhaus von oben die Rolltreppe in Gegenrichtung hinunter; anfangs lief er schneller als die Rolltreppe, verlangsamte sich aber, um in der Mitte der Rolltreppe genau deren Tempo anzunehmen. Analog startet er jetzt vom Ufer und läuft zunächst schneller als die auf ihn zukommenden Wasserwellen, um sich dann ab einem bestimmten Punkt der Geschwindigkeit der Wasserwellen anzupassen – analog zu der Rolltreppe. So bewegt er sich über das Wasser Richtung offenes Meer, geradewegs

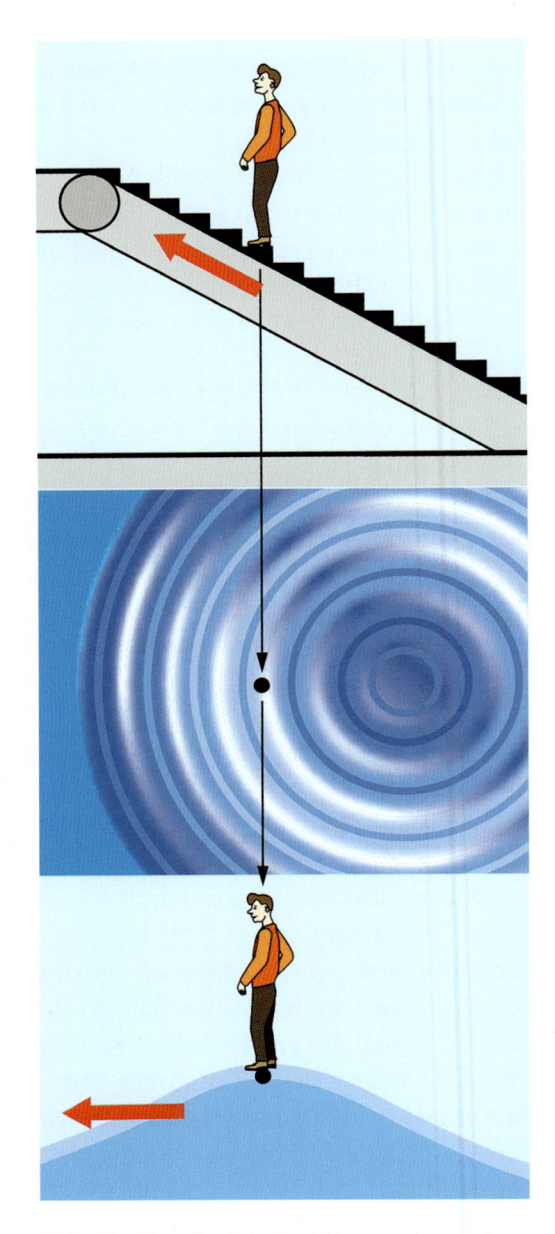

Abb. 7a: So wie sich Christian vorher auf eine Stufe der Rolltreppe stellte, um von der Rolltreppe mit Rolltreppengeschwindigkeit nach oben getragen zu werden, so stellt er sich im Gedankenexperiment auf ein Maximum der Wasserwelle (an einem gedachten Punkt) und lässt sich von der Wasserwelle mit Wasserwellengeschwindigkeit forttragen.

auf Christian zu. Die Wasserwellen laufen vom Meer ans Ufer, Mito läuft also den Wellen geradewegs entgegen.

Christian aber steht auf einer Welle; der Abstand zwischen Mito und Christian verringert sich. Bald holt er Christian ein und überholt ihn.

Athos nun steht auf einem Steg mitten im Meer und beobachtet, wie der Abstand zwischen ihm selbst und Mito (ab dem Zeitpunkt, wo Mito Wasserwellen-Geschwindigkeit angenommen hat) stets gleich bleibt. Weiter beobachtet er, wie Christian sich ihm erst nähert, ab einem bestimmten Punkt sich aber wieder von ihm entfernt **[Abb. 7b]**.

Auch hier hat wieder jeder seine eigene Sicht, ganz so wie bei der Rolltreppe: Mito behauptet, er habe sich selbst bewegt und Christian auch; denn Christian hat sich ja auf ihn zubewegt – und Athos sei der Einzige, der dort am Steg gestanden und sich nicht bewegt habe.

Für Christian dagegen ist klar, dass er auf dem Wellenberg stand; er, Christian allein, sei der Einzige gewesen, der sich nicht bewegt habe. Mito sei auf den Wasserwellen auf ihn zugelaufen und dann, als er ihn erreicht habe, an ihm vorbeigelaufen Richtung Meer; und auch Athos habe sich mit dem Steg an ihm vorbei bewegt: Erst habe er Athos von vorne gesehen, auf dem Steg stehend, dann sei dieser allmählich aus seinem Gesichtsfeld verschwunden bzw. er, Christian, hätte ihn nur noch sehen können, wenn er sich auf dem Wellenberg umgedreht hätte.

Abb. 7b: Die Analogie im Gedankenexperiment gilt auch für die beiden anderen: Mito läuft auf der Wasserwelle entgegengesetzt zur Wasserwellengeschwindigkeit, so wie vorher auf der Rolltreppe. Athos steht auf dem Steg, wie vorher neben der Rolltreppe.

Die Sicht von Athos ist noch eine andere: Er behauptet, nur Christian habe sich bewegt, während er selbst, Athos, ja auf dem Steg gestanden habe und Mito in einem gewissen Abstand von Steg geblieben sei.

Wieder gibt es verschiedene *Bezugssysteme, und zwar ganz analog zu vorher. Keiner kann von sich behaupten, sein *Bezugssystem und damit seine Sicht wäre die einzig richtige.

Wir sahen, dass der Boden des Kaufhauses kein absolutes *Bezugssystem ist, denn die Erde dreht sich um die Sonne und auch die Sonne bewegt sich im All. Aus demselben Grund ist der Steg, auf dem Athos im Meer steht, kein absolutes *Bezugssystem. Auch das Wasser, auf dem Christian „stand" und auf dem Mito sich „bewegte", ist als Träger der Wellengeschwindigkeit kein absolutes *Bezugssystem. Solche Träger von Wellen nennen die Physiker *Medium.

1.2.3.2 > Geschwindigkeiten von Schallwellen sind relativ

Was wir über Wasserwellen wissen, können wir auch auf Schallwellen übertragen: Beim Schall wird die Luft erregt (so wie das Wasser im See durch einen Stein) und breitet sich wellenförmig aus. Wasserwellen brauchen als *Medium (als Träger der Wasserwellen) das Wasser, um sich auszubreiten; Schall gebraucht normalerweise die Luft als *Medium, als Träger der Schallwellen.

So wie Wasser aus kleinsten Wasserteilchen (H2O) besteht, so auch die Luft aus kleinsten Gasteilchen[22]. Die an Masse und damit an Materie gebundene Ausbreitung von Schallwellen erklärt Walter Fuchs wie folgt: „Die Gasteilchen werden als elastische Kügelchen angesehen und übertragen die Kraft durch elastische Stöße. Es ist wie in einem nicht nur flächig, sondern räumlich gedachten Billard-Spiel."[23]

Was also für Wasserwellen gilt, gilt damit auch für Schallwellen: Wie das Wasser Träger bzw. *Medium für die Wasserwellen ist, so ist die Luft Träger der Schallwellen. Die Geschwindigkeit der Wasserwelle ist relativ zum *Bezugssystem des Beobachters, wie wir am Beispiel von Athos, Christian und Mito sahen; so ist auch die Geschwindigkeit der Schallwelle relativ zum *Bezugssystem, z. B. relativ zur Luft, relativ also zu dem *Medium, in dem sie sich ausbreitet.

1.2.4 An Masse gebundene Wellen als Gleichnis

Das hier beschriebene Denken können wir bezeichnen als „mechanistisches Denkmuster", denn bzgl. der Relativität von Geschwindigkeiten haben wir festgestellt, dass die Situation bei Wasserwellen und Schallwellen sich grundsätzlich nicht unterscheidet von sich relativ zueinander bewegenden Objekten (Rolltreppen-Beispiel): In

---

22. Luftteilchen bestehen zum größten Teil aus Stickstoff (N_2) und Sauerstoff (O_2).

23. Fuchs, S. 34

allen Fällen handelt es sich um Bewegung von Masse (egal ob Rolltreppe, Menschen, Gegenstände, „Wasserteilchen" oder „Luftteilchen") – und dafür gelten die Gesetze der Mechanik.

Daher können wir auch hier ganz analog von der Physik auf unser Leben übertragen; nur sind es jetzt nicht einzelne Objekte, die sich zueinander bewegen, also etwa eine Person, eine Rolltreppe, ein Auto, Zug oder Flugzeug, sondern hier bewegt sich eine große Gesamtheit von Teilchen nach einem bestimmten Muster, die Wasserteilchen z. B. in Kreisen bzw. Spiralen.

Damit haben wir ein Gleichnis für das Denken oder für die Meinungen ganzer Personengruppen, deren Leben (analog der Welle als Gesamtheit von „Teilchen-Gruppen") durch die Gesellschaft aufeinander abgestimmt ist: Menschen denken durch vorgegebene Strukturen in aufeinander abgestimmter Weise und vertreten entsprechend gemeinsam dieselbe Meinung.

Jede Kultur hat ihr Denkmuster. Jede Zeit in der Menschheitsgeschichte hat ihre eigene Prägung und ihre Tradition – man spricht vom „Zeitgeist": Menschen denken in einem bestimmten Muster.

1.2.4.1 Relativität von Weltanschauungen und Glaubenssystemen

Eine Kultur hat gemeinsame Denkweisen, die sich in einer bestimmten Weltanschauung, in einem bestimmten Glaubenssystem niederschlagen, wie Wikipedia bestätigt:

> Unter einer Weltanschauung versteht man heute vornehmlich die auf Wissen, Überlieferung, Erfahrung und Empfinden basierende Gesamtheit persönlicher Wertungen, Vorstellungen und Sichtweisen, die die Deutung der Welt, die Rolle des Einzelnen in ihr, die Sicht auf die Gesellschaft und teilweise auch den Sinn des Lebens betreffen. Sie ist damit die grundlegende kulturelle Orientierung von Individuen, Gruppen und Kulturen. Werden diese Überzeugungen reflektiert und systematisiert und fügen sich so zu einem zusammenhängenden Ganzen, dann kann von einer geschlossenen Weltanschauung beziehungsweise einem Glaubenssystem gesprochen werden. Solche Systeme können von einer Gruppe, einer Gesellschaft und selbst von mehreren Kulturen geteilt werden, wie es etwa bei großen Religionsgemeinschaften oder deren gesellschaftlicher Wirkung der Fall ist.[24]

---

24. https://de.wikipedia.org/wiki/Weltanschauung.

1.2.4.2 Relativität in Gesellschaft und Kultur (Kulturrelativismus)

Entsprechend können wir von unterschiedlichen *Bezugssystemen unterschiedlicher Kulturen sprechen. So behaupten Vertreter des Kulturrelativismus, es gebe keine allgemein gültige Ethik; die Anwendbarkeit bestimmter ethischer Begriffe und soziologischer Kategorien sei auf die jeweilige Kultur einzuschränken.[25]

Wikipedia führt zum Stichwort „Relativismus" weiter aus, wie Moralvorstellungen und Werte relativ zum *Bezugssystem durch Gesellschaft und Kultur vorgegeben werden:
Innerhalb des Werterelativismus bzw. ethischen Relativismus lassen sich grundsätzlich ein deskriptiver und ein normativer Relativismus unterscheiden.

Der *deskriptive* Relativismus bezieht sich darauf, dass die Moralvorstellungen der Menschen durch äußere Faktoren wie Kultur, Wirtschaftsordnung, Klassenzugehörigkeit etc. bedingt seien. Daher könne auch keine allgemein gültige Moral formuliert werden. So ist zum Beispiel der Ethnologe Melville J. Herskovits der Meinung:

> *Maßstäbe und Werte sind relativ auf die Kultur, aus der sie sich herleiten. Daher würde jeder Versuch, Postulate zu formulieren, die den Überzeugungen oder dem Moralkodex nur einer Kultur entstammen, die Anwendbarkeit einer Menschenrechtserklärung auf die Menschheit als ganze beeinträchtigen.*

Der *normative Relativismus* steht dagegen auf dem Standpunkt, dass ein ethisches Urteil dann gültig sei, wenn es von dem moralischen Standpunkt der Gesellschaft aus gesehen, welcher der Urteilende angehört, richtig ist. So sieht beispielsweise der von Alasdair MacIntyre vertretene Kommunitarismus die Tradition als letzten Maßstab ethischer Rationalität. Seiner Ansicht nach können daher ethische Konflikte zwischen zwei unterschiedlichen Traditionen nicht gelöst werden.[26]

1.2.4.3 Relative Ergebnisse und Denkweisen in Philosophie und Zeitgeist

Viele Philosophen bestätigen diese Sicht der Relativität von Werten und Wahrheit. So heißt es in einem kurzen Überblick über die griechische Philosophie zusammenfassend:

> Wie verbreitet diese oder ähnliche Philosophien auch gewesen sein mögen, sie waren unbefriedigend, ... weil ihnen die Endgültigkeit fehlte. Ihre Beweisführung endete

---

25. https://de.wikipedia.org/wiki/Kulturrelativismus.   26. https://de.wikipedia.org/wiki/Relativismus.

stets im Ungewissen. So war die Philosophie nach ihrem eigenem Eingeständnis nicht erfolgreich bei der Frage nach der Wahrheit.[27]

Der amerikanische Philosoph und Theologe Francis Schaeffer bestätigt diese Sicht der Relativität als Kennzeichen unser modernen Gesellschaft:

„In der modernen Gesellschaft ist nichts gewisser als der Grundsatz, dass es keine Absoluta gibt." Alles ist relativ, alles ist Erfahrung. Man beachte jenes seltsame Kennzeichen unserer Zeit: Das einzig Absolute, das eingeräumt wird, ist das absolute Bestehen auf der Tatsache, dass es keine Absoluta gibt.[28]

Auch Erwin Lutzer beschreibt den Trend unserer heutigen Zeit:

Wir haben uns von der Überzeugung wegbewegt, dass jedermann ein Recht auf seine eigenen Meinungen hat, zu der Ansicht hin, dass jede Meinung gleichermaßen richtig ist! Wir haben uns vom echten Pluralismus, von der Idee, dass die Religionen der Welt auf friedliche Weise nebeneinanderher bestehen, fortbewegt hin zum Synkretismus, zu dem Gedanken, dass die verschiedenen Religionen auf sinnvolle Weise miteinander verbunden werden könnten.[29]

Die Entwicklung unseres Zeitgeistes fasst Lutzer in fünf Punkten zusammen:

1. „Von der gottzentrierten zur menschzentrierten Weltsicht:
2. Von objektiver Autorität zum Relativismus
3. Von Objektivität zum Pragmatismus
4. Von der Vernunft zum Gefühl
5. Von Überzeugungen zu Meinungen"[30]

Matthias Klaus beginnt die Darstellung der Postmoderne unter der Überschrift „Wahrheitsverlust und Relativismus" mit den Worten: „In der Postmoderne gibt es keine Wahrheit im klassischen Sinne mehr. ... ‚Es ist alles subjektiv, alles relativ ... > ... Die Behauptung, dass es keine objektive Wahrheit gebe, die hält die Postmoderne für die objektive Wahrheit."[31]

Dieses mechanistische Denkmuster als Gleichnis für unser Leben provoziert die Frage: Was ist in der Mechanik denn noch absolut?

---

27. Merrill, S. 95–102. Betrachtet wurden Platonismus, Gnostizismus, Neuplatonismus, Epikureismus, Stoizismus, Zynismus, Skeptizismus; Zitat: S. 102.
28. Schaeffer, S. 217.
29. Lutzer, S. 32.
30. Lutzer, S. 34–43
31. Klaus, S. 36.

1.3 Was ist in der Mechanik absolut?

„Die Mechanik ist ... die Lehre von der Bewegung von Körpern sowie den dabei wirkenden Kräften."[32] Gibt es in der Mechanik etwas Absolutes? „Absolut" bedeutet dabei „überall gültig", also unabhängig von einem bestimmten *Bezugssystem.

Über die Bewegung von Körpern haben wir am Beispiel der Rolltreppe, der Wasserwelle und der Akustik (Schallwellen) festgestellt: Alle Geschwindigkeiten sind relativ.[33] Über die wirkenden Kräfte erfahren wir mehr durch die drei Newton'schen Gesetze. In weiten Teilen beruht die Mechanik auf den Erkenntnissen von Isaac Newton (1643–1727). Dabei konnte Newton aufbauen auf Galilei (1564–1641) und Kepler (1571–1630); diesen beiden hatte er viel zu verdanken.[34]

Newton ist insbesondere bekannt für seine drei grundlegenden Gesetze der Mechanik, das Gesetz der Trägheit, das Gesetz der Kraftwirkung und das Gesetz von Druck und Gegendruck[35]. Sind diese drei Newton'schen Grundgesetze der Mechanik absolut – also unabhängig vom *Bezugssystem? Gelten sie überall? Oder sind das relative Gesetze, die nur in bestimmten *Bezugssystemen gelten?

1.3.1 Das Galilei-Newton'sche *Relativitätsprinzip: Die Gesetze der Mechanik gelten im gesamten Kosmos

Wie beim Rolltreppen-Beispiel haben Galilei und Newton Gesetze gefunden für *Bezugssysteme, die zueinander gleichförmig bewegt sind. Solche zueinander gleichförmig bewegten Systeme nennt man in der Physik ***Inertialsysteme**. Galilei entdeckte das Prinzip der Gleichwertigkeit von verschiedenen *Bezugssystemen: „Alle *Inertialsysteme sind gleichberechtigt. In ihnen gelten die gleichen physikalischen Gesetze. Daraus lassen sich Gleichungen ableiten, die es ermöglichen, die räumlichen und zeitlichen Koordinaten eines Punktes von einem *Inertialsystem in ein anderes umzurechnen (*Galilei-Transformation)"[36], wie am Rolltreppenbeispiel zu sehen.

Die Frage ist nun, welchen Namen wir diesem Prinzip geben: Denken wir bei der Namensgebung an die relativen Geschwindigkeiten, die diese *Bezugssysteme (*Inertialsysteme) zueinander haben, sollten wir dieses Prinzip *Relativitäts*prinzip nennen.

---

32. https://de.wikipedia.org/wiki/Mechanik.
33. Alles freilich betrachtet aus dem damaligen Kenntnisstand der Physik, insbesondere vor der Relativitätstheorie.
34. Hoffmann, S. 31
35. Diese Bezeichnungen, insbesondere „das Gesetz der Kraftwirkung" und „das Gesetz von Druck und Gegendruck", sind hier vorläufige, saloppe Bezeichnung des Autors, die später genauer erläutert werden.
36. Lernhelfer Schülerlexikon Physik (im Internet), Stichwort: „Galileisches Prinzip".

Denken wir allerdings daran, dass überall dieselben physikalischen Gesetze gelten, dann sollten wir dieses Prinzip „*Absolutheit*prinzip" nennen oder „*Absolutivität*prinzip".

Man entschied sich für den Begriff „***Relativitätsprinzip**", und da es sich zunächst auf die von Galilei bzw. Newton entdeckte Mechanik bezog, nennen wir es „**Galilei-Newton'sches *Relativitätsprinzip**", abgekürzt ***Relativitätsprinzip (GN)**. > **Das Galilei-Newton'sche *Relativitätsprinzip besagt, dass innerhalb der Mechanik in allen gleichförmig zueinander bewegten Systemen (*Inertialsystemen) dieselben physikalischen Gesetze gelten, dass diese Gesetze also vom *Bezugssystem unabhängig sind.** Konkret gilt das für die drei grundlegenden Gesetze von Newton; aus diesen werden weitere Gesetze der Mechanik hergeleitet.

1.3.1.1 Das erste Newton'sche Gesetz, auch als Gleichnis: Trägheit

Newtons erstes Gesetz besagt, „dass ein Körper, auf den keine äußeren Kräfte einwirken, entweder für immer in absoluter Ruhe verharrt oder sich entlang einer Geraden bewegt, die fest im absoluten Raum verankert ist"[37]. Anders ausgedrückt: Aufgrund seiner Trägheit bleibt jeder Körper in dem Zustand, in dem er ist, solange auf ihn keine Kräfte einwirken.

Deshalb wird dieses erste Newton'sche Gesetz auch „**Trägheitsgesetz**" genannt. Frank Vermeulen formuliert es so: > „**Das erste Newtonsche Gesetz ist das Trägheitsgesetz, das Galilei bereits gefunden hatte. Es besagt, dass ein sich bewegender Körper, auf den keine Kräfte wirken, seine Geschwindigkeit und seine Richtung beibehält.**"[38]

Lediglich die Wahl des *Bezugssystems, von dem aus wir betrachten wollen, entscheidet darüber, ob der Körper ruht oder sich mit konstanter Geschwindigkeit geradlinig bewegt. Das haben wir am Rolltreppen-Beispiel gesehen: Für Athos (unten neben der Rolltreppe stehend) bewegte sich Christian, der ruhig auf der Rolltreppenstufe stand. Wechselt man dagegen vom *Bezugssystem des fester Bodens zum *Bezugssystem der Rolltreppe, dann ruht Christian, während aus Christians Sicht Athos sich bewegt.

Das *Relativitätsprinzip zeigt sich im Wechsel der *Bezugssysteme (von einem *Inertialsystem in ein anderes). Die *Galilei-Transformation beschreibt diesen Wechsel mathematisch [siehe Abb. 4a–b]. Kein *Bezugssystem ist dabei ausgezeichnet – alle

---

37. Hoffmann, S. 48.
38. Vermeulen, S. 124.

sind gleichermaßen relativ. Egal, in welches *Bezugssystem gewechselt wird, die Physik (hier im genannten Beispiel das 1. Newtonsche Gesetz) bleibt dieselbe.

Ob Ruhen oder gleichförmiges Sich-Bewegen, das ist also nur eine Frage des *Bezugssystems. Das Absolute an diesem ersten Newton'schen Gesetz besteht darin, dass unabhängig vom *Bezugssystem alle im selben Zustand bleiben: Jede Masse, jeder Körper (ob Mensch oder Gegenstand) bleibt (ohne Krafteinwirkung) in dem Zustand, in dem er ist.

Aufgrund der inneren Trägheit ändert der Körper (die Masse) seinen Zustand nicht: Die Masse bleibt gleichförmig bewegt bzw. bleibt in Ruhe – was dasselbe ist, nur aus einem anderen *Bezugssystem betrachtet.

Im Rolltreppen-Beispiel betrachteten wir beim Bewegungszustand von Mito die aufwärtslaufende Rolltreppe als *Bezugssystem; deshalb gaben wir an, dass Mito sich bewegt [siehe Abb. 2]; natürlich könnte Mito auch die Bewegung seines eigenen Körpers als „ruhendes" *Bezugssystem wählen. Da er gerade das Tempo der Rolltreppe kompensiert, befindet er sich im selben *Bezugssystem wie Athos und kommt so auch zu denselben Ergebnissen wie dieser.

Das *Relativitätsprinzip besagt hier, dass dieses Grundgesetz der Trägheit in allen relativ zueinander bewegten *Bezugssystemen gleichermaßen gilt, also in allen *Inertialsystemen. Also gilt dieses erste Gesetz von Newton unabhängig vom *Bezugssystem, ist also absolut.

Als Gleichnis für unser Leben bedeutet das: Aufgrund unserer Trägheit bleiben wir in den Ansichten oder Normen, die uns geprägt haben. Wir verharren in unserer Meinung, weil per Definition (Bedingung für dieses erste Newton'sche Gesetz) keine weiteren Einflüsse, keine „äußeren Kräfte" auf uns einwirken. Menschen oder ganze Kulturen bleiben in ihrer Meinung oder in ihrem Wertesystem, solange keine weiteren Faktoren („Kräfte") sie beeinflussen.

1.3.1.2 Das zweite Newton'sche Gesetz, auch als Gleichnis: Kraft bewirkt Veränderung

Newtons „zweites Gesetz handelt davon, wie Kräfte auf Körper wirken. ... [>] **Kraft ist gleich Masse mal Beschleunigung**"[39] (abgekürzt: $F = m \cdot a$)[40].

---

39. Hoffmann, S. 48.
40. F steht für Kraft [Englisch: *force*]; m steht für Masse; a steht für Beschleunigung [Englisch: *acceleration*].

"Beschleunigung" bedeutet Änderung der Geschwindigkeit.[41] Die Geschwindigkeit kann dabei ihre Richtung ändern oder/und ihre Größe; die Änderung der Größe kann positiv oder negativ sein: In unserer Alltagserfahrung tritt ein Autofahrer auf das Gaspedal (Geschwindigkeit nimmt zu) oder auf die Bremse (Geschwindigkeit nimmt ab).

Frank Vermeulen erklärt das zweite Newton'sche Gesetz so:

> Das Verhältnis zwischen der Kraft und der Beschleunigung ist konstant. ... Das Verhältnis zwischen Kraft und Beschleunigung nennt man die Masse des Körpers. Newton hat die Formel wie folgt geschrieben: $F = m \cdot a$. F steht für die Kraft, m für die Masse und a für die Beschleunigung.[42]

Das erste Gesetz von Newton handelt davon, wenn auf einen Körper keine Kräfte einwirken: Dann bleibt der Körper in seinem trägen Zustand, in dem er ist. Newtons zweites Gesetz dagegen beschreibt, was passieren muss, um den Körper aus diesem trägen Zustand hinauszubringen: Damit dieser Körper (mit der Masse m) seine Geschwindigkeit ändert (und damit seinen trägen Zustand), muss eine Kraft auf ihn einwirken.

Das *Relativitätsprinzip besagt hier, dass dieses Grundgesetz der Kraft in allen relativ zueinander bewegten *Bezugssystemen gleichermaßen gilt, also in allen *Inertialsystemen. So gilt auch dieses zweite Gesetz von Newton unabhängig vom *Bezugssystem, ist also absolut.

Als Gleichnis für unser Leben bedeutet das: Änderung der Meinung oder Änderungen ganzer Wertesysteme kommen zustande durch „Kräfte". Solche „Kräfte" können äußere Einflüsse sein, z. B. Begegnungen mit anderen Menschen oder anderen Kulturen; auch können wir bei solchen „Kräften" an Medien denken, die den Zeitgeist beeinflussen – Fernsehen, Zeitung, Internet etc.

Das Absolute an diesem Prinzip ist, dass es ganz allgemein gilt, für jede Person, Kultur oder Nation: Durch neue Einflüsse („Kräfte") ändern sich die Meinung von Einzelpersonen oder ganze Wertesysteme von Kulturen. Wir finden also auch hier ein ganz allgemein gültiges, absolutes Prinzip.[43]

---

41. Mathematisch formuliert (unter Gebrauch minimaler Kenntnisse aus der Differentialrechnung): $a = dv/dt$; a: Beschleunigung, v: Geschwindigkeit.
42. Vermeulen, S. 131.
43. Dieses kulturunabhängige, allgemeine Prinzip ist im Gleichnis der Physik das *Relativitätsprinzip. Die „Logik" der verwirrenden Namensgebung, warum gerade ein vom *Bezugssystem unabhängiges Prinzip „*Relativitätsprinzip" heißt, wird erläutert im nächsten Abschnitt.

1.3.1.3 Das dritte Newton'sche Gesetz, auch als Gleichnis: Druck und Gegendruck

„Newtons drittes Bewegungsgesetz besagt, dass ein Körper, der eine Kraft auf einen anderen Körper ausübt, seinerseits durch diesen zweiten Körper eine Kraft erfährt, die mit der gleichen Stärke in umgekehrter Richtung wirkt."[44] Diese Formulierung klingt sehr abstrakt; das Gesetz besagt ganz einfach, dass eine Aktion eine Gegenreaktion bewirkt, eine Reaktion in entgegengesetzter Richtung: Druck erzeugt Gegendruck.

Entsprechend erklärt Nils der 15-jährigen Esther in Frank Vermeulens Roman dieses dritte Newton'sche Gesetz so:

> **Es ist das Gesetz von Aktion und Reaktion. Wenn man eine Kraft auf einen Körper ausübt, dann wirkt eine ebenso große Kraft zurück.** Wenn du gegen eine Wand drückst, spürst du den Druck der Wand genauso stark.[45]

Dieses Gesetz „erscheint zunächst ziemlich unglaublich. Demnach müsste nämlich ein Apfel die Erde genauso stark gravitativ anziehen wie die Erde den Apfel. Newton konnte dieses Gesetz jedoch durch Experimente bestätigen."[46] Mit „gravitativ" ist hier und im weiteren Text die Schwerkraft gemeint, die durch die jeweilige Masse erzeugt wird, hier also die durch den Apfel erzeugte Schwerkraft.

Auch hier bedeutet „*Relativitätsprinzip", dass dieses Gesetz für alle *Bezugssysteme gleichermaßen gültig ist (genauer gesagt: für alle *Inertialsysteme, also alle gleichförmig zueinander bewegten Systeme). Denn, wie schon festgestellt: Alle *Inertialsysteme sind gleichberechtigt.

Mit Blick auf die *relativen* (und damit völlig gleichwertigen) *Bezugssysteme* (*Inertialsysteme) ist dieses Prinzip also *relativ*; da jedoch in diesen dieselben physikalischen *Gesetze* gelten, also mit Blick auf deren *universale* Gültigkeit, ist dieses Prinzip *absolut*.

Als Gleichnis für unser Leben bedeutet das: Wenn ich jemanden mit meiner Meinung konfrontiere, der zu diesem Gegenstand eine ganz andere, entgegengesetzte Meinung hat, habe ich ein Kontra zu erwarten, einen Widerspruch; die angemessene Folge ist eine kontroverse Diskussion.

In der Physik stoßen beim Ausüben von Kraft und Gegenkraft oft unterschiedlich große Massen aufeinander, wie das Beispiel von der Erde und dem Apfel zeigt – ein Gleichnis für starke und schwache Persönlichkeiten: die starken überrollen die schwachen.

---

44. Hoffmann, S. 48.
45. Vermeulen, S. 135.
46. Hoffmann, S. 48–49.

Wenn eine erdrückend große Menschenmenge, etwa eine ganze Kultur, Einfluss ausübt auf die Meinung einer schwachen Einzelperson, dann kann man im Gleichnis der Physik sehr passend eine Parallele ziehen zu der Gravitationswirkung der Erde auf den Apfel und der Gravitationswirkung des Apfels auf die Erde.

1.3.2 Der Begriff „*Relativitätsprinzip" als Bezeichnung für die absolute Gültigkeit der Gesetze der Mechanik

Es mag verwirren, dass der Begriff „*Relativitätsprinzip" aussagen soll, die Gesetze der Mechanik hätten *absolute* Gültigkeit.

Begreifen wir also die Grundaussage dieses Prinzips: Trotz aller Relativität der Geschwindigkeiten zueinander bleiben die Gesetze der Mechanik in allen *Bezugssystemen dieselben, sofern diese sich mit konstanter Geschwindigkeit geradlinig zueinander bewegen. Kurz gesagt: Die Gesetze der Mechanik sind in allen *Inertialsystemen absolut; die drei oben genannten Grundgesetze von Newton gelten ja in allen *Bezugssystemen.

Die Namensgebung richtet sich nach dem, was man gerade im Blick hat: entweder die *relativ zueinander bewegten *Bezugssysteme* oder aber die universale bzw. *absolute Gültigkeit der Gesetze der Mechanik* unabhängig vom *Bezugssystem. Offensichtlich dachten die Physiker damals mehr an Ersteres.

Ob es uns nun gefällt oder nicht: Dieses Prinzip nennt man bis heute das „Galilei'sche *Relativitäts*prinzip". Newton hat auf Galilei aufgebaut. Wir können daher sowohl vom Galilei'schen wie vom Newton'schen *Relativitätsprinzip sprechen oder es „Galilei-Newton'sches *Relativitätsprinzip" nennen, abgekürzt „Relativitätsprinzip (GN)".

Denn das Galilei'sche und das Newton'sche *Relativitätsprinzip unterscheidet sich nur in der Formulierung; beide, Galilei und Newton, haben erkannt, dass die von ihnen entdeckten Gesetze der Mechanik unabhängig vom *Bezugssystem *absolute Gültigkeit* haben.

Damit haben wir eine erste Antwort auf die in der Überschrift gestellte Frage: „Was ist in der Mechanik absolut?" Bleibt weiter zu fragen, ob in der Mechanik dies das einzig Absolute ist – oder gibt es da noch mehr Absoluta?

1.3.3 Die drei Grundgrößen der Mechanik

Mindestens für die Mechanik gilt die Aussage von Lewis Epstein,

> ... dass alle physikalischen Größen (Kraft, Impuls, Energie, Geschwindigkeit, Drehmoment usw.) sich mit Hilfe von lediglich drei physikalischen Maßen ausdrücken lassen: einem Maß für den Raum (z. B. Meter: m), einem Maß für die Zeit (z. B. Sekunde: s) und einem Maß für die Masse (z. B. Kilogramm: kg).[47] Dieses Faktum wird im Wahrzeichen des ‚American Institute of Physics' durch die Darstellung eines Zentimeter-Maßes, eines Sekunden-Pendels und eines Gramm-Gewichts gefeiert.[48] **[Abb. 8a]**

Abb. 8a: Weil Zeit, Länge und Masse – mindestens in der Mechanik – die Grundgrößen sind, auf die komplexere Größen zurückgeführt werden, hat das American Institute of Physics diese drei Grundgrößen in seinem Wahrzeichen symbolisch dargestellt mit einem Pendel für die Zeit, dem Metermaß für die Länge und dem Kilo für die Masse.

Was gemessen wird, lässt sich also in diesen drei Grundgrößen ausdrücken **[Abb. 8b]**. Unsere Intuition sagt uns, dass diese Grundgrößen sich nicht ändern, also absolut sind; absolut ist das, was bleibt, was immer konstant ist. Daher ist es naheliegend, diese drei Grundgrößen als absolut zu sehen.

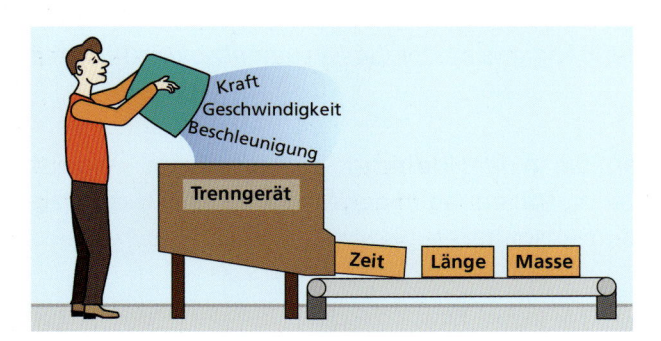

Abb. 8b: Die physikalischen Größen der Mechanik (wie z. B. Kraft, Geschwindigkeit, Beschleunigung) lassen sich mit Hilfe von lediglich drei physikalischen Maßen ausdrücken: Zeit, Länge, Masse.

---

47. In diesem Zusammenhang spricht man auch vom MKS-Einheitensystem: M für Meter, K für Kilogramm und S für Sekunde.
48. Epstein, S. 133.

1.3.3.1 Raum und Zeit sind laut Newton und in unserer menschlichen Intuition absolut

Newtons Vorstellungen von Raum und Zeit entsprechen unserer Intuition.

> In den Mathematischen Prinzipien der Naturlehre schrieb Newton dazu: „Der absolute Raum bleibt vermöge seiner Natur und ohne Beziehung auf einen äußeren Gegenstand stets gleich und unbeweglich." ...
> „Die absolute, wahre und mathematische Zeit verfließt an sich und vermöge ihrer Natur gleichförmig und ohne Beziehung auf irgendeinen äußeren Gegenstand. Sie wird mit dem Namen: „Dauer" belegt'."[49]

Wikipedia formuliert Newtons Ansicht so:

> **[>] Der absolute Raum ist das von Isaac Newton postulierte Konzept von einem physikalischen Raum, der sowohl vom Beobachter als auch von den darin enthaltenen Objekten und darin stattfindenden physikalischen Vorgängen unabhängig ist. Newton postuliert mit analogen Eigenschaften auch eine absolute Zeit.**[50]

Thomas Bührke kommentiert dazu:

> Damit hatte er eine Art imaginäres Koordinatenkreuz geschaffen, anhand dessen sich absolute Ruhe und absolute Bewegung festmachen ließen. Ja, er definierte sogar den Nullpunkt. Er nahm an, dass das Universum ein ruhendes Zentrum besitzt, und dieses identifizierte er als den Schwerpunkt des Sonnensystems, der etwas außerhalb des Sonnenzentrums liegt.[51]

Allerdings gab es auch kritische Stimmen, so schreibt Hubert Goenner über Newtons absoluten Raum:

> Ernst Mach (1838–1916) hat diese Interpretation kritisiert. Seiner Meinung nach ist die Bewegung auf die Fixsterne zu beziehen als den relativ zu allen Bewegungen auf der Erde und im Planetensystem ziemlich fest plazierten Bezugs-Körpern.[52]

---

49. Hoffmann, S. 47 (in den *Mathematischen Prinzipien der Naturlehre* auf S. 191).
50. https://de.wikipedia.org/wiki/Absoluter_Raum.
51. Bührke, S. 21.
52. Goenner (*Einsteins Relativitätstheorien*), S. 24.

Und bezüglich der Zeit vergleicht Goenner die unterschiedlichen Vorstellungen von Newton und Leibniz:

Als aufeinanderfolgende Ereignisse verbindende Größe besitzt die Zeit relationalen Charakter. So dachte Leibniz; für Newton dagegen gibt es sie auch ohne Geschehen: als absolute, gleichmäßig vergehende Zeit ohne Bezug auf irgendeinen Vorgang.[53]

1.3.3.2 Masse ist in der Naturphilosophie (18./19. Jh.) und in unserer menschlichen Intuition absolut

Bei der Masse, der dritten dieser drei Grundgrößen, lag es damals nahe, auch sie als absolut zu sehen.

Max Jammer schreibt über den Begriff der Masse in der Physik:

> Die Naturphilosophie des 18. und 19. Jahrhunderts war beherrscht durch den substantiellen Begriff der Materie: Materielle Objekte wurden in der Weise behandelt, dass man annahm, sie enthielten ein substantielles Substrat, das der ganzen physikalischen Realität zugrunde liegt. Dieses Substrat [nämlich die > **Masse**][54] **wurde als etwas Absolutes betrachtet**, da es als Träger wechselnder, mit den Sinnen erfassbarer Qualitäten funktioniert, ohne, dass es selbst durch diese Qualitäten verändert wird – genauso wie der Newtonsche Raum ein Absolutes war.[55]

1.3.4 Das Weltbild der Mechanik als Gleichnis

1.3.4.1 Die Verabsolutierung des mechanistischen Weltbildes

Laut dem Galilei-Newton'schen *Relativitätsprinzip – dem ***Relativitätsprinzip (GN)** – sind also die Gesetze der Mechanik absolut. Hier stellt sich aber die Frage nach den *Randbedingungen: Gibt es *Randbedingungen bzw. Grenzen, die diesen Anspruch auf absolute Gültigkeit einschränken?

Bisher haben wir uns beschäftigt mit Mechanik und Wellenlehre (Wasserwellen und Schallwellen) – das sind unterschiedliche Bereiche der Physik, Schallwellen gehören in den Bereich der Akustik. Dennoch sahen wir, wie auch Schallwellen (genauso wie Wasserwellen) mittels der Mechanik verstanden werden können als gesamtheitlich

---

53. Goenner (*Einsteins Relativitätstheorien*), S. 13–14.
54. Bei Zitaten sind in diesem Buch Einschübe vom Autor durch eckige Klammern [] gekennzeichnet.
55. Jammer, S. 90.

organisierte Bewegungen von Teilchen; denn die Mechanik beschreibt die Bewegung von Teilchen.

Kann man dann mittels der Mechanik die ganze Physik verstehen? Das dachten viele. Albert Einstein und Leopold Infeld schreiben dazu: „Die großartigen Erfolge der klassischen Mechanik legen den Gedanken nahe, das mechanistische Denken müsse sich folgerichtig auf alle Zweige der Physik ausdehnen lassen."[56] Ja, es wuchs die Hoffnung, diese Grenzen (*Randbedingungen) könne man eines Tages ganz fallenlassen und damit das mechanistische Weltbild auf alle Bereiche verabsolutieren.

Diese Verabsolutierung des Weltbildes der Mechanik, die mechanistische Sicht für alle Bereiche der Physik, als Gleichnis betrachtet, entspricht der rein naturalistisch-materialistischen Sicht für alle Lebensbereiche – also nicht nur auf Kultur und gesellschaftliche Fragen angewandt, sondern auch auf Religion und Glaube.

Wiederholen wir dazu einige Aussagen auf Wikipedia über Weltanschauung; wir lasen bereits:

> Werden diese Überzeugungen reflektiert und systematisiert und fügen sich so zu einem zusammenhängenden Ganzen, dann kann von einer geschlossenen Weltanschauung beziehungsweise einem Glaubenssystem gesprochen werden. Solche Systeme können von einer Gruppe, einer Gesellschaft und selbst von mehreren Kulturen geteilt werden, wie es etwa bei großen Religionsgemeinschaften oder deren gesellschaftlicher Wirkung der Fall ist.[57]

Hier stellt sich die Frage, wo Kultur und rein menschliche Philosophie aufhört und Religion und Glaube anfängt. In der rein naturalistisch-materialistischen Sicht gibt es diese Grenze nicht; für Naturalisten und Materialisten ist Geist nur eine Erscheinungsform von Materie (Masse) bzw. eine spezielle Organisation derselben. Für sie sind religiöse Überzeugungen nichts weiter als eine neurologische Schaltung im Gehirn.

Die Frage, ob es zu diesen religiösen Überzeugungen tatsächlich eine unsichtbare, nicht an Materie gebundene Realität gebe, wird als irrelevant abgetan bzw. behauptet, eine solche Realität gäbe es nicht.

Gemäß diesem Weltbild sind Schallwellen ein Gleichnis der Physik nicht nur für kulturelle und gesellschaftliche Phänomene, sondern auch für alle Glaubensüberzeugungen und Religionen. Entsprechend dieser mechanistischen Sichtweise enthalten Religion und Glaube zwar unsichtbare Erscheinungen, diese lassen sich jedoch innerhalb einer

---

56. Einstein & Infeld, S. 78.
57. https://de.wikipedia.org/wiki/Weltanschauung.

rein naturalistisch-materialistischen Sicht erklären; genauso lassen sich die (unsichtbaren) Schallwellen[58] in der Physik mechanisch erklären als Bewegung von Teilchen.

Das scheint zu passen. Denn in der Übertragung auf unser Leben gibt es in den Religionen zwar unsichtbare Geister, Götter, Dämonen usw.; aber gemäß dem rein mechanistischen Weltbild gibt es diese Geisterwelt nur in den Köpfen der Menschen, nicht aber unabhängig davon. Laut dieser Sicht ist das Gleichnis der Schallwellen nicht nur auf Kultur anzuwenden, auf Ideologien und gesellschaftliche Prozesse, sondern auf alle Bereiche einschließlich aller Religionen und des christlichen Glaubens.

Die moderne Theologie als Musterbeispiel dafür – beeinflusst von der Philosophie der Aufklärung (Kant)[59] – lehnt jede übernatürliche Deutung der Bibel ab. Folglich vertritt sie die Bibelkritik bzw. die „historisch-kritische Methode". Laut dieser rein innerweltlichen, naturalistisch-materialistischen Sicht wäre z. B. Besessenheit, wie sie uns in der Bibel begegnet, rein psychologisch oder neurologisch zu erklären; reale Geister oder Dämonen unabhängig von Materie gibt es dieser Ansicht nach nicht.

Denkt man das konsequent weiter, so erklärt sich nach dieser Sicht auch Gott rein innerweltlich – als Ergebnis neurophysiologischer Vorgänge im Gehirn; manche Atheisten sprechen von einer „Projektion menschlicher Wünsche". Für Ludwig Feuerbach ist Gott „der Spiegel des Menschen" und „das offenbare Innere, das ausgesprochene Selbst des Menschen".[60]

1.3.4.2 Gibt es eine Alternative dazu?

Aber nicht alle stimmen der naturalistisch-materialistischen Sicht zu – und auch im Gleichnis der Physik kann man nicht alles beliebig auf alle Bereiche der Physik verallgemeinern; wir müssen stets berücksichtigen, unter welchen *Randbedingungen das jeweilige Gesetze gilt.

Dieses Prinzip gilt analog auch fächerübergreifend für die Übertragung auf unser Leben. Wo wir es nicht berücksichtigen, biegen wir Konzepte aus einem Bereich für einen anderen Bereich zurecht und unterstellen einen Zusammenhang, der aber nicht wirklich passt.

So suggeriert die Bezeichnung „historisch-kritische Methode" zwar, hier würden Historiker die Bibel prüfen – was aber de facto nicht der Fall ist, wie der Historiker Jürgen Spieß feststellt.[61]

---

58. Im Alltag sind Schallwellen für uns unsichtbar, auch wenn sie durch physikalische Experimente sichtbar gemacht werden können.
59. Linnemann, ... *Bibel oder Bibelkritik;* S. 26–27.
60. https://de.wikipedia.org/wiki/Ludwig_Feuerbach.
61. Spieß, S. 44: „In der Geschichtswissenschaft werden Sie dieses Wort nicht finden. Die Problematik der Bezeichnung liegt darin, dass 'historisch-kritisch' suggeriert, so gingen Historiker mit Texten um. Das ist aber nicht der Fall ... Es ist wichtig zu wissen, dass dieser Begriff von der Theologie eingeführt wurde."

Zum Ansatz der „historisch-kritischen Methode" bzw. Bibelkritik schreibt die Theologin Prof. Dr. Eta Linnemann:

> **Wundern, Auferstehungsberichten und Ähnlichem wurde von vornherein die Historizität abgesprochen, weil die historisch-kritische Theologie im Gefolge der Aufklärungsphilosophie kein Handeln Gottes in der Geschichte gelten ließ.** Durch **Vor-Urteil** wurde das alles für mythisch erklärt. Man erhob zum Grundsatz, dass nur solches als historisch anerkannt werden darf, was sich überall und zu allen Zeiten ereignen kann. **Geschichte wurde auf das Menschliche begrenzt. Gott ließ man darin keinen Raum. Alles singuläre Handeln Gottes wurde ausgeschlossen.**[62]

Über den Ursprung dieser Methode schreibt sie:

> Vor gut zweihundert Jahren hat man sich in der Theologie entschieden, Gottes Wort nur noch als *Gegenstand* des Denkens, aber nicht mehr als *Grundlage* des Denkens gelten zu lassen. Als Grundlage des Denkens nahm man nunmehr die antitheistische Philosophie, die Gott, den Schöpfer, Erlöser und Richter verneinte und ein Handeln Gottes in der Geschichte von vornherein ausschloss.[63]

Diese Kritik an dem rein innerweltlichen, naturalistisch-materialistischen Ansatz gilt ebenso bzgl. der Deutung anderer Religionen. Letztlich geht es um die Kernfrage, ob Geist und damit auch Religion nur eine Erscheinungsform oder Organisation von Materie ist oder nicht. Denn es gibt auch die Ansicht, dass umgekehrt alles Materielle (also auch diese Welt) eine Erscheinungsform von Geist ist: „Gott ist Geist", sagt die Bibel; gleich am Anfang des Schöpfungsberichts heißt es: „Der Geist Gottes schwebte über den Wassern."[64] Weiter gibt es die Ansicht, dass Materie und Geist zwei unabhängige Größen sein können. Jedenfalls muss Geist (bzw. Geister) nicht an Materie gebunden sein.

Der Hirnphysiologe und Nobelpreisträger John C. Eccles unterscheidet zwischen dem menschlichen Geist (Bewusstsein) und der materiellen Basis des Gehirns. Er schlägt als Hypothese vor, dass das Selbst eines Menschen direkt auf die Großhirnrinde einwirken könne.[65] Gemäß dieser Vorstellung kann Geist bzw. können Geister auch unabhängig von Materie existieren, sich fortbewegen, wirken.

Im Gleichnis der Physik passen Schallwellen nicht auf solche Vorstellungen; Schallwellen brauchen Materie als Träger, z. B. Luft. Ohne Luft kann Schall sich nicht aus-

---

62. Linnemann, ... *Bibel oder Bibelkritik*, S. 80.
63. Linnemann, ... *Bibel oder Bibelkritik*, S. 105 (Hervorhebung hinzugefügt).
64. Johannes 4,24; 1. Mose 1,2.
65. Junker & Scherer, S. 277.

breiten, so im Weltall; auf der Erde kann man das nachprüfen durch ein Experiment mit einer Klingel unter einer Glasglocke: Wir hören die Klingel unter der Glasglocke klingeln, solange diese Luft enthält; saugen wir mit der Vakuumpumpe die Luft ab, so verringert sich die Lautstärke der Klingel, bis wir sie schließlich gar nicht mehr hören. Dieses Experiment zeigt, dass Schallwellen zur Fortbewegung Luft brauchen.

Ganz allgemein sind Schallwellen an ein Medium gebunden – und damit an Masse, denn jedes bekannte Medium besteht aus Masse. Folglich passen Schallwellen nicht zu der religiösen Deutung, Geist bzw. Geister existierten unabhängig von Materie.

Gibt es für dieses nicht-materialistische Verständnis von Religion ein passendes Gleichnis in der Physik? Schallwellen, obwohl unsichtbar, passen jedenfalls nicht dazu. Es müsste Wellen geben, die sich ohne *Medium ausbreiten; zumindest Kraftfelder müssten unabhängig von Materie existieren.

Die konkrete Frage an die Physiker lautet also: Gibt es im Gleichnis der Physik irgendwelche Kraftfelder, Wirkungen oder sonstige Phänomene, die nicht an Materie gebunden sind? In der Übertragung auf unser Leben bedeutet diese Frage konkret: Gibt es Geister, die sich unabhängig von Materie bewegen können?

Im Neuen Testament (NT) wird z. B. berichtet, dass Menschen von Dämonen besessen waren. Wir lesen, dass Jesus solche Besessene geheilt hat, indem er die Dämonen austrieb. Die rein naturalistisch-materialistische Sicht könnte diese Dämonen deuten als gewisse Fehlschaltungen von Neuronen im Gehirn; demnach hätte Jesu Gegenwart, seine psychische Wirkung, auf den Besessenen solch psychosomatische Auswirkungen gehabt, dass die Fehlschaltungen gelöst wurden, die Person damit geheilt wurde – in der Bibel wurde dies dann bildlich-mythologisch so beschrieben, dass der Dämon ausgefahren sei. In dieser Vorstellung ist Geist so an Materie gebunden, dass er ohne das „*Medium Mensch" nicht existieren und folglich auch nicht einfach von einem Menschen auf andere Menschen oder Tiere übertragen werden könne.

Nun gibt es aber im NT eine Begebenheit, wo genau das passiert ist, wo viele Dämonen zunächst einen Menschen bewohnt und gequält hatten, dann aber von Jesus in eine Herde von Schweinen geschickt wurden. Unter dem Einfluss dieser Dämonen stürzte sich dann die ganze Schweineherde den Abhang hinunter in den See Genezareth, wo alle Tiere ertranken.[66]

---

66. Matthäus 8,28–32//Markus 5,1–13//Lukas 8,26–33.

1.4 Elektrodynamik und das Licht

Daher nochmals die konkrete Frage: Gibt es in der Physik irgendwelche Kraftfelder, Wirkungen oder sonstige Phänomene, die nicht an ein Medium, also nicht an Materie (Masse) gebunden sind?

1.4.1 Elektrostatische und magnetostatische Felder sind nicht an ein Medium gebunden

1.4.1.1 > Elektrostatische Felder sind nicht an ein Medium (und damit nicht an Masse) gebunden

Da dieses Buch grundsätzlich keine Physikkenntnisse voraussetzt, beantworten wir diese Frage mit einer Reihe von einfachen Experimenten: Wenn man zwei Hartgummikugeln mit dem Wolllappen reibt und diese Kugeln dann dicht nebeneinanderlegt, so stoßen sie einander ab. Dasselbe geschieht, wenn man zwei Glaskugeln mit Leder reibt: Auch sie stoßen sich ab.

Es gibt also zwischen den Hartgummikugeln bzw. Glaskugeln eine Kraft. Ist diese Kraft an Masse gebunden oder nicht? Dazu folgendes, erweitertes Experiment: Würde man diesen Versuch im Vakuum wiederholen, indem man z. B. die beiden abgeriebenen Hartgummikugeln (oder die beiden abgeriebenen Glaskugeln) unter eine Glasglocke legt und die Luft herauspumpt, so stoßen sie einander trotzdem ab.

Die abstoßende Kraft wird also nicht durch Luft übertragen, auch nicht durch ein anderes Medium (also nicht durch Masse bzw. Materie), denn die Kraft zwischen den Kugeln bleibt auch im Vakuum bestehen – ganz im Gegensatz zu Schallwellen. Hier haben wir ein Beispiel für Phänomene, die nicht an ein Medium bzw. an Masse oder Materie gebunden sind.

Legt man nun eine abgeriebene Kugel aus Hartgummi dicht neben eine abgeriebene Kugel aus Hartgummi oder auch Glas, so ziehen sie einander an – sie können einander aber auch abstoßen. Aus diesen Beobachtungen folgerten die Physiker, dass es positive und negative Ladung gibt; gleichartige Ladungen stoßen sich ab (also Ladungen, die entweder beide positiv oder beide negativ sind), während nicht-gleichartige Ladungen sich anziehen **[Abb. 9]**.

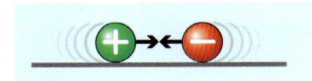

Abb. 9: Positive und negative Ladungen ziehen sich an. Gleichnamige Ladungen (Ladungen, die entweder beide positiv oder beide negativ geladen sind) stoßen sich ab.

Die von diesen Ladungen erzeugten Kraftfelder sind also nicht an Masse gebunden, sie brauchen kein Medium; doch können wir mit Masseteilchen die Wirkung dieser Kraftfelder sichtbar machen: Die Kugeln stellen wir zweidimensional dar mit Kreisen aus Stanniol[67], die wir auf eine Glasplatte kleben. Statt sie mit Wolllappen oder Leder zu reiben, laden wir sie elektrisch auf – einfach dadurch, dass wir sie verbinden mit den Polen einer Spannungsquelle, z. B. einer Batterie. Streuen wir nun Gipsteilchen auf die Glasplatte, so ordnen sich diese entsprechend den unsichtbaren, nicht an Masse gebundenen Feldlinien. So werden die elektrostatischen Felder für uns sichtbar [Abb. 10].

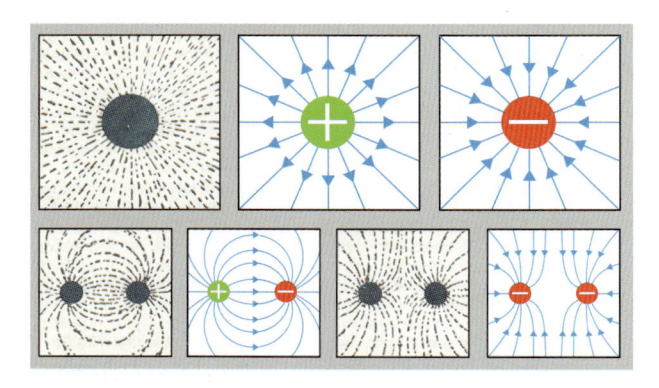

Abb. 10: Elektrostatische Felder werden mit Hilfe von pulverisierten Gipskristallen sichtbar gemacht.

Die Wirkung solcher Felder kann man auch sehen, „wenn man sich bei trockener Luft die Haare kämmt: Kleine Papierschnitzel bleiben anschließend am Kamm kleben"[68]. Die hier beschriebenen Phänomene bezeichnet die Physik als „Elektrostatik".

1.4.1.2 > Magnetostatische Felder sind nicht an ein Medium gebunden (und damit nicht an Masse)

Auch die Kraft eines Magneten wirkt im Vakuum, ist also nicht an ein Medium gebunden und damit unabhängig von Masse.

> Der Magnetismus ist eine physikalische Erscheinung, die sich unter anderem als Kraftwirkung zwischen Magneten, magnetisierten bzw. magnetisierbaren Gegenständen und bewegten elektrischen Ladungen äußert. Er lässt sich beschreiben durch ein Feld (Magnetfeld), das einerseits von diesen Objekten erzeugt wird und andererseits auf sie wirkt.[69]

---

67. Stanniol ist eine dünn ausgewalzte oder gehämmerte Folie aus Zinn. Die Kreise werden also einfach aus einer Zinnfolie ausgeschnitten.
68. Vermeulen, S. 173.
69. https://de.wikipedia.org/wiki/Magnetismus .

So, wie man die Feldlinien elektrostatischer Felder nachweisen kann mit Gipskristallen, die von geladenen Kugeln (oder Stanniol-Kreisen) erzeugt werden, so kann man auch die Feldlinien eines Magneten nachweisen mit einer Kompassnadel **[Abb. 11a]** oder mit Eisenfeilspänen **[Abb. 11b]**.

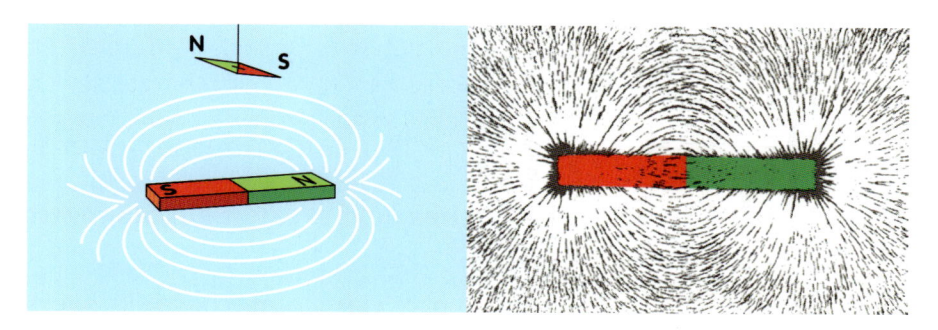

Abb. 11: Die Feldlinien elektrostatischer Felder eines Magneten können nachgewiesen werden mit einer Kompassnadel oder mit Eisenfeilspänen.

Aber während das elektrische Feld rund um eine Ladung erzeugt wird, ist das beim Magnetfeld anders. Erst später werden wir sehen, wie es entsteht; und noch viel später, nachdem wir einen gewissen Überblick über die Relativitätstheorie gewonnen haben, werden wir auch wissen, *warum* es entsteht – die Entstehung des Magnetfeldes unterscheidet sich von der des elektrischen Feldes und des Gravitationsfeldes.

1.4.2 Die Alternative zum mechanistischen Weltbild, als Gleichnis betrachtet, führt zu Fragen an die Physik

Damit begegnet uns in der Physik eine Alternative zum mechanistischen Weltbild: Es gibt in der Physik eine Realität, die nicht an ein Medium gebunden ist; elektrostatische und magnetostatische Felder wirken unabhängig von Masse auch im Vakuum! Die Welt der Religionen mit Geist, Geistern, Engeln, Göttern und Dämonen als Realität unabhängig von Materie findet sich also wieder im Gleichnis der Physik.

Ob sich diese Felder auch bewegen können? Dann wäre es keine Elektrostatik mehr, sondern Elektrodynamik – und wenn es das gibt, dann müssen diese Felder eine Geschwindigkeit haben. Ist die Geschwindigkeit in der Elektrodynamik auch relativ wie in der Mechanik? Oder gibt es doch so etwas wie eine absolute Geschwindigkeit?

Die Physik hier als Gleichnis betrachtet führt zu einer hoch interessanten, grundlegenden Frage für die Bewertung verschiedener Religionen und Glaubensrichtungen:

Sind alle Religionen relativ, z. B. relativ zu der Kultur, aus der sie kommen? Oder gibt es doch so etwas wie eine absolute Wahrheit?

Diesen wichtigen und sehr diskutierten Fragen wollen wir im Gleichnis der Physik nachgehen. Sollen wir dabei mit dem elektrischen Feld beginnen oder mit dem magnetischen Feld? Oder könnte es sein, dass es zwischen elektrischen und magnetischen[70] Feldern einen Zusammenhang gibt?

1.4.3   Der Zusammenhang elektrischer und magnetischer Felder

1.4.3.1 > Ein sich änderndes elektrisches Feld erzeugt ein Magnetfeld

Wie also kommen wir von einem ruhenden bzw. elektrostatischen Feld zu einem bewegten Feld, damit wir etwas über die Geschwindigkeit dieses Feldes herausfinden können? Das elektrische Feld selbst können wir nicht bewegen, da es an kein Medium gebunden ist, also unabhängig von Masse existiert; aber wir können die Quelle bewegen, die das elektrische Feld erzeugt.

Nehmen wir also eine elektrisch geladene Kugel (z. B. eine Hartgummi-Kugel, die vorher mit einem Wolllappen abgerieben wurde) und bewegen sie. – Für den Fall, dass es zwischen elektrischen und magnetischen Feldern einen Zusammenhang geben sollte, brauchen wir noch einen Nachweis für magnetische Felder, z. B. eine Kompassnadel, die richtet sich im Magnetfeld auf die Pole aus.

Genau ein solches Experiment führte bereits Rowland durch. Albert Einstein und Leopold Infeld berichten darüber:

> Wenn man von technischen Details absieht, lässt sich dieser Versuch wie folgt beschreiben: Eine kleine geladene Kugel bewegt sich sehr schnell im Kreise herum. In der Mitte des Kreises ist eine Magnetnadel aufgestellt ... Der Magnet [bzw. die Magnetnadel] wird von einer senkrecht zur Bahnebene wirkenden Kraft abgelenkt.[71] **[Abb. 12a]**.

Die Ablenkung der Magnetnadel zeigt, wo und wie genau die Magnetkraft erzeugt wurde, nämlich durch die sich bewegende elektrisch aufgeladene Kugel. Dabei stellt

---

70. Hier sind ganz allgemein Magnetfelder im bereits beschriebenen Sinne gemeint, die äußern sich als Kraftwirkung zwischen Magneten, magnetisierten bzw. magnetisierbaren Gegenständen und bewegten elektrischen Ladungen. Es wird daher nicht unterschieden zwischen verschiedenen Arten von Magnetfeldern, es geht z.B. nicht speziell um Magnetismus von Festkörpern, wo man wieder unterscheiden müsste zwischen fünf Typen (Dia-, Para-, Ferro-, Ferri- oder Antiferromagnetismus). Wie im Text bereits erwähnt: Die Ursache (und die Ursache dieser Ursache) für dieses allgemeine Phänomen „Magnetismus" wird im Laufe des Buches noch erklärt werden.
71. Einstein & Infeld, S. 102.

sich die Magnetnadel so ein, dass einer ihrer Pole zum Leser zeigt, wenn die Buchseite als Ebene des Kreises gedacht wird, welche die Kugel durchläuft. Dieser Effekt muss von einer Kraft hervorgerufen werden, die senkrecht zu Kreisebene auf die Magnetnadel einwirkt.

Nun stellen wir uns vor, dass statt einer großen Kugel viele winzig kleine Kugeln sich im Kreis bewegen; statt an winzig kleine Kugeln können wir auch an Elektronen denken und statt an den Kreis an einen Draht, der von Elektronen durchflossen wird.

Damit die Elektronen sich bewegen, müssen die beiden Enden des Drahtes nur mit dem Plus- und Minus-Pol einer Taschenlampenbatterie verbunden werden – und schon sind wir bei den Versuchen von Örsted **[Abb. 12b]**: In seinem Versuch bewirkt nicht die rotierende Kugel, sondern der Strom der Elektronen im Leiter, dass ein Magnetfeld entsteht und die Magnetnadel ablenkt. Und auch bzgl. der Richtung der Magnetnadel gilt hier dieselbe merkwürdige Überlegung wie beim Versuch von Rowland. Die Kraft, die durch den Strom der Elektronen hervorgerufen wird, ist folglich senkrecht zu Stromrichtung **[Abb. 12c]**

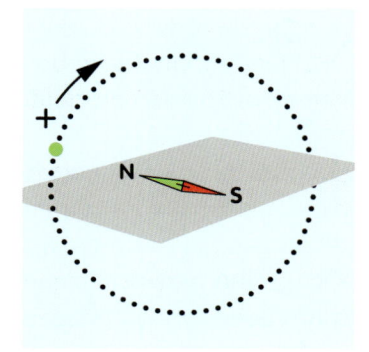

Abb. 12a: Experiment von Rowland: Die Magnetnadel wird abgelenkt von einer senkrecht zur Bahnebene wirkenden Kraft. Diese Kraft wird verursacht durch die sich bewegende Kugel.

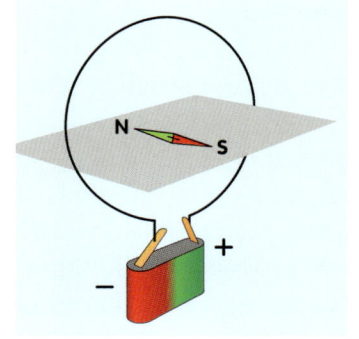

Abb. 12b: Beim Versuch von Ørsted wird die bewegte Kugel (im Experiment von Rowland) ersetzt durch sich bewegende Elektronen im Draht, verursacht durch die Taschenlampenbatterie. Analog dem Experiment von Rowland wird auch hier die Magnetnadel abgelenkt.

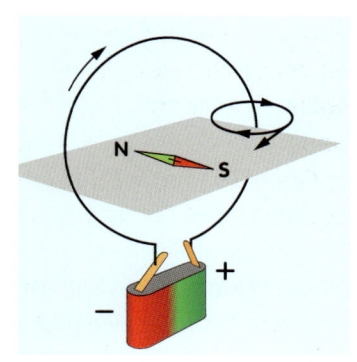

Abb. 12c: Die vom Strom erzeugten Kraftlinien sind senkrecht zur Stromrichtung.

Diese beiden Versuche beweisen, dass eine bewegte elektrische Ladung ein Magnetfeld erzeugt. Wer sich also relativ zu einer elektrischen Ladung bewegt, erfährt ein Magnetfeld senkrecht um die Bewegungsrichtung; wer dagegen relativ zur elektrischen Ladung ruht, erfährt keines **[Abb. 13]**.

Dabei spielt es keine Rolle, ob man selbst sich bewegt oder ob die Ladung sich bewegt; das ist wieder nur eine Frage des *Bezugssystems: Es kommt nur auf die Relativbewegung zwischen Ladung und Beobachter an. Die Bewegung der elektrischen Ladung bedeutet, dass das elektrische Feld sich räumlich ändert, also wandert; derselbe Effekt tritt auch auf, wenn das elektrische Feld sich zeitlich ändert (z. B. periodisch).

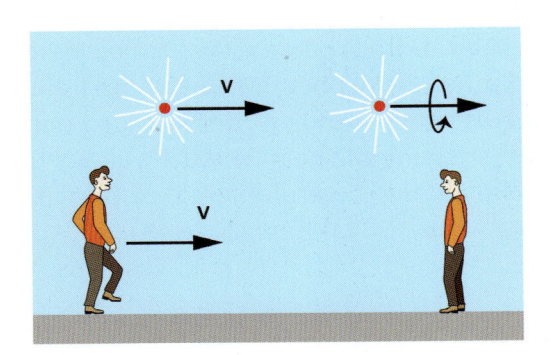

Abb. 13: Wer sich relativ zu einer elektrischen Ladung bewegt, erfährt ein Magnetfeld. Wer dagegen relativ zur elektr. Ladung ruht, erfährt kein Magnetfeld, egal, ob man sich selbst und die Ladung sich bewegen oder beide ruhen.

Generell lässt sich sagen: Ein sich änderndes elektrisches Feld erzeugt ein Magnetfeld.

Somit brauchen wir für ein Magnetfeld nicht unbedingt einen natürlichen Magneten; ein Magnetfeld erzeugen können wir auch mit elektrischem Strom. Wollen wir z. B. einen Stab-Magnet (Magnet in länglicher Zylinderform) elektrisch erzeugen, so nehmen wir einen Eisenstab derselben Form und winden ein Stück Draht um ihn herum; für ein möglichst starkes Magnetfeld winden wir den Draht vielfach um den Stab, das Ganze nennt man dann „Spule"[72]. Der selbstgebastelte Magnet besteht aus der Drahtspule um den Eisenstab; die schließen wir an die Spannungsquelle an, dann fließt Strom. Mit Eisenfeilspänen können wir nun das entstandene Magnetfeld nachweisen **[Abb. 14]**.

Abb. 14: Mit einem Stab-Magnet wird ein elektrisches Feld erzeugt, indem wir eine Drahtschleife um den Eisenstab winden.

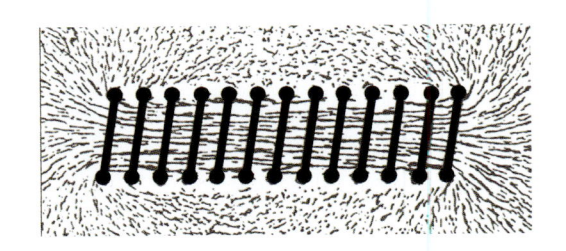

---

72. Für das Magnetfeld ist der Eisenstab dabei nicht unbedingt nötig.

1.4.3.2 > Ein sich änderndes Magnetfeld erzeugt ein elektrisches Feld

Wie kommen wir nun von einem ruhenden zu einem bewegten Magnetfeld? Ganz analog: indem wir die Quelle des Magnetfeldes bewegen. Das geschieht z. B., indem wir den Versuch von Örsted **[siehe Abb. 12b]** im Prinzip umkehren. Wir haben gesehen, wie Örsted in seinem Versuch ein Magnetfeld erzeugte, indem er das elektrische Feld bzw. elektrische Ladungen bewegte – konkret: indem er in einem Draht elektrischen Strom fließen ließ. Das dabei entstehende magnetische Feld wies Örsted mit einer Magnetnadel nach.

Jetzt kehren wir den Versuch um: Wir erzeugen ein elektrisches Feld, indem wir das magnetische Feld bewegen. Dazu ersetzen wir die Batterie durch ein Messgerät (Ampere-Meter[73]), das uns anzeigt, ob in der Drahtschleife Strom fließt, also: ob im Draht sich Elektronen bewegen. Da wir (beim Ersetzen) die Spannungsquelle weggenommen haben, fließt natürlich auch kein Strom – das Ampere-Meter zeigt null an.

Jetzt müssen wir umgekehrt die Magnetnadel bewegen, damit Strom fließt. Aus technischen Gründen ersetzen wir die Magnetnadel durch zwei starke Magneten unter und über der Drahtschleife – damit befindet sich die Drahtschleife in einem Magnetfeld. Wenn wir nun die Magneten relativ zum Draht bewegen, schlägt das Ampere-Meter aus und zeigt damit an, dass Strom fließt – die Magnetkraft bringt die Elektronen im Draht dazu, sich ebenfalls zu bewegen **[Abb. 15a]**.

Da Elektronen sich nur bewegen, wenn ein elektrisches Feld existiert, muss die Bewegung der Magneten ein elektrisches Feld erzeugt haben; wieder kommt es da-

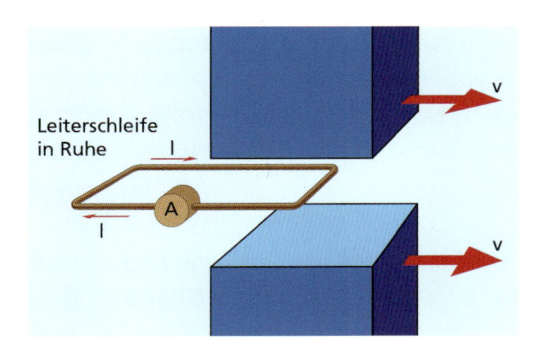

Abb. 15a: Ein sich änderndes Magnetfeld erzeugt ein elektrisches Feld. Wenn wir die Magneten relativ zum Draht bewegen, schlägt das Ampere-Meter aus (A), zeigt also an, dass ein Strom fließt.

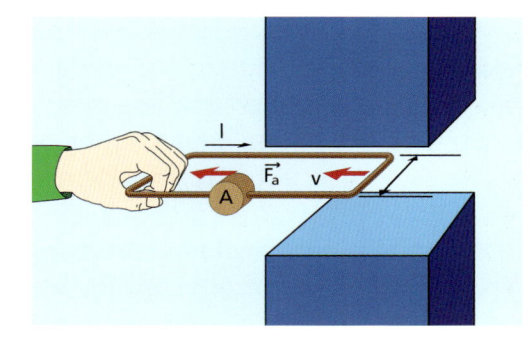

Abb. 15b: Anstatt die Magneten relativ zur Drahtschleife zu bewegen, können wir genauso gut eine Drahtschleife zu den Magneten bewegen.

---

73. Solch ein Messgerät zur Messung der Stromstärke (hier nur zum Nachweis, ob überhaupt Strom fließt) nennt sich Ampere-Meter; die Stärke des Stroms wird gemessen in der Einheit Ampere

bei nur auf die Relativbewegung an (statt die Magneten relativ zur Drahtschleife zu bewegen, können wir genauso gut auch die Drahtschleife relativ zu den Magneten bewegen) **[Abb. 15b]**. Dieser Versuch beweist, dass auch ein bewegtes Magnetfeld ein elektrisches Feld erzeugt.

Indem das Magnetfeld sich durch den Raum bewegt, ändert es seine Position im Raum. Auch hier gilt wieder dasselbe, wenn sich der Magnet (bzw. die Magnetstärke) zeitlich (z. B. periodisch) ändert. Damit gilt ganz allgemein: Ein sich änderndes Magnetfeld erzeugt ein elektrisches Feld.

Im Roman von Frank Vermeulen erklärt Nils der 15-jährigen Esther:

> Dieses Phänomen nutzt man beispielsweise mit dem Fahrraddynamo. Im Dynamo bewegt sich ein auf eine Spule gewickelter Draht in einem Magnetfeld. Durch diese Bewegung entsteht in der Drahtspule ein elektrischer Strom, der dann deine Fahrradlampe leuchten lässt.[74]

1.4.4 Elektromagnetische Wellen (Licht) und die vier Maxwell-Gleichungen

Zusammengefasst heißt das also: > **Ein sich änderndes elektrisches Feld erzeugt ein Magnetfeld und ein sich änderndes Magnetfeld erzeugt ein elektrisches Feld.**

Wenn nun das elektrische Feld sich so ändert, dass auch das dadurch erzeugte Magnetfeld sich wieder verändert, welches dann wieder ein elektrisches Feld erzeugt, das sich nun auch wieder ändert usw., dann entsteht eine elektromagnetische Welle. Das ist z. B. dann der Fall, wenn die Änderung des elektrischen Feldes eine Form hat wie eine idealisierte Welle, also z. B. sinusförmig[75] ist.

> **>So kann man sich die Ausbreitung einer elektromagnetischen Welle vorstellen als eine Kette mit zwei unterschiedlichen, sich abwechselnden Gliedern: den sich zeitlich ändernden elektrischen Feldern und den sich zeitlich ändernden magnetischen Feldern.**

---

74. Vermeulen, S. 173.
75. Warum erfüllt gerade die Sinus-Funktion diese Bedingung? Die Änderung einer Funktion (hier die Änderung des Feldes) ist die *Ableitung* von einer Funktion. Bei der Sinus-Funktion ist die Ableitung wieder eine Sinus-Funktion, nur um einen gewissen Betrag ($\pi/2$) verschoben; deshalb heißt diese Funktion (nur der Verschiebung wegen) Cosinus-Funktion. Die Ableitung der Cosinus-Funktion ist wieder dieselbe Funktion, wieder um denselben Betrag ($\pi/2$) verschoben; damit wird sie zur negativen Sinus-Funktion. Das kann man beliebig oft durchführen; so entsteht eine beliebig lange Kette von abwechselnd elektrischen und magnetischen Gliedern – und diese Kette nennt man „elektromagnetische Welle".

Das elektrische Feld wird bezeichnet mit dem Buchstaben E; die Tatsache, dass dieses elektrische Feld sich zeitlich ändert (hier: periodisch, sinusförmig), kann man mit einem Punkt über dem E anzeigen ° **[Abb. 16]**. Ebenso ist es üblich, das Magnetfeld mit dem Buchstaben B zu bezeichnen und seine zeitliche (hier: periodische, sinusförmige) Änderung mit einem Punkt über dem B.

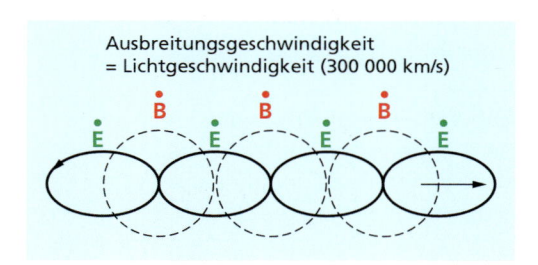

Abb. 16: Die Ausbreitung einer elektromagnetischen Welle kann man sich vorstellen als eine Kette mit zwei unterschiedlichen Gliedern, die jeweils alternieren, nämlich den sich zeitliche ändernden elektrischen Feldern (E) und den sich zeitlich ändernden magnetischen Feldern (B). Die zeitliche Änderung wird angedeutet durch den Punkt über E bzw. B.

Wie können wir eine solche elektromagnetische Welle technisch erzeugen? Wellen entstehen durch Schwingungen. Wir bringen z. B. die Saite einer Gitarre durch Zupfen zum Schwingen und erzeugen damit einen Ton, also eine Schallwelle. Entsprechend müssen wir magnetische und elektrische Felder zum Schwingen anregen, damit sie eine elektromagnetische Welle erzeugen. Dies könnte geschehen, indem wir ein magnetisches und ein elektrisches Feld irgendwie miteinander koppeln und dieses Gebilde hin-und-herschwingen lassen.

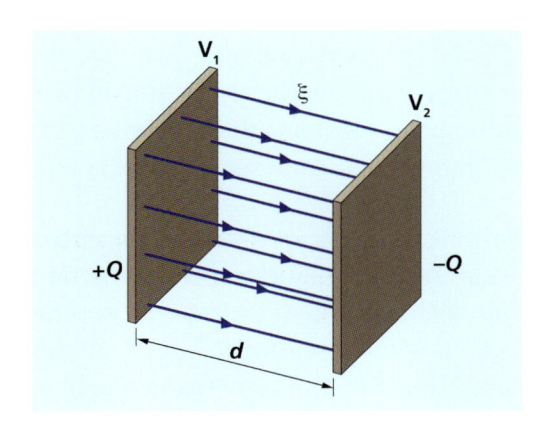

Abb. 17: Kondensator (C): Wir schließen das Ende der Drahtspule an eine leitfähige Platte (V1) und das andere Ende an eine zweite leitfähige Platte (V2). Die beiden sich gegenüberstehenden Platten werden so elektrisch aufgeladen.

Im letzten Abschnitt haben wir gesehen, wie man ein Magnetfeld technisch erzeugt: mittels einer stromdurchflossenen Spule; der Eisenstab ist dabei nicht unbedingt nötig, der korkenzieherartig gewundene Draht allein reicht dafür völlig aus.

Aber wie ermöglichen wir technisch ein elektrisches Feld? Mittels eines Kondensators! Was ist das?

Ein Kondensator besteht im Prinzip aus zwei elektrisch leitfähigen Flächen, die voneinander getrennt sind, z. B. aus zwei sich gegenüberstehenden leitfähigen Platten. Um damit ein elektrisches Feld zu erzeugen, verbinden wir die beiden Platten mit den beiden Polen einer Spannungsquelle. Dadurch lädt sich die eine Platte positiv auf, die andere negativ – damit haben wir einen aufgeladenen Kondensator ° **[Abb. 17]**, und zwischen den beiden Kondensator-Platten existiert ein elektrisches Feld.

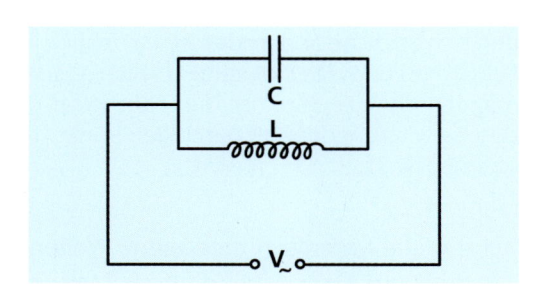

Abb 18: Elektrischer Schwingkreis: Der Kondensator (C) zur Erzeugung eines elektrischen Felds und die Spule (L) zur Erzeugung eines Magnetfeldes sind in einem Stromkreis miteinander verbunden. Wird an diesem Stromkreis eine Wechselspannung (V) angelegt, schwingen die Elektronen von einer Seite zur anderen und wieder zurück in ihre Ausgangsstellung.

Den Kondensator zur Erzeugung eines elektrischen Feldes und die Spule zur Erzeugung eines Magnetfeldes können wir in einem Stromkreis miteinander verbinden. Damit die Elektronen sich im Stromkreis von Kondensator und Spule periodisch bewegen, legen wir eine Wechselspannung **[Abb. 18]** an, also eine Spannung, deren Polarität ständig und regelmäßig wechselt – dann schwingen die Elektronen von links nach rechts und wieder zurück in die Ausgangsstellung. Physiker sprechen daher von einem elektrischen Schwingkreis.

Vereinfacht stellen wir die Spule durch eine einzige Windung dar **[Abb. 19a–e]** (zur weiteren Vereinfachung haben wir in der Abbildung die angelegte Spannung weggelassen, aber nicht in der Realität; die Wechselspannungsquelle müssen wir uns im Bild hinzudenken).

Versammeln sich die Elektronen alle am Plattenkondensator, egal ob links oder rechts **[Abb. 19a; c; e]**, so hat das *elektrische* Feld maximale Stärke; ein Magnetfeld existiert in diesem Augenblick nicht. Durchlaufen alle Elektronen umgekehrt gerade die Windung, dann hat das so erzeugte *Magnetfeld* maximale Stärke, während das elektrische Feld auf null zusammengebrochen ist **[Abb. 19b; d]**. So erzeugen die Elektronen am Plattenkondensator eine *Spannung*, die sich periodisch (z. B. sinusförmig) ändert; in der Windung (Bild: Spule mit nur einer Windung) erzeugen die Elektronen beim Durchlaufen einen *Strom*, dessen Stärke sich ebenfalls periodisch ändert; gegenüber der Spannung an den Kondensator-Platten verschiebt die Spannung in der Spule sich jedoch um genau ein Viertel der Schwingungsperiode (z. B. cosinusförmig).

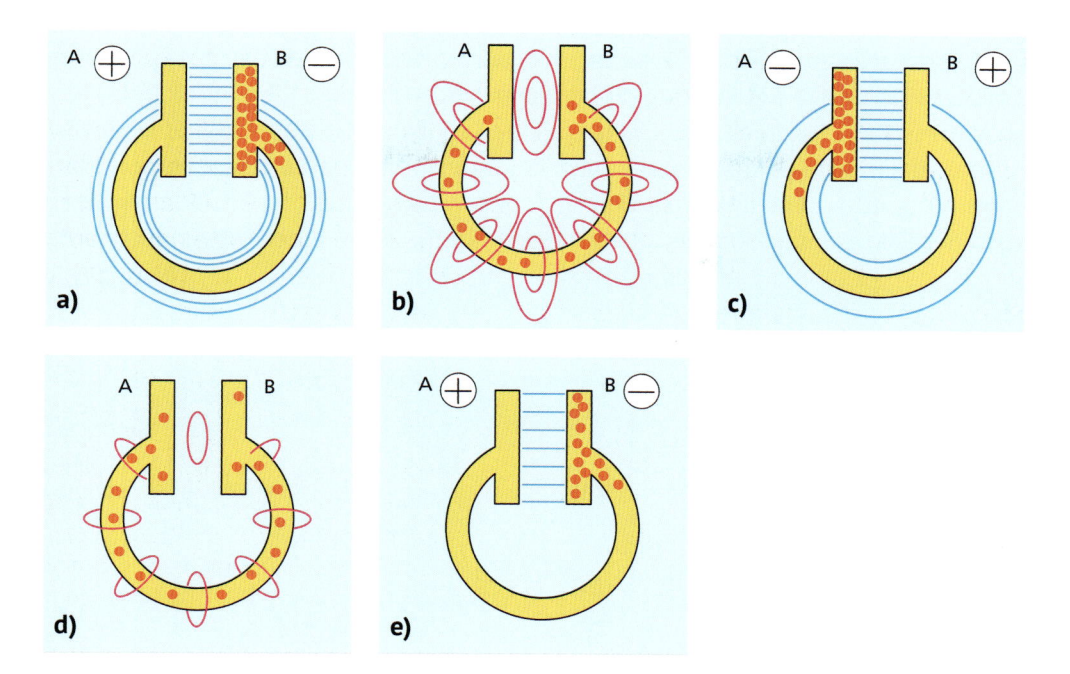

Abb. 19a-e: Elektronenwanderung im elektromagnetischen Schwingkreis: Die angeschlossene Wechselspannung, in der grafischen Darstellung der Einfachheit halber weggelassen (man denke sie sich dazu), sorgt dafür, dass die Elektronen von rechts nach links wandern und wieder zurück in die Ausgangsstellung. Sind alle Elektronen am Plattenkondensator versammelt, dann hat das elektrische Feld volle Stärke (a, c, e). Sind die Elektronen umgekehrt maximal beim Durchlaufen der Windung, dann hat das so erzeugte Magnetfeld die maximale Stärke (b, d).

Auf diese Weise schwingt die elektrische Feldstärke zwischen den Kondensator-Platten vom Maximum über null zum negativen Maximum und wieder über null zurück zum ursprünglichen, positiven Maximum. Dasselbe gilt für die magnetische Feldstärke, aber um eine Viertel-Wellenlänge versetzt **[Abb. 20]**.

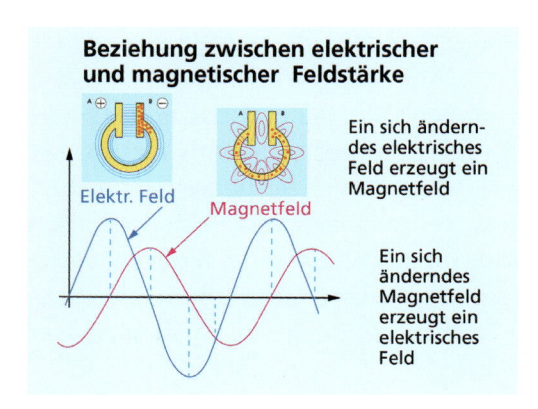

Abb. 20: Die Stärke des elektrischen Feldes (elektrische Feldstärke) schwingt zwischen den Kondensator-Platten vom Maximum über null zum negativen Maximum, dann wieder über null zurück zum ursprünglichen positiven Maximum. Dasselbe gilt für die Stärke des magnetischen Feldes, aber um ein Viertel einer Wellenlänge versetzt.

Wir haben also am Kondensator ein sich periodisch (z. B. sinusförmig) änderndes *elektrisches* Feld und in der Windung (Spule) ein sich änderndes Magnetfeld (dies jedoch cosinusförmig). Hier gilt die Überlegung zur Erzeugung einer elektromagnetischen Welle: Wenn das elektrische Feld sich periodisch so ändert, dass dadurch wieder ein sich änderndes Magnetfeld erzeugt wird, welches dann wieder ein sich periodisch änderndes elektrisches Feld erzeugt, so dass ... usw., dann haben wir eine elektromagnetische Welle.

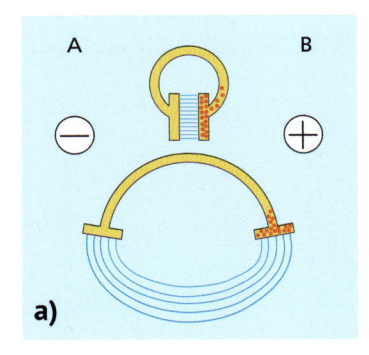

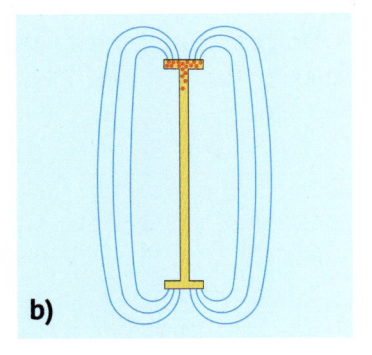

Abb. 21: Beim geöffneten Plattenkondensator bleibt die elektromagnetische Welle nicht innerhalb des Stromkreises, sondern strahlt nach außen ab.

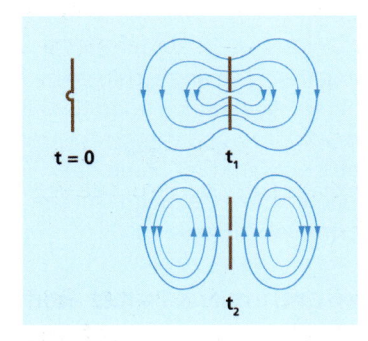

Abb. 22: Bei vollständiger Öffnung haben wir einfach einen Stab, in dem die Elektronen von einem Ende zum anderen schwingen. Die elektromagnetischen Wellen werden so in den Raum ausgestrahlt.

Nun wollen wir aber, dass diese elektromagnetische Welle nicht innerhalb des Stromkreises bleibt, sondern nach außen abstrahlt. Dazu öffnen wir den Plattenkondensator **[Abb. 21a]**. Bei vollständiger Öffnung erhalten wir einfach einen Stab **[Abb. 21b]**, in dem die Elektronen von einem Ende zum anderen schwingen; so werden die elektromagnetischen Wellen in den Raum hinausgestrahlt **[Abb. 22]**. Diese Ausstrahlung, also die elektromagnetische Welle, läuft mit einer bestimmen Geschwindigkeit. Da elektrische und magnetische Felder auch im Vakuum existieren, haben wir hier eine Geschwindigkeit im Vakuum, die nicht an Masse gebunden ist – und genau danach haben wir gesucht.

Diese Zusammenhänge zwischen elektrischen und magnetischen Feldern wurden von Michael Faraday experimentell bestätigt und von James Clerk Maxwell mathematisch beschrieben. Faraday dachte mehr in Bildern wie „Felder", ohne dabei viel Mathematik zu benutzen; Maxwell dagegen fasste die Ergebnisse der Elektrizitätslehre in vier Gleichungen zusammen, den „Maxwell-Gleichungen".

Die Mathematik ermöglicht es, Vergangenheit und Zukunft der elektrischen und magnetischen Felder zu bestimmen, wie Albert Einstein und Leopold Infeld ausführen:

> Nach Maxwell können wir nunmehr an Hand der Gleichungen, in die er seine Theorie gefasst hat, feststellen wie sich das ganze Kraftfeld in Raum und Zeit verändert, sofern wir nur wissen, wie es in einem bestimmten Moment ausgesehen hat. Mit Maxwells Gleichungen lässt sich somit die Entwicklungsgeschichte des jeweiligen Feldes zurückverfolgen, genauso, wie wir es mit den Gleichungen der Mechanik bei Materieteilchen zu tun vermögen.[76]

> ... Frank Vermeulen ...

> Die vier Maxwellschen Gleichungen beschreiben, wie elektromagnetische Phänomene entstehen und wie sie sich fortpflanzen, nämlich als Wellen.[77]

Aus den Maxwell-Gleichungen kann also die Existenz elektromagnetischer Wellen hergeleitet werden. Heinrich Hertz hat diese elektromagnetischen Wellen auch experimentell nachgewiesen; wir benutzen sie täglich für Radio, Fernsehen, Mobiltelefon, Mikrowelle etc.

Am genauesten beschreibt Markus Pössel diese vier Maxwell-Gleichungen; damit fasst er gleichzeitig alles zusammen, was wir bis hierher über die Elektrodynamik gesagt haben:

> Die vier Maxwell-Gleichungen verknüpfen elektrisches und magnetisches Feld mit den Ladungen und Strömen im Raum. Eine der Gleichungen verknüpft die Anwesenheit elektrischer Kräfte mit der Anwesenheit von elektrischen Ladungen: Überall dort, wo Ladungen auftreten, existiert ein wohldefiniertes elektrisches Feld.
> Eine zweite Gleichung sagt aus, dass es kein „magnetostatisches" Feld gibt, das zum elektrischen Feld rund um eine Ladung oder zum Newtonschen Gravitationsfeld einer Masse exakt analog wäre.
> Eine dritte Gleichung besagt, dass ein elektrischer Strom ein Magnetfeld erzeugt und dass andererseits auch ein mit der Zeit veränderliches elektrisches Feld ein Magnetfeld hervorruft. Das Pendant zu diesem letzten Umstand bildet die vierte Gleichung, nach der umgekehrt auch ein zeitlich veränderliches Magnetfeld ein elektrisches Feld erzeugt.[78]

---

76. Einstein & Infeld, S. 162.
77. Vermeulen, S. 173.
78. Pössel, S. 167.

Wir sehen: Entscheidend für die Entstehung elektromagnetischer Wellen ist vor allem das Zusammenspiel der dritten und vierten Maxwell-Gleichung.

Nun haben Wellen auch eine bestimmte Länge, je nach Umständen kann diese variieren. Veranschaulichen wir uns das zunächst an Wasserwellen und Schallwellen: Bei Seicht-Wasserwellen, also Wellen in flachen Randmeeren wie z. B. der Ostsee, wächst die Länge der Wasserwellen mit zunehmender Tiefe des Wassers; bei Schallwellen ist die Wellenlänge umso größer, je tiefer der Ton ist. Diese Bandbreite verschiedener Wellenlängen, das sogenannte Spektrum der Wellenlängen, ist nun bei elektromagnetischen Wellen extrem groß – am linken Ende des elektromagnetischen Spektrums begegnen uns Wellen mit einer Wellenlänge von nur einem milliardstel Teil eines Millimeters[79] (ein Tausendstel Nanometer), z. B. bei Gamma- und Röntgenstrahlung; am rechten Ende des Spektrums haben wir z. B. Radiowellen, die 1000 km lang sein können **[Abb. 23]**.

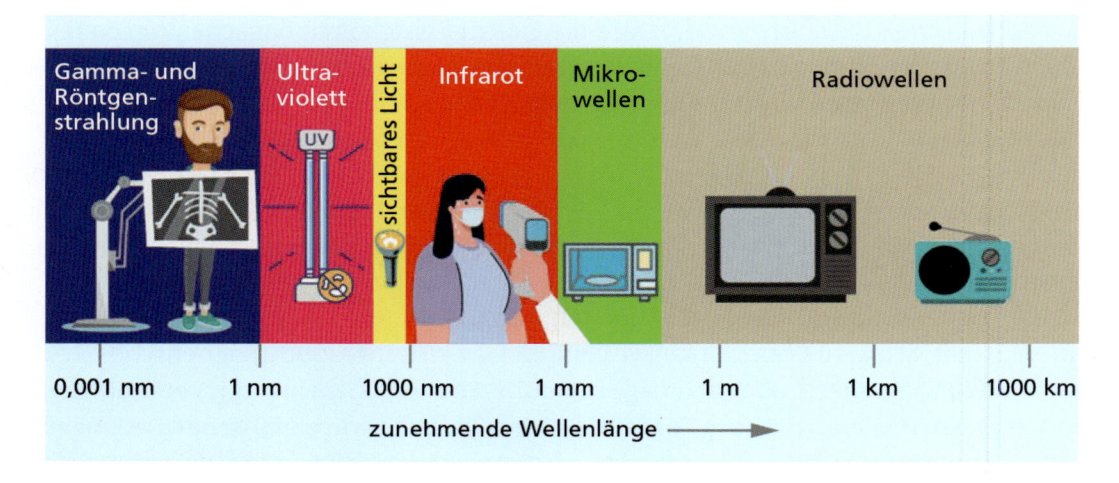

Abb. 23: Wellen haben eine bestimmte Länge, die je nach Umständen länger oder kürzer sein kann. Am linken Ende des elektromagnetischen Spektrums gibt es Wellen, die nur einen milliardsten Teil eines Millimeters lang sind (Gamma- und Röntgenstrahlung), am rechten Ende des Spektrums können Radiowellen 1000 km lang sein.

Das Licht, das wir mit unseren Augen sehen, hat je nach Farbe unterschiedliche Wellenlängen; es liegt im Wellenlängenbereich von etwa 380 bis 780 Nanometer[80]. Die Brockhaus-Enzyklopädie definiert „Licht" so:

---

79. Also 0,001 m · 10^{-9} m = 10^{-12} m, was 0,001 Nanometer ist.

80. Ein Nanometer ist 0,000000001 Meter; oder: 1 nm = 10^{-9} m..

Licht im weiteren Sinn ist der Wellenlängenbereich zwischen etwa 100 nm und 1mm (optische Strahlung), der auch die Infrarotstrahlung (IR-Strahlung, l > 780 nm) und die Ultraviolettstrahlung (UV-Strahlung, l < 380 nm) umfasst (unsichtbares Licht); die Grenzen zu Strahlung mit noch längeren (Mikrowellen) beziehungsweise kürzeren Wellenlängen (Röntgenstrahlung) sind fließend.[81]

Deshalb bezeichnen wir in diesem Buch das gesamte elektromagnetische Spektrum als Licht, also *alle* Wellenlängen und nicht nur die, die wir sehen können. Damit folgen wir dem Vorschlag von Markus Pössel: „Wir einigen uns bei dieser Gelegenheit auf einen im Zusammenhang mit Einsteins Relativitätstheorie sehr verbreiteten Sprachgebrauch, dem zufolge der Begriff ‚Licht' stellvertretend für alle Arten elektromagnetischer Strahlung stehen kann."[82]

1.4.5 Bewertung der Religionen und Glaubensüberzeugungen im Gleichnis der Elektrodynamik

Folgen wir weiter der Physik als Gleichnis für unser Leben: Dass elektrische und magnetische Felder und Wellen auch unabhängig von einem Medium (von Masse) existieren, dem entspricht in der Welt der Religionen, dass es Geist, Geister, Engel, Götter oder Dämonen gibt auch unabhängig von einem Medium (vom Menschen). Demnach existiert also etwas auch über das rein Materielle hinaus – eine wichtige Erkenntnis!

Trotzdem tappen wir bei der Frage nach der Wahrheit noch völlig im Dunkeln: Wie sollen wir die Welt der verschiedenen Religionen und unterschiedlichen Glaubensüberzeugungen denn bewerten? Sind sie alle wahr, oder sind nur einige wahr, andere falsch? Ist auch im unsichtbaren, nicht an Masse gebundenen Bereich alles relativ? Ist jede Glaubensüberzeugung relativ? Oder gibt es eine absolute Wahrheit?

Im Gleichnis der Physik wird diese grundlegende Frage beantwortet durch die Geschwindigkeit der elektromagnetischen Wellen, also durch die Lichtgeschwindigkeit.

Aber bevor wir dieser Frage auf der Ebene der Physik nachgehen, nehmen wir einige Fakten über das Verhältnis der Religionen zueinander zur Kenntnis: Bei oberflächlicher Betrachtung kommen viele zu dem Ergebnis, verschiedene Wege führten alle zum selben Gott, zum selben Ziel.

Matthias Klaus illustriert diese oberflächliche Betrachtungsweise mit einer Geschichte, die im Buddhismus gerne erzählt wird:

---

81. Brockhaus, elektronische Version; Stichwort: „Licht".   82. Pössel, S. 37–38.

> Mehrere Blinde kommen zu einem Elefanten und betasten ihn. Der erste Blinde sagt: „Das Tier ist so lang und geschmeidig wie eine Schlange." Der andere widerspricht ihm und sagt: „Nein, nein, es ist dick und rund wie ein großer Baumstamm." Der Dritte dagegen behauptet: „Nein, es ist groß und flach." Wie kommen sie zu diesen unterschiedlichen und sich (scheinbar) widersprechenden Aussagen? Sie betasten doch alle ein und denselben Elefanten![83]

Bei genauerer Betrachtung kommt man zu dem Ergebnis, dass die Weltreligionen sich gerade in den grundlegenden und entscheidenden Dingen widersprechen, z. B. zu Fragen wie: „Gibt es nur einen Gott oder viele? Ist Gott (oder: sind die Götter) Personen oder bloße Kräfte? Worin liegt das Problem der Menschheit – in der Sünde oder im Nichtwissen? Bedeutet Errettung, ein Leben zu führen in Wiederherstellung unseres Verhältnisses zu Gott (oder: den Gottheiten), oder ist es ein Entlassen-Werden aus einem Kreislauf von Wiedergeburten (Reinkarnationen)? Falls es einen Himmel oder eine Hölle gibt, wie sehen sie aus?"

Der Hinduismus verehrt 300.000 Götter (die stellen letztlich nur eine unpersönliche Kraft dar) sowie Brahma, den Einen, die Seele des Kosmos. Die japanische Shinto-Religion lehrt, dass allen Geschöpfen Götter innewohnen. Im Gegensatz dazu glauben die meisten Buddhisten überhaupt nicht an einen Gott oder an Götter. Der Islam dagegen bekräftigt den Glauben an einen einzigen Gott.

Freilich gibt es auch Gemeinsames: Hindus und Buddhisten glauben, der Mensch sei in einem Kreislauf der Wiedergeburten gefangen; und beide Religionen lehren, das Problem des Menschen sei nicht die Sünde, sondern das Nichtwissen – durch Meditation und Gehorsam könnten wir aus unserer Verwirrung zur Wirklichkeit gebracht werden.

An einem Punkt jedoch trennen sich die Wege: Buddhisten sind dem achtfachen Pfad Buddhas verpflichtet und hoffen auf das Nirwana, das die Auslöschung aller Begierden verheißt; Hindus dagegen suchen Freiheit vom Karma durch selbstloses Handeln. Shintoisten haben keine klare Lehre vom Leben nach dem Tod; sie lehren, Errettung erlange man im Hier und Jetzt durch eine gesundheitsförderliche Lebensführung. Der Islam verspricht Errettung, wenn man den Willen Allahs tut; der sei in den „Fünf Säulen" offenbart worden – und niemand, auch kein noch so frommer Moslem, könne mit Gewissheit sein ewiges Schicksal kennen.[84]

Oberflächlich betrachtet gibt es also durchaus Gemeinsamkeiten, aber im Kern widersprechen sich die Religionen grundlegend. Das gilt insbesondere für den Vergleich zwischen Christentum/Judentum einerseits und Islam andererseits, auch wenn beide Seiten nur einen einzigen Gott verehren und viele Geschichten der Bibel mehr oder weniger ähnlich im Koran zu lesen sind.

---

83. Klaus, S. 98.

84. Lutzer, S. 51–54 (zusammengefasst).

Wer das Christentum auch nur ein klein wenig kennt, der weiß, dass hier das Kreuz im Zentrum steht: Es zeigt Jesu stellvertretendes Sterben für die Sünden all derer, die ihm vertrauen. Diese grundlegende Wahrheit finden wir nicht nur im Neuen, sondern schon im AT – dort symbolisch und als Prophetien, also vorhergesagt. Ohne Jesu Kreuzigung und seine anschließende Auferstehung zur Bestätigung würde alles andere in der Bibel keinen Sinn ergeben.[85] – Gerade in diesem zentralen Punkt widerspricht der Koran der Bibel geradeheraus und behauptet, Jesus sei gar nicht am Kreuz gestorben;[86] die Deutung dieser Koran-Aussage hat bis heute in der islamischen Welt größtes Gewicht, wie die Islamwissenschaftlerin Christine Schirrmacher feststellt.[87]

Um in die Fülle dieser vielen Fragen Ordnung und Struktur zu bringen und die entscheidende Frage zu stellen, kehren wir zurück zur Physik; hier spiegelt sich das Wirrwarr der Religionen in den elektrischen und magnetischen Kraftfeldern gleichnishaft wider.

Ist die Geschwindigkeit dieser beiden Kraftfelder – die, miteinander verkoppelt, zur elektromagnetischen Welle werden – ist diese Geschwindigkeit ebenfalls relativ, oder ist sie absolut? Diese Frage erweist sich im Gleichnis der Physik als Schlüssel-Frage zur rechten Bewertung der Religionen und Glaubensüberzeugungen.

---

85. Kreuz: 1. Korinther 1,18; 2,2; Galater 5,24; 6,14; Auferstehung: 1. Korinther 15,17.
86. Der *Koran,* Reclam-Ausgabe: 4. Sure, 157: „Und weil sie sprachen: ‚Siehe, wir haben den Messias Jesus, den Sohn der Maria, den Gesandten Allahs ermordet' – doch ermordeten sie ihn nicht und kreuzigten ihn nicht, sondern einen ihm ähnlich ..."
87. Schirrmacher, S. 229–231.

2 Absolutes Licht und das *Relativitätsprinzip als Grundlage der Relativitätstheorie

Damit kommen wir zu der zentralen Frage, auf der die ganze Relativitätstheorie aufbaut: der Frage nach der Geschwindigkeit aller elektromagnetischen Wellen,[88] von nun an als „Lichtgeschwindigkeit" bezeichnet[89].

2.1 Gedankenexperiment: Auf einer elektromagnetischen Welle stehen

Ist die Lichtgeschwindigkeit relativ oder ist sie absolut? Um diese Frage zu klären, wiederholen wir das Gedankenexperiment von Christian auf der Wasserwelle. Aber statt auf einer Wasserwelle lassen wir ihn auf einer elektromagnetischen Welle stehen. Bei der Wasserwelle sahen wir in Gedanken Christian auf einem der Wellenberge im Meer stehen und schauten zu, wie er sich auf diesem Wellenberg Richtung Ufer tragen ließ.

Analog stellen wir jetzt im Gedankenexperiment Christian auf einen Wellenberg der elektromagnetischen Welle **[Abb. 24]**. Was bedeutet das, dass Christian an einer Stelle der Welle steht? An dieser Stelle ändert sich die Welle nicht. Steht er auf einem Wellenberg, so bleibt er darauf – so wie vorher auf der Rolltreppenstufe und auf dem Wasserwellenberg. Bei der elektromagnetischen Welle ist der Wellenberg die maximale Größe der elektrischen Feldstärke. Auf diesem Maximum der elektrischen Feldstärke der Lichtwelle zu stehen hieße, dass Christian mit diesem Maximum mitreisen würde; an der Stelle, wo er steht, bleibt die elektrische Feldstärke unverändert, ist also gleich.

Aber bei der Lichtwelle taucht ein Problem auf, das gab es bei der Rolltreppe und der Wasserwelle nicht: Weil Christian auf dem Wellenberg steht – also auf dem Maximum der elektrischen Feldstärke –, bleibt die Feldstärke in seinem *Bezugssystem immer dieselbe, sie ändert sich also nicht. Wenn aber die elektrische Feldstärke sich nicht ändert, dann erzeugt sie auch kein Magnetfeld; und ein nicht existentes Magnetfeld kann auch kein weiteres elektrisches Feld erzeugen. Die Welle läuft also nicht weiter; aus der Sicht von Christian bricht sie ab.

Eine elektromagnetische Welle (im richtigen Wellenlängenbereich) ist sichtbares Licht; aber für ihn – also von Christians *Bezugssystem aus betrachtet – würde das Licht dann nicht mehr existieren, es würde zur Finsternis.

---

88. Wir behandeln dabei nur elektromagnetische Wellen unabhängig von Masse, also im *Vakuum* – auch bei allen folgenden Ausführungen über elektromagnetische Wellen.

89. Dies ist die logische Folge davon, dass wir alle elektromagnetischen Wellen als „Licht" bezeichnen (s. o.).

Übertragen wir nun auch den Rest des Wasserwellen-Gedankenexperiments auf die Lichtwelle: Athos steht auf dem Steg, also nicht auf dem Maximum der Welle; deshalb zieht die Lichtwelle mit voller Geschwindigkeit an seinen Augen vorbei. Aus seiner Sicht – also von Athos' *Bezugssystem aus gesehen – bleibt das Licht weiterhin Licht.

Abb. 24: Gedankenexperiment: Wir stellen Christian auf einen Wellenberg der elektromagnetischen Welle. Dies bedeutet, dass sich auf diesem Wellenberg die elektrische Feldstärke nicht ändert, sondern dort, wo er steht, immer gleich bleibt.

Dabei stellt sich die Frage: Dürfen wir das Rolltreppen-Beispiel und das Gedankenexperiment mit der Wasserwelle einfach so auf die Lichtwelle übertragen? Anders gefragt: Können wir das, was wir wissen von Wellen, die an ein *Medium gebunden sind, z. B. an Wasser oder Luft – können wir das übertragen auf Wellen, die nicht an ein *Medium gebunden sind?

Rein theoretisch und ohne Experiment lässt sich diese Frage gar nicht klären. Wir können zwar Vermutungen anstellen; aber die bisherigen Vermutungen der Physiker sind recht unterschiedlich ausgefallen – ein Experiment wäre eindeutig zu bevorzugen.

Für die Frage nach der Geschwindigkeit des Lichts bieten sich rein logisch zwei Möglichkeiten: Entweder die Lichtgeschwindigkeit ist relativ oder sie ist absolut; und wie wir gleich sehen werden, erscheint jede dieser beiden Möglichkeiten in sich zunächst absurd, paradox, widersprüchlich. Eine davon aber muss zutreffen, also richtig sein. Welche der beiden Möglichkeiten ist nun wahr und welche falsch?

Als Gleichnis betrachtet, spiegeln sie die Ansichten bzw. Glaubensüberzeugungen unterschiedlicher Gruppen wider.

2.1.1 Erste Möglichkeit: Die Lichtgeschwindigkeit ist relativ – auch als Gleichnis betrachtet

Betrachten wir als Erstes die nächstliegende Möglichkeit: Lichtwellen verhalten sich genauso wie Wellen, die an ein *Medium gebunden sind; Wasserwellen und Schallwellen haben wir bereits untersucht.

Das soeben beschriebene Gedankenexperiment zeigt uns, dass unter diesen Umständen eine paradoxe Situation eintritt: Aus der Sicht eines Beobachters, der mit dem Licht mitreist, wird das Licht zur Finsternis, weil für ihn die Lichtwelle abbricht; aber für die anderen, die nicht mitreisen, bleibt das Licht weiterhin Licht. Für die einen also existiert das Licht, für die anderen nicht, je nach *Bezugssystem.

Bei dieser ersten Möglichkeit ist die Lichtgeschwindigkeit relativ.

2.1.1.1 Die Vorstellungen der Mehrheit der Physiker damals

Entsprechend dem Weltbild der Mechanik vertraten die meisten Physiker damals diese Position: Sie meinten, es müsse auch bei Licht so etwas wie ein *Medium geben; dieses hypothetische „*Medium" nannten sie **„*Äther"**. Von dessen Existenz waren damals fast alle überzeugt:

> Bis 1900 zweifelte ... kaum jemand, dass sich das Licht ähnlich dem Schall in einem materiellen Träger ausbreitet, dem Äther [man dachte damals:] „wenn Licht Schwingungen darstellt, muss doch etwas da sein, was schwingt".[90]

Auch Maxwell – der 1864 mit seinen Maxwell'schen Gleichungen sogar elektromagnetische Wellen vorausgesagt hatte (Hertz entdeckte sie 1886) – auch Maxwell war hier keine Ausnahme. Banesh Hoffmann schreibt über ihn:

> Maxwell wandte sich 1861 erneut dem Problem des Elektromagnetismus zu ... Er entwarf das kühne mechanische Modell eines *Äthers, der mit den elektromagnetischen Phänomenen einherging und deren Gesetzmäßigkeiten bedingt. ... Maxwells elektromagnetisches Modell bestand ... aus einem System von Wirbeln und sie umgebenden Teilchen. Er äußerte sich in seiner Arbeit *Ueber Physikalische Kraftlinien* recht unverblümt zu seinem System molekularer Wirbel: „…. Diese Art der Verbindung ist ... mechanisch denkbar, leicht zu untersuchen und geeignet, die wirklichen mechanischen Beziehungen zwischen den bekannten elektromagnetischen Erscheinungen darzustellen" … Der elektromagnetische *Äther war identisch mit dem *Lichtäther – dem *Medium der Lichtwellen.[91]

---

90. Gerthsen, S. 619.

91. Hoffmann, S. 87–89; 93.

Gemäß diesen Vorstellungen wäre die Physik (Geschwindigkeit) im *Bezugssystem, das sich gegenüber dem *Äther bewegt, eine andere als die Physik im *Bezugssystem des ruhenden *Äthers. Maxwell war von der Existenz des *Äthers so überzeugt, dass er meinte, anhand von Lichtsignal-Messungen vom Jupiter zur Erde müsste man den *Äther nachweisen können.[92]

Heinrich Hertz war der Erste, der elektromagnetische Wellen im Radiowellen-Bereich nachwies. Entsprechend dem Denken der Physiker behauptete er damals: „Nehmt aus der Welt den Licht tragenden *Äther, und die elektrischen und magnetischen Kräfte können nicht mehr den Raum überschreiten."[93]

Gemäß dieser Vorstellung breitet sich Licht nur dann in alle Richtungen gleich schnell aus, wenn die Lichtquelle in diesem *Äther ruht. Bewegt sich aber die Lichtquelle relativ zum Äther, so erwartete man, würden, vom ruhenden Äther aus betrachtet, gemäß der *Galilei-Transformation die Geschwindigkeit des Lichts und die Geschwindigkeit der Bewegung der Lichtquelle in Bewegungsrichtung sich addieren (bei entgegengesetzter Richtung: sich subtrahieren).

Rückblickend schreiben Albert Einstein und Leopold Infeld über diese Phase in der Geschichte der Physik:

> In dem Bemühen, die Naturerscheinungen im mechanistischen Sinne zu deuten, wie es für die ganze Entwicklung der Naturwissenschaft bis ins zwanzigste Jahrhundert charakteristisch ist, sah man sich genötigt, hypothetische Substanzen, wie elektrische und magnetische Fluida, Lichtkorpuskeln und *Äther, einzuführen und erreichte damit nichts weiter als eine Zurückführung aller Schwierigkeiten auf ein paar Grundprobleme. Ein Beispiel hierfür ist eben die Einführung des *Lichtäthers in die Optik. Hier scheinen nun aber all die fruchtlosen Bemühungen, den *Äther auf einfache Art zu konstruieren, im Verein mit anderen Widersprüchen darauf hinzudeuten, dass der Fehler eben schon in der allen anderen Überlegungen zugrunde liegenden Annahme beschlossen liegt, es sei möglich, alle Vorgänge in der Natur vom Mechanischen her zu erklären. Der Naturwissenschaft ist es nicht gelungen, das mechanistische Programm restlos und überzeugend durchzuführen, und heute glaubt kein Physiker mehr, dass es sich überhaupt konsequent zu Ende führen lässt.[94]

---

92. „Indem man die Änderung des Eklipsen-Rhythmus misst, so wie er auf der Erde beobachtet wird, müsste man also die Geschwindigkeit des Sonnensystems und der Erde relativ zum *Äther ableiten können." (Hoffmann, S. 94–95).
93. Bührke, S. 23.
94. Einstein & Infeld, S. 134–135.

2.1.1.2 Im Gleichnis: Die Vorstellungen der Mehrheit

Die damalige Sicht der Physiker eignet sich als Gleichnis hervorragend für das multikulturelle Denken und den Zeitgeist von heute. Sie passt in jede Art von Kulturrelativismus, und zwar auch und gerade dann, wenn man dabei nicht nur an Kultur denkt, sondern auch Religionen und Glaubensüberzeugungen miteinbezieht.

Wie wir bereits sahen, zeigt die Philosophie-Geschichte, dass es keine absolute Philosophie gibt. Wie man damals in der Physik davon ausging, alle Geschwindigkeiten seien relativ, weil man überall ein *Medium annahm (bei Licht den *Lichtäther), so ist für den heutigen Zeitgeist auch der Wahrheitsgehalt aller Religionen und Glaubensüberzeugungen nur relativ – demnach gibt es keine absolut wahre Religion und keine Glaubensüberzeugung, die für sich in Anspruch nehmen könnte, die absolute Wahrheit zu sein.

Das Gedankenexperiment von Christian und Athos ist dafür ein sehr treffendes Gleichnis: Was für Athos „Licht" ist, das ist für Christian „Finsternis". Dieses Denkmuster entspricht unserem multikulturellen Denken „Alle Religionen haben ihre Berechtigung"; es darf nur keine Religion für sich allein den Absolutheitsanspruch erheben. Denn alle Wahrheit ist relativ. – Das ist die Sicht der Postmoderne.

Diese Sicht deutet die Tatsache der einander widersprechenden Religionen dahingehend, dass eben keine absolut wahr sei. Wie im Gleichnis der Physik (wo in Christians *Bezugssystem das Licht nicht mehr existiert) kann in diesem relativistischen Denken für den einen etwas wahr sein (Licht), was für den anderen falsch ist (Finsternis). Für die eine Religion existieren Dinge, die für die andere Religion nicht existieren. Ein zentrales Beispiel:

- Für Moslems und Christen gibt es nur einen einzigen Gott, für Atheisten gibt es überhaupt keinen Gott. Beides kann man nebeneinander stehen lassen, denn eine absolute Wahrheit gibt es laut Zeitgeist nicht.

- Für Christen ist Jesus am Kreuz gestorben und wieder auferstanden; für sie ist Jesus der allmächtige Gott – Gott, der Sohn. Für Moslems ist Jesus dagegen nur ein Prophet, er starb nicht am Kreuz; das tat ein anderer, der ihm ähnlich war.

Wenn es keine absolute Wahrheit gibt, ist das alles kein Problem, wenn also alle Wahrheit nur relativ ist, nämlich relativ zu dem *Bezugssystem, von dem aus die Sache beobachtet wird. Atheisten haben nun mal ein anderes *Bezugssystem als Moslems und diese haben wieder ein anderes *Bezugssystem als Christen. Hindus und viele

Buddhisten befinden sich wieder in einem anderen *Bezugssystem; aus ihrer Sicht gibt es mehrere Leben, während es im *Bezugssystem eines Christen jedem Menschen nur einmal gesetzt ist zu sterben, dann das Gericht[95].

Da diese Sicht der relativen Wahrheit ganz in das multikulturelle Denken passt und damit der Postmodernen entspricht, teilen viele Menschen sie, besonders in der westlichen Gesellschaft.

2.1.2 Zweite Möglichkeit: Die Lichtgeschwindigkeit ist absolut – auch als Gleichnis betrachtet

Diese zweite Möglichkeit besagt, dass die Lichtgeschwindigkeit vom *Bezugssystem unabhängig ist: Egal, wie schnell sich jemand auf eine Lichtquelle zu- oder von ihr wegbewegt, die Lichtgeschwindigkeit bleibt in jedem *Bezugssystem immer gleich. Für die Mehrheit der Physiker damals war diese Sicht undenkbar, denn sie widersprach der *Galilei-Transformation [siehe Abb. 4a–b].

2.1.2.1 Die Vorstellungen von Einstein damals

Einstein aber dachte anders. Seit seinem 16. Lebensjahr hatte er das oben beschriebene Gedankenexperiment im Kopf:

> Wenn ich einem Lichtstrahl nacheile mit Geschwindigkeit c[96] (Lichtgeschwindigkeit im Vakuum), so sollte ich einen solchen Lichtstrahl als ruhendes, räumlich oszillierendes elektromagnetisches Feld wahrnehmen. So was kann es aber nicht geben, weder aufgrund der Erfahrung noch gemäß den Maxwellschen Gleichungen.[97] Intuitiv klar schien es mir von vornherein, dass von einem solchen Beobachter aus beurteilt, alles sich nach denselben Gesetzen abspielen müsse wie für einen relativ zur Erde ruhenden Beobachter. Denn wie sollte der erste Beobachter wissen bzw. konstatieren können, dass er sich im Zustand rascher gleichförmiger Bewegung befindet?[98]

---

95. Hebräer 9,27.
96. „Das ‚c' kommt vom lateinischen Wort für schnell: von citius. So wie im Motto der Olympischen Spiele: Citius, altius, fortius: schneller, höher, stärker. Und da die Lichtgeschwindigkeit die für die Physik wichtigste Geschwindigkeit ist, hat man sich für eine Abkürzung entschieden, und damit für c." (Vermeulen, S. 27, Hervorhebung hinzugefügt.) – Der Leser möge selbst entdecken, warum die Abkürzung „c" auch aus einem anderen, zentralen Grund sehr passend ist für die gleichnishafte Bedeutung der Lichtgeschwindigkeit.
97. Hier ist der Grund dafür, dass Einstein die Maxwell-Gleichungen anders gedeutet hat als Maxwell selbst: Anders als dieser ging Einstein davon aus, dass die Maxwell-Gleichungen in jedem *Bezugssystem gleichermaßen gelten.
98. Bührke, S. 11–12.

Demnach schien Einstein sich mehr auf seine Intuition zu verlassen als auf Experimente wie das Michelson-Morley-Experiment[99]. Über diese Intuition schreibt Banesh Hoffmann, Einstein-Schüler und -Biograf:

> Schon in jüngeren Jahren war Einstein von den Naturwissenschaften fasziniert. Er betrachtete die Welt mit brennender Wißbegier, aber auch mit Ehrfurcht und Staunen – Gefühle, die man eher einem Mystiker als einem Naturwissenschaftler zutrauen würde. Viel später hat Einstein einmal erläutert, wie er wissenschaftliche Theorien beurteilte – egal, ob sie von ihm selbst oder von anderen stammten. Er stellte sich dazu die Frage, ob er an Gottes Stelle das Universum nach dem Plan dieser Theorie gestaltet hätte. Eine Theorie ohne jene kosmische Ästhetik, die göttlicher Eingebung würdig wäre, schien Einstein nicht annehmbar – sie war allenfalls ein Notbehelf mangels eines Besseren. In den Relativitätstheorien wird eine solche kosmische Schönheit sichtbar.[100]

Für unser Gedankenmodell, bei dem Christian auf dem Wellenberg einer Lichtwelle stehen will, bedeutet dies für Einstein: Das geht nicht! Denn auch aus Christians Sicht bewegt sich die Welle mit Lichtgeschwindigkeit von ihm weg – folglich kann er nicht auf einem Wellenberg stehen. Auch in Christians *Bezugssystem bleibt Licht weiter Licht.

2.1.2.2 Im Gleichnis: Die Aussage der Bibel im Gegensatz zur Mehrheit

Diese zweite Möglichkeit, als Gleichnis betrachtet, lehnt die Mehrheit als undenkbar ab; es passt gar nicht in unseren Zeitgeist. Aber in der Bibel ist Gott selbst diese eine absolute Wahrheit – der eine Gott und Schöpfer, der sich gleich im ersten Kapitel als solcher vorstellt. Wenn es diesen Schöpfer-Gott wirklich gibt und wenn er die Naturgesetze geschaffen hat, dann zeigt er uns in den Naturgesetzen, dass er selbst die absolute Wahrheit ist.

Dieser eine, absolute Gott hat sich laut der Heiligen Schrift in Jesus Christus offenbart: „... Jesus Christus. Dieser ist der wahrhaftige Gott ..."[101] Jesus Christus hat gesagt: „Ich bin der Weg und die Wahrheit und das Leben. Niemand kommt zum Vater als nur durch mich."[102] Das Gleichnis der Physik gemäß dieser zweiten Möglichkeit bedeutet also: Jesus ist die eine absolute Wahrheit; diese Wahrheit gilt überall, in jedem *Bezugssystem, also in jeder Kultur, für jeden Menschen.

---

99. Zum Michelson-Morley-Experiment siehe 2.4.2: Das Michelson-Morley-Experiment bestätigt das *L-Postulat
100. Hoffmann, S. 112.
101. 1. Johannes 5,20.
102. Johannes 14,6.

2.1.3 Sind die Gesetze der Physik in allen *Bezugssystemen gleichermaßen gültig?

Versuchen wir, uns ganz in den damaligen Wissensstand der Physik hineinzudenken und diese beiden grundverschiedenen Möglichkeiten so neutral wie möglich zu bewerten – tun wir so, als hätten wir noch nie etwas von Einstein gehört. Ganz neutral betrachtet, haben beide Möglichkeiten ihre Berechtigung. Aber können wir bei der Bewertung wirklich neutral bleiben? Oder müssen wir für die Bewertung der Physik eine Vorentscheidung treffen?

Das führt uns weiter zu der Frage: Was ist eigentlich Physik? In der Physik beobachten wir die Natur und stellen bestimmte Gesetze auf – genauer gesagt: Wir erkennen und formulieren sie.

Gelten diese beobachteten Gesetze nur in manchen *Bezugssystemen, in einem anderen *Bezugssystem aber nicht? Oder gelten sie in jedem *Bezugssystem, haben also universelle, absolute Gültigkeit? – Genau diese Frage stellt sich in diesem Gedankenexperiment mit dem Licht:

Gibt es gar kein absolutes Licht? Mit „absolutes Licht" ist hier gemeint, dass Licht immer Licht bleibt, unabhängig vom *Bezugssystem, aus dem man beobachtet.

- 1. Möglichkeit: Wenn Licht in einem *Bezugssystem Licht ist, im anderen nicht, dann ist es kein absolutes Licht.

- 2. Möglichkeit: Das physikalische Gesetz über die Natur des Lichts ist absolut, also in jedem *Bezugssystem gültig.

Braucht ein Physiker nicht einen gewissen Glauben oder Unglauben an die Natur der Physik, um sich zwischen diesen beiden Möglichkeiten zu entscheiden? Nehmen wir die Frage nach dem Licht als Beispiel für alle Gesetze der Physik: Sind die Gesetze der Physik das eine Mal gültig und ein anderes Mal nicht – oder gibt es in der Physik absolute, also universal gültige Gesetze? Falls die Gesetze mal gelten und mal nicht, je nach *Bezugssystem – lohnt es sich dann überhaupt, Physik zu betreiben?

Dieselbe Frage stellt sich in der Übertragung auf unser Leben: Was ist das Leben eigentlich? Ist der Sinn des Lebens – je nach Umständen, Kultur und Zeit – relativ und damit eher sinnlos und wertlos, wie ein Spiel ohne letztgültige Bedeutung? Oder gibt es im Leben einen absoluten Sinn, gültig für alle Menschen in allen Kulturen aller Zeiten?

Gibt es also auch in der gleichnishaften Übertragung auf unser Leben absolutes „Licht"? Gibt es eine absolute Wahrheit, eine absolute Gerechtigkeit, absolute Liebe ...? Oder ist eine solche Vorstellung nur die Projektion menschlicher Wünsche, wie z. B. viele Atheisten annehmen?

2.2 Die beiden *Postulate der Relativitätstheorie

Wissenschaftlich redliches Vorgehen verlangt, dass Überlegungen, Gedankenexperimente und Annahmen sauber getrennt werden von Tatsachen und Fakten. Alle Darlegungen in diesem Kapitel beruhen ausschließlich auf einem Gedankenexperiment sowie gewissen Annahmen Einsteins. Einstein hielt diese Annahmen für notwendig, deshalb werden sie als „***Postulate**" bezeichnet.

Ob das Gedankenexperiment auch wirklich den Tatsachen entspricht, ob also ein tatsächlich durchgeführter Versuch zum gleichen Ergebnis führen würde, das wird erst später diskutiert. Zunächst lernen wir die beiden *Postulate kennen, dazu befassen wir uns mit Einsteins Deutung des beschriebenen Gedankenexperiments. In populärwissenschaftlichen Darstellungen der Relativitätstheorie ist die Reihenfolge der beiden *Postulate unterschiedlich; um keine Verwirrung zu stiften, sprechen wir statt vom ersten und zweiten *Postulat vom „*R-Postulat" (dem *Postulat des *Relativitätsprinzips) und dem „*L-Postulat" (dem *Postulat der absoluten Lichtgeschwindigkeit).

Ob ein *Postulat – eine notwendige Grundannahme – wirklich stimmt, muss noch experimentell geklärt werden; ohne anschließende Experimente wäre das keine seriöse Physik. Das hindert uns aber nicht, vorab Einsteins Überlegungen zu folgen, die er zur Ästhetik des Kosmos angestellt hat; danach werden wir kritisch hinterfragen, ob sie auch wirklich den Fakten entsprechen.

2.2.1 Das Gedankenexperiment führt zu zwei *Postulaten

2.2.1.1 Das R-Postulat

Im Gegensatz zu anderen Physikern seiner Zeit glaubte Einstein aufgrund seines Prinzips der Schönheit des Kosmos, das *Relativitätsprinzip gelte nicht nur für die Gesetze der Mechanik, sondern für alle Gesetze der Physik. Statt also die Gesetze der Elektrodynamik auf die Mechanik zu reduzieren wie die meisten anderen Physiker damals mit ihrem *Postulat des „*Äthers", postulierte Einstein, es müsse umgekehrt das *Relativitätsprinzip erweitert werden.

Einsteins *R-Postulat für die Relativitätstheorie lautet:

> [>] **Die Gesetze der Physik haben in allen *Inertialsystemen die gleiche Form.**
> Einstein erweiterte damit das Newton'sche [Galilei-Newton'sche] *Relativitäts-

prinzip [,abgekürzt *Relativitätsprinzip (GN),] auf alle Gesetze der Physik, einschließlich Elektrizität und Magnetismus, und nicht nur der Mechanik.[103]

Er schloss überhaupt alle physikalischen Phänomene in diese Aussage ein. Einsteins *Relativitätsprinzip lässt sich auch folgendermaßen ausdrücken: Die Gesetze der Physik werden in allen nicht beschleunigten *Bezugssystemen durch dieselben Gleichungen beschrieben.[104]

Dieses erweiterte *Relativitätsprinzip wurde zu einem der beiden *Postulate der speziellen Relativitätstheorie. Da die spezielle **R**elativitätstheorie häufig mit SRT abgekürzt wird, ist es logisch, das von Einstein erweiterte *Relativitätsprinzip als **„*Relativitätsprinzip (SRT)"** zu bezeichnen und damit zu unterscheiden vom *Relativitätsprinzip (GN), welches nur für die Mechanik gilt.

Mit seinen Vorstellungen über das *Relativitätsprinzip (SRT) war Einstein aber nicht ganz allein:

Der französische Mathematiker, theoretische Physiker und Wissenschaftsphilosoph Henri Poincaré ... wandte ... sich schon 1895 gegen das theoretische Flickwerk, mit dem man erklären wollte, warum alle Versuche, den *Ätherwind zu messen, misslungen waren. ... Was wäre – fragte Poincaré –, wenn auch in zukünftigen Experimenten kein *Ätherwind festzustellen wäre? Sollte man dann für jedes Experiment eine Behelfstheorie aufstellen? ... Im Jahre 1904 sprach Poincaré sogar von einem *Relativitätsprinzip, und er vermutete, es müsse eine neue Mechanik geben, in der sich kein Körper schneller als mit Lichtgeschwindigkeit bewegen könnte.[105]

Mit seiner Vorahnung über zukünftige Experimente traf Poincaré ins Schwarze, für andere Physiker hingegen waren deren Ergebnisse sehr unerwartet:

Überraschend schlugen aber einschließlich der optischen Experimente alle Versuche fehl, eine gleichförmige Bewegung relativ zum *Äther nachzuweisen. Aus diesem Grund erhoben Poincaré und Einstein das *Relativitätsprinzip[106] zu einem fundamentalen physikalischen Gesetz.[107]

---

103. https://physikunterricht-online.de/jahrgang-12/ *Postulate-relativitaetstheorie-lorentztransformation/ .
104. Hoffmann, S. 115.
105. Hoffmann, S. 107–108.
106. Gemeint ist hier das Relativitätsprinzip (SRT), also das Relativitätsprinzip, das (laut den meisten damaligen Physikern) auch für die Elektrodynamik gelten sollte.
107. Hoffmann, S. 157.

Auch hier wieder (wie schon vorher, als wir nur über die Mechanik sprachen) kann der Begriff „*Relativitätsprinzip" Verwirrung anrichten, da das Prinzip dahinter doch gerade zeigt, dass die *Gesetze* der Physik *absolut* sind, also vom *Bezugssystem unabhängig gelten.

Der Name „Relativitätsprinzip" kommt daher, dass *dieselben Gesetze in allen relativen *Bezugssystemen gleichermaßen* gelten. Man hat also offensichtlich den Namen gewählt mit Blick auf die *relativen *Bezugssysteme;* mit Blick auf die absoluten Physik-Gesetze aber wäre dasselbe Prinzip wohl „Absolutheitsprinzip" genannt worden.

Tatsache ist, dass mit diesem Prinzip etwas Relatives verknüpft wird mit etwas Absolutem: Das absolute Gesetz gilt in jedem relativen *Bezugssystem.

Das *Relativitätsprinzip kommt in drei Varianten vor, zwei davon haben wir bereits kennengelernt. Um auch hier keine Verwirrung aufkommen zu lassen und alle drei *Relativitätsprinzipien sicher zu unterscheiden, gebrauchen wir zusätzlich drei Abkürzungen:

- Das erste *Relativitätsprinzip aus der Mechanik haben wir „Galilei-Newton'sches *Relativitätsprinzip" genannt, abgekürzt „*Relativitätsprinzip (GN)".

- Das zweite *Relativitätsprinzip ist das um die Elektrodynamik erweiterte *Relativitätsprinzip, es ist Grundlage der speziellen Relativitätstheorie; daher nannten wir es „*Relativitätsprinzip (SRT)".

Diese beiden gelten nur für *Inertialsysteme, also für *Bezugssysteme, die zueinander konstante Geschwindigkeiten haben. Dieses *Relativitätsprinzip (SRT) ist identisch mit dem *R-Postulat der Relativitätstheorie.

Im vierten Kapitel kommen wir zur allgemeinen Relativitätstheorie, häufig mit „ART" abgekürzt; dann wird auch das *Relativitätsprinzip (SRT) erweitert und zwar dahingehend, dass es nicht nur für *Inertialsysteme gilt, sondern überall – „allgemein". Das werden wir dann „**Relativitätsprinzip (ART)**" nennen.

2.2.1.2 Das L-Postulat

Es gibt noch ein zweites *Postulat, das *L-Postulat. Seit seinem 16. Lebensjahr hatte Einstein sich beschäftigt mit der Frage, ob man sich auf eine Lichtwelle setzen oder ihr nacheilen könne; das Ergebnis des Gedankenexperiments lautete: Nein.

Das führte zu dem *L-Postulat: > **Die Lichtgeschwindigkeit ist in allen *Bezugssystemen immer gleich, ist also konstant bzw. absolut. Das *L-Postulat der Relativitätstheorie ist die absolute Lichtgeschwindigkeit.** Als alternative Bezeichnung finden wir häufig in der Literatur die Formulierungen „konstante Lichtgeschwindigkeit" oder „Konstanz der Lichtgeschwindigkeit". – Solche Größen, die unabhängig vom Bezugssystem sowie beim Wechsel des Bezugssystems unverändert bleiben, nennt man in der Physik **„*Invarianten"**; die absolute Lichtgeschwindigkeit ist also eine *Invariante.

Brian Cox und Jeff Forshaw z. B. schreiben über Einstein: „Sein Genie bestand darin, die Konstanz der Lichtgeschwindigkeit ernst zu nehmen."[108] Man kann sich fragen, ob diese Bezeichnung „Konstanz der Lichtgeschwindigkeit" nicht für manchen irreführend ist und ob hier die Tragweite dieser Tatsache hinreichend deutlich wird; denn konstante Geschwindigkeiten gibt es ja reichlich: Jeder Gegenstand im schwerelosen Weltall (bzw. im *Inertialsystem) verharrt in seiner konstanten Geschwindigkeit, solange keine äußeren Kräfte auf ihn einwirken (siehe 1.3.1.1 Das erste Newton'sche Gesetz, auch als Gleichnis: Trägheit)

Das Besondere an der Lichtgeschwindigkeit ist aber etwas, das uns logisch unvorstellbar scheint: Die Lichtgeschwindigkeit ist in allen *Bezugssystemen gleich, damit ist sie absolut.

Kip Thorne[109] spricht treffender von der Universalität und Absolutheit der Lichtgeschwindigkeit; er schreibt über Einstein:

> So erkannte er nach einigem Nachdenken intuitiv, dass die Lichtgeschwindigkeit eine universelle Größe sein musste, die unabhängig von der Bewegungsrichtung und der Geschwindigkeit eines Beobachters ist. Nur in diesem Fall, so argumentierte er, konnten die Maxwellschen Gesetze des Elektromagnetismus in eine einheitliche, einfache und schöne Form gebracht werden (etwa: „Magnetische Feldlinien sind stets geschlossene Linien"), und er war fest davon überzeugt, dass das Universum letztlich nach einfachen und eleganten Gesetzen aufgebaut sein müsse. Aus diesem Grund führte er als fundamentales neues Prinzip die Absolutheit der Lichtgeschwindigkeit in die Physik ein.[110]

2.2.2 Die beiden *Postulate in der Zusammenschau

Aber man kann durchaus fragen, ob wir rein logisch nicht schon auskommen könnten mit dem *R-Postulat, dem „*Relativitätsprinzip (SRT)", da es das Relativitätsprinzip (GN) auf die Elektrodynamik erweitert bereits die absolute Lichtgeschwindigkeit bereits enthält.

Einstein selbst erklärt die absolute Lichtgeschwindigkeit mit dem *Relativitätsprinzip (SRT), er begründet das *L-Postulat mit dem *R-Postulat. Denn wie schon erwähnt, sagte

---

108. Cox & Forshaw, S. 238.
109. Nobelpreisträger (2017). Kip Thorne veröffentlichte mit J. Wheeler und Ch. Misner das Standardwerk Gravitation über Einsteins allgemeine Relativitätstheorie.
110. Thorne, S. 87.

er zum Gedankenexperiment über die Lichtgeschwindigkeit (das ihn seit seinem 16. Lebensjahr beschäftigt hatte): „Intuitiv klar schien es mir von vornherein, dass von einem solchen Beobachter aus beurteilt, alles sich nach denselben Gesetzen abspielen müsse wie für einen relativ zur Erde ruhenden Beobachter." Mit diesen Worten begründet er das *L-Postulat mit dem *R-Postulat.

Wäre ein „*Postulat" (Grund*satz*) dasselbe wie ein logisch unabhängiges „Axiom" (Grund*annahme*), dann gäbe es in der Tat zur Relativitätstheorie nur ein einziges *Postulat.

Gemäß der Definition bei Wikipedia ist ein Axiom nicht unbedingt auf Mathematik begrenzt:

> Ein Axiom (von griechisch ἀξίωμα::*axioma* „Wertschätzung, Urteil, als wahr angenommener Grundsatz") ist ein Grundsatz einer Theorie, einer Wissenschaft oder eines axiomatischen Systems, der innerhalb dieses Systems weder begründet noch deduktiv abgeleitet wird. Innerhalb einer formalisierbaren Theorie ist eine These ein Satz, der bewiesen werden soll. Ein Axiom ist ein Satz, der nicht in der Theorie bewiesen werden soll, sondern beweislos vorausgesetzt wird. Wenn die gewählten Axiome der Theorie [auch voneinander] *logisch unabhängig* sind, so kann keines von ihnen aus den anderen hergeleitet werden.[111]

Die Natur der Lichtgeschwindigkeit, konkret: das Ergebnis des noch zu behandelnden Michelson-Morley-Experiments, kann aber aus dem *R-Postulat logisch abgeleitet werden.

Freilich kann man auch umgekehrt argumentieren: Aus der absoluten Lichtgeschwindigkeit (*L-Postulat) folgt logisch das *Relativitätsprinzip der Elektrodynamik; dieses erweitert damit das *Relativitätsprinzip (GN) der Mechanik zum *Relativitätsprinzip (SRT). So betrachtet, ist die absolute Lichtgeschwindigkeit das logisch unabhängige Axiom, während das *Relativitätsprinzip (SRT) von jener abhängig ist. In diesem Fall wäre es passend, die Reihenfolge der beiden *Postulate bzw. Annahmen umzukehren, wie es Albert Einstein und Leopold Infeld taten, als sie schrieben:

Unsere neuen Annahmen lauten:

1. Die Lichtgeschwindigkeit im Vakuum ist für alle gleichförmig gegeneinander bewegten Systeme gleich groß.

---

111. https://de.wikipedia.org/wiki/Axiom (Hervorhebung im Original).

2. In allen gleichförmig gegeneinander bewegten Systemen gelten durchweg die gleichen Naturgesetze.[112]

Wir sehen, die beiden *Postulate sind untrennbar miteinander verknüpft: Die absolute Lichtgeschwindigkeit sorgt dafür, dass die Naturgesetze universale, absolute Gültigkeit haben – und umgekehrt: Weil absolute Naturgesetze gelten, also: weil es Naturgesetze gibt, die in allen *Bezugssystemen gültig sind, deshalb muss es eine absolute, eine konstante Lichtgeschwindigkeit geben.

So können wir auch bei der Übertragung der Physik auf unser Leben erwarten, dass diese beiden Prinzipien nicht wirklich voneinander zu trennen sind.

2.3 Die beiden *Postulate als Gleichnis betrachtet

2.3.1 Die absolute Lichtgeschwindigkeit als Gleichnis: Gott ist Licht

Für die absolute Lichtgeschwindigkeit (also das *L-Postulat) als Gleichnis gibt es in der Bibel einen Schlüsselvers: „Und dies ist die Botschaft, die wir von ihm gehört haben und euch verkündigen: dass Gott Licht ist und gar keine Finsternis in ihm ist."[113] Kurz und bündig: Gott ist Licht.

Gottes Wesen ist – im Gleichnis der Physik – am besten zu beschreiben mit „Licht". Wie man das Wesen eines Künstlers erkennt an seinen Werken, so können wir Gott daran erkennen, dass er bei der Erschaffung von Himmel und Erde als Allererstes das Licht geschaffen und es als „gut" bewertet hat: „Und Gott sprach: Es werde Licht! Und es wurde Licht. Und Gott sah das Licht, dass es gut war; und Gott schied das Licht von der Finsternis."[114]

Wie man bestimmte Leute schon an der Kleidung erkennt, so sagt uns die Bibel, dass Gott sich in Licht gekleidet hat: „Du, der in Licht sich hüllt wie in ein Gewand ..." Weiter erwarten wir, dass die Wohnung etwas zeigt über den, der darin wohnt: Vögel wohnen in der Luft und in Nestern, Fische im Wasser, Menschen in Häusern. Entsprechend sagt die Bibel, dass Gott im Licht wohnt: „... der allein Unsterblichkeit hat und ein unzugängliches Licht bewohnt ..."[115]

---

112. Einstein & Infeld, S. 196.
113. 1. Johannes 1,5.
114. 1. Mose 1,3–4.

115. Gott in Licht gehüllt: Psalm 104,2. Gott wohnt im unzugänglichen Licht: 1. Timotheus 6,16.

Als Gott mit Hiob direkt vom Himmel her redet, ihm nach Hiobs vielen Fragen aus dem Wettersturm antwortet, heißt es: „Siehe, er breitet darüber sein Licht aus ... Und jetzt sieht man das Licht nicht, das durch die Wolken verdunkelt ist; aber ein Wind fährt daher und fegt den Himmel rein. Aus dem Norden kommt ein goldener Schein, um Gott ist furchtbare Hoheit."[116]

Viel direkter, ganz offensichtlich in Lichtgestalt, sprach Gott mit Mose, er sprach mit ihm von Angesicht zu Angesicht.[117] Wir erfahren dort zwar nicht direkt, wie Gottes Angesicht ausgesehen hat, wohl aber wird indirekt die Wirkung dieser Begegnung geschildert, die Wirkung auf Mose und durch Mose wieder auf andere:

> Es geschah aber, als Mose vom Berg Sinai herabstieg [...] da wusste Mose nicht, dass die Haut seines Gesichtes strahlend geworden war, als er mit ihm geredet hatte. Und Aaron und alle Söhne Israel sahen Mose an, und siehe, die Haut seines Gesichtes strahlte; und sie fürchteten sich, zu ihm heranzutreten. [...]
>
> Da sahen die Söhne Israel Moses Gesicht, dass die Haut von Moses Gesicht strahlte.[118]

Im NT wird Bezug genommen auf diese Begegnung: Die Gestalt Gottes, die Mose auf dem Berg gesehen hatte und die dazu führte, dass Moses Gesicht strahlte, diese Gestalt Gottes wird dort als „Herrlichkeit des Herrn" bezeichnet. Dass Gottes Angesicht (das, was Mose geschaut hatte) Licht ist, wird auch in vielen anderen Bibelstellen gesagt.[119]

Auch der engste Kreis der Jünger Jesu hatte auf jenem Berg eine solche Begegnung mit Jesus: „Und nach sechs Tagen nimmt Jesus den Petrus und Jakobus und Johannes, seinen Bruder, mit und führt sie abseits auf einen hohen Berg. Und er wurde vor ihnen umgestaltet. Und sein Angesicht leuchtete wie die Sonne, seine Kleider aber wurden weiß [leuchtend][120] wie das Licht." Dort trafen sie auch Mose wieder (der war damals schon seit rund anderthalb Jahrtausenden tot).[121]

---

116. Hiob 36,30; 37,21–22.
117. Gott sprach mit Mose von Angesicht zu Angesicht: 2. Mose 33,11; 4. Mose 12,8. – Hier könnte jemand behaupten, die Bibel würde sich widersprechen, denn im NT schreibt Johannes: „Niemand hat Gott jemals gesehen." Wer nicht verstanden hat, dass Gott ein dreieiner Gott ist, für den bleibt das ein Widerspruch. Aber ähnlich, wie H_2O nicht nur als flüssiges Wasser in Erscheinung tritt, sondern auch als fester Eisblock und als gasförmiger Wasserdampf, so tritt Gott nicht nur als Gott der Vater auf, sondern auch als Gott der Sohn und Gott der Heilige Geist. Entsprechend braucht man nur die zweite Vershälfte zu lesen: „.... der eingeborene Sohn, der in des Vaters Schoß ist, der hat ihn kund gemacht" (Johannes 1,18). Derjenige, der mit Mose von Angesicht zu Angesicht gesprochen hat, war also Jesus Christus.
118. 2. Mose 34,29–30.35.
119. Licht als Herrlichkeit: 2. Korinther 3,18 im Zusammenhang von 2. Korinther 3,16–18; Psalm 4,7; 44,4; 89,16; 90,8; Jesaja 2,5.
120. Wenn es hier heißt: „seine Kleider aber wurden weiß wie das Licht", so kann man das genauso gut übersetzen mit „seine Kleider aber wurden leuchtend (licht, glänzend) wie das Licht". (Zur alternativen Übersetzung „leuchtend" statt „weiß" für den griechischen Begriff leukos::λευκός siehe Bauer, S. 958, und Menge, S. 421.)
121. Leuchtete wie die Sonne: Matthäus 17,1–2. – Der hier gebrauchte griechische Begriff ist leukos::λευκός und bedeutet laut Hermann Menge, S. 421, „1. licht, leuchtend, schimmernd, glänzend, hell, klar, rein, nackt. 2. weiß, weißlich ...".
– Begegnung mit Mose: Matthäus 17,3.

1. Johannes 1,5 („... dass Gott Licht ist ...") als Schlüsselvers ist nichts anderes, als was Jesus auch über sich gesagt hat: „Ich bin das Licht der Welt.". Diese mehrfach wiederholte Selbstaussage von Jesus Christus ist so grundlegend, dass Johannes Jesus zuweilen einfach als „Licht" bezeichnet.[122]

Und dann gab es noch einen, dem Jesus in Lichtgestalt begegnete – Saul, als er die Christen auf Leben und Tod verfolgte: „Als er aber hinzog, geschah es, dass er sich Damaskus näherte. Und plötzlich umstrahlte ihn ein Licht aus dem Himmel; und er fiel auf die Erde und hörte eine Stimme, die zu ihm sprach: Saul, Saul, was verfolgst du mich? Er aber sprach: Wer bist du, Herr? Er aber sagte: Ich bin Jesus, den du verfolgst." Die Begegnung mit diesem Licht, mit Jesus Christus, verwandelte den Christenverfolger Saul zu einem neuen Menschen, der sich dann Paulus nannte und im Laufe seines Lebens rund ein Viertel des NT verfasste. Denn mit diesem Licht hatte er eine Offenbarung direkt von Gott, wie er später in einem Brief an die Gemeinden in Galatien schrieb.[123]

Dieses Licht wird, im engeren Sinne, auch als „Herrlichkeit Gottes" bezeichnet. Die Bibel gewährt uns einen direkten Blick in den Himmel, wo wir die Wohnstätte Gottes als Licht sehen mit Gott selbst als Quelle des Lichts: „Und die Stadt bedarf nicht der Sonne noch des Mondes, damit sie ihr scheinen; denn die Herrlichkeit Gottes hat sie erleuchtet."[124]

In dieser himmlischen Wohnung aus Licht werden einmal alle sein, die ihr Leben Jesus Christus anvertraut, ihn als Herrn und Retter angenommen haben. Solche werden im NT „Heilige"[125] genannt. Diesen Christen bzw. Heiligen[126] ist zugesagt, dass auch sie in alle Ewigkeit in diesem (ansonsten unzugänglichen) Licht wohnen werden: „... dem Vater danksagend, der euch fähig gemacht hat zum Anteil am Erbe der Heiligen im Licht." Die Aussage der Bibel ist klar: Nicht nur in einem einzelnen Vers, sondern in ihrer durchgängigen Gesamtaussage ist Gott Licht; und diejenigen, die zu Gott gehören, werden als „Kinder des Lichts" bezeichnet: „Denn einst wart ihr Finsternis, jetzt aber seid ihr Licht im Herrn. Wandelt als Kinder des Lichts."[127]

---

122. Selbstaussage von Jesus als „Licht": Johannes 8,12; 9,5; 12,35-36. Jesus einfach als Licht bezeichnet: Johannes 1,5.7-13; 3,19.
123. Apostelgeschichte 9,3-5. Offenbarung direkt von Gott: Galater 1,11-12.
124. Licht als Herrlichkeit Gottes: 2. Korinther 3,16-18. Gottes Herrlichkeit erleuchtet die himmlische Stadt: Offenbarung 21,23.
125. Solche, die man heute als „wiedergeborene Christen" bezeichnet, werden im NT nur sehr selten so genannt, nur drei Mal: Apostelgeschichte 11,26; 26,28 und 1. Petrus 4,16. Stattdessen bezeichnet das NT sie normalerweise (46 Mal) als Heilige (konkret in: Apostelgeschichte 9,13.32.41; 26,10; Römer 1,7; 12,13; 15,25-26.31; 16,2.15; 1. Korinther 1,2; 6,1-2; 14,33; 16,1.15; 2. Korinther 1,1; 8,4; 9,1.12; 13,12; Epheser 1,1.15.18; 2,19; 3,8.18; 4,12; 5,3; Philipper 1,1; 4,21-22; Kolosser 1,4.12.26; 3,12; 1. Thessalonicher 3,13; 2. Thessalonicher 1,10; 1. Timotheus 5,10; Philemon 1,5.7; Hebräer 6,10; 13,24; Judas 1,3; Offenbarung 5,8; 8,3-4; 11,18; 13,7.10; 14,12; 16,6; 17,6; 18,20.24; 19,8; 20,9; 22,11).
126. Heilige sind sie nicht von sich aus (nicht aufgrund ihrer Werke), sondern allein durch die Gnade des stellvertretenden Opfers Jesu am Kreuz auf Golgatha. Selbst die größten Sünder und Verbrecher werden durch dieses Opfer zu Heiligen, wenn sie es für sich in Anspruch nehmen (z. B. Lukas 18,13-14; 23,39-43). Eine solche Annahme von Jesu als Retter (Heiland) bedeutet im biblischen Zusammenhang, Jesus auch als Herrn seines Lebens anzunehmen (siehe z. B. Röm 10,9; 2. Petrus 1,11; 2,20; 3,2.18; Judas 25)
127. Kolosser 1,12; Epheser 5,8 (vgl. auch Lukas 16,8; Johannes 12,36; 1. Thessalonicher 5,5; Offenbarung 21,9-11).

Im NT fasst Johannes den Schöpfungsbericht zusammen – er stellt fest, dass durch Gott bzw. durch Gottes Wort alles geworden ist und, da Gott Licht ist, Gott das Licht der Menschen ist: „Im Anfang war das Wort, und das Wort war bei Gott, und das Wort war Gott. [...] In ihm war Leben, und das Leben war das Licht der Menschen."[128] Schon dadurch wird Gottes Absolutheitsanspruch deutlich; folglich muss auch das von ihm erschaffene Licht in dieser Schöpfung absolut diese Eigenschaft Gottes widerspiegeln, damit man auch und gerade hier den Schöpfer erkennen kann an dem von Gott Erschaffenen, wie die Bibel ausdrücklich sagt.[129]

Dieser eine wahre, absolute Gott[130] wird im AT als JAHWE bezeichnet und in vielen Übersetzungen als „Herr" wiedergegeben, häufig mit vier Großbuchstaben: „Herr"[131]. Ein Vergleich von Bibelstellen zeigt, dass Jesus Christus selber tatsächlich der Herr, also JAHWE ist.[132] (Eine Untersuchung anderer Stellen zeigt: Der Herr ist auch Gott, der Vater,[133] und Gott, der Heilige Geist[134].)

Jesus Christus ist der allmächtige Gott, als Sohn eins mit dem Vater.[135] Diesen Absolutheitsanspruch hat Jesus selbst bestätigt: „Ich bin der Weg und die Wahrheit und das Leben. Niemand kommt zum Vater als nur durch mich."[136] Mit dieser Aussage schließt Jesus alle anderen Wege aus, einschließlich aller anderen Religionen: Zum Vater, dem Schöpfer, kommt man nur durch ihn. Damit überhaupt jemand durch Jesus zum Vater ins Reich Gottes gelangt und dann Anteil hat am Erbe im Licht, dafür musste Jesus als Retter auf die Erde kommen.[137] Jesus, der einzige, absolute Weg der Errettung – das ist nicht nur die zentrale Aussage im NT, sondern auch der rote Faden im AT, von Anfang an.

In welcher Form können wir heute diesem Licht Jesus Christus begegnen? Damals, zur Zeit des NT, konnten die Israeliten mit Jesus sprechen, die Jünger konnten direkt von ihm lernen. Heute begegnen wir Jesus, indem wir uns klarmachen, dass Jesus Christus Gottes Wort ist: Alles, was wir von Jesus wissen, wissen wir durch die Bibel; und in der Bibel finden wir eine absolute Übereinstimmung, die Identität Jesu als Wort Gottes: „Im Anfang war das Wort, und das Wort war bei Gott, und das Wort war Gott ... Und das Wort wurde Fleisch und wohnte unter uns, und wir haben seine Herrlichkeit angeschaut."[138]

---

128. Johannes 1,1.4.
129. Römer 1,19–20.
130. Der absolute Gott offenbart sich in der Bibel als Drei-Einiger Gott, Gott-Vater, Gott-Sohn, Gott-Heiliger-Geist (Matthäus 28,19)
131. So z. B. die Elberfelder, Schlachter 2000, Zürcher, Menge, Luther.
132. Der Vergleich von Johannes 12,41 mit Jesaja 6,1–5 zeigt, dass der HERR (JAHWE) Jesus Christus ist.
133. Aus Psalm 2,2.7 geht hervor, dass der HERR Gott der Vater ist.
134. Der Vergleich von Apostelgeschichte 28,25–26 mit Jesaja 6,5.9–10 zeigt, dass der HERR der Heilige Geist ist.
135. Matthäus 28,18; Johannes 10,30; 14,8–9; 1. Johannes 5,20
136. Johannes 14,6.
137. Kolosser 1,12–13.
138. Vergleiche Johannes 1,1 mit Johannes 1,14 oder Römer 9,17 mit 2. Mose 9,16

Gott ist also das Wort Gottes und dieses ist Mensch (Fleisch) geworden. Gottes Wort lebte damals, zur Zeit der Jünger, unter den Menschen; die Jünger schauten seine Herrlichkeit an, heute haben wir Gottes Wort in Form der Bibel vor uns liegen. Entsprechend dieser Identität von Jesus Christus und Gottes Wort stellte Jesus nicht nur fest: „Ich bin die Wahrheit", sondern auch: „Gottes Wort ist die Wahrheit"[139]. An anderer Stelle, dort geht es um die Wiederkunft Christi, bestätigt die Bibel: „Sein Name heißt: Das Wort Gottes."[140]

Diese Identität finden wir auch beim Licht: Auf dem Berg sahen die drei engsten Jünger Jesus als Lichtwesen (auch „verklärt"); der Augenzeuge Petrus beruft sich in seinem zweiten Brief ausdrücklich darauf[141] und schreibt weiter: „Und so halten wir nun fest an dem völlig gewissen prophetischen Wort, und ihr tut gut daran, darauf zu achten als auf ein Licht, das an einem dunklen Ort scheint."[142] Also nicht nur Jesus ist das Licht, sondern auch Gottes Wort ist Licht – es leuchtet in der Dunkelheit dieser mehrheitlich gottlosen Welt.

Die Ähnlichkeit der Aussagen über Jesus Christus und Gottes Wort zeigt sich in mindestens sieben Punkten:

Ähnlichkeiten zwischen Jesus und Gottes Wort
1. Beide sind ewig
   Vgl. Joh 8,58 mit Ps 119,89; oder Kol 1,17 mit 1Petr 1,4–5
2. Beide sind vom Heiligen Geist empfangen
   Vgl. Lk 1,35 mit 2Petr 1,21; oder Mt 1,18 mit 2Tim 3,16
3. Beide sind menschlich, aber fehlerlos
   Vgl. Hebr 4,15 mit Joh 10,35; oder Hebr 7,26 mit Mt 5,17–18
4. Beide haben eine einzigartige Autorität
   Vgl. Mk 1,22 mit Jes 1,2; oder Joh 7,46 mit Röm 9,17
5. Beide beanspruchen, die Wahrheit zu sein
   Vgl. Joh 14,6 mit Joh 17,17; oder Joh 18,37 mit Eph 1,13
6. Beide beanspruchen, Licht zu sein
   Vgl. Mt 17,2 mit 2Petr 1,19; oder Joh 8,12 mit Ps 119,105
7. Beide beanspruchen, Gott zu sein
   Vgl. Joh 1,14 mit Joh 1,1; oder 1Joh 5,20 mit Röm 9,17

Abb. 25: Ähnlichkeiten zwischen Jesus und Gottes Wort

1. Beides, Jesus Christus wie Gottes Wort, ist ewig.[143]
2. Beides wurde von Menschen hervor gebracht, dabei aber vom Heiligen Geist empfangen bzw. eingegeben.[144]
3. Beide sind menschlich, aber fehlerlos.[145]
4. Beide haben eine einzigartige, absolute Autorität.[146]
5. Beide beanspruchen, die Wahrheit zu sein,[147]
6. Beide beanspruchen, das Licht zu sein.,[148]
7. Beide beanspruchen, Gott selbst zu sein.[149] **[Abb. 25]**.

---

139. Vergleiche Johannes 14,6 mit Johannes 17,17; oder Johannes 18,37 mit Epheser 1,13.
140. Offenbarung 19,13.
141. Vergleiche Matthäus 17,1–5 mit 2. Petrus 1,16–18.
142. 2. Petrus 1,19 (Schlachter 2000); vergleiche 2. Petrus 1,16 mit 2. Petrus 1,19; oder Johannes 8,12 mit Psalm 119,105.
143. Vergleiche Johannes 8,58 mit Psalm 119,89; oder Kolosser 1,17 mit 1. Petrus 1,25.
144. Vergleiche Lukas 1,35 mit 2. Petrus 1,21; oder Matthäus 1,18 mit 2. Timotheus 3,16.
145. Vergleiche Hebräer 4,15 mit Johannes 10,35; oder Hebräer 7,26 mit Matthäus 5,17–18.
146. Vergleiche Markus 1,22 mit Jesaja 1,2; oder Johannes 7,46 mit Römer 9,17.
147. Vergleiche Johannes 14,6 mit Johannes 17,17; oder Johannes 18,37 mit Epheser 1,13.
148. Vergleiche Matthäus 17,2 mit 2. Petrus 1,19; oder Johannes 8,12 mit Psalm 119,105.
149. Vergleiche Johannes 1,14 mit Johannes 1,1 (oder Römer 9,17 mit 2. Mose 9,16)

2.3.2 Das *Relativitätsprinzip als Gleichnis: Der „rote Faden" der Bibel

Im *Relativitätsprinzip (SRT) – also im *R-Postulat – ist schon die ganze Relativitätstheorie im Ansatz verborgen, da das *R-Postulat auch das *L-Postulat enthält; denn wir sahen bereits, dass das *L-Postulat nicht logisch unabhängig vom R-Postulat ist. Dieses *R-Postulat bedeutet: Nicht nur die Gesetze der Mechanik, sondern auch die physikalischen Gesetze jener nicht an ein Medium gebundenen Realität der Physik, der Elektrodynamik, gelten in jedem *Bezugssystem, sind also absolut.

Als Gleichnis genommen, bedeutet das: Dass Gott Realität ist samt den Engeln, Geistern und Dämonen und damit die Welt der Bibel und der Religionen – auch das gilt in jedem *Bezugssystem. So wie die Gesetze der Elektrodynamik absolut gelten, unabhängig vom *Bezugssystem, so sind im Gleichnis analog auch Gottes Gesetze absolut gültig, also unabhängig von Nation, Kultur und Religion.

Das ist zunächst eine Behauptung, die wir – so scheint es – unmöglich beweisen können. Auf welche Quellen sollten wir uns auch berufen? Schließlich – so könnte man einwenden – gibt uns kein Buch einen Querschnitt durch die Zeiten und Nationen, Kulturen und Religionen sowie unterschiedlichster Lebenslagen!

Oder vielleicht doch? Nehmen wir dazu folgende Fakten über die Bibel zur Kenntnis, Josh McDowell stellt sie in elf Punkten dar:

> Die Bibel ist das einzige Buch, welches folgende Kriterien bezüglich seiner Abfassung erfüllt:
>
> 1. [Sie ist] über eine Zeitspanne von mehr als 1.500 Jahren geschrieben;
> 2. von mehr als 40 Verfassern aus allen Gesellschaftsbereichen, einschließlich Königen, militärischen Führern, Bauern, Philosophen, Fischern, Zollbeamten, Dichtern, Musikern, Staatsmännern, Gelehrten und Hirten abgefasst …;
> 3. an verschiedenen Orten geschrieben …;
> 4. zu verschiedenen Zeiten verfasst …;
> 5. in verschiedenen Gemütsverfassungen …;
> 6. auf drei Kontinenten: Asien, Afrika und Europa;
> 7. in drei Sprachen: Hebräisch … Aramäisch … Griechisch …;
> 8. [Sie hat] ein breites Spektrum literarischer Stile …;
> 9. behandelt Hunderte kontroverser Themen …;
> 10. [und] stellt trotz aller Verschiedenartigkeit doch eine einzige, entfaltete Geschichte dar: Gottes Erlösung für die Menschheit. Norman Geissler und William Nix sagen es z. B. so: *Das verlorene Paradies des 1. Buches Mose wird*

> *zum wiedergewonnenen Paradies der Offenbarung¹⁵⁰. Während das Tor zum Baum des Lebens im Buch Genesis geschlossen ist, wird es in der Offenbarung für alle Zeiten wieder geöffnet.*
> 11. Der gemeinsame „rote Faden" ist die Erlösung von der Sünde und Verdammung zu einem Leben vollständiger Verwandlung und nie endender Seligkeit in der Gegenwart des einen gnädigen und heiligen Gottes,
> 12. Zum Schluss das Wichtigste: Unter allen Gestalten, die in ihr beschrieben sind, liegt das Hauptaugenmerk immer wieder bei dem einen, wahren lebendigen Gott, der uns durch Jesus Christus bekannt gemacht wird.[151]

Die Bibel mit Jesus Christus als Zentrum beansprucht für sich, die absoluten Gesetze Gottes zu haben, also die Wahrheit, und sie in der Person Jesu Christi zu verkörpern.[152] Jesus Christus, wie er in Gottes Wort offenbart ist, entspricht damit im Gleichnis der Physik den universal gültigen Gesetzen der Physik gemäß dem *Relativitätsprinzip (SRT).

Wenn das stimmt, dann müssten sich diese absoluten Gesetze Gottes, dieser „rote Faden", in irgendeiner Form in allen 66 Büchern der Bibel wiederfinden. Da nun die Bibel über einen Zeitraum von über 1500 Jahren von mehr als 40 völlig unterschiedlichen Autoren geschrieben wurde, die sich größtenteils gar nicht kannten, ist das, rein menschlich betrachtet, höchst unwahrscheinlich.

Die verschiedenen *Bezugssysteme sind dabei die über 40 Autoren zu ganz unterschiedlichen Zeiten; der „rote Faden" der Bibel bzw. die absoluten (also unabhängig vom *Bezugssystem geltenden) Gesetze, die Wahrheit, das ist das Evangelium von Jesus Christus. Es wäre Thema mindestens eines vollständigen Buches, darzulegen, wie alle 39 Bücher des AT von Jesus Christus sprechen[153] und damit das *Relativitätsprinzip (SRT) zeigen.

Trevor McIlwain schreibt in seinem Buch *In 50 Lektionen durch die Bibel*:

> Die gesamte Bibel ist die Botschaft Gottes über Seinen Sohn, den Retter. Die Hauptabsicht Gottes, Sein Buch zu schreiben, war, Christus zu offenbaren. Das AT ist die Vorbereitung auf Christus hin. Das NT ist die Offenbarung Christi. Die Schrift enthüllt Christus, angefangen von 1. Mose bis zur Offenbarung des Johannes. ... Die Geschichte Christi, wie sie in den Evangelien festgehalten ist, ist die Fortsetzung vom AT.[154]

---

150. Der hier verwendete Begriff „Offenbarung" ist zu unterscheiden von dem letzten Buch der Bibel, das auch als Offenbarung bezeichnet wird, zuweilen auch als Offenbarung Jesu Christi oder auch also Johannes-Offenbarung.
151. McDowell, *Die Fakten des Glaubens*, S. 74–77.
152. Gottes Wort (die Bibel) ist die Wahrheit: Johannes 17,17. Jesus Christus ist die Wahrheit: Johannes 14,6. Zur Identität von Christus und Gottes Wort: Johannes 1,1.14; Offenbarung 19,13 und Abb. 25.
153. Das Buch *Die Schriften geben Zeugnis von mir – Christus in den Büchern der Bibel* von A. M. Hodgkin geht durch jedes der 39 Bücher des AT, um aufzuzeigen, wo diese von Christus sprechen. Auch John Meldaus Buch *Der Messias in beiden Testamenten* zeigt die Zusammenhänge zwischen dem Alten und dem NT.
154. McIllwain, S. 42.

2.4 Experimentelle Belege für die absolute Lichtgeschwindigkeit

Machen wir uns bewusst: Das Gedankenexperiment und alle Überlegungen im letzten Kapitel beruhen lediglich auf Annahmen. So logisch sie klingen mögen und so sicher wir uns dabei vielleicht fühlen, weil uns der Name „Einstein" in den Ohren klingt: Das letzte Wort in der Physik hat das Experiment und damit die Fakten. Genau darum geht es in diesem Abschnitt.

Für die Deutung des Gedankenexperiments als Gleichnis sahen wir zwei Möglichkeiten, denen zwei frundvedrschiedene Gruppen entsprechen: Die erste Möglichkeit entspricht dem Zeitgeist, der Denkweise einer großen Mehrheit über die Relativität verschiedener Weltbilder, Religionen oder Glaubensüberzeugungen. Die zweite Möglichkeit entspricht dem, was die Bibel sagt, die wird aber nur von einer Minderheit geglaubt.

Wenn diese beiden Gruppen darüber diskutieren, kommt meistens nicht viel dabei heraus; jeder bleibt bei seiner Meinung – anders aber in der Physik: Da gibt es das Experiment, das zwischen den Meinungen entscheidet. Freilich gilt das zunächst nur auf der Ebene der Physik; wer sich aber von der Physik (und allgemein von der Natur) gleichnishaft belehren lässt, für den kann sie zur Offenbarung werden, zur Offenbarung über die Wahrheit, über das Leben und den Sinn des Lebens.

Wenn Jesus Christus wirklich die absolute Wahrheit ist, wenn er der Schöpfer ist, dann müsste sich das auch innerhalb der Gesetze der Physik zeigen, konkret in der absoluten Lichtgeschwindigkeit. Denn andernfalls würde die Schöpfung nicht dem Schöpfer entsprechen, wie er sich in der Bibel darstellt. Dann wäre das alles nicht in sich stimmig.

2.4.1 Die Bestätigung beider *Postulate durch das Experiment mit Lichtgeschwindigkeit

Entsprechend ihren hypothetischen Überlegungen zu einem „*Äther" als Medium für das Licht meinten die Physiker damals: Wenn Licht einem Auto entgegenkommt, müssen sich die Geschwindigkeiten genauso addieren, wie wenn zwei Autos aufeinander zufahren **[Abb. 26]**; etwas anderes schien undenkbar.

Durch Messung des Tempos des Lichts aus unterschiedlich gegeneinander bewegten Lichtquellen hofften sie, ein Problem der Maxwell-Gleichungen zu klären: Gemäß ihren Vorstellungen waren diese in der vorhandenen einfachen Form nur dann gültig, wenn

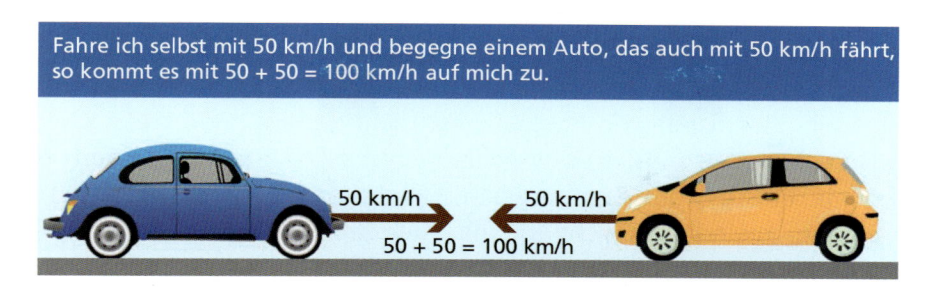

> Fahre ich selbst mit 50 km/h und begegne einem Auto, das auch mit 50 km/h fährt, so kommt es mit 50 + 50 = 100 km/h auf mich zu.
>
> 50 km/h → ← 50 km/h
> 50 + 50 = 100 km/h

Abb. 26: Wenn zwei Autos aufeinander zufahren, addieren sich die Geschwindigkeiten der beiden Autos. Die Physiker damals glaubten, dass dasselbe gilt, wenn ein Lichtstrahl auf eines der Autos trifft. Nach ihren Vorstellungen wäre die resultierende Geschwindigkeit die Lichtgeschwindigkeit plus die Geschwindigkeit des Autos.

die Lichtquelle relativ zum „*Äther" ruhte; bewegte sich aber die Lichtquelle relativ zum „*Äther", so müssten diese Gleichungen eine andere, kompliziertere Gestalt annehmen.[155]

Aber die Maxwell-Gleichungen ...

> enthalten überhaupt keine Information darüber, gegen welche Geschwindigkeit gemessen werden sollte. ... Die Gleichungen scheinen wirklich zu behaupten, dass die Lichtgeschwindigkeit bei jeder Messung dieselbe sein wird, egal wie schnell die Lichtquelle oder der Empfänger sich relativ zueinander bewegen. Es sieht so aus, als ob die Maxwell-Gleichungen die Lichtgeschwindigkeit als Naturkonstante festlegen.[156]

Unsere Intuition legt uns nahe,

> ... Maxwells Gleichungen abzulehnen oder zumindest anzupassen oder neu zu interpretieren. ... Stellen Sie sich die Betroffenheit der Wissenschaftler Ende des 19. Jahrhunderts vor, als sie mit Maxwells Gleichungen und dem darin verpackten Angriff auf die eigentlichen Grundlagen der Newton'schen Weltsicht konfrontiert wurden.[157]

---

155. So aufgrund einer Umrechnung mittels der *Galilei-Transformation: „Bei Gültigkeit der *Galilei-Transformation ist es nun offensichtlich, dass das System des ruhenden *Äthers sich in messbarer Weise von allen dagegen geradlinig gleichförmig bewegten Systemen unterscheidet ... Anders ausgedrückt bedeutet dieser Tatbestand, dass die Maxwellschen Gleichungen nicht *invariant gegen *Galilei-Transformationen sind; wenn die Maxwellschen Gleichungen in einem bestimmten System ihre bekannte einfache Form haben, so ändert sich diese durch jede *Galilei-Transformation in komplizierter Weise" (Dransfeld/Kienle/Vonach, S. 181–182). – So stellten die Physiker damals sich das vor
156. Cox & Forshaw, S. 43.
157. Cox & Forshaw, S. 44–45.

Umgekehrt passten die Maxwell-Gleichungen sehr wohl zum *R-Postulat von Einstein, wonach die Gesetze der Physik in allen *Inertialsystemen gelten einschließlich der Elektrodynamik (Elektrizität und Magnetismus). Mit diesem *R-Postulat über die allgemeine Gültigkeit (Absolutheit) physikalischer Gesetze unabhängig vom *Bezugssystem konnte Einstein das Ergebnis eines Experiments vorhersagen: Es beweist, dass die Lichtgeschwindigkeit nicht abhängt ist vom *Bezugssystem.

Denn wenn die Physik in allen *Bezugssystemen dieselbe ist – unabhängig vom einzelnen *Bezugssystem –, dann ist auch das Licht in allen *Bezugssystemen dasselbe. Insbesondere kann es nicht in bestimmten *Bezugssystemen einfach verschwinden; aber genau das würde ja passieren, wenn man (in Gedanken) mit der Lichtwelle mitreist bzw. sich (in Gedanken) auf eine Lichtwelle stellt und die Lichtgeschwindigkeit nur relativ wäre. Doch Einstein war davon überzeugt, dass die Physik auch in der Elektrodynamik in jedem *Bezugssystem dieselbe ist. Also musste, nach dieser seiner Überzeugung, die Lichtgeschwindigkeit absolut sein.

Aber letztlich entscheidet weder die Überzeugung der meisten Physiker damals noch die von Einstein, sondern das Experiment. So viel vorweg: Das nun folgende Experiment über die Lichtgeschwindigkeit beweist nicht nur das *L-Postulat („Die Lichtgeschwindigkeit ist absolut"), sondern auch das *R-Postulat („Dieselben Gesetze der Physik gelten in allen *Bezugssystemen"); damit beweist es, dass Einstein recht hatte. Aber warum ist das so?

Dazu erinnern wir uns, dass das *R-Postulat das *Relativitätsprinzip (GN) auf das *Relativitätsprinzip (SRT) erweitert: Nicht nur in der Mechanik gelten die Gesetze der Physik universal bzw. absolut, sondern ebenso in der Elektrodynamik. Das ist der Fall, wenn Licht unabhängig vom *Bezugssystem existiert, also immer und in jedem Bezugssystem dieselbe Geschwindigkeit hat. Genau das zeigt das Michelson-Morley-Experiment.

2.4.2 Das Michelson-Morley-Experiment bestätigt das *L-Postulat (und damit beide *Postulate)

Die Erde bewegt sich im Weltraum, in einem Jahr umkreist sie die Sonne und an einem Tag dreht sie sich einmal um sich selbst. Wie die Erde sich relativ zum *Äther bewegen sollte, das konnte keiner wissen; aber in einem Punkt waren sich fast alle Physiker damals einig: Da jede Geschwindigkeit relativ ist, muss auch die Lichtgeschwindigkeit relativ sein.[158] Also musste ein Lichtstrahl, der in Nord-Süd-Richtung läuft, eine andere Geschwindigkeit haben als ein Lichtstrahl derselben Länge in Ost-West-Richtung (oder

---

158. Zumindest war man damals davon fest überzeugt.

umgekehrt, jedenfalls dem Äquator entlang); denn aufgrund der Erdrotation um ihre eigene Achse ist die Ost-West-Richtung relativ zu eben dieser Achse bewegt.

2.4.2.1 Grundidee von Michelson nach Maxwell: Vergleich unterschiedlich bewegter Lichtquellen

Um die Überlegungen von Albert Michelson zu diesem Experiment nachzuvollziehen,

> betrachten wir zunächst eine Situation in bewegten *Bezugssystemen im Sinne von Galilei, die auf Michelson selbst zurückgeht. Von zwei gleich guten Schwimmern soll der eine (A) quer über den Fluss und zurück, der andere (B) eine gleich lange Strecke flussaufwärts und wieder zurückschwimmen.[159]

Man kann sich überlegen, dass hier der erste gewinnen wird; ja, man kann sogar exakt berechnen, um welche Zeitdifferenz er dem zweiten voraus ist, wenn man sowohl die Geschwindigkeit der beiden Schwimmer kennt (beide schwimmen gleich schnell) als auch die Geschwindigkeit des Flusses sowie die Strecke, die sie schwimmen.

> Ersetzt man die Schwimmer durch zwei Lichtstrahlen, das Wasser durch den *Äther und das Ufer durch die Erde (oder das Labor), so hat man offenbar eine völlige Analogie. Messung der Zeitdifferenz würde die Bestimmung der Geschwindigkeit gestatten, mit welcher der *Äther an der Erde vorbei oder diese durch den *Äther streicht.[160]

Wenn es nun experimentell gelänge, diese beiden Lichtstrahlen miteinander zur Deckung zu bringen und zu vergleichen, müsste man die unterschiedliche Geschwindigkeit des Lichtstrahls in Nord-Süd-Richtung gegenüber dem Lichtstrahl in Ost-West-Richtung feststellen können.

Aus dieser Überlegung ergab sich die Grundidee für ein Experiment, das James Clerk Maxwell damals Albert Michelson vorschlug und das er mithilfe seines in Berlin entwickelten Interferometers[161] umzusetzen hoffte:[162] Er dachte sich eine Versuchs-Anordnung aus, bei der ein Lichtstrahl einer bestimmten Wellenlänge mittels eines halbdurchlässigen Spiegels aufgespalten wird in einen Lichtstrahl in Nord-Süd-Richtung

---

159. Gerthsen, S. 619.
160. Gerthsen, S. 620.
161. „Ein Interferometer ist ein technisches Gerät, das die Interferenzen (Überlagerungen von Wellen) für Präzisionsmessungen nutzt." (https://de.wikipedia.org/wiki/Interferometrie)
162. Hoffmann, S. 95.

und einen Lichtstrahl in Ost-West-Richtung. Diese beiden Lichtstrahlen ließ er an jeweils einem Spiegel reflektieren und führte sie dann wieder zusammen **[Abb. 27]**.

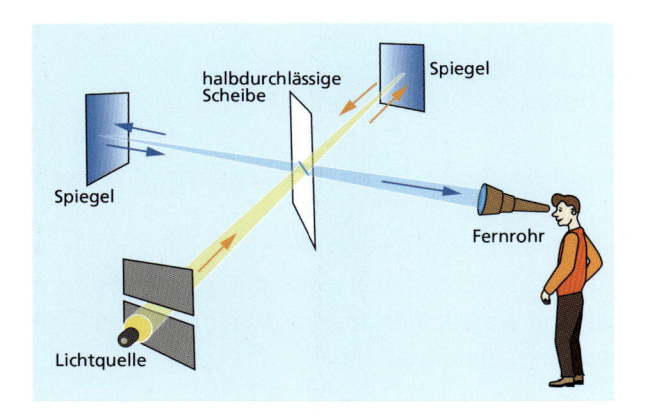

Abb. 27: James Clerk Maxwell dachte sich eine experimentelle Anordnung aus, bei der ein Lichtstrahl einer bestimmten Wellenlänge mittels eines halbdurchlässigen Spiegels aufgespalten wird in einen Lichtstrahl in Nord-Süd-Richtung und einen Lichtstrahl in Ost-West-Richtung. Diese beiden Lichtstrahlen ließ er an jeweils einem Spiegel reflektieren und führte sie wieder zusammen.

2.4.2.2 Messgenauigkeit durch Verstärken/Auslöschen von Wellentälern/Wellenbergen (Interferometrie)

Michelson erwartete, dass die Maxima der beiden Lichtwellen[163] aufgrund der unterschiedlichen Geschwindigkeiten zueinander sich verschieben **[Abb. 28]** und folglich beim Zusammenführen überlagern würden. Diese Überlagerung zweier geringfügig verschobener Wellen[164] kennt man aus der Wellenlehre als „Interferenz"; es entsteht ein Interferenzmuster **[Abb. 29]**. „Mit Interferometrie werden alle Messmethoden bezeichnet, die die Überlagerung oder Interferenz von Wellen nutzen, um zu messende Größen zu bestimmen."[165]

Abb. 28: Albert Michelson erwartete, dass die Maxima der beiden Lichtwellen aufgrund der unterschiedlichen Geschwindigkeiten zueinander verschoben wären.

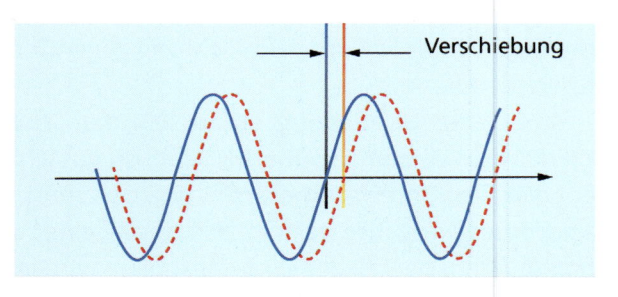

---

163. Also der Lichtwelle in Nord-Süd-Richtung und der in Ost-West-Richtung.
164. Genauer gesagt: kohärenter Wellen, also Wellen, die sich bis auf eine konstant bleibende Phasenverschiebung auf dieselbe Weise ändern.
165. https://de.wikipedia.org/wiki/Interferometrie.

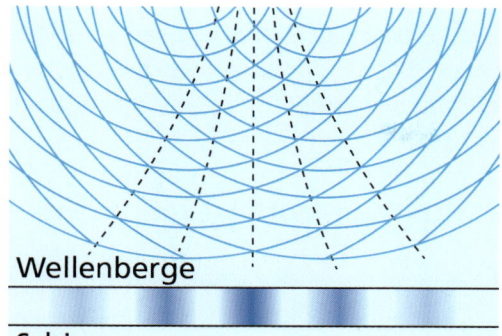

Abb. 29: Die Wechselwirkung zweier geringfügig verschobener Wellen ist aus der Wellenlehre als Interferenzmuster bekannt. Die blauen Kreise stellen die Maxima der Lichtwellen dar, die gestrichelten schwarzen Linien die Orte, wo Maxima aufeinander treffen und sich verstärken. Dazwischen treffen Maxima und Minima aufeinander und löschen sich gegenseitig aus.

Abb. 30: Ein Querschnitts-Foto durch das Interferenzmuster zeigt die Maxima und Minima der Interferenz als helle und dunkle Streifen.

Die Verschiebung der Wellen können wir nachweisen mit einem Querschnitts-Foto durch das Interferenzmuster. Ein solches Querschnitts-Foto im Interferenzmuster zeigt bei Verschiebung der Wellen ein Streifen-Muster **[Abb. 30]**.[166] Die hellen Streifen entstehen, wo zwei Wellenberge aufeinandertreffen und damit einander verstärken; die dunklen Streifen entstehen dazwischen, wo ein Wellenberg auf ein Wellental trifft und die beiden einander „neutralisieren", auslöschen **[Abb. 31]**.

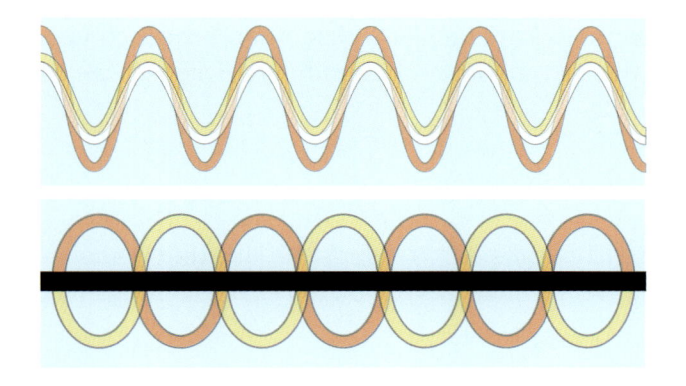

Abb. 31: Die hellen Streifen entstehen, wo zwei Wellenberge aufeinandertreffen, sich also verstärken. Umgekehrt entstehen die schwarzen Streifen dazwischen, wo ein Wellenberg mit einem Wellental zusammentrifft, so dass sie sich dort auslöschen.

---

166. Interferenz entsteht also, wenn die Erreger zweier Wellen dicht nebeneinander liegen, so dass sich zwei zueinander verschobene, konzentrische Wellen überlagern [Abb. 29]. Wenn man durch dieses dreidimensionale Interferenzmuster einen Schnitt macht, erhält man das Streifen-Muster [Abb. 30].

Da die Wellenlänge des sichtbaren Lichts sehr kurz ist, können kleine Veränderungen der Abweichungen in den optischen Pfaden (zurückgelegter Weg) zwischen den beiden Strahlen erkannt werden (da diese Abweichungen erkennbare Veränderungen im Interferenzmuster erzeugen).[167]

2.4.2.3 Durchführung und Ergebnis des Michelson-Morley-Experiments

Das Experiment sollte anhand eines solchen Streifen-Musters[168] nachweisen, dass der Lichtstrahl in Nord-Süd-Richtung gegenüber dem Lichtstrahl in Ost-West-Richtung verschoben ist. Für diesen Nachweis hatte Michelson sein Interferometer.

Die erwartete Verschiebung würde bedeuten, dass sich auch beim Licht die Geschwindigkeiten nach Galilei addieren bzw. subtrahieren (*Galilei-Transformation); und das wiederum würde beweisen, dass auch die Lichtgeschwindigkeit relativ ist. Aber Michelson fand keine Streifen; sein Ergebnis veröffentlichte er 1881.[169]

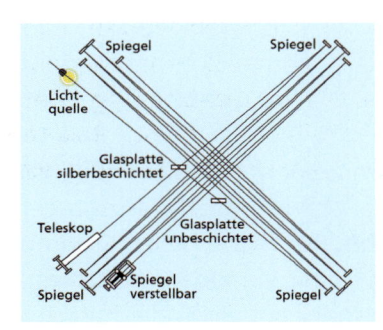

Abb. 32: Michelson-Morley-Experiment von Ohio 1887: Man glaubte damals, dass die Galilei-Transformation auch für Licht gilt. Man meinte also, dass sich auch bei Licht die Geschwindigkeiten addieren bzw. subtrahieren können. In diesem Versuchsaufbau wurden die beiden Lichtstrahlen mehrmals hin- und hergespiegelt, bevor sie in das Interferometer trafen, um die Messgenauigkeit zu erhöhen.

Sechs Jahre später wiederholte Albert Michelson das Experiment gemeinsam mit dem Chemiker Edward Morley in Ohio; dabei wurde der Versuchsaufbau erheblich verbessert:[170] Die beiden Lichtstrahlen wurden mehrfach hin-und-hergespiegelt, bevor sie in das Interferometer trafen **[Abb. 32]**.

Max Born beschreibt das Ergebnis dieses Experiments:

> Michelson hat nun die Länge des Lichtweges durch mehrfache Hin- und Herreflexion auf 11 Meter[171] gebracht. Die Wellenlänge des benutzten Lichtes betrug etwa

---

167. https://www.renishaw.de/de/wissenswertes-zur-interferometrie--7854 .
168. Also mit einem auf das Zweidimensionale reduzierten Interferenzmuster.
169. Hoffmann, S. 99.
170. Hoffmann, S. 99.

171. Max Born meint hier offensichtlich nur den Hinweg. Hin- und Rückweg addieren sich dann zu 22 Metern: „Das Licht durchlief jetzt eine effektive Entfernung von etwa 22 Metern, was 40 Millionen Wellenlängen des gelben Natriumlichts entsprach" (Schwinger, S. 31).

$5,9 \cdot 10^{-5}$ cm[172]. ... Die Interferenz-Streifen müssen sich bei der Drehung des Apparates um mehr als 1/3 ihres Abstandes verschieben. Michelson war sicher, dass der 100. Teil dieser Verschiebung noch wahrnehmbar sein müsse.

Als der Versuch aber ausgeführt wurde, zeigte sich nicht die geringste Spur der erwarteten Verschiebung, und auch spätere Wiederholungen mit noch raffinierteren Hilfsmitteln gaben kein anderes Resultat. Daraus muss geschlossen werden: Der *Ätherwind ist nicht vorhanden. *Die Lichtgeschwindigkeit wird ... von der Bewegung der Erde durch den *Äther nicht beeinflusst.*[173]

Damals zielte das Experiment vor allem darauf ab, den hypothetischen *Äther nachzuweisen; aber solange man diesen beibehalten wollte, kam man in weitere Schwierigkeiten. Die Geschichte der Physik zeigt, dass die *Äther in verschiedenen Bereichen zur Erklärung herhalten mussten; bei fortgeschrittenem Wissensstand brauchte man sie nicht mehr: „Der einzige *Äther, der überlebt hat, wurde von Huygens eingeführt, um die Ausbreitung des Lichts zu erklären."[174]

Aber auch dieser *Äther wurde schließlich aufgegeben. Stattdessen musste man das damit verbundene unfassbare Ergebnis des Michelson-Morley-Experiments akzeptieren: **> Die Lichtgeschwindigkeit ist absolut, bleibt also unabhängig vom Beobachter immer gleich.** Egal, ob wir uns zu Fuß **[Abb. 33a]** oder in einer Rakete **[Abb. 33b]** auf das Licht zubewegen oder von ihm wegbewegen: Die Geschwindigkeit des Lichts ist immer dieselbe, ca. 300.000 km/s.

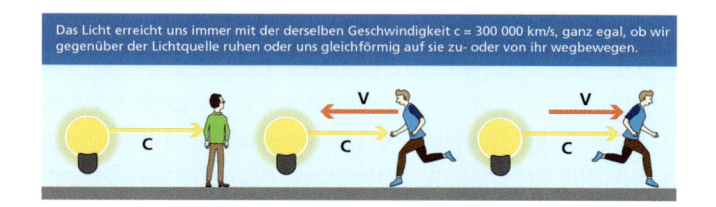

Abb. 33a: Ergebnis des Michelson-Morley-Experiments: Die Lichtgeschwindigkeit ist absolut; unabhängig vom Beobachter ist sie immer gleich.

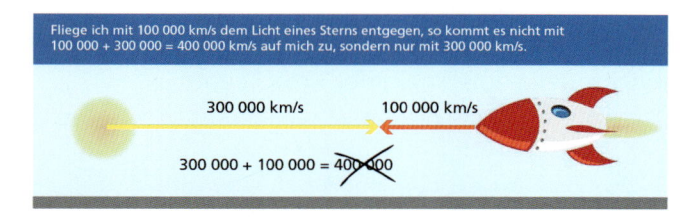

Abb. 33b: Egal, ob wir uns in einer Rakete auf das Licht zubewegen oder von ihr wegbewegen: Die Geschwindigkeit des Lichts ist immer dieselbe (ca. 300 000 km/s).

---

172. Das sind 0,000059 cm.
173. Born, S. 188.
174. Schwinger, S. 25.

Das Standardwerk für Physik-Studenten *Gerthsen Physik* kommentiert das Ergebnis so:

> Dieser Unterschied[175] wäre leicht zu beobachten. Aber nichts dergleichen trat ein, es war keine Verschiebung der Interferenz-Figuren zu beobachten, weder im Sommer noch im Winter.[176] Dieses negative Ergebnis gehört zu den meistdiskutierten und bestbestätigten ... der ganzen Physik.[177]

Lewis Epstein schildert den Aufschrei der Wissenschaftler:

> Wieso verändert sich die Lichtgeschwindigkeit nicht um einen geringen Betrag, wenn man sich auf die Lichtquelle zu oder von ihr weg bewegt? Im Jahr 1900 war dies die wichtigste Frage, von der die Welt bewegt wurde. Die Tatsache, dass die Lichtgeschwindigkeit den Gesetzen aller anderen Geschwindigkeiten nicht unterworfen war, bedeutete für viele Wissenschaftler einen unerhörten Skandal, der sie in tiefste Verwirrung stürzte, und manche lehnten es einfach ab, ihr Glauben zu schenken.[178]

2.4.3 Analoge Experimente mit Sternlicht bestätigen das *L-Postulat (und damit beide *Postulate)

2.4.3.1 Die Erde bewegt sich in Richtung des Sternlichts, also vom Stern weg

Wie aber, wenn jemand die Sicht vertritt, der hypothetische *Äther würde sich mit der Erde mitbewegen, so dass gerade wir hier auf der Erde uns relativ zum *Äther *nicht* bewegten? Die Lichtquellen für beide Strahlen werden ja entsprechend mitbewegt. Also würden beide Lichtstrahlen im *Äther *ruhen* – und dann wäre auch kein Unterschied zwischen den beiden Lichtstrahlen zu erwarten.

Um daher noch sicherer zu zeigen, dass die Lichtgeschwindigkeit wirklich absolut ist – also stets konstant bleibt, egal, ob das Licht auf uns zukommt oder sich von uns wegbewegt –, müsste die zu messende Lichtquelle außerhalb der Erde liegen.

---

175. Gemeint ist der Unterschied der Geschwindigkeiten (gemessen anhand der Verschiebung der Wellenberge) und zwar der zwischen dem Lichtstrahl in Nord-Süd- Richtung und dem Lichtstrahl in Ost-West-Richtung.
176. Die Bewegungsrichtung der Erde um die Sonne wäre im Sommer relativ zum *Äther im Weltraum genau umgekehrt wie im Winter.
177. Gerthsen, S. 620.
178. Epstein, S. 36.

Solche Lichtquellen haben wir am Himmel zuhauf: Kein einziger Stern bewegt sich mit der Erde mit. Wir müssten also die Lichtgeschwindigkeit von Sternlicht messen. Da die Erde mit knapp 110.000 km/h (relativ zur Sonne) um die Sonne kreist, kann man die Geschwindigkeit des Sternlichts messen, wenn die Erde sich gerade in Richtung Stern bewegt, und ein zweites Mal ein halbes Jahr später, wenn die Erde sich vom Stern entfernt **[Abb. 34]**.

Abb. 34: Absolutheit der Lichtgeschwindigkeit durch Messung von Sternlicht zu unterschiedlichen Jahreszeiten: Die Erde kreist mit knapp 110 000 km/h (relativ zur Sonne) um die Sonne. Man hat die Geschwindigkeit des Sternlichts gemessen, als die Erde sich gerade in Richtung Stern bewegt hat, und dann ein halbes Jahr später. In beiden Fällen blieb die Lichtgeschwindigkeit dieselbe.

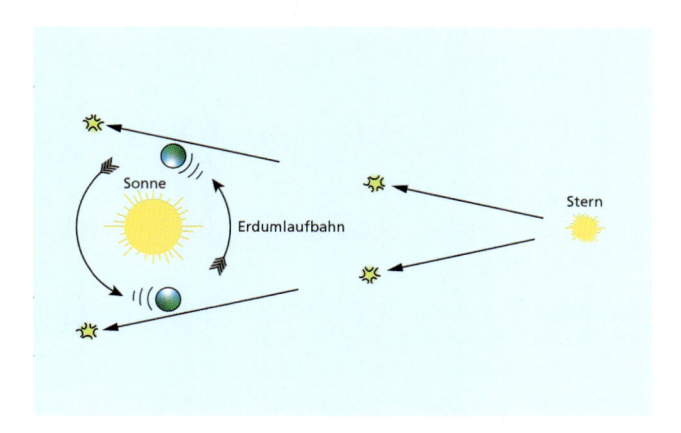

Gemäß der *Galilei-Transformation müsste sich die gemessene Lichtgeschwindigkeit unterscheiden und zwar um die doppelte Erdumlaufgeschwindigkeit (also um knapp 220.000 km/h). „Tatsächlich unterscheiden sie sich jedoch überhaupt nicht."[179]

Die Lichtgeschwindigkeit ist absolut; sie ändert sich nicht, ganz gleich, ob der Beobachter auf die Lichtquelle zurast oder sich von ihr entfernt. Zusammengefasst heißt das: „Man hat den Michelson-Versuch auch mit Sternlicht ausgeführt, mit dem gleichen negativen Ergebnis."[180]

2.4.3.2 Licht vom Doppelsternsystem, das sich von der Erde weg- und zur Erde hinbewegt

Statt den Beobachter (also die Erde) auf die Lichtquelle (den Stern) hinzubewegen (bzw. vom Stern wegzubewegen), kann man auch umgekehrt die Lichtquelle (den Stern) auf den Beobachter (die Erde) hinbewegen bzw. den Stern von der Erde wegbewegen. Dies ist eine weitere Variationsmöglichkeit der Experimente, um die Absolutheit der Lichtgeschwindigkeit zu bestätigen.

---

179. Epstein, S. 38.
180. Gerthsen, S. 620.

Konkret realisieren lässt sich das mit einem sogenannten Doppelstern-System, dabei kreisen zwei Sterne umeinander. Der Einfachheit halber kann man annehmen, dass die Masse des einen Sterns sehr viel größer ist als die des anderen, so dass der schwerere Stern als ruhend angesehen werden kann **[Abb. 35a]**. Grundsätzlich gilt das Prinzip allerdings auch ohne diese vereinfachende Annahme **[Abb. 35b]**, doch nicht einmal so ist der Effekt der *Galilei-Transformation nachweisbar.[181]

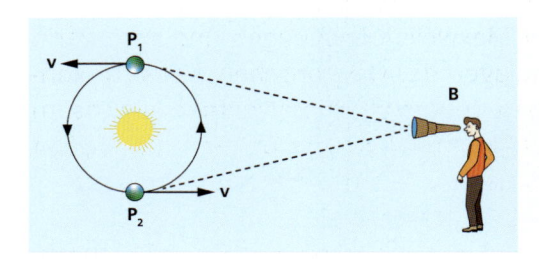

Abb. 35a: Absolutheit der Lichtgeschwindigkeit im Doppelstern-System: Zwei Sterne kreisen umeinander. Vereinfachend kann man annehmen, dass die Masse des einen Sterns sehr viel größer ist als die des anderen Sterns, so dass der schwere Stern als ruhend angesehen werden kann. Die Geschwindigkeit des Lichtes ist auch hier immer dieselbe, egal ob sich der umkreisende Stern vom Beobachter wegbewegt oder auf ihn zubewegt.

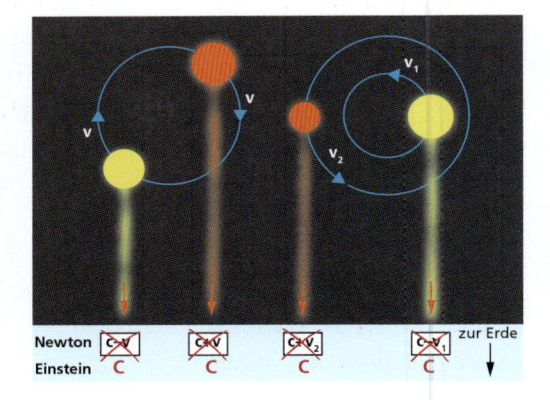

Abb. 35b: Aber auch bei einem Doppelstern-System, wo die vereinfachende Annahme von Abb. 35a nicht zutrifft, findet sich dasselbe Ergebnis.

2.4.3.3 Weitere Experimente bestätigen das Ergebnis

Das negative Ergebnis (negativ bzgl. der *Galilei-Transformation) gehört zu den meistdiskutierten und bestbestätigten der ganzen Physik. So wundert es nicht, dass es seit der ersten Durchführung 1881 noch eine ganze Serie weiterer Versuche gab, bis 2003 mindestens acht Experimente.[182] Das Ergebnis ist immer dasselbe: Die Lichtgeschwindigkeit ist absolut, sie ist also unabhängig davon, aus welchem *Bezugssystem beobachtet wird.

Demnach gilt für das Licht die *Galilei-Transformation nicht. Hubert Goenner fasst dieses Ergebnis zusammen mit dem einfachen Satz: „Die Lichtgeschwindigkeit ist unabhängig von der Bewegung der Lichtquelle."[183]

---

181. Born, S. 332. Da ein solches Doppelstern-System in der Regel von einer Gas- und Staubwolke umgeben ist, muss das zu beobachtende Sternlicht Röntgenlicht sein.

182. Gerthsen, S. 621, Tabelle.
183. Goenner, Einführung ..., S. 13–14.

2.5 Die experimentellen Fakten als Gleichnis gedeutet

2.5.1 Die absolute Lichtgeschwindigkeit als Gleichnis in den Augen des Zeitgeistes (Postmoderne)

Wir haben zur Kenntnis genommen, mit welcher Betroffenheit, ja Entsetzen die Physiker um das Jahr 1900 reagierten, „als sie mit Maxwells Gleichungen und dem darin verpackten Angriff auf die eigentlichen Grundlagen der Newtonschen Weltsicht konfrontiert wurden"[184]. Denn es widersprach dem unumstößlichen Dogma – gleichsam dem Absolutum – in den Köpfen der Physiker, es könne keine absolute Geschwindigkeit geben, sondern jede Geschwindigkeit wäre immer nur relativ zum *Bezugssystem.

> Die Tatsache, dass die Lichtgeschwindigkeit den Gesetzen aller anderen Geschwindigkeiten nicht unterworfen war, bedeutete für viele Wissenschaftler einen unerhörten Skandal, der sie in tiefste Verwirrung stürzte, und manche lehnten es einfach ab, ihr Glauben zu schenken.[185]

Dieses Entsetzen der Physiker spiegelt sich wider in der gleichnishaften Übertragung, wenn wir uns an das Fazit von Francis Schaeffer über den Zeitgeist erinnern:

> Alles ist relativ, alles ist Erfahrung. Man beachte jenes seltsame Kennzeichen unserer Zeit: Das einzig Absolute, das eingeräumt wird, ist das absolute Bestehen auf der Tatsache, dass es keine Absoluta gibt.[186]

Und jetzt sagt uns das Gleichnis der Physik das glatte Gegenteil, konkret: Es bezeugt die absolute Lichtgeschwindigkeit. Wie entsetzlich für den Zeitgeist! Nichts könnte der Postmoderne mehr querstehen, nichts könnte der Political Correctness mehr widersprechen als das Gleichnis der absoluten Lichtgeschwindigkeit.

In seiner Darstellung der Postmoderne führt Matthias Klaus aus: „Die Behauptung, dass es keine objektive Wahrheit gebe, die hält die Postmoderne für die objektive Wahrheit – und verheddert sich dadurch in einen klassischen Widerspruch."[187] Er beschreibt, wie es mit der Moderne begann im 17. und 18. Jahrhundert: Maßgebend für sie waren Vernunft, Aufklärung, Wissenschaft und Fortschritt; das führte dazu, dass an die Stelle von Religion als letzter Begründung des Seins die „Wissenschaft" trat:

---

184. Cox & Forshaw, S. 45.
185. Epstein, S. 36.
186. Schaeffer, S. 217.
187. Klaus, S. 36.

Nachdem man eine biblische (also göttliche) Erklärung der Welt abgelehnt hatte, blieben nur noch unterschiedliche (menschliche) Meinungen nebeneinanderstehen. Die allumfassende biblische Welt- und Geschichtssicht, mit dem Anspruch göttlicher Offenbarung, wurde als Anmaßung verworfen.[188]

Wer also eine Wahrheit mit Absolutheitsanspruch verkündet, wird als vermessen abgelehnt. Aber im Gleichnis der Physik begegnet uns nun genau diese „vermessene Anmaßung" in der Tatsache der absoluten Lichtgeschwindigkeit! Daher galt dieses experimentell bewiesene Faktum vielen Wissenschaftlern als unerhörter Skandal.

Den Übergang von der Moderne zur Postmoderne schildert Matthias Klaus so:

> Die Moderne hat den Glauben an erkennbare, verbindliche Wahrheiten unterminiert (ausgehöhlt), die Postmoderne hat ihn schließlich eliminiert (ausgelöscht) … Hatte die Moderne noch geglaubt, die Vernunft könne alles, so behauptet die Postmoderne inzwischen, die Vernunft könne überhaupt nichts. …
>
> Der moderne praktische Pluralismus verpflichtet zur Toleranz gegenüber dem Andersdenkenden, auch wenn man dessen Standpunkt für falsch hält. Der postmoderne weltanschauliche Pluralismus geht viel weiter: Er verlangt die grundsätzliche Anerkennung, dass die Aussage des anderen in gleicher Weise wahr ist wie die eigene Aussage. Er verlangt nicht nur Toleranz, also respektvolles Verhalten gegenüber einer anderen Überzeugung, sondern er verlangt Akzeptanz, also die Anerkennung einer anderen Überzeugung als genauso richtig.[189]

Im Gleichnis der Physik entspricht die Moderne dem verabsolutierten, auf die gesamte Physik ausgedehnten mechanistischen Weltbild. Bei dieser Sicht werden die *Randbedingungen bzw. Grenzen der Mechanik nicht berücksichtigt, sondern diese wird in unpassender Weise auf alle Bereiche der Physik ausgedehnt; ein Absolutum darf es nicht geben.

Der Aufschrei der Physiker um 1900 zeigt, dass die Andersartigkeit der Elektrodynamik und das Ergebnis des Michelson-Morley-Experiments nicht akzeptiert wurde; das führte damals zum Wahrheitsverlust – in der Physik allerdings nur vorübergehend.

---

188. Klaus, S. 37.

189. Klaus, S. 38–40.

In der Postmoderne jedoch hält die gleichnishafte Übertragung dieses Wahrheitsverlustes bis heute an:

> Der Wahrheitsverlust (inklusive weltanschaulichem Pluralismus) führt uns in eine gesellschaftliche Situation, die geprägt ist von ethischer Willkür und Autoritätskrise. Das Ergebnis dieses Pluralismus ist gerade nicht ein „Mehr" an individueller Freiheit. ...
>
> Wer die gesellschaftliche Entwicklung in unserem Land beobachtet, der stellt fest, dass die Meinungsfreiheit in den letzten Jahren nicht größer geworden ist, sondern geringer. Der Druck durch die Political Correctness hat stark zugenommen, sodass die Personen in der öffentlichen Debatte nicht mehr so frei reden können wie früher. Der weltanschauliche Pluralismus erweist sich als höchst intolerant – denn er zementiert das Recht des Stärkeren. Wer kann sich gesellschaftlich durchsetzen? Wessen Pressure-Groups sind am besten organisiert? Wer darf die Grenzen des Sagbaren definieren? Wer sitzt an den politischen Schalthebeln? ...
>
> Wo es keine inhaltliche Autorität mehr gibt, wird ein System autoritär. Dann bestimmt eine Macht-Elite oder Geld-Elite, was noch gesagt werden darf und welche „Wahrheit" zu befolgen ist. Dann gibt es keine Chance, diese Machtgruppe auf übergeordnete, gar transzendente Ansprüche zu verweisen. Dann kann sich der Schwache nicht mehr vor dem Stärkeren mit dem Verweis auf ein Gebot schützen. Vielmehr gilt das Gesetz des *survival of the fittest!* Der Stärkste[190] überlebt – und nur er. Das ist die Konsequenz der Postmoderne![191]

Als typische Beispiele der Postmoderne führt Matthias Klaus das Gender-Problem an sowie den Wahrheitsverlust in der Theologie.

Die Theologin Eta Linnemann beschreibt diesen Wahrheitsverlust durch die Denkweise der historisch-kritischen Theologie am Beispiel der Ausführung von Kümmel:

> In seiner *Theologie des NT* stellt Werner Georg Kümmel fest, dass sich „in der zweiten Hälfte des 18. Jahrhunderts im Zusammenhang mit der geistigen Bewegung der Aufklärung innerhalb der protestantischen Theologie die Erkenntnis durchzusetzen begann, dass die Bibel ein von Menschen geschriebenes Buch sei, das wie jedes Werk menschlichen Geistes nur aus der Zeit seiner Entstehung und darum nur mit den Methoden der Geschichtswissenschaft sachgemäß verständlich gemacht werden könne."

---

190. Bzw. der am besten Angepasste.   191. Klaus, S. 40–41

Der unbefangene Leser wird durch die Formulierung zu der Annahme verführt, er habe als Tatsache zur Kenntnis zu nehmen, dass die Bibel nur ein Werk menschlichen Geistes sei. Denn der Grundsatz der historisch-kritischen Theologie, die Bibel als ein Werk menschlichen Geistes anzusehen, mit dem nicht anders umgegangen werden darf als mit anderen menschlichen Geisteswerken, wird ihm als Erkenntnis präsentiert, d. h. als Einsicht aufgrund der Kenntnis gegebener Tatsachen. Zwangsläufig wird der Leser diese sogenannte „Erkenntnis" als ein Forschungsergebnis ansehen, das sich durchgesetzt und allgemeine Anerkennung gefunden hat. Als Laie, der die Zusammenhänge nicht kennt, wird er das Gelesene akzeptieren, weil dahinter ja die ganze Autorität der Wissenschaft steht, in der sich die „Erkenntnis" bereits vor Jahrhunderten durchgesetzt hat.

Auf diese Weise wird ein Mensch im Netz der Lüge gefangen. Die sogenannte Erkenntnis war in Wahrheit nur eine Entscheidung. Eine Minderheit, klein an Zahl, wenngleich zur Elite des abendländischen Geistes gehörig, hat sich dafür entschieden, den Menschen als Maß aller Dinge anzusehen (Humanismus), und folgerichtig erkannte man nur noch das als Wahrheit an, was induktiv gewonnen wurde (Aufklärung, Francis Bacon).

Das war die Entscheidung, die Wahrheit in Ungerechtigkeit niederzuhalten. Damit entschied man sich gegen Gottes Wort als geoffenbarte Wahrheit, für die Weisheit dieser Welt, die in ihrem Wesen atheistisch ist, auch wenn sie sich fromm gebärdet und den Namen Gottes im Munde führt. Diese Entscheidung, die Wahrheit in Ungerechtigkeit niederzuhalten, die zunächst nur von einigen wenigen getroffen wurde, die sich selbst für weise hielten, hat sich inzwischen so weit durchgesetzt, dass heute in Deutschland selbst der letzte Grundschüler von ihr erreicht wird.[192]

Der namhafte Theologe Kümmel gilt dabei eher noch als konservativ. In dem gerade zitierten Werk setzt Kümmel als selbstverständlich voraus, dass die Bibel (als Werk menschlicher Verfasser) wissenschaftlich erforscht werden müsse, um ihren Sinn zu verstehen. Der Forschungsbedarf wird also gar nicht erst nachgewiesen, sondern von vornherein vorausgesetzt; das ist Allgemeingut der historisch-kritischen Theologie.[193]

Der Aufschrei der Physiker um 1900 gegen die Absolutheit der Lichtgeschwindigkeit zeigt sich also gleichnishaft übertragen im Aufschrei gegen Jesus Christus bzw. die Bibel als göttliche Autorität und absolute Wahrheit. Die Tatsache der absoluten Lichtgeschwindigkeit als Gleichnis betrachtet bedeutet damit, das Denken unseres Zeitgeistes, der Postmoderne (das möglicherweise auch unser eigenes Denken ist) – dieses Denken

---

192. Linnemann, *Original oder Fälschung*, S. 43–44.   193. Linnemann, *Original oder Fälschung*, S. 44–52.

zu konfrontieren mit der einen absoluten Wahrheit von Jesus Christus laut Gottes Wort, der Bibel. Welch ein Entsetzen und Widerstreben ist da zu erwarten!

Sollte es uns selbst betreffen – wie groß muss da unser Widerstand sein gegen den Absolutheitsanspruch Jesu Christi und gegen das Wort Gottes! Wir sind doch alle sehr geprägt vom Denken dieser Welt. Die Bibel sagt über unsere Vergehungen – auch über unser intellektuelles Vergehen in Gedanken –: „.... in denen ihr einst wandeltet gemäß dem Zeitlauf dieser Welt, gemäß dem Fürsten der Macht der Luft, des Geistes, der jetzt in den Söhnen des Ungehorsams wirkt. Unter diesen hatten auch wir einst alle unseren Verkehr in den Begierden unseres Fleisches, indem wir den Willen des Fleisches und der Gedanken taten und von Natur Kinder des Zorns waren wie auch die anderen."[194]

Jener „Fürst der Macht der Luft" wird an anderer Stelle bezeichnet als „der Gott dieser Welt"; der tut alles, um uns vom Evangelium fernzuhalten: „Wenn aber unser Evangelium doch verdeckt ist, so ist es nur bei denen verdeckt, die verlorengehen, den Ungläubigen, bei denen der Gott dieser Welt den Sinn verblendet hat, damit sie den Lichtglanz des Evangeliums von der Herrlichkeit des Christus, der Gottes Bild ist, nicht sehen."[195] Der Zusammenhang dieser Bibelstelle (wie auch der ganzen Bibel) zeigt, dass mit „Gott dieser Welt" hier Satan gemeint ist.

2.5.2   Das Michelson-Morley-Experiment als Gleichnis für die historischen Fakten der Bibel

Die Wahrheit über das Licht innerhalb der Physik konnte sich unter den Physikern durchsetzen, weil es Experimente gab – das Michelson-Morley-Experiment und seine Varianten. Daher erwarten wir, dass auch in der gleichnishaften Übertragung die Wahrheit über das Licht für unser Leben sich eher da durchsetzt, wo wir konkrete Fakten haben.

Den Experimenten in der Physik entsprechen in der Übertragung dieses Gleichnisses die historischen Fakten über die Zuverlässigkeit der Bibel. Wie bereits im Vorwort sei hier nochmals gewarnt vor dem Missverständnis, damit könnte man Gott oder Gottes Wort beweisen. Der Glaube an Jesus Christus bleibt ein Glaube, eine Vertrauensbeziehung.[196]

Dieser Glaube, dieses Vertrauen, von dem die Bibel spricht, hat nichts zu tun mit dem, was viele landläufig unter „glauben" verstehen im Sinne von „nicht wissen". Der

---

194. Epheser 2,2–3.
195. 2. Korinther 4,3–4.
196. Der griechische Begriff für „glauben" (pisteuo::πιστεύω), wie z. B. in Römer 4,3 gebraucht, bedeutet auch „vertrauen" (siehe z. B. Menge, S. 556). Der entsprechende hebräische Begriff in 1. Mose 15,6 (dem Vers, der in Römer 4,3 zitiert wird) bedeutet auch „trauen" (siehe z. B. Gesenius, S. 48).

Glaube, von dem die Bibel spricht, gründet sich auf historische Tatsachen; das haben auch Atheisten zugegeben:

> Der Gelehrte C. S. Lewis, früher Professor für englische Literatur des Mittelalters und der Renaissance an der Universität Cambridge ... schrieb: „Im Frühjahr 1926 saß mir der hartgesottenste Atheist, den ich kannte, in meinem Zimmer am Kamin gegenüber und bemerkte, die Beweislage für die historische Wahrheit der Evangelien sei überraschend gut."
> [...]
> Nachdem Lewis Grundlagen und Beweise des Christentums abgewägt hatte, stellte er fest, dass es in den anderen Religionen „keinen so historischen Anspruch gibt wie im Christentum". Seine Kenntnis der Literatur führte ihn zwangsweise dazu, die Evangelien als glaubhaften Bericht anzusehen. „Ich war inzwischen in der Literaturkritik zu erfahren, um die Evangelien als Mythen zu betrachten."[197]

Bedenken wir also die historischen Fakten, auf denen der christliche Glaube fußt.

2.5.2.1 Die Fakten zur Textüberlieferung und Historizität der Bibel

Für die Zuverlässigkeit der Textüberlieferung der Bibel wie für die historische Glaubwürdigkeit des AT und NT gibt es reichlich Belege, etwa durch Schriftfunde sowie die Archäologie kombiniert mit Fakten der Geschichte.[198]

Was die Textüberlieferung des AT angeht, haben Funde in Qumran am Toten Meer dessen Zuverlässigkeit bestätigt:

> Die Untersuchung der Qumranrollen ergab, dass der Bibeltext unglaublich sorgfältig überliefert worden ist. Dazu der deutsche Qumranwissenschaftler Prof. Stegemann (Uni Göttingen): Die Qumranrollen „stellen den jüdischen Kopisten der Zwischenzeit ein Berufszeugnis aus, wie es vorzüglicher nicht sein könnte. Nur für ganz wenige, ziemlich belanglose Kleinigkeiten lassen sich Ungenauigkeiten oder gar Irrtümer feststellen. Den Bibeltext, wie wir ihn aus dem Mittelalter kennen, gab es ebenso auch schon tausend Jahre zuvor." Und Prof. Hunzinger, der erste deutsche Gelehrte, der die Qumranschriften im Original bearbeitet hat, urteilt: „Die Texte von Qumran bestätigen in überraschender Weise die Zuverlässigkeit der Überlieferung des hebräischen Textes."[199]

---

197. McDowell, *Die Tatsache der Auferstehung*, S. 21–22.
198. McDowell, *Die Fakten des Glaubens*, S. 117–235; S. 603–630.
199. Schick, S. 47.

Was die Textüberlieferung des NT betrifft, erklärt Benjamin Warfield,

> ... ohne Umschweife, dass die Fakten beweisen, dass die überwiegende Mehrheit des NT „uns ohne oder fast ohne Unterschiede übermittelt wurde. Und selbst in der verdorbensten Form, in der er je erschienen ist ... ist der wahre Text der biblischen Verfasser fachkundig exakt; ... weder ein Glaubensartikel noch ein moralisches Gebot ist entstellt oder verlorengegangen ... man wähle so peinlichst wie man will, man wähle absichtlich das Schlimmste aus der ganzen Masse der Lesarten."[200]

Zum Vergleich noch etwas zur Textüberlieferung anderer Literatur aus der Antike – F. F. Bruce schreibt: „Es gibt keine Sammlung antiker Literatur in der Welt, die sich einer so guten textlichen Bezeugung erfreut wie das NT."

Greenlee belegt diese Behauptung zur Textüberlieferung durch den Vergleich mit griechischen Klassikern:

> Die ältesten uns bekannten Manuskripte von den meisten griechischen klassischen Autoren datieren eintausend oder mehr Jahre nach dem Tode ihres Verfassers. ... Beim NT jedoch wurden zwei der wichtigsten [erhaltenen] Manuskripte innerhalb von 300 Jahren nach Abschluss des NT geschrieben, während einige fast vollständige Bücher des NT wie auch umfassende Fragment-Manuskripte von vielen Teilen des NT innerhalb eines Jahrhunderts nach der Urschrift datieren.[201]

Die Archäologie belegt die historische Glaubwürdigkeit der Bibel, zunächst des AT. William Albright, Archäologe und Professor für semitische Sprachen, schreibt: „[Es] kann kein Zweifel bestehen, dass die Archäologie die Geschichtlichkeit der alttestamentlichen Überlieferungen im wesentlichen bestätigt hat", und Millar Burrow von der Yale University: „Die Archäologie hat in vielen Fällen die Ansichten moderner Kritiker widerlegt. Sie hat vielfach gezeigt, dass diese Ansichten auf falschen Annahmen und irrealen willkürlichen Schemata historischer Entwicklung beruhen."[202]

Was speziell das NT angeht: Eines der vier Evangelien wurde von Lukas geschrieben; und es stimmt sehr gut überein mit denen von Matthäus und Markus. Weiter verfasste er die Apostelgeschichte über die Ausbreitung des Christentums samt der Entstehung der Gemeinden in Israel, Kleinasien und einem Teil Südeuropas – damit umfasst die Darstellung von Lukas im Wesentlichen die ganze Zeit des NT. An seiner historischen

---

200. McDowell, *Bibel im Test*, S. 79.
201. McDowell, *Bibel im Test*, S. 87–88; Hinzufügung in eckiger Klammer von McDowell.
202. McDowell, *Bibel im Test*, S. 116; vgl. auch Die Fakten des Glaubens, S. 605.

Glaubwürdigkeit hängt also sehr viel. Der schottische Althistoriker und Klassische Archäologe Sir William Mitchell Ramsay (1851–1939) untersuchte Lukas und kam zu folgendem Ergebnis:

> Lukas ist ein Historiker ersten Ranges; nicht nur seine faktischen Aussagen sind verbürgt, er besitzt eine echte historische Gesinnung ... Kurz gesagt, dieser Autor sollte zu den allergrößten Historikern gerechnet werden.[203]

Wikipedia fasst die Nachforschungen von Ramsay folgendermaßen zusammen:

> Sein herausragendes Arbeitsgebiet war die Historische Geographie von Kleinasien. Ramsay reiste 1880 zum ersten Mal nach Kleinasien und diesem ersten Aufenthalt sollten bis 1890 und dann wieder von 1900 bis 1914 jährlich weitere ausgedehnte Forschungsreisen folgen. Er entdeckte bei Ausgrabungen in Antiochia in Pisidien in den Jahren 1914 und 1924 Fragmente einer weiteren Kopie vom sogenannten Tatenbericht des Augustus.
>
> Aus der Kombination von persönlicher Anschauung mit epigraphischen und schriftlichen Quellen gelang ihm ein wesentlicher Beitrag zur Lokalisierung einzelner Orte und Landschaften und deren Geschichte. Besonderes Anliegen war ihm die Verortung der neutestamentlichen Schriften in Kleinasien und die Geschichte des dortigen frühen Christentums.
>
> Während er anfangs davon ausging, dass die Angaben in der Apostelgeschichte oft unzuverlässig waren, kam er im Rahmen seiner Forschung immer mehr zur Überzeugung, dass sie äußerst zuverlässig ist und äußerte Hochachtung vor dem Historiker Lukas: [...]
>
> „Weiteres Forschen ... ergab, dass das Buch der genauesten Prüfung bezüglich seiner Kenntnis über die Welt der Ägäis standhalten konnte und es mit soviel Urteilsvermögen, Fähigkeit, Kunst und Wahrnehmung der Wahrheit geschrieben wurde, dass es ein Modell für ein historisches Werk darstellt."[204]

Lukas schreibt gleich am Anfang seines Evangeliums, dass er seinen Bericht aufgrund von Augenzeugen verfasst hat,[205] während die Verfasser des Matthäus-Evangeliums und Johannes-Evangeliums selbst Augenzeugen waren. Die Datierung der Evangelien variiert unter den Theologen von den 30er- bis zu den 70er-Jahren. Aber

---

203. McDowell, *Bibel im Test*, S. 122–123.
204. https://de.wikipedia.org/wiki/William_Mitchell_Ramsay.
205. Lukas 1,1–4.

unabhängig davon, in welchem Jahrzehnt wir nun die Niederschrift des ersten Evangeliums ansetzen, ob in den 30er, 40er, 50er, 60er oder 70er Jahren – in jedem Fall wurde es zu einer Zeit geschrieben, zu der immer noch Augenzeugen von Jesus lebten. Die Ereignisse konnten überprüft werden, weil noch Menschen am Leben waren, die dabei gewesen waren und daher wussten, wie es wirklich gewesen war.[206]

2.5.2.2 Die Fakten zu Vorhersagen (Prophetie) und zur Auferstehung Jesu

Doch die Fakten über die Zuverlässigkeit der Bibel durch Textüberlieferung und Historizität allein entsprechen noch nicht gleichnishaft den experimentellen Fakten über die absolute Lichtgeschwindigkeit (Michelson-Morley-Experiment).

Die Physik hat experimentell bestätigt, dass die Lichtgeschwindigkeit absolut ist; die Bibel behauptet zunächst nur von sich selbst, sie sei von Gott eingegeben und damit absolut: Die über vierzig Autoren schrieben, getrieben vom Heiligen Geist.[207]

Doch ähnlich, wie die Physik nicht verlangt, dass wir Einstein blind folgen, sondern durch Experimente Fakten liefert, verlangt auch die Bibel nicht, dass wir ihr blind folgen, nur weil sie beansprucht, das Wort Gottes zu sein: Sie bietet mehrere Möglichkeiten, diesen Anspruch zu testen.

Zwei davon nennt der Römerbrief gleich in den ersten Versen: „[...] das Evangelium Gottes, das er durch seine Propheten in heiligen Schriften *vorher verheißen* hat über seinen Sohn, [...] aufgrund der Toten-Auferstehung."[208] Die erste Möglichkeit, die Bibel zu testen, ist demnach die Verheißung bzw. Vorhersage oder Prophetie; die zweite Möglichkeit ist die Auferstehung Jesu von den Toten als Bestätigung dessen, was Jesus zuvor vorausgesagt hatte.

2.5.2.2.1 Die Fakten zu Vorhersagen (Prophetie)

Laut Prof. Werner Gitt enthält die Bibel zu etwa einem Fünftel Prophetie, wovon etwa die Hälfte bereits erfüllt ist.[209] Diese Vorhersagen kann man z. B. nach vier Punkten klassifizieren: 1) Völker und Städte; 2) Israel; 3) Messias, Jesus Christus[210]; 4) Leben nach dem Tod.

---

206. Gustavsson, S. 115.
207. 2. Timotheus 3,16; 2. Petrus 1,21.
208. Römer 1,2–4 (Hervorhebung durch den Verfasser).
209. Laut Prof. Gitt haben 6408 Verse prophetische Aussagen, wovon sich 3268 bereits erfüllt haben (Gitt, S.118). Da eine revidierte Elberfelder Bibel 31171 Verse hat, sind das also 20 % (genau: 20,06 %) prophetische Aussagen; davon haben sich 50 % (genau: 50,10 %) bereits erfüllt.
210. „Christus" ist der griechische Begriff für den hebräischen Begriff „Messias".

Zu 1) *Völker und Städte*: Bei der Vorhersage über Völker ist Daniels Vorhersage der vier Weltreiche zu nennen.[211] Da diese Vorhersage durch Daniel einen Zeitraum von gut 1100 Jahren umfasst (626 v. Chr. bis 476 n. Chr.) und Daniel, rein innerweltlich betrachtet, zumindest über die zwei letzten Weltreiche nichts wissen konnte, wurde und wird die Glaubwürdigkeit des Buches Daniel von Bibelkritikern bezweifelt – echte, erfüllte Prophetie passt nicht in das Weltbild der Bibelkritik.

Das Große Bibellexikon schreibt dazu:

> Die geschichtliche Glaubwürdigkeit und Zuverlässigkeit des D[aniel-B]uches ist äußerst umstritten. „Wenige Bücher haben mehr Diskussionen verursacht als Daniel" (H. H. Rowley). Doch jedes Argument, das man gegen die Zuverlässigkeit der geschichtlichen Angaben vorbrachte, hat ein Gegenargument gefunden (vgl. dazu G. Maier: *Der Prophet Daniel*, 1982).[212]

Es folgt ein detaillierter Vergleich von Daniels Aussagen zu seiner Zeit mit dem, was aus der Geschichte bekannt ist und damit seine geschichtliche Zuverlässigkeit bestätigt. Daniel muss dieses Buch also wirklich damals geschrieben haben, zur Zeit des babylonischen und medo-persischen Reiches; das bedeutet aber: Er hat Dinge vorhergesagt, die er von sich selbst aus nicht wissen konnte, sondern nur durch den Geist Gottes.

Was die Vorhersage über Städte betrifft, so zeigt Josh McDowell sie in *Bibel im Test* beispielhaft an 11 erfüllten Prophetien: Er vergleicht die geschichtlichen Ereignisse mit den Vorhersagen der Bibel und liefert anschließend eine mathematische Wahrscheinlichkeits-Abschätzung; das Ergebnis: Die Wahrscheinlichkeit für ein zufälliges Eintreffen dieser Ereignisse ist so viel wie null.[213]

Zu 2), *Israel*: Zu den Vorhersagen über Israel lassen wir vorab William MacDonald zu Wort kommen, beginnend mit zwei Anekdoten:

> Friedrich der Große sagte einmal zu einem seiner Adjutanten: „Liefern Sie mir mit einem Wort einen Beweis, dass die Bibel wahr ist!" Der Adjutant antwortete prompt: „Die Juden, Majestät." Der berühmte Philosoph Hegel sagte: „Meine Philosophie erklärt alles außer die Juden." Das Phänomen des jüdischen Volkes ist deshalb so schwierig zu erklären, weil dieses Volk einen einzigartigen Platz in Got-

---

211. Zweifache Vorhersage, zunächst durch Nebukadnezars Traum eines Standbilds: Daniel 2,31–45, dann durch Daniels Vision über vier wilde Tiere: Daniel 7,2–8.17–18.

212. *Das Große Bibellexikon* 1, S. 252 (Stichwort: „Daniel, Buch"). (Kurse Titelhervorhebung hinzugefügt)

213. McDowell, *Bibel im Test*, S.389–470; Wahrscheinlichkeit so viel wie null, genauer auf S. 467: 1 : 5,76 · 10⁵⁹.

tes Plänen und Absichten einnimmt. Sein jahrtausendelanges Schicksal ist mit göttlicher Genauigkeit in der Bibel vorausgesagt, und seine Geschichte bestätigt klar und deutlich die Zuverlässigkeit dieser Prophezeiungen.[214]

Anschließend führt MacDonald aus, wie das Volk Israel seinen Anfang nahm: mit Gottes Verheißung an Abraham.[215]

Einige Jahrhunderte später sagte Mose vorher, noch bevor sie überhaupt das Land Kanaan bzw. Israel eingenommen hatten, sie würden unter die Völker zerstreut werden; zunächst die Kurzfassung: „Und der Herr wird euch unter die Völker zerstreuen." Ausführlich und detailliert prophezeit er in 5. Mose 28: „Der Herr wird dich ... zu einer Nation wegführen ... Und du wirst zum Entsetzen werden ... unter allen Völkern, wohin der Herr dich wegtreiben wird", danach: „Der Herr wird von ferne, vom Ende der Erde her, eine Nation über dich bringen ... Und sie wird dich belagern in all deinen Toren ... Dann wirst du die Frucht deines Leibes essen, das Fleisch deiner Söhne und deiner Töchter", und schließlich: „Und der Herr wird dich unter alle Völker zerstreuen von einem Ende der Erde bis zum andern Ende der Erde."[216]

Diese Prophetie hat sich gleich dreifach erfüllt:[217] 722 v. Chr. hat Assyrien das „Nordreich" mit den zehn Stämmen verschleppt; so sind diese unter alle Völker zerstreut worden und bislang sind sie nicht vollständig zurückgekommen. 586 v. Chr. hat Babel weitgehend das Südreich zu sich verschleppt. 70 n. Chr. hat das Römische Reich die wieder im Land lebenden Juden unter alle Völker zerstreut.

Doch nicht nur die Zerstreuung Israels, sondern auch seine Sammlung hat die Bibel vorhergesagt; schon Mose hat dieses geschichtlich extrem unwahrscheinliche Ereignis angekündigt: „Dann wird der Herr ... dich wieder sammeln aus all den Völkern, wohin der Herr, dein Gott, dich zerstreut hat. Wenn deine Verstoßenen am Ende des Himmels wären, selbst von dort wird der Herr, dein Gott, dich sammeln, und von dort wird er dich holen."[218]

Mose steht damit nicht allein; rund achthundert Jahre nach ihm kündigte Jeremia an, die nach Babel verschleppten Juden würden nach 70 Jahren wieder in ihr Land zurückkommen, und schon über hundert Jahre vorher hatte Jesaja den Namen des Königs

---

214. MacDonald, *Ist die Bibel Wahrheit?*, S. 24.
215. 1. Mose 12,2-3.
216. Zusammengefasst: „unter die Völker zerstreuen": 5. Mose 4,27; „zu einer Nation ... unter allen Völkern": 5. Mose 28,36–37; „eine ... Nation ... essen, das Fleisch deiner Söhne und deiner Töchter": 5. Mose 28,50.53 „unter alle Völker zerstreuen": 5. Mose 28,64.
217. Diese drei Verschleppungen kann man chronologisch den drei zitierten Aussagen zuordnen und zwar in der Reihenfolge, wie sie im Text stehen: 5. Mose 28,36–37 entspricht der Verschleppung von Assyrien durch „eine Nation", von wo aus sie unter viele Nationen zerstreut wurden (wo sie z. T. bis heute leben). 5. Mose 28,50.53 entspricht der Belagerung durch die Babylonier: Der Hunger trieb die Juden tatsächlich dazu, ihre eigenen Kinder zu essen (Jeremia 19,9; Klagelieder 2,20; 4,10). - 5. Mose 28,64 entspricht der Zerstreuung der Juden durch die Römer in alle Welt.
218. 5. Mose 30,3–4.

vorhergesagt, der die Juden wieder in ihr Land bringen würde: Kyrus. Beider Vorhersagen erfüllten sich tatsächlich unter dem persischen König Kyrus, 70 Jahre nach der Verschleppung.[219] Hesekiel, ein Zeitgenosse Jeremias, sagte für ein späteres Ereignis vorher: „Ich werde euch aus den Völkern sammeln und euch aus den Ländern zusammenbringen, in die ihr zerstreut worden seid, und werde euch das Land Israel geben." [220]

Auch die Prophetie von der Sammlung Israels hat sich bereits mehrfach erfüllt: Nicht nur damals unter Kyrus mit der Rückkehr aus Babel, sondern tatsächlich „aus allen Völkern" kamen sie vor und seit der Gründung des Staates Israel 1948; diese Rückkehr dauert bis heute an. Gottes Wort bestätigt auch, dass die vollständige Sammlung aller Israeliten noch aussteht – sie wird auf sich warten lassen bis zur Wiederkunft Jesu und dem dann folgenden 1000-jährigen Reich.[221]

Zu 3), *Messias, Jesus Christus*: ‚Messias' ist der hebräische Begriff für den griechischen Begriff ‚Christus', was auf Deutsch ‚Gesalbter' bedeutet. Priester und Könige wurden im AT gesalbt, auch Propheten werden als Gesalbte bezeichnet. Aber der rote Faden des AT zeigt, dass der vorhergesagte Erlöser der eine Gesalbte ist. Von diesem Gesalbten, dem ewig lebenden König, ist vorhergesagt, dass er gleichzeitig Mensch und Gott ist[222].

Über die Vorhersage von Jesus als den Christus bzw. Messias gibt es mehr zu sagen und im AT zu entdecken als zu allen anderen Punkten zusammengenommen; um das Thema dieses Buches nicht zu verfehlen, sei der Leser auf einschlägige Bücher verwiesen.[223]

Oder, noch besser: Er geht selbst auf Entdeckungsreise. Jesus selbst machte mit seinen Jüngern eine solche Expedition – nach seiner Auferstehung erklärte er zwei Jüngern auf dem Weg nach Emmaus: „Musste nicht der Christus dies leiden und in seine Herrlichkeit hineingehen? Und von Mose und von allen Propheten anfangend, erklärte er ihnen in allen Schriften das, was ihn betraf."[224]

Kurz darauf, nun waren elf weitere Jünger dabei, sagte Jesus: „Dies sind meine Worte, die ich zu euch redete, als ich noch bei euch war, dass alles erfüllt werden muss, was über mich geschrieben steht in dem Gesetz Moses und in den Propheten und Psalmen. Dann öffnete er ihnen das Verständnis, damit sie die Schriften verständen."[225] Die Prophetien über Jesus sind also der Schlüssel zum rechten Verständnis des AT.

---

219. Jeremia 25,12; Jesaja 44,28-45,4; 2. Chronik 36,22–23.
220. Hesekiel 11,17.
221. Jesaja 60,1–4.
222. Gesalbter Priester: z. B. 2. Mose 40,15; Gesalbter König: z. B. 1. Samuel 2,10; 2. Samuel 5,17; Gesalbte Propheten: z. B. 1. Könige 19,16; 1. Chronik 16,22//Psalm 105,15;; Der ewige König, Mensch und Gott: Jesaja 9,5-6
223. Z. B. Arnold Fruchtenbaum, *Ha-Maschiach: Der Messias in den hebräischen Schriften: Die fortschreitende Christus-Offenbarung im AT*; John Meldau, *Der Messias in beiden Testamenten*.
224. Lukas 24,26–27.
225. Lukas 24,44–45.

Nehmen wir z. B. Vorhersagen über Ort und Zeit seiner Geburt, über die Jungfrauengeburt, den Verrat durch einen Vertrauten und die Todesart, die Reaktion der Menschen, sein Durchbohrtwerden (an Händen, Füßen und an der Seite), die Grablegung:[226] Wäre Jesus nur ein gewöhnlicher Mensch gewesen, hätte er zu ihrer Erfüllung rein gar nichts beitragen können. Man kann also über diese Prophezeiungen nicht sagen, sie wären nur deshalb eingetroffen, weil Jesus das AT so gut gekannt hätte.

Um aufzuzeigen, wie unwahrscheinlich allein diese Vorhersagen sind, zitiert Josh McDowell den Mathematiker Peter Stoner: „... wir sehen also, dass die Chance der Erfüllung aller acht Prophezeiungen in einem beliebigen Menschen (von damals bis heute) 1 : 10^{17} ist"[227]; das ist eine Eins mit 17 Nullen.

Um sich vorstellen zu können, wie unwahrscheinlich eine rein zufällige Erfüllung ist, hat Stefan Schnitzer ausgerechnet, dass man 1.310.394.828.347.500 Cent Münzen braucht (also abgerundet ca. $1{,}31 \cdot 10^{15}$ Stück), um die gesamte Fläche von Deutschland mit Cent Münzen zu bedecken[228]. Die Wahrscheinlichkeit beträgt aber 1 : 10^{17}, ist also wesentlich höher; deshalb legen wir in Deutschland nicht nur eine einzige Schicht von Cent-Münzen aus, sondern flächendeckend etwa 76 Schichten (an einigen Stellen noch mehr). Die Wahrscheinlichkeit von 1 : 10^{17} eines rein zufälligen Eintreffens der Vorhersagen ist ungefähr so groß, wie wenn von diesen 76 Schichten über ganz Deutschland ein einziger Cent auf der Rückseite markiert wäre und jemand ausgerechnet diesen markierten Pfennig finden würde – wohlgemerkt: gleich beim ersten Versuch!

Aber diese Art von Prophetie ist nur ein ganz kleiner Teil von all dem, was wir im AT als Hinweis auf Jesus haben; ein sehr viel größerer Teil besteht aus indirekter Prophetie. Diese typologische, symbolische Art von Prophetie[229] geht denn auch über das Fünftel, das Prof. Gitt an Versen als Prophetie ausgezählt hat, weit hinaus.

Zu 4), *Leben nach dem Tod:* Man könnte meinen, Prophetie über das, was nach dem Tod passiert, beziehe sich auf das, was noch nicht in Erfüllung gegangen ist; aber für die, die bereits gestorben sind, ist sie zum Teil schon in Erfüllung gegangen, und ein

---

226. Geburtsort: Micha 5,1.
   Zeit der Geburt: Daniel 9,25; 1. Mose 49,10 (Die Juden wurden erst 70 n. Chr. von Israel vertrieben [bis 1948], also erst, nachdem der Schilo, der Christus, gekommen war).
   Art der Geburt: Jesaja 7,14. Verrat durch einen Nahestehenden: Psalm 41,10; 55,13–15; Sacharja 13,6.
   Todesart: Psalm 22,15–19; 69,22; Jesaja 53,9.12.
   Reaktion der Menschen: Psalm 69,20–21; Jesaja 50,6.
   Durchbohren der Seite: Jesaja 53,5; Sacharja 12,10.
   Grablegung: Jesaja 53,9.
227. McDowell, *Bibel im Test*, S. 250.
228. Nach dem Handbuch zum „Bibel-Seminar", S. 48-49. Ausgabe 2018: www.bibel-seminar.de.
229. Ein Beispiel, hier stellvertretend für viele andere, nannte Johannes der Täufer, als er auf Jesus wies mit den Worten: „Siehe, das Lamm Gottes, das die Sünde der Welt wegnimmt!" (Johannes 1,29). Damit zeigt er, dass zahlreiche Ereignisse oder Anordnungen im AT auf den Messias abzielen, z. B., warum das Opfer von Abel besser war als das von Kain (1. Mose 4,4–5; Hebräer 11,4; vgl. dazu 1. Mose 3,15.21); Abraham opfert das männliche Lamm (Widder) anstelle seines Sohnes Isaak (1. Mose 22,2.13); das Passah-Lamm (2. Mose 12; vgl. Matthäus 26,17.26–28); das tägliche Morgen- und Abendopfer im jüdischen Gottesdienst (2. Mose 29,38); die besonders deutliche Prophetie in Jesaja 53 auf Jesu stellvertretenden Tod, insbesondere der Vergleich mit dem verstummten Lamm (Jesaja 53,7).

anderer Teil wird sich (auch für jene Gestorbenen) erst erfüllen, wenn die Christen – ob tot oder noch lebendig – entrückt werden.[230] Nun könnte man einwenden: Mit dieser Art von erfüllter Prophetie ist doch gar nichts anzufangen! Viele sagen, es sei noch keiner zurückgekommen, um uns zu berichten, wie es für die Toten weitergehe; aber das stimmt nicht!

Es ist sehr wohl jemand zurückgekommen: Jesus Christus. Und auch wenn seine Aussagen über das Leben nach dem Tod im Wesentlichen[231] aus der Zeit vor seiner Kreuzigung und Auferstehung stammen, so sind sie (wie auch alle anderen Aussagen Jesu) doch durch die Auferstehung bestätigt.

Das führt zu der Frage: Wie glaubwürdig ist die Auferstehung Jesu? Was gibt es an Fakten dazu?

2.5.2.2.2 Die Fakten zur Auferstehung Jesu

Das beste und schönste Eigentor, das in der Menschheitsgeschichte je geschossen wurde, war das der Feinde Jesu, die ihn ans Kreuz gebracht hatten. Jene Hohenpriester und Pharisäer erinnerten sich nach der Kreuzigung, dass Jesus seine Auferstehung vorhergesagt hatte, und waren besorgt, seine Jünger könnten den Leichnam stehlen und dann behaupten, Jesus sei auferstanden. Darum baten sie Pilatus um eine Wache und versiegelten den Stein, mit dem die Gruft verschlossen war.[232]

Die Kombination aus Wache und Siegel machte es den Jüngern unmöglich, den Leichnam Jesu zu stehlen; dennoch behaupteten die jüdischen Leiter nach der Auferstehung Jesu genau das – mangels einer besseren Möglichkeit, diese wegzuerklären.

Selbst wenn jemand die Berichte in den vier Evangelien bestreiten würde, könnte er doch nicht leugnen, dass das Grab leer war. Das Mindeste, was man historisch erwarten könnte, wäre eine Gegendarstellung gewesen – denn die Christen verbreiteten die Botschaft von der Auferstehung Jesu Christi ohne alle Hemmungen und die Juden waren sehr daran interessiert, sie zu widerlegen.

Lee Strobel stellt fest, dass die Polemik der Juden von Anfang an die Historizität des leeren Grabes voraussetzt:

> Niemand behauptete, dass das Grab immer noch den Leichnam Jesu enthielt. Die Frage war immer nur, was konkret mit dem Leichnam geschehen war! Die Juden verbreiteten die lächerliche Geschichte, dass die Wachen eingeschlafen waren. Offensichtlich klammerten sie sich an einen Strohhalm. Aber der Punkt ist der: Sie

---

230. 1. Korinther 15,51–52; 1. Thessalonicher 4,14–17.
231. Eine Ausnahme ist z. B. Markus 16,16, wo Jesus nach seiner Auferstehung sagt, was uns nach dem Tod erwartet.

gingen von der Annahme aus, dass das Grab leer war! Warum? Weil sie wussten, dass es so war.[233]

Wie schnell hätten die Juden damals die Christen ob ihrer Verkündigung des auferstandenen Jesus mundtot und lächerlich machen können, wäre nur der Leichnam noch dagewesen! Stattdessen konnte Paulus noch über zwanzig Jahre später unwidersprochen an die Korinther schreiben: „Danach erschien er mehr als fünfhundert Brüdern auf einmal, von denen die meisten bis jetzt übriggeblieben, einige aber auch entschlafen sind."[234] Wenn diese Behauptung nicht gestimmt hätte, wie leicht hätte man sie damals widerlegen können, einfach durch Befragung der noch Lebenden!

Keine der vorgebrachten Theorien ist glaubwürdig – weder die von der in Ohnmacht gefallenen Wachen noch die vom Diebstahl, weder die von Halluzination noch die von einem falschen Grab.[235]

Der Heiligen Schrift können wir entnehmen, wie wichtig die Fakten zur Auferstehung sind: „Wenn aber Christus nicht auferweckt ist, so ist euer Glaube nichtig."[236] Für Atheisten ist diese Aussage der Bibel der ideale Ansatzpunkt, um das Christentum zu widerlegen: Die Bibel sagt es ja selbst.

Jesus hatte seine Auferstehung den Jüngern mehrfach vorhergesagt; wäre er nicht auferstanden, wäre er schon deshalb widerlegt in seinem Wahrheits-Anspruch „Ich bin der Weg und die Wahrheit und das Leben. Niemand kommt zum Vater als nur durch mich"[237] – sämtliche seiner Aussagen wären unglaubwürdig.

So hat es auch nicht gefehlt an Leuten, die genau an diesem Punkt das Christentum angegriffen haben. Beschränken wir uns auf drei, die daraus jeweils ein ganzes Buch gemacht haben.

Zunächst war da Gilbert West, er lebte im 18. Jahrhundert und gehörte zu den größten Verfechtern des Rationalismus, was sich darin zeigte, dass er alles Übernatürliche in der Bibel abstritt. In einem Buch wollte er zeigen, dass die Auferstehung Christi eine bloße Legende sei; sein Werk sollte beweisen, dass Christus nicht von den Toten auferstanden wäre. Wests Resümee: „Als ich die Indizien für die Auferstehung Christi untersuchte und sie gemäß den anerkannten Gesetzen der Beweisführung erwog, wurde ich überzeugt, dass er tatsächlich von den Toten auferstand, so wie die Bibel es berichtet."[238]

Dann schrieb der Jurist Albert Henry Ross unter dem Pseudonym Frank Morison den späteren Bestseller Who Moved the Stone? (Wer wälzte den Stein?, erschienen 1930). Michael Green fasst das Buch zusammen und schreibt, dass Morison

---

232. Matthäus 27,62–66.
233. Strobel, S. 327.
234. 1. Korinther 15,6.
235. McDowell, 1) *Bibel im Test*, S. 345–385; 2) Die Fakten des Glaubens, S. 434–470.
236. 1. Korinther 15,17.
237. Johannes 14,6.
238. MacDonald, *Ist die Bibel Wahrheit?*, S. 83–84.

in einer rationalistischen Umgebung aufwuchs und zu der Überzeugung gekommen war, dass die Auferstehung nichts weiter als ein Märchen mit Happyend sei, durch das die einzigartige Geschichte Jesu nur verdorben würde. Aus dem Grund beschloss er, einen Bericht über die letzten tragischen Tage Jesu zu schreiben, bei dem das Schreckliche des Verbrechens und das Heldentum Jesu voll durchscheinen sollten. Natürlich würde er jeden Verdacht des Wunderhaften vermeiden und die Auferstehung völlig weglassen. Doch als er dahin kam, die Tatsachen sorgfältig zu untersuchen, musste er seine Ansicht ändern. Er schrieb ein Buch in entgegengesetztem Sinn. Sein erstes Kapitel trägt den bezeichnenden Titel: „Das Buch, das nicht geschrieben werden sollte". Und der Rest dieses Bandes besteht aus einer der scharfsinnigsten und anziehendsten Bewertungen, die ich jemals gelesen habe.[239]

Noch später kam Josh McDowell (geb. 1939), auch er machte das Christentum lächerlich; da forderten Christen ihn auf, sich doch mit der Auferstehung Jesu Christi zu beschäftigen. So beschloss McDowell, ein Buch zu schreiben, das diese widerlegt. Aber er erkannte: Die Auferstehung Jesu Christi kann nicht widerlegt werden, sie ist eine historisch bewiesene Tatsache. So schrieb er stattdessen das Buch Die Tatsache der Auferstehung. Ziemlich am Anfang dieses Buches führt McDowell das Zeugnis mehrerer Historiker und Juristen an, die nach den Kriterien der Geschichtsforschung bzw. Rechtsprechung vorgegangen waren. Hier nur eine Auswahl:

> Professor Thomas Arnold [1795–1842], … Autor der dreibändigen „Geschichte Roms" und Lehrstuhlinhaber für Neue Geschichte in Oxford, … sagte: „Ich bin seit vielen Jahren gewohnt, die Geschichte früherer Zeiten zu studieren und die Berichte derer zu untersuchen und zu bewerten, die darüber geschrieben haben, und ich kenne keine Tatsache in der Geschichte der Menschheit, die bei einer fairen Untersuchung durch bessere und vollständigere Belege aller Art bewiesen wird, als das große Zeichen, das Gott uns gegeben hat, nämlich, dass Christus starb und wieder von den Toten auferstand."
> […]
>   Dr. Paul L. Maier [geb. 1930], Professor für Alte Geschichte an der Western Michigan Universität, kam zu dem Ergebnis: „Wenn man alle Zeugnisse sorgfältig und fair abwägt, ist es nach den Gesetzen der historischen Forschung tatsächlich gerechtfertigt zu schließen, dass das Grab, in dem Jesus bestattet worden war, am Morgen des ersten Ostertages wirklich leer war. Nicht die Spur eines Beweises

---

239. McDowell, *Die Fakten des Glaubens*, S. 377 (McDowell zitiert hier Michael Green aus Man Alive, S. 54 f.).

ist bisher in den literarischen Quellen, Inschriften oder in der Archäologie gefunden worden, die diese Feststellung widerlegen könnte."

[...]

Dr. Simon Greenleaf [1783–1853], Professor für Jura an der Harvard Universität ... verfasste ein berühmtes dreibändiges Werk mit dem Titel „A Treatise on the Law of Evidence" (Eine Abhandlung über das Gesetz der Beweisführung), das immer noch als eine der größten Einzelautoritäten zu diesem Thema in der gesamten Literatur über Prozessverfahren gilt.

Greenleaf untersuchte den Wert der historischen Zeugnisse für die Auferstehung Jesu Christi, um die Wahrheit zu ermitteln. Er wandte die Prinzipien an, die sein dreibändiges Werk über Beweisführung enthält. ...

Greenleaf kam zu der Feststellung, dass nach den Gesetzen der Beweisführung, wie sie vor Gericht angewandt werden, mehr Beweise für die historische Tatsache der Auferstehung Jesu Christi existieren als für jedes andere Ereignis in der Geschichte.[240]

---

240. McDowell, *Die Tatsache der Auferstehung*, S. 17–19.

3 Die relativierte Welt als Folge des absoluten Lichts

3.1 Übersicht über die relativierte Welt mit Blick auf das Ganze

3.1.1 Die beiden *Postulate: Die Wahrheit und das Licht

Wir hatten festgestellt, dass das *R-Postulat der Relativitätstheorie, also das *Relativitätsprinzip (SRT), einerseits die *Relativität* der *Bezugssysteme postuliert, andererseits jedoch die *absolute* Gültigkeit der Naturgesetze: Das Naturgesetz bleibt immer dasselbe, es ändert sich nicht, auch wenn man das *Bezugssystem wechselt. Entsprechend kann man die Aussage dieses *R-Postulates auch zusammenfassen als „das Absolute im Relativen": das absolute Naturgesetz im relativen *Bezugssystem.

Weiter haben wir gesehen, wie aus diesem *R-Postulat das *L-Postulat der absoluten Lichtgeschwindigkeit schon im Gedankenexperiment hergeleitet werden konnte (auch umgekehrt) und dass das im Experiment immer wieder bestätigt wurde.

Das eigentlich Neue an der Relativitätstheorie war nicht das längst bekannte *Relativitätsprinzip (GN) in der Mechanik, sondern seine Erweiterung um die Elektrodynamik, also das *Relativitätsprinzip (SRT). Diese Erweiterung nun – und das ist das eigentlich Neue – zeigt sich in der absoluten Lichtgeschwindigkeit, also dem *L-Postulat; in diesem Sinne sind *R-Postulat und *L-Postulat austauschbar. Diese beiden *Postulate sind die Grundlage, das Zentrale und wirklich Neue an der Relativitätstheorie.

In der gleichnishaften Deutung dieser beiden *Postulate hat der Schöpfer sich in Gottes Wort offenbart durch Jesus Christus als der Wahrheit und dem Licht, wobei beides absolut ist, die Wahrheit und das Licht: Jesus Christus ist die eine absolute Wahrheit inmitten der vielen Relativierungen dieser Welt; und er ist das absolute Licht und scheint als Licht in dieser finsteren Welt.[241]

Die absolute Wahrheit entspricht im Gleichnis der Physik dem *R-Postulat, also dem *Relativitätsprinzip (SRT): Die Gesetze der Physik sind ein Gleichnis für die absolute Wahrheit, d. h. sie gelten überall, das heißt: in jedem *Bezugssystem – und wie man innerhalb der Physik daraus die absolute Lichtgeschwindigkeit herleiten kann, so kann man auch in der gleichnishaften Übertragung aus der absoluten Wahrheit herleiten, dass Jesus das Licht ist.

---

[241] Jesus Christus ist die absolute Wahrheit (Johannes 14,6); Jesus ist auch das Licht der Welt (Johannes 8,12; 9,5; 12,46) und scheint als Licht in dieser finsteren Welt (Johannes 1,5.9–11).

Denn im Licht wird alle Wahrheit offenbar: „So verurteilt nichts vor der Zeit, bis der Herr kommt, der auch das Verborgene der Finsternis ans Licht bringen und die Absichten der Herzen offenbaren wird! Und dann wird jedem sein Lob werden von Gott." Umgekehrt suchen Menschen, sich in der Finsternis vor dieser Wahrheit zu verstecken, aber vergeblich. Elihu sagt im Buch Hiob: „Da ist keine Dunkelheit und keine Finsternis, worin sich die Übeltäter verbergen könnten."[242]

Jesus hat beides zusammengefasst, das Licht (*L-Postulat) und die Wahrheit (*R-Postulat), als er sagte:

> Dies aber ist das Gericht, dass das Licht in die Welt gekommen ist, und die Menschen haben die Finsternis mehr geliebt als das Licht, denn ihre Werke waren böse. Denn jeder, der Arges tut, hasst das Licht und kommt nicht zu dem Licht, damit seine Werke nicht bloßgestellt werden; wer aber die Wahrheit tut, kommt zu dem Licht, damit seine Werke offenbar werden, dass sie in Gott gewirkt sind.[243]

Christen brauchen Jesu Licht und Wahrheit. So wurde schon lange vor Jesu Kommen dafür gebetet: „Sende dein Licht und deine Wahrheit; sie sollen mich leiten, mich bringen zu deinem heiligen Berg und zu deinen Wohnungen.". Dieses Gebet für die Wohnungen auf dem heiligen Berg ist ein Gebet, um „Anteil am Erbe der Heiligen im Licht" zu bekommen. Dieses „Erbe … im Licht" wurde dem Jünger bzw. Apostel Johannes in einer Vision auf einem Berg offenbart: „Und er führte mich im Geist hinweg auf einen großen und hohen Berg und zeigte mir die heilige Stadt Jerusalem, wie sie aus dem Himmel von Gott herabkam, und sie hatte die Herrlichkeit Gottes. Ihr Lichtglanz war gleich einem sehr kostbaren Edelstein, wie ein kristallheller Jaspisstein"[244].

Jesu Wahrheit und Licht als Grundlage für das „Erbe … im Licht", in der „Herrlichkeit Gott" entspricht im Gleichnis der Physik dem *R-Postulat und *L-Postulat als Grundlage für die Relativitätstheorie.

3.1.2 Die relativierte Welt als Folge der beiden *Postulate

Nun hatten wir in Kapitel 1 festgestellt, dass es auch andere absolute Größen gibt: den Raum, die Zeit und die Masse – das jedenfalls sagt uns unsere menschliche Intuition. Auch Newton hatte das so gesehen, zumindest was Raum und Zeit betrifft. Somit jonglieren wir hier innerhalb der Physik mit verschiedenen absoluten Größen.

---

[242] 1. Korinther 4,5 (siehe auch Psalm 90,8; Lukas 8,17; 1. Timotheus 5,25); Hiob 34,22.
[243] Johannes 3,19-21.
[244] „Sende dein Licht…": Psalm 43,3; „Anteil am Erbe …": Kolosser 1,12; „Und er führte mich auf einen … Berg…" Offenbarung 21,10-11 (vegl. auch Hebräer 12,22-23)

Betrachten wir dieselbe Situation einmal als Gleichnis auf unser Leben: Stellen wir uns verschiedene Könige vor, die jeder für sich den Absolutheitsanspruch erheben: Solange jeder sein eigenes Gebiet hat, innerhalb dessen er diesen Anspruch erhebt, haben diese Könige kein Problem; aber wenn diese Gebiete sich überlappen, entstehen Konflikte.

Wie ist das in der Physik? Gibt es da auch Konflikte? „Überlappen" sich die Gebiete von Lichtgeschwindigkeit, Raum, Zeit und Masse? In der Tat! Bei Raum und Zeit ist das sofort einsichtig, denn Geschwindigkeit ist definiert als der Weg (im Raum), der innerhalb einer bestimmten Zeit zurückgelegt wird. Auch sei hier schon vorweg mitgeteilt, dass es „Überlappung" mit der Masse gibt. (Die Erklärung wird in Kapitel 4 nachgeliefert.[245])

Bleiben wir zunächst beim Weg (Länge) bzw. beim Raum (dreidimensionale Länge). Einstein rätselte über die Probleme der Physik bei dieser „Überlappung":

> Einstein sagte sich, „ich weiß nicht, was Licht ist, und das soll mich auch nicht kümmern. Das Licht ist nicht das Problem, sondern die Geschwindigkeit." Aber was ist Geschwindigkeit? Kilometer pro Stunde, Meter pro Sekunde – der Quotient aus einem Raummaß[246] und einem Zeitmaß. Wenn also an der Geschwindigkeit etwas nicht stimmt, dann muss irgendetwas an den Grundvorstellungen über Raum und Zeit geändert werden: Geschwindigkeit = Raum/Zeit.[247]

Nehmen wir das als Gleichnis für die Aussagen der Bibel: Die Geschöpfe mögen für sich Absolutheit beanspruchen, mögen alles Innerweltliche verabsolutieren, also alles, was an Raum, Zeit und Materie gebunden ist. Doch wenn es wirklich einen Schöpfer gibt, der Himmel und Erde gemacht hat (und damit Raum, Zeit, Materie und uns Menschen), so ist zu erwarten, dass er auch an seinen Naturgesetzen zeigt, dass er allein absolut ist. Dann ist zu erwarten, dass alles Geschaffene, alles Innerweltliche, alles Diesseitig-Vergängliche nur relativen Wert, relative Gültigkeit und relative Autorität hat im Gegensatz zum absoluten Schöpfer.

Gehen wir mit dieser Überlegung zurück in die Physik und prüfen, ob diese Erwartung der Relativierung aufgrund der absoluten Lichtgeschwindigkeit (bzw. der beiden *Postulate) in der Physik erfüllt wird.

Nicht umsonst hatte Einstein Raum und Zeit infrage gestellt. In der Tat folgt rein logisch-mathematisch aus der absoluten Lichtgeschwindigkeit, dass auch und gerade

---

245. In der allgemeinen Relativitätstheorie (Kapitel 4) werden wir sehen, dass die *Raumzeit durch Masse gekrümmt wird. Wenn die Geschwindigkeit sich also überlappt mit Raum und Zeit, dann überlappt sie sich folglich auch mit der Masse, da die Masse sowohl den Raum als auch die Zeit beeinflusst. (Wie dabei die Masse beeinflusst, wird Kapitel 4 erklären).
246. Epstein spricht her etwas salopp vom „Raummaß", obwohl hier, genau genommen, ein Längenmaß gemeint ist, denn Geschwindigkeit ist Länge/Zeit (Länge geteilt durch Zeit).
247. Epstein, S. 38.

diejenigen Grundgrößen der Mechanik relativ sind, die man bis dahin für absolut gehalten hatte, nämlich Raum, Zeit und Masse.[248]

Rein logisch ist klar, dass nicht alle Größen absolut sein können; das kann man mathematisch herleiten bzw. beweisen: Wenn etwas absolut ist, dann kann nicht gleichzeitig etwas anderes absolut sein, das Ersterem widerspricht – entweder Raum und Zeit sind absolut, dann kann die Lichtgeschwindigkeit nicht absolut sein.

Da aber nun die Lichtgeschwindigkeit absolut ist, also unabhängig vom *Bezugssystem, kann Raum und Zeit nicht auch absolut sein. Man muss sich für eines von beiden entscheiden – nur haben das nicht Menschen zu entscheiden, sondern die Natur, das Experiment, genauer gesagt: der Schöpfer, der die Natur samt den Naturgesetzen geschaffen hat.

In der Sprache der Physiker heißt das: Das Experiment entscheidet. Weil das Experiment, nämlich das Michelson-Morley-Experiment, entschieden hat, dass Lichtgeschwindigkeit (im Vakuum) immer absolut ist, deshalb kann Raum, Zeit und Masse nicht absolut sein. Das aber widerspricht nicht nur den Vorstellungen Newtons, sondern auch unserer Intuition!

Da die beiden *Postulate logisch miteinander zusammenhängen, folgt die Relativität von Raum und Zeit aus beiden *Postulaten:

> Einstein hat zwei Thesen [*Postulate] formuliert. Die erste besagt, dass die Lichtgeschwindigkeit konstant ist [*L-Postulat]. Die zweite, dass Beobachter in *Inertialsystemen gleichwertig sind [*R-Postulat]. Wir haben dann gezeigt [bzw. werden im nächsten Abschnitt 3.2. detailliert zeigen], dass diese Thesen nur dann wahr sein können, wenn Gleichzeitigkeit relativ ist und wenn auch Längen und Zeitintervalle relativ sind.[249]

Im Physikunterricht (und erst recht im Physikstudium) würde nun mit reiner Mathematik aus den beiden *Postulaten hergeleitet, dass Raum, Zeit und Masse relativ sind.

Da dies eine rein populärwissenschaftliche Darstellung der Relativitätstheorie ist, die für möglichst viele verständlich sein soll, ersparen wir uns hier Algebra und Formeln; wie anfangs erklärt, wollen wir zugunsten einer besseren Verständlichkeit dieses Buches auf Mathematik verzichten.

Weil aber diese mathematischen Folgerungen unserer Intuition widersprechen, ist der bloße Verweis auf die Mathematik für einige Leser unbefriedigend; aus diesem

---

248. Die Aussage, auch die Masse sei relativistisch zu betrachten, ist dabei nur eine Interpretation der Relativitätstheorie, die laut Wikipedia als „historische Definition der Masse" bezeichnet wird; das ist bis heute in Schulbüchern und in der populärwissenschaftlichen Literatur vertreten (so z. B. auch im Goldmann Lexikon Physik von 1999, S. 535–536). In der Fachwelt dagegen hat sich heute die Interpretation durchgesetzt, bei der die Masse – nach $E = m \cdot c^2$ – eine vom *Bezugssystem unabhängige Systemeigenschaft ist (https://de.wikipedia.org/wiki/Masse_(Physik). Diese *invariante Definition von Masse bzw. Energie werden wir in Kapitel 5 betrachten.

249. Vermeulen, S. 217.

Grund gehen wir im folgenden Abschnitt einen Mittelweg: Leser, die auch logisch nachvollziehen wollen, warum Raum, Zeit und Masse relativ sind, werden die Möglichkeit haben, dies auf geometrischem Wege rein qualitativ zu tun. Wenn Sie aber Mathematikern Vertrauen schenken und glauben, dass sie zuverlässige Leute sind, und sich beim Lesen nicht damit belasten wollen, diese Logik selber nachzuvollziehen, dann reicht es völlig aus, in den folgenden Beschreibungen nur zur Kenntnis zu nehmen, was gemeint ist mit Relativierung der Gleichzeitigkeit, mit Zeitdehnung und Raumschrumpfung.[250]

Um dieses Buch insgesamt zu verstehen, brauchen Sie die dazu angeführten geometrischen Beweise nicht unbedingt begriffen zu haben.

3.2 Die relativierte Welt im Detail, zerlegt in ihre Grundgrößen Raum, Zeit und Masse

Wir hatten bereits festgestellt, dass die physikalischen Größen (zumindest in der Mechanik) sich auf drei Grundgrößen reduzieren lassen: Raum, Zeit, Masse [siehe Abb. 8]. Unsere menschliche Intuition und Newton hielten sie für absolut: Ein Meter muss doch immer ein Meter sein, eine Minute immer eine Minute und ein Kilogramm immer ein Kilogramm. Unsere Intuition sagt uns, dabei wäre es doch egal, ob das *Bezugssystem sich bewege oder ruhe oder ob ich mich auf der Erde befinde, auf dem Mond oder in einer Rakete.

Aber wie schon im letzten Abschnitt angedeutet, muss dieser Absolutheitsanspruch von Raum, Zeit und Masse sich beugen vor dem Absolutheitsanspruch des Lichts. Anders ausgedrückt: Wir werden gleich nachvollziehen, warum die Zeit, der Raum und die Masse (entgegen unserer Intuition) nicht absolut sind, sondern relativ, also vom *Bezugssystem abhängig.

---

250. Raumschrumpfung geschieht stets in Bewegungsrichtung. Exakter wäre es daher, von „Längenschrumpfung" zu sprechen. Um aber zum Ausdruck zu bringen, dass eine solche Längenschrumpfung in jeder Richtung des Raumes möglich ist, sprechen wir – in Anlehnung an Epstein – von Raumschrumpfung.

3.2.1 Die relativierte Zeit als Folge der absoluten Lichtgeschwindigkeit:

3.2.1.1 > Die Relativierung der Gleichzeitigkeit als logische Folge der absoluten Lichtgeschwindigkeit

Unsere Intuition sagt uns: Entweder zwei Ereignisse geschehen gleichzeitig oder sie sind nicht gleichzeitig. Entweder zwei Personen frühstücken gleichzeitig oder nicht – das muss doch wohl unabhängig vom *Bezugssystem gelten! Allerdings gerät hier logisch-mathematisch der „Absolutheitsanspruch der Gleichzeitigkeit" (laut Newton und unserer Intuition) in Konflikt mit dem „Absolutheitsanspruch der Lichtgeschwindigkeit" (laut Michelson-Morley-Experiment): Nur eines von beiden kann absolut sein.

Abb. 36: Drei Raumschiffe fliegen im gleichen Abstand und mit gleicher Geschwindigkeit hintereinander. Das mittlere Raumschiff sendet ein Lichtsignal aus, welches sich kugelförmig im ganzen Raum ausbreitet. Da das vordere und das hintere Raumschiff im gleichen Abstand fliegen, erreicht sie das Lichtsignal des mittleren Raumschiffes zur selben Zeit – wenn man aus dem Bezugssystem der Raumschiffe aus beobachtet.

Um diesen mathematisch-logischen Konflikt für möglichst viele einsichtig zu machen, hat Lewis Epstein ihn sehr schön geometrisch veranschaulicht: Drei Raumschiffe fliegen in gleichem Abstand und mit gleicher Geschwindigkeit hintereinander **[Abb. 36]**. Das mittlere Raumschiff sendet ein Lichtsignal aus, das sich kugelförmig im ganzen Raum ausbreitet. Da das vordere und das hintere Raumschiff im gleichen Abstand zum mittleren fliegen, erreicht sie das Lichtsignal des mittleren Raumschiffes zur selben Zeit **[Abb. 37a]**. Denn alle drei Raumschiffe fliegen mit derselben Geschwindigkeit, sind also auch im selben *Bezugssystem. (Die mittlere Linie in der Grafik deutet das *Bezugssystem an.)

Sie bekommen die Anweisung, mit dem Frühstück zu beginnen, sobald das Lichtsignal des mittleren Raumschiffes sie erreicht. Aus Sicht der Besatzung frühstücken die vorne und die hinten also gleichzeitig – aber wie nimmt das jemand wahr, der die drei Raumschiffe an sich vorbeifliegen sieht und folglich dieselbe Situation aus einem anderen *Bezugssystem beobachtet?

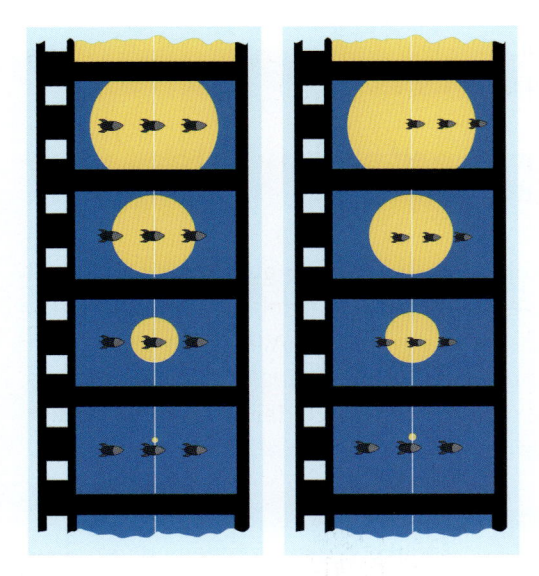

Abb. 37a: Die drei Raumschiffe bekommen die Anweisung, zu frühstücken, sobald das Lichtsignal des mittleren Raumschiffes sie erreicht. Aus der Sicht der Besatzung frühstücken die vorne und hinten gleichzeitig (die mittlere Linie in der Grafik deutet das Bezugssystem an; die zeitliche Entwicklung verläuft dabei von unten nach oben).

Abb. 37b: Aber aus der Sicht eines außenstehenden Beobachters fliegt das hintere Raumschiff auf das Lichtsignal des mittleren Raumschiffes zu, während das vordere vom Lichtsignal wegfliegt. Also erreicht das Lichtsignal das hintere Schiff zuerst, das vordere Schiff dagegen später. Gemäß der Anweisung frühstücken die im hinteren Raumschiff zuerst, die im vorderen dagegen später.

Abb. 37a   **Abb. 37b**

Weil die Lichtgeschwindigkeit absolut ist (*L-Postulat), breitet sich (nach dem *R-Postulat) auch im *Bezugssystem des Außenstehenden das Lichtsignal kugelförmig aus **[Abb. 37b]**. (Auch hier ist das *Bezugssystem angedeutet von der durchgezogenen Mittellinie.) Aber in diesem *Bezugssystem fliegt das hintere Raumschiff dem Lichtsignal des mittleren Raumschiffes entgegen, während das vordere vom Lichtsignal wegfliegt; also erreicht das Lichtsignal das hintere Schiff zuerst, das vordere dagegen später. Gemäß der Anweisung frühstücken also die im hinteren Raumschiff zuerst, die im vorderen erst später – sie frühstücken also nicht mehr gleichzeitig.

> **Wegen der absoluten Lichtgeschwindigkeit ist die Gleichzeitigkeit nichts Absolutes mehr, sondern gilt nur für ein bestimmtes *Bezugssystem,**[251] in diesem Fall für das der Raumschiff-Fahrer.

Die Tatsache, dass die Lichtgeschwindigkeit absolut ist, unabhängig vom *Bezugssystem, zeigt sich in den Bildern darin, dass die Lichtwelle in beiden Grafiken [Abb. 37a–b] sich um die Mittellinie kugelförmig ausbreitet. (Die zeitliche Entwicklung verläuft dabei von unten nach oben: Das Lichtsignal wird im untersten Bild ausgesandt

---

251. Das ist die Standard-Interpretation der SRT. Es ist aber auch eine Interpretation möglich, die es erlaubt, eine absolute Gleichzeitigkeit beizubehalten: „*Our inability to detect empirically relations of absolute simultaneity is no reason to think that such relations do not exist. Indeed, such relations may be plausibly grounded in a preferred reference frame associated with God's ‚now' in absolute time.*"
(„Unsere Unfähigkeit, Beziehungen der absoluten Gleichzeitigkeit empirisch zu erfassen, ist kein Grund zu der Annahme, solche Beziehungen existierten nicht. In der Tat können solche Beziehungen plausibel begründet sein in bestimmten Bezugssystem von Gottes ‚Jetzt' in der absoluten Zeit.") Craig, William Lane, Time and Eternity, Crossway. Kindle-Version, (Übersetzung durch den Verfasser, Deepl und die Lektorin).

und breitet sich mit zunehmender Zeit in den Bildern darüber aus, so dass der Kreis (die Lichtkugel) nach oben hin immer größer wird.)

Diesen „Konflikt des Absolutheitsanspruchs" hat Lewis Epstein so formuliert: „Der Preis dafür, die Lichtgeschwindigkeit nicht als relativ, sondern als absolut anzunehmen, besteht darin, in der Zeit nicht mehr etwas Absolutes, sondern etwas Relatives zu sehen"[252]; Brian Cox und Jeff Forshaw stellen fest: „Die Annahme einer absoluten Zeit aufzugeben, ist heute noch so schwer zu fassen wie für die Wissenschaftler des 19. Jahrhunderts. Unsere Intuition spricht stark für eine absolute Zeit."[253]

Zeit in diesem Sinne als etwas Relatives zu sehen ist nicht mehr das, was wir uns umgangssprachlich darunter vorstellen: „Die Relativität der Gleichzeitigkeit macht nicht nur Newtons Vorstellung einer absoluten Zeit zunichte, sondern auch den umgangssprachlichen Zeitbegriff."[254]

3.2.1.2   > Die Zeitdehnung als logische Folge der absoluten Lichtgeschwindigkeit

Wie ist das nun mit der Zeit*dauer*? Diese Frage können wir uns beantworten durch ein weiteres geometrisches Gedankenexperiment mit einer Lichtuhr der Länge von 150.000 km. In einem Jugendsachbuch der Serie „Was ist was" wird es so beschrieben:

> Ein Lichtsignal läuft in einem Gehäuse mit spiegelnden Innenflächen auf und nieder. Jedes Mal, wenn es oben ist, soll ein Zeiger um eine Einheit vorrücken. Diese Uhr soll mit einer großen Geschwindigkeit an uns vorbeifliegen. Für einen Mitreisenden würde die Uhr ganz normal funktionieren. Der Lichtstrahl würde im Rhythmus „tick-tack" auf und nieder gehen. Für einen irdischen Beobachter würde die Uhr viel langsamer gehen. Wenn das Lichtsignal oben startet, ist die Uhr in Position 1, wenn es unten ankommt in Position 2. Da die Lichtgeschwindigkeit konstant ist, braucht der Lichtstrahl nun eine viel längere Zeit, um von oben nach unten zu gelangen, da er ja die große Strecke „a" zurücklegen muss. Genauso ist es für den Weg von unten nach oben. Für den irdischen Beobachter würde die Uhr im Rhythmus „tiiik – taaak", also langsamer als für den Mitreisenden laufen.[255]
> **[Abb. 38]**

---

252. Epstein, S. 54.
253. Cox & Forshaw, S. 44.
254. Hoffmann, S. 125.
255. Übelacker, S. 8.

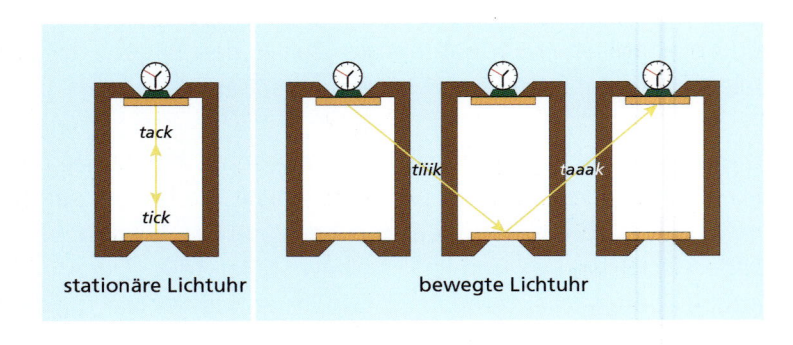

Abb. 38: Zeitdehnung als logische Folge der absoluten Lichtgeschwindigkeit: Aufgrund der absoluten Lichtgeschwindigkeit vergeht die Zeit in bewegten Uhren relativ zum stehenden Beobachter langsamer, dehnt sich also.

stationäre Lichtuhr — *bewegte Lichtuhr*

Aufgrund der absoluten Lichtgeschwindigkeit vergeht die Zeit in bewegten Uhren relativ zum stehenden Beobachter langsamer, dehnt sich also. Diese Zeitdehnung, die wir beim Wechsel des *Bezugssystems beobachten, zeigt damit, dass auch die Zeit relativ ist, auch wenn Newton sie für absolut hielt.

Wieder ist dies eine logisch-mathematische Folge der absoluten Lichtgeschwindigkeit; was hier mit Geometrie gezeigt wurde, kann auch mit Mathematik (Algebra) berechnet werden, so dass man genau sagen kann, um welchen Faktor die Zeit sich bei einer bestimmten Geschwindigkeit dehnt.[256] Dieser Faktor kommt nicht nur bei der Zeitdehnung vor, sondern auch in anderen Zusammenhängen; nach Hendrik Antoon Lorentz wird er meistens „Lorentzfaktor" genannt (aber auch Gamma-Faktor bzw. γ-Faktor).[257]

In einem Satz zusammengefasst bedeutet das: **> In einem bewegten *Bezugssystem vergeht die Zeit langsamer als in einem ruhenden *Bezugssystem.** Diese Zeitdehnung zeigt sich allerdings erst nennenswert, wenn die Geschwindigkeit mindestens ein Zehntel der Lichtgeschwindigkeit beträgt, wie aus nebenstehender Tabelle **[Abb. 39]**[258] deutlich wird.

Um die Gleichwertigkeit der *Bezugssysteme und damit das *Relativitätsprinzip (SRT) wirklich zu verstehen, sollten wir in Gedanken das *Bezugssystem wechseln, das heißt, wir sollten die Situation nacheinander von beiden *Bezugssystemen aus betrachten.

---

256. Die Mathematik zeigt, dass die Zeit t in einem mit der Geschwindigkeit v bewegten *Bezugssystem um den Lorentzfaktor $γ = 1/\sqrt{1 - v^2/c^2}$ (also $γ ≥ 1$) gedehnt wird. Bei 50 % der Lichtgeschwindigkeit beträgt dieser Faktor 1,155.
257. Zu diesem Lorentzfaktor schreibt Wikipedia: „Der dimensionslose Lorentzfaktor (gamma) beschreibt in der speziellen Relativitätstheorie die Zeitdilatation sowie den Kehrwert der Längenkontraktion bei der Koordinatentransformation zwischen relativ zueinander bewegten *Inertialsystemen. Er wurde von Hendrik Antoon Lorentz im Rahmen der von ihm ausgearbeiteten Lorentz-Transformation entwickelt, die die mathematische Grundlage der speziellen Relativitätstheorie bildet." (https://de.wikipedia.org/wiki/Lorentzfaktor)
258. Schwinger, S. 50.

Lorentzfaktoren für verschiedene Geschwindigkeitsbereiche

bewegtes Objekt	v	v/c	Lorentzfaktor
Auto	100 km/h	0,00000009	1,000000000
Concorde	2000 km/h	0,000002	1,000000000
Gewehrkugel	1 km/s	0,000003	1,000000000
Fluchtgeschwindigkeit von der Erde	11 km/s	0,000037	1,000000001
Bahngeschwindigkeit der Erde	30 km/s	0,0001	1,000000005
10 Prozent der Lichtgeschwindigkeit	30 000 km/s	0,1	1,005
50 Prozent der Lichtgeschwindigkeit	150 000 km/s	0,5	1,155
Myonen am CERN		0,9994	28,87
		0,9999	70,71

Abb. 39: Lorentzfaktoren für verschiedene Geschwindigkeitsbereiche

Dazu stellen wir uns vor, dass wir zunächst im *Bezugssystem von Christian sind – dort sehen wir Athos im bewegten *Bezugssystem mit hoher Geschwindigkeit an uns vorbeifliegen. Sobald Christian und Athos auf gleicher Höhe sind, starten beide ihre Stoppuhr **[Abb. 40a]**. Kurze Zeit später schaut Christian auf die Stoppuhr und stellt fest, dass die Uhr von Athos langsamer läuft als seine eigene, denn dessen *Bezugssystem bewegt sich, während Christian sein eigenes *Bezugssystem als ruhend wahrnimmt: Christian sieht also, dass bei Athos die Zeit sich dehnt, also langsamer verläuft als in seinem eigenen System **[Abb. 40b]**.

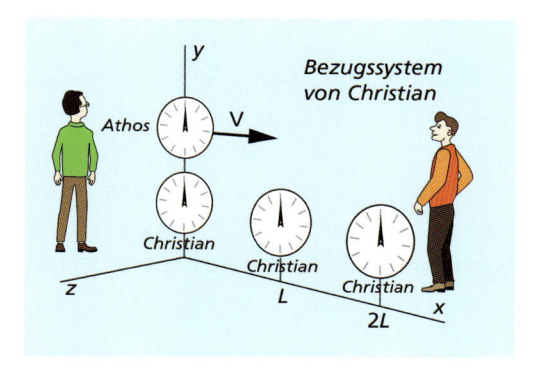

Abb. 40a: Im Bezugssystem von Christian sehen wir Athos im bewegten Bezugssystem mit hoher Geschwindigkeit an Christian (an uns) vorbeifliegen. Als Christian und Athos auf gleicher Höhe sind, starten beide ihre Stoppuhr.

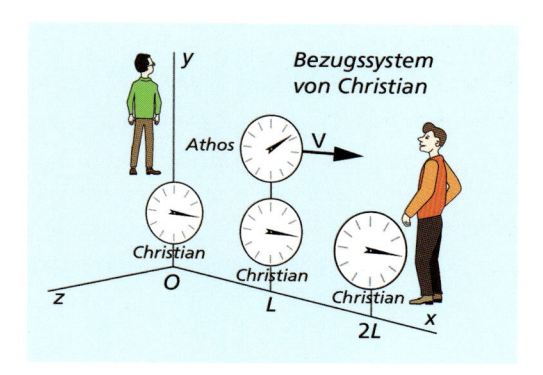

Abb. 40b: Athos' Uhr läuft langsamer als Christians eigene Uhr, denn Athos' Bezugssystem bewegt sich. Christian sieht, also, dass sich die Zeit bei Athos dehnt, also langsamer verläuft als in seinem eigenen System.

Jetzt wechseln wir in das *Bezugssystem von Athos. Dieser sieht sein *Bezugssystem als ruhend an, während er Christian mit derselben hohen Geschwindigkeit in Gegenrichtung fliegen sieht. Also stellt Athos umgekehrt fest: Bei Christian vergeht die Zeit langsamer, sie dehnt sich also **[Abb. 40c]**.

Beide haben – jeweils aus ihrem *Bezugssystem betrachtet – recht. Denn eine absolute Zeit gibt es nicht. Die Zeit ist relativ, nämlich relativ zum *Bezugssystem, von dem aus betrachtet wird.

Abb. 40c: Athos stellt umgekehrt fest: Bei Christian vergeht die Zeit langsamer, dehnt sich also. Denn aus Athos' Sicht bewegt sich Christian.

Ob Sie die geometrische Logik mit der Lichtuhr oder vorher mit den drei Raumschiffen nachvollziehen konnten oder nicht, das ist für das Verständnis dieses Buches nicht entscheidend; doch die Aussage an sich müssen Sie verstanden haben, auch wenn Sie sich das nicht vorstellen können.

Sie ist zusammengefasst in den beiden letzten Überschriften: **> Die Gleichzeitigkeit ist relativ, weil die Lichtgeschwindigkeit absolut ist; im bewegten *Bezugssystem wird dieselbe Zeit gegenüber dem ruhenden *Bezugssystem gedehnt.**

Albert Einstein selbst zusammen mit Leopold Infeld kommentiert das so:

> In der klassischen Mechanik wurde stillschweigend angenommen, dass eine bewegte Uhr nicht anders geht als eine ruhende. Das schien so klar zu sein, dass man es gar nicht für nötig hielt, auch nur ein Wort darüber zu verlieren. Eigentlich dürfen wir aber gar nichts für allzu selbstverständlich halten. Wenn wir ganze Arbeit leisten wollen, müssen wir alle Voraussetzungen, die in der Physik bislang für selbstverständlich gehalten wurden, einer eingehenden Überprüfung unterziehen.[259]

Möglicherweise reagieren Sie nun wie die 15-jährige Esther im Roman von Frank Vermeulen, als sie das zum ersten Mal hörte. Nils hatte ihr erklärt: „Es muss so sein. Eine andere Möglichkeit gibt es nicht, wenn wir von der Konstanz der Lichtgeschwindig-

---

259. Einstein & Infeld, S. 203.

keit ausgehen." Sie konnte schließlich nur dazu sagen: „Dann verstehe ich das Ganze nicht", worauf Nils meinte:

> „Ach Esther, Liebe, damit bist du gewiss nicht allein. Du reagierst genauso wie alle reagieren, die zum ersten Mal hören, was Einsteins spezielle Relativitätstheorie besagt."
>
> „Stimmt es denn, dass die Zeit nicht für jeden gleich ist?"
> „Das stimmt mit Sicherheit. Haben wir es eben nicht selbst errechnet?"
> „Aber es klingt so unglaublich."
> „Es ist auch kaum vorstellbar. Und doch müssen wir zugeben, dass es nicht anders sein kann."[260]

Noch merkwürdiger wird es, wenn wir aus unserem *Bezugssystem das Licht betrachten und dabei feststellen, dass die Zeit unendlich gedehnt wird – was bedeutet, dass sie steht, zur Allgegenwart erstarrt. Hören wir auch hierzu wieder Nils und Esther:

> [Nils:] „Wie ich dir schon erklärt habe, verhält sich Licht manchmal wie eine Welle, manchmal wie ein Teilchenstrom. Diese Teilchen nennt man Photonen. Sie bewegen sich mit Lichtgeschwindigkeit fort. ..."
> [Esther:] „Aber das bedeutet, dass die Uhr eines Photons stillsteht."
> [Nils:] „Stimmt."
> [Esther:] „Und dass damit jeder Punkt auf seiner Bahn gleichzeitig ist."
> [Nils:] „Stimmt auch."
> [Esther:] „Ist ja merkwürdig."
> [Nils:] „Das ist das Mindeste, was man sagen kann."[261]

Wenn es Ihnen auch so geht und Sie verzweifelt sagen: „Da muss ich etwas falsch verstanden haben", dann willkommen im Club. Wenn Sie das alles recht merkwürdig finden, zeigt das nur, dass Sie sehr wohl verstanden haben, was hier ausgesagt wird, auch wenn Sie sich das nicht vorstellen können.

Nicht unser begrenztes Vorstellungsvermögen ist das Kriterium für Wahrheit, sondern das Experiment. Die absolute Lichtgeschwindigkeit wurde bereits experimentell belegt; es wäre nun schön, wenn man auch die daraus abgeleitete logische/die logische Folgerung experimentell belegen könnte.

---

260. Vermeulen, S. 207.   261. Vermeulen, S. 255.

3.2.1.3 Bestätigung der Zeitdehnung durch Experimente

Kann man die Zeitdehnung durch Uhrenvergleich direkt messen? Thomas Bührke schildert einen solchen Versuch:

> Im Jahre 1971 waren die damaligen Atomuhren genau genug, um die Zeitdehnung zu messen, die bei einem ganz gewöhnlichen Transatlantikflug auftritt. Richard Keating vom US Naval Observatory und Joseph C. Hafele von der Washington University in St. Louis hatten in zwei Reise-Jets jeweils vier Sitze reserviert: Zwei für sich und zwei weitere für vier Atomuhren. Zunächst flogen sie mit ihrer Ausrüstung in östlicher Richtung und eine Woche später in westlicher. Die Flugzeiten betrugen jeweils über vierzig Stunden. Vor Antritt ihres Fluges hatten sie ihre Atomuhren mit einer in ihrem Institut verbliebenen Uhr genau synchronisiert. Hafele und Keating wollten bestätigen, dass die Uhren in den Flugzeugen langsamer oder schneller laufen als diejenigen auf der Erde. Langsamer oder schneller deswegen, weil man bei diesem Experiment wieder genau auf das *Bezugssystem achten muss, von dem aus das Experiment betrachtet wird. Laut spezieller Relativitätstheorie unterliegt auch die Atomuhr im Institut wegen der Bewegung der Erde im Raum und der Rotation unseres Planeten um die eigene Achse der Zeitdehnung. Man stelle sich vor, man würde aus dem Weltraum auf den Nordpol blicken, dann ergeben sich für die Uhren relativ zum Labor auf der Erde folgende Relativbewegungen: Bei dem Flug in westlicher Richtung fliegt das Flugzeug entgegen der Erdrotation und bleibt hinter ihr zurück. Daher bewegt sich von diesem *Bezugssystem aus betrachtet die Uhr im Flugzeug langsamer als die am Boden, und erstere sollte daher schneller laufen. Bei dem Flug in östlicher Richtung bewegt sich die Uhr im Flugzeug schneller als die im Institut, das heißt, die Zeit im Flugzeug müsste langsamer vergehen als am Boden. Tatsächlich stellten die beiden Physiker nach den Flügen fest, dass die Uhr beim Ostflug gegenüber der Laboruhr um 59 Milliardstel Sekunden nach- und beim Westflug um 273 Milliardstel Sekunden vorging. Damit hatten sie die Vorhersage der speziellen Relativitätstheorie bis auf acht Prozent bestätigt.[262]

Hubert Goenner ergänzt diese Darstellung:

> Wird aus der mittleren Geschwindigkeit und Flughöhe nun der relativistische Effekt errechnet, so zeigt er zwar die richtige Größenordnung, aber nicht den genauen Zahlenwert, den er nach der Theorie haben müsste. Das liegt nicht daran, dass

---

262. Bührke, S. 43–44.

die spezielle Relativitätstheorie falsch wäre, sondern daran, dass noch ein weiteres Phänomen hinzukommt: die Einwirkung des Schwerefeldes der Erde auf die Uhren.[263]

Die Effekte des Schwerefeldes der Erde betrachten wir in Kapitel 4 im Zuge der allgemeinen Relativitätstheorie.

Zur weiteren experimentellen Bestätigung brauchen wir Elementarteilchenphysik.

Bei solch kleinen Objekten ist es möglich, sie zu beschleunigen auf nahe Lichtgeschwindigkeit; dann wird in diesen Elementarteilchen, vom ruhenden *Bezugssystem aus betrachtet, die Zeit stark gedehnt.

Wohl das bekannteste Elementarteilchen ist das Elektron; aus Elektronen besteht der elektrische Strom, der durch die Leitungen fließt. Aber für den Test der Zeitdehnung können wir das Elektron nicht gebrauchen, denn es ist stabil, existiert also dauerhaft – wir brauchen ein Elementarteilchen, das nur sehr kurzlebig ist, aber, wenn es stark beschleunigt, also fast mit Lichtgeschwindigkeit fliegt, aufgrund der Zeitdehnung dann sehr viel länger „lebt".

Ein solches Elementarteilchen ist das Myon. Es unterscheidet sich vom Elektron nur darin, dass es schwerer ist (mehr Masse hat) und nur 2,2 Mikrosekunden (also 2,2 Millionstel einer Sekunde) existiert, dann verwandelt es sich in ein Elektron und zwei Neutrinos. Brian Cox und Jeff Forshaw schreiben dazu:

> Das Alternating Gradient Synchrotron (AGS) am Brookhaven National Laboratory auf Long Island in New York ermöglicht einen sehr schönen Test für Einsteins Theorie. Ende der 1990er Jahre bauten die Wissenschaftler in Brookhaven eine Maschine, die Myonenstrahlen erzeugte. Sie kreisen mit 99,94 Prozent der Lichtgeschwindigkeit in einem Ring mit 14 Metern Durchmesser. Wenn Myonen nur für 2,2 Mikrosekunden leben würden, während sie in dem Kreis herumrasen, könnten Sie nur 14 Runden im Ring schaffen, bevor sie zerfallen. In Wahrheit schafften sie mehr als 400 Runden, was bedeutet, dass sich ihre Lebensdauer um einen Faktor 29 auf knapp mehr als 60 Mikrosekunden verlängert hat. Das ist eine experimentelle Tatsache.[264]

---

263. Goenner, Einsteins Relativitätstheorien, S. 46.
264. Cox & Forshaw, S. 60.

3.2.2 Der relativierte Raum als Folge der beiden *Postulate

3.2.2.1 > Längenschrumpfung als logische Folge der absoluten Lichtgeschwindigkeit

Newton meinte gleichfalls, der Raum sei absolut; doch auch hier gerät der „Absolutheitsanspruch des Raumes" in Konflikt mit dem „Absolutheitsanspruch der Lichtgeschwindigkeit".

Um uns das wieder geometrisch klarzumachen, betrachten wir nochmals die drei Raumschiffe [siehe Abb. 36]. Noch einmal lassen wir das mittlere Raumschiff ein Lichtsignal aussenden, das sich kugelförmig in alle Richtungen des Raumes ausbreitet. Wenn das Signal das vordere und das hintere Raumschiff erreicht, so lautet jetzt die Anweisung, dieses um einen bestimmten Betrag zu beschleunigen.

Im gemeinsamen *Bezugssystem der drei Raumfahrer kommt das Lichtsignal vorne und hinten wieder gleichzeitig an [siehe Abb. 37a]. Da sowohl das vordere als auch das hintere Raumschiff gleichzeitig sich um denselben Betrag beschleunigen, ändert sich der Abstand (die Länge) zwischen dem vorderen und dem hinteren Raumschiff nicht.

Jetzt wechseln wir das *Bezugssystem und beobachten von außen, wie die Raumschiffe mit hoher Geschwindigkeit an uns vorbeifliegen. Wie bereits bei der Relativierung der Gleichzeitigkeit erklärt, kommt das Lichtsignal hinten zuerst an [Abb. 37b][265]; hinten wird also zuerst beschleunigt – daher ist die Geschwindigkeit für eine gewisse Zeitspanne hinten schneller als vorne, also verkleinert sich (schrumpft) für diese Zeitspanne der Abstand zwischen dem vorderen und dem hinteren Raumschiff. Wenn das Lichtsignal auch vorne ankommt, ist der Unterschied der Geschwindigkeiten aufgehoben und der Abstand schrumpft nicht weiter.

Aus der Sicht eines ruhenden Außenbeobachters ist die Länge zwischen dem vorderen und hinteren Raumschiff also geschrumpft,[266] aber für die Raumschiff-Fahrer ist sie gleich geblieben! Also ist die Länge (und damit der Raum) nicht mehr absolut, sondern relativ zum *Bezugssystem.

Zusammengefasst heißt das: **> Aus der Sicht des ruhenden Bezugssystems schrumpft im bewegten Bezugssystem die Länge in Bewegungsrichtung.**

Machen wir uns das nochmals klar, indem wir Athos nahe Lichtgeschwindigkeit an Christians *Bezugssystem vorbeirasen lassen und dann in Gedanken das *Bezugssys-

---

[265] Wenn man in diesem Beispiel die Geschwindigkeit des *Bezugssystems umdreht, die Raumflotte also in die entgegengesetzte Richtung fliegen lässt, ist zu berücksichtigen, dass damit auch das vordere und hintere Raumschiff vertauscht werden; andernfalls würde der Abstand größer statt kleiner.

[266] Epstein, S. 55.

tem wechseln: Zuerst gehen wir gedanklich in Christians *Bezugssystem, er ist (bzw. wir sind) das ruhende System. Als Athos gerade mit hoher Geschwindigkeit an Christian (an uns) vorbeifliegt, machen wir per Momentan-Aufnahme die Feststellung, dass Athos' Maßstab (bzw. sein ganzer Raum in Bewegungsrichtung) kürzer ist als der von Christian **[Abb. 41a]**.

Dann wechseln wir gedanklich ins *Bezugssystem von Athos (zum selben Zeitpunkt) und erleben sein *Bezugssystem als das Ruhende, während Christian mit derselben Geschwindigkeit an uns vorbeifliegt, aber in entgegengesetzter Richtung: Bei derselben Momentan-Aufnahme stellen wir fest, dass Christians Maßstab jetzt kürzer ist als der von Athos **[Abb. 41b]**.

> Wir müssen uns immer klarmachen, was die Beobachter sehen [, was also unser Bezugssystem ist]. Man darf also nicht einfach sagen, dass Längen von bewegten Körpern sovielmal kürzer werden oder dass die Zeit um so viel länger vergeht.[267]

Wir sehen: Eine absolute Länge (bzw. einen absoluten Raum) gibt es gemäß der Relativitätstheorie nicht mehr. Der Grund dafür ist die absolute Lichtgeschwindigkeit (*L-Postulat).

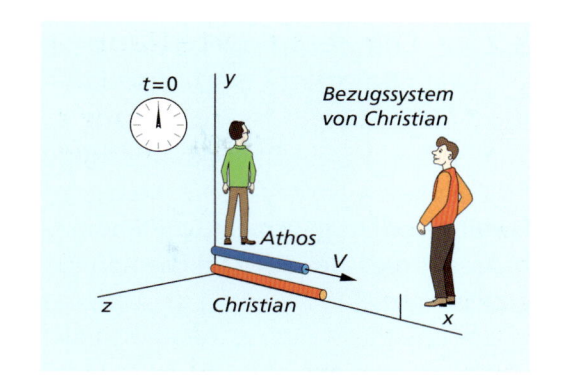

Abb. 41a: Im Bezugssystem von Christian sehen wir Athos im bewegten Bezugssystem mit hoher Geschwindigkeit an Christian (an uns) vorbeifliegen. Als Christian und Athos auf gleicher Höhe sind, stellt Christian fest, dass die Länge bei Athos schrumpft.

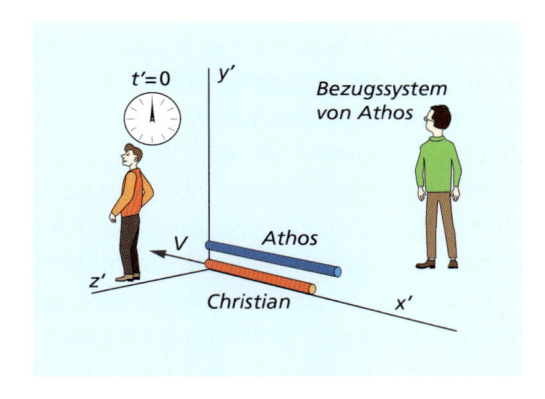

Abb. 41b: Im Bezugssystem von Athos dagegen sehen wir Christian an Athos (an uns) in entgegengesetzter Richtung vorbeifliegen. Athos stellt fest, dass die Länge bei Christian geschrumpft ist.

---

267. Vermeulen, S. 247.

3.2.2.2 Längenschrumpfung als logische Folge des *Relativitätsprinzips (SRT), auch als Gleichnis betrachtet

Zum selben Ergebnis: Raumschrumpfung, gelangt man auch durch Anwendung des *R-Postulats, also des *Relativitätsprinzips (SRT). Betrachten Sie dazu die folgende Erklärung von Brian Cox und Jeff Forshaw; überlegen Sie dabei, an welcher Stelle diese beiden Professoren der Teilchenphysik bzw. der Theoretischen Physik das *R-Postulat gebrauchen. Zur Erklärung der Längenschrumpfung[268] schreiben sie:

> Vergegenwärtigen Sie sich nochmals die Myonen, die durch den AGS [also das „Alternating Gradient Synchrotron" in New York, s. o.] zischen. Lassen Sie uns eine kleine Ziellinie im Ring anbringen und zählen, wie oft die Myonen diese überqueren, wenn sie bis zu ihrem Ende im Kreis umlaufen. Für die Person, die die Myonen [von außen] beobachtet, machen sie das 400-mal, weil sich ihre Lebenszeit verlängert hat. Doch wie oft würden Sie die Ziellinie überqueren, wenn Sie zusammen mit den Myonen durch den Ring rasten [Wechsel des *Bezugssystems]? Es muss ebenfalls 400-mal sein, sonst ergäbe die Welt überhaupt keinen Sinn[269]. Das Problem ist, dass gemäß Ihrer Beobachtung, bei der Sie zusammen mit den Myonen durch den Ring sausen, die Myonen nur für 2,2 Mikrosekunden existieren. Denn die Myonen sind relativ zu Ihnen in Ruhe und Myonen existieren nur 2.2 Mikrosekunden, wenn Sie sich nicht bewegen. Trotzdem müssen Sie und die Myonen ungefähr 400 Runden im Ring drehen, bevor die Myonen schließlich zerfallen. Was ist geschehen? 400 Runden in 2,2 Mikrosekunden scheinen unmöglich zu sein. Glücklicherweise gibt es einen Ausweg aus diesem Dilemma. Der Umfang des Rings verringert sich aus der Perspektive [d. h. aus dem *Bezugssystem] des Myons. Um völlig konsistent zu sein: Die Länge des Rings, wie sie von Ihnen und den Myonen ermittelt wird, muss um exakt denselben Betrag schrumpfen, um den die Lebensdauer des Myons steigt. Also muss der Raum ebenfalls dehnbar sein [mit „dehnbar" ist hier „schrumpfen" gemeint]!. Wie bei der Zeitdehnung ist dies ein realer Effekt. Körper schrumpfen, wenn sie sich bewegen.[270]

Wo haben Brian Cox und Jeff Forshaw bei dieser Erklärung das *R-Postulat gebraucht? Und wie haben sie es hier formuliert? Ihre Formulierung des *R-Postulats lautet: „.... sonst ergäbe die Welt überhaupt keinen Sinn." Denn das *R-Postulat besagt, dass die Physik (bzw. die Physik-Gesetze) in allen *Bezugssystemen dieselbe ist. Andernfalls –

---

268. In der Fachliteratur findet man den Begriff „Längenschrumpfung" in der Regel ersetzt durch „Längenkontraktion" oder „Lorentzkontraktion".

269. Kursivschrift vom Autor hinzugefügt
270. Cox & Forshaw, S. 62

d. h., wenn die Gesetze der Physik nicht in allen *Bezugssystemen dieselben wären – ergäbe die Welt der Physik überhaupt keinen Sinn.

Mit dieser neuen Formulierung des *Relativitätsprinzips lernen Sie seine Bedeutung noch mehr schätzen. Und vielleicht verstehen Sie jetzt besser, was Banesh Hoffmann meinte, als er von Einsteins kosmischer Ästhetik sprach: Diese „kosmische Ästhetik", also die Schönheit des Universums, hat damit zu tun, dass die Welt der Physik Sinn ergibt und eben nicht völlig chaotisch ist.

Hier am Synchrotron (am AGS) heißt das: Wenn die Myonen aus dem *Bezugssystem des ruhenden Beobachters im AGS-Ring 400 Runden drehen, dann sind das auch 400 Runden im *Bezugssystem des Myons, das sich mit 99,94 % Lichtgeschwindigkeit bewegt – logisch-mathematisch ist das nur möglich, wenn die Länge des Rings um den entsprechenden Faktor[271] schrumpft.

In diesem Sinne ist die Physik mit ihren Gesetzen absolut (*R-Postulat) – sie gilt überall, in jedem *Bezugssystem, im ganzen Universum. Sehr treffend sagen Brian Cox und Jeff Forshaw: „... sonst ergäbe die Welt überhaupt keinen Sinn"!

Ohne dieses *R-Postulat der Relativitätstheorie, also ohne das *Relativitätsprinzip (SRT) könnte man als Physiker nur noch verzweifeln: Was wäre das für ein Chaos, wenn die Physikgesetze in dem einen *Bezugssystem so wären, in dem anderen wieder ganz anders! Dann könnte man sich auf nichts mehr verlassen.

Das ist die ganze Situation einmal negativ ausgedrückt. Eugene Wigner hat es positiv beschrieben, über die in der Mathematik formulierten Naturgesetze hat er nur so gestaunt und gesagt: „Besonders erstaunlich ist dabei, dass die einmal gewonnenen mathematischen Zusammenhänge, unabhängig davon, mit welcher Veranlassung sie hergeleitet wurden, universell anwendbar sind."[272] Dieses Erstaunliche, ja, Wunder der universalen Gültigkeit gilt vor allen Dingen für das *Relativitätsprinzip (SRT).

Wir haben bereits festgestellt, dass das *Relativitätsprinzip (SRT) Gleichnis ist für das Evangelium, welches sich als roter Faden durch die ganze Bibel zieht[273]: Das Evangelium gilt überall, ist also in jedem *Bezugssystem gültig, zu jeder Zeit (seit Beginn der Schöpfung), in jeder Kultur und in jeder Religion.

Im Gleichnis der Physik trafen Brian Cox und Jeff Forshaw dazu die Negativ-Aussage „... sonst ergäbe die Welt überhaupt keinen Sinn", als sie darlegten, dass in jedem Be-

---

271. Die Länge schrumpft um den reziproken Lorentzfaktor ($1/\gamma$), während die Zeit sich um den Lorentzfaktor (γ) dehnt, die Lebensdauer des Myons also steigt. Wie bereits erwähnt, ist dabei der Lorentzfaktor $\gamma = 1/\sqrt{1 - v^2/c^2}$.
272. Widenmeyer, S. 36.
273. Dazu war zunächst eine Behauptung zitiert worden, die vom „roten Faden" der Bibel mit Christus im Zentrum sprach; diese Behauptung ist im Anhang belegt im Rahmen eines Streifzugs durch die ganze Bibel.

zugssystem dieselben Prinzipien gelten. Die gleichnishafte Deutung dazu: Auch unsere Welt, in der wir leben, ergäbe ohne das Evangelium keinen Sinn; sie wäre sinnlos, nichtig, zum Verzweifeln.

Mit dieser Negativ-Aussage über das Evangelium beschäftigt sich ein ganzes Buch der Bibel, konkret das Buch Prediger; Benedikt Peters bezeichnet diesen philosophischen Beitrag denn auch als „Vorhof der Hölle"[274]: Eine Welt ohne Sinn ist eine Welt der Nichtigkeiten. „Nichtigkeit" ist der Refrain im Buch Prediger, der Begriff kommt dort in 30 von 222 Versen 38 Mal vor; das zeigt, wie verzweifelt Salomo war.[275]

Dabei hatte König Salomo doch alles, was er wollte – nur das Evangelium hatte er nicht erkannt. Trotz seines großen Reiches, über das er König war, trotz seiner berühmten Weisheit war für ihn das Leben ohne Sinn, genauso wie für Physiker die Physik keinen Sinn ergäbe ohne das *Relativitätsprinzip (SRT), ohne *R-Postulat.

3.2.3 Die relativierte Masse

3.2.3.1 > Relativistische Massenzunahme als Folge der beiden *Postulate

Der „Absolutheitsanspruch der Lichtgeschwindigkeit" bedeutet weiter, dass auch die dritte bisher als absolut angesehene Grundgröße der Mechanik relativiert wird: Laut der Relativitätstheorie wird die Masse mit zunehmender Geschwindigkeit immer größer.

Wie kann ein Kilogramm nicht mehr (oder mehr als) ein Kilogramm sein, wenn man es aus einem anderen *Bezugssystem betrachtet? Warum das so ist, erklärt Banesh Hoffmann mit folgendem Gedankenexperiment:

> Nehmen wir nun an, dass ein kleines Objekt, das anfangs (relativ zu uns) ruht, einer konstanten Kraft ausgesetzt ist. Nach Newtons Kraftgesetz erfährt dieses Objekt – sagen wir ein Stein – dann eine konstante Beschleunigung. Er wird schneller und schneller, und wenn die Kraft lange genug einwirkt, müsste er schließlich irgendwann schneller als Licht werden. Da wir wissen, dass dies nach der Relativitätstheorie unmöglich ist, muss in unseren Überlegungen ein Fehler stecken.

---

274. https://www.bibelkreis.ch/benedikt/poetbue.htm führt zur PDF-Datei Peters-Benedikt_Poetische-Bücher_Hi-Hl.pdf (S. 70: „Vorhof der Hölle").

275. Nichtigkeit: Prediger 1,2.14; 2,1.11.15.17.19.21.23.26; 3,19; 4,4.7–8.16; 5,6.9; 6,2.4.9.11; 7,6.15; 8,10.14; 11,8.10; 12,8. Verzweiflung: Prediger 2,20.

Der Widerspruch beruht auf einer Vermischung von Newtonschen und relativistischen Konzepten. Wie Newton haben wir stillschweigend vorausgesetzt, dass die Masse des Steins konstant ist. Im Rahmen der Relativitätstheorie stellt sich jedoch heraus, dass Newtons Kraftgesetz nur zu halten ist, sofern man die Masse als relativ betrachtet. Das heißt, wenn die Geschwindigkeit eines Objekts relativ zu uns zunimmt, nimmt auch die von uns gemessene Masse zu. Die Masse wächst extrem an, wenn sich die – relative – Geschwindigkeit der Lichtgeschwindigkeit nähert, und im Grenzwert würde sie bei Lichtgeschwindigkeit unendlich.[276]

Banesh Hoffmann gebraucht hier nicht nur das *L-Postulat (absolute Lichtgeschwindigkeit), sondern auch das *R-Postulat (*Relativitätsprinzip); es findet sich in dieser Formulierung: „Im Rahmen der Relativitätstheorie stellt sich jedoch heraus, dass Newtons Kraftgesetz nur zu halten ist, sofern man die Masse als relativ betrachtet."[277]

Denn das *R-Postulat sagt aus, dass die Gesetze der Physik – und damit auch Newtons Kraftgesetz (das zweite Newton'sche Gesetz) – universal gültig sind, unabhängig vom Beobachter.

Um noch besser zu verstehen, warum nahe Lichtgeschwindigkeit die Masse zunimmt, müssen wir hier schon mal vorgreifen auf die bekannteste Formel der Relativitätstheorie: $E = mc^2$. Diese Formel wird erst in Kapitel 5 behandelt; vorab sei aber hier mitgeteilt, dass laut dieser Formel Masse in Energie und Energie in Masse verwandelt werden kann: Wenn der Stein bei der beschriebenen konstanten Beschleunigung schon nahe der Lichtgeschwindigkeit ist, ändert sich die Geschwindigkeit des Steins fast gar nicht.

Dennoch wird in Form von konstanter Beschleunigung auch weiterhin dieselbe Energie pro Zeiteinheit in den Stein hineingesteckt. Wo geht die Energie hin? Sie „gerinnt" zu Masse.[278]

---

276. Hoffmann, S. 142. Für diejenigen, die auch am quantitativen Zusammenhang zwischen der Geschwindigkeit und der Massenzunahme interessiert sind: Wie bei der Zeitdilatation wächst auch die Masse um denselben Lorentzfaktor ($\gamma = 1/\sqrt{1 - v^2/c^2}$), so dass für die bewegte Masse $m_b = \gamma \cdot m_0$ gilt, wobei die Ruhemasse m_0 ist.

277. Wie bereits weiter oben in der Fußnote gesagt (bei der Erklärung der relativierten Welt als Folge der beiden *Postulate), sei auch hier nochmals darauf hingewiesen, dass dies nur eine Interpretation der Relativitätstheorie ist, nach der die Masse relativistisch zu betrachten sei. Doch zeigt die moderne Ansicht, die sich heute in der Fachliteratur durchgesetzt hat (allerdingsicht in Schul- oder populärwissenschaftlichen Büchern), nach der die Masse eine vom *Bezugssystem *invariante Größe ist – diese moderne Ansicht also zeigt, dass bei hohen Geschwindigkeiten das Newton'sche Gesetz nicht mehr gilt.

278. So gemäß der historischen Definition von „Masse". Nach der modernen Interpretation steckt die Energie im relativistischen Impuls; man schiebt damit den Effekt der relativistischen Masse (bzw. dynamischen Masse) hinein in eine neue Impulsdefinition, so dass der Impuls nicht mehr $m \cdot v$ ist, sondern $m \cdot v \cdot \gamma$ (γ ist der bereits mehrfach erwähnte Lorentzfaktor). Siehe dazu https://de.wikipedia.org/wiki/Masse_(Physik) unter „Definition der Masse mithilfe der Impulserhaltung".

3.2.3.2 Bestätigung der relativistischen Massenzunahme durch Experimente

Zur Bestätigung im Experiment schreibt Rüdiger Vaas:

> Die relativistische Massenzunahme ... gehört längst zum Alltagsgeschäft der Teilchenphysiker. Wenn im Large Hadron Collider des CERN beispielsweise Protonen auf 99,999999 Prozent der Lichtgeschwindigkeit beschleunigt werden, dann sind sie 7000-mal schwerer als in Ruhe. Auch bei alten Röhrenfernsehern spielt die relativistische Masse eine Rolle: In den Kathodenstrahlröhren werden Elektronen in einem Spannungsfeld von 20.000 Volt auf rund ein Drittel der Lichtgeschwindigkeit beschleunigt. Dabei wächst ihre Masse um sechs Prozent. Hätte man diesen Effekt der speziellen Relativitätstheorie bei der Konstruktion der Röhren nicht berücksichtigt, dann würden die Elektronen beim Aufprall auf den Leuchtschirm, wo sie die einzelnen Punkte des Fernsehbilds erzeugen, um bis zu einen Millimeter von ihrem Zielort abweichen – die Bilder wären unscharf.[279]

3.2.4 Sind Phänomene wie Längenschrumpfung, Zeitdehnung und Massenzunahme Wunder der Physik?

Wie bereits gesagt: Wenn Sie diese Aussagen der Relativitätstheorie zum ersten Mal hören, ist es normal, dass Sie protestieren: „Das kann ich nicht glauben. Da muss ich irgendetwas falsch verstanden haben."

Diese Gedanken zeigen aber nur, dass Sie genau verstanden haben, worum es geht – nichts verstanden hätten Sie nur dann, wenn Sie sich hier gar nicht wundern würden, obwohl Sie das zum ersten Mal hören. Im Grundstudium Physik fragte ich einen befreundeten Physik-Studenten höheren Semesters: „Wie hast du reagiert, als du das zum ersten Mal hörtest?" Er war übrigens der beste Student jenes Semesters. Er antwortete: „Am Anfang habe ich das nicht geglaubt." „Und jetzt?", fragte ich weiter. „Jetzt habe ich mich daran gewöhnt."

Damit kommen wir zu der Frage, ob es in der Physik Wunder gibt. Die Antwort hängt davon ab, wie man „Wunder" definiert. Wenn wir Wunder festlegen als Ereignisse, die nicht reproduzierbar sind, die man also nicht nach Belieben wiederholen kann, dann gibt es in der Physik keine Wunder, denn die Physik beschäftigt sich per Definition nur mit Reproduzierbarem.

---

279. Vaas, S. 78–79.

Sie kann aber keine Aussagen dazu machen, ob es nicht vielleicht auch Phänomene gibt, die man nicht reproduzieren kann, also Wunder; das ist per Definition nicht ihr Gegenstand. Ein Physiker kann also von seinem Fach her keine Aussage darüber treffen, ob im Einzelfall jemand über das Wasser gehen, Wasser in Wein verwandeln, Tote auferwecken kann oder nicht; ein Physiker kann nur sagen, dass solche Phänomene – Wunder – nicht in seinen Fachbereich gehören.

Wenn man Wunder aber anders definiert, z. B. dass wir Dinge, die wir uns nicht vorstellen können oder über die wir ins Staunen geraten, dass wir solcherlei als „Wunder" bezeichnen, obwohl sie reproduzierbar sind, dann gibt es in der Physik tatsächlich Wunder – nicht nur bei der Massenzunahme, sondern ganz grundsätzlich.

Ein Wunder in diesem Sinne kann auch etwas extrem Unwahrscheinliches sein. So schreibt das Team um Markus Widenmeyer: „Die statistischen Wahrscheinlichkeiten einer naturgesetzlichen Ordnung sind unvorstellbar niedrig, egal wie man diese Ordnung beschreibt."[280] Brian Cox und Jeff Forshaw fassen zu diesem Thema einen berühmten Essay (1960) des Nobelpreisträgers (Mathematiker und Physiker) Eugene Wigner mit folgenden Worten zusammen:

> Darin erklärte Wigner, es sei überhaupt nicht natürlich, dass Naturgesetze existierten, und noch weniger, dass die Menschheit in der Lage sei, sie zu entdecken. Die Erfahrung lehrt uns, dass es tatsächlich Naturgesetze gibt – Regelmäßigkeiten im Verhalten der Dinge – und dass diese Gesetze sich am besten mathematisch ausdrücken lassen. Dadurch entsteht die interessante Möglichkeit, dass uns mathematische Folgerichtigkeit – zusammen mit experimentellen Beobachtungen – als Führer zu den Gesetzen dienen könnte, die die physikalische Realität beschreiben.[281]

Andere ergänzen zur Sprache der Mathematik in der Physik: „Die gewählte Sprache passt zu gut zur Natur der physikalischen Welt, als dass dies als Glückstreffer abgetan werden könnte" und zitieren dann aus einem anderen Essay von Eugene Wigner: „Das Wunder der Angemessenheit der Sprache der Mathematik für die Formulierung der Naturgesetze ist ein wunderbares Geschenk, das wir weder verstehen noch verdienen."[282]

---

280. Widenmeyer, S. 30.
281. Cox & Forshaw, S. 36.
282. Widenmeyer, S. 36.

Einstein sagte:

> „Es ist mir genug, diese Geheimnisse staunend zu ahnen und zu versuchen, von der erhabenen Struktur des Seienden in Demut ein mattes Abbild geistig zu erfassen" [...]
> „Das Unverständlichste am Universum ist im Grunde, dass wir es verstehen."[283]

3.2.5 Der Übergang von der Mechanik zur Relativitätstheorie

3.2.5.1 Können die klassische Mechanik und die Relativitätstheorie gleichzeitig richtig sein?

Was wir heute wie früher in der Schule über Mechanik lernen, ist die klassische Mechanik, die auf Leuten wie Galilei, Newton und anderen beruht. Soll das jetzt auf einmal nicht mehr gelten? Nun, dann würde man es wohl nicht mehr in der Schule lehren. Banesh Hoffmann schreibt dazu:

> Newtons Theorie gilt für alle Körper – ob sie einer Umlaufbahn am Himmel folgen, von einem Turm fallen oder aus Kanonen abgeschossen werden. Mit Hilfe dieser Theorie konnte man den Zeitpunkt der Rückkehr von Kometen vorhersagen, man konnte unbekannte Planeten durch ihren Einfluss auf die Bewegung bekannter Planeten entdecken, und es sollte möglich werden, Menschen auf den Mond und wissenschaftliche Instrumente auf die Suche nach Leben im Weltraum zu schicken. Die Newtonsche Mechanik hatte großartige Erfolge.[284]

Und wir können hinzufügen, dass wir aufgrund derselben Newton'schen Mechanik auch heute noch zum Mond fliegen können. Aber wie kann denn beides gleichzeitig gelten, wenn in der Mechanik Raum, Zeit und Masse absolut sind, während in der Relativitätstheorie Raum, Zeit und Masse relativ sind?

Um das zu verstehen, sind die Formeln zur Zeitdehnung und Längenschrumpfung hilfreich. Hier reicht es leider nicht, wenn wir nur die qualitative Aussage kennen – Zeitdehnung und Raumschrumpfung; für diese Frage müssen wir auch ihre quantitativen Aussagen zur Kenntnis nehmen. Da wir in diesem Buch aber auf Mathematik verzichten wollen, sei einfach mitgeteilt: **> Diese Effekte der Relativitätstheorie (Zeitdehnung, Längenschrumpfung, relativistische Massenzunahme) treten nur auf bei Ge-**

---

283. Vaas, S. 8.
284. Hoffmann, S. 51.

schwindigkeiten, die nahe der Lichtgeschwindigkeit sind, wie wir bereits in der Tabelle zum Lorentzfaktor gesehen haben [siehe Abb. 39].

Wichtig beim Lorentzfaktor (auch als „γ-Faktor" bezeichnet) ist das Verhältnis der Geschwindigkeit zur Lichtgeschwindigkeit: es entscheidet darüber, ab wann und in welchem Maße die relativistischen Effekte von Zeitdehnung, Raumschrumpfung und Massenzunahme auftreten. Am deutlichsten wird das, wenn wir uns diesen Lorentzfaktor einmal grafisch dargestellt anschauen **[Abb. 42]** – er zeigt uns, in welchem Maße die Zeit sich dehnt und die Masse zunimmt; der reziproke Wert dieses Lorentzfaktors (also der Kehrwert, der Faktor 1/γ) gibt die Längenschrumpfung an.

Wir sehen, dass auf der horizontalen Achse das Verhältnis von Geschwindigkeit (v) zur Lichtgeschwindigkeit (c) aufgetragen ist, also wie viel Prozent der Lichtgeschwindigkeit erreicht ist. Auf dieses Verhältnis (diesen Prozentsatz) kommt es an.

In dieser grafischen Darstellung stellen wir bei 10 % der Lichtgeschwindigkeit zu einem ruhenden Objekt mit dem Auge keinen Unterschied fest. In unserer Alltagswelt ist aber alle Bewegung deutlich langsamer als 10 % der Lichtgeschwindigkeit, also langsamer als 30.000 km/s bzw. 108.000.000 km/h. Deshalb gibt es in unserer Alltagserfahrung keinen Unterschied zwischen der klassischen Mechanik von Newton und der speziellen Relativitätstheorie von Einstein.

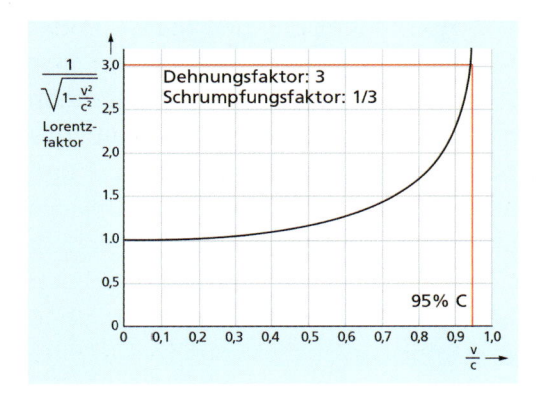

Abb. 42: Der Lorentzfaktor (γ) zeigt uns, in welchem Maße die Zeit sich dehnt und die Masse zunimmt, während der reziproke Wert dieses Lorentzfaktors (also der Faktor 1/γ) die Längenschrumpfung angibt. Auf der horizontalen Achse ist das Verhältnis von Geschwindigkeit (v) zur Lichtgeschwindigkeit (c) aufgetragen, zeigt also an, wie viel Prozent der Lichtgeschwindigkeit erreicht ist. Auf dieses Verhältnis (diesen Prozentsatz) kommt es an.

> **Die klassische Mechanik gilt, solange die Geschwindigkeit des betrachteten *Bezugssystems von der Lichtgeschwindigkeit fern ist. Die Relativitätstheorie macht erst einen Unterschied bei Geschwindigkeiten nahe der Lichtgeschwindigkeit. Die klassische Mechanik ist also ein Spezialfall der Relativitätstheorie –** sie gilt nur für den speziellen Fall, dass die Geschwindigkeit des betrachteten *Bezugssystems fern von der Lichtgeschwindigkeit ist **[Abb. 43]**.

Abb. 43: Die klassische Mechanik ist ein Spezialfall der Relativitätstheorie. Sie gilt nur für Geschwindigkeiten, die viel kleiner sind als die Lichtgeschwindigkeit.

Abb. 44: Was in der klassischen Mechanik absolut ist, das ist in der Relativitätstheorie relativ. Mit den Geschwindigkeiten ist es gerade umgekehrt.

Vergleichen wir die absoluten und relativen Größen der Mechanik mit denen der Relativitätstheorie, stellen wir fest: Genau das, was gemäß den Vorstellungen der Mechanik als relativ angenommen wurde, nämlich die Lichtgeschwindigkeit, ist laut der Relativitätstheorie nun absolut; und umgekehrt ist das, was früher in der Mechanik als absolut betrachtet wurde, nämlich Raum (bzw. Länge), Zeit und Masse, in der Relativitätstheorie relativ.

Die Situation bezüglich „absolut" und „relativ" ist also in der Relativitätstheorie im Vergleich zur Mechanik umgekehrt, das heißt, weitgehend auf den Kopf gestellt: Was in der klassischen Mechanik absolut ist, das ist in der Relativitätstheorie relativ; und die Lichtgeschwindigkeit, die gemäß den Vorstellungen der klassischen Mechanik wie alle anderen Geschwindigkeiten relativ ist, die ist in der Relativitätstheorie absolut [Abb. 44].

3.2.5.2 Übergang von relativen Geschwindigkeiten zur absoluten Lichtgeschwindigkeit

Am Anfang des Buches haben wir uns anhand des Rolltreppen-Beispiels klargemacht, dass in der Mechanik alle Geschwindigkeiten relativ sind. Will man die Geschwindigkeiten von Fußgängern im Bezugssystem der Rolltreppe, z. B. Christian und Mito, aus einem zweiten Bezugssystem betrachten, z. B. aus dem Bezugssystem des Bodens, auf dem Athos steht, dann reicht die einfache Addition oder Subtraktion der Geschwindigkeit besagter Fußgänger und des Tempos der Rolltreppe [siehe Abb. 4a–b]. Das ist der einfache Fall der *Galilei-Transformation für die Berechnung der neuen Geschwindigkeiten beim Übergang von einem Bezugssystem in ein anderes.

Die Mechanik gilt aber nur, solange die Geschwindigkeit weit unter der Lichtgeschwindigkeit liegt. Innerhalb der umfassenderen Relativitätstheorie ist das nur ein Spezialfall [siehe Abb. 43], nämlich das eine Extrem von sehr langsamer Geschwindigkeit, gemessen an der Lichtgeschwindigkeit.

Das andere Extrem liegt vor, wenn eine der beiden zu vergleichenden Geschwindigkeiten die Lichtgeschwindigkeit ist; dann ist die Transformation noch einfacher: Man braucht gar nichts zu berechnen. Das ist z. B. der Fall, wenn Athos das Licht von einem Stern betrachtet und feststellt, dass es mit Lichtgeschwindigkeit auf ihn zukommt.

Wechseln wir das Bezugssystem, gehen wir von Athos zu Mito und bewegen uns auf die Lichtquelle zu, dann braucht man gar nichts zu berechnen; denn auch aus Mitos Bezugssystem betrachtet kommt das Licht des Sterns uns mit Lichtgeschwindigkeit entgegen. Wenn Christian sich vom Stern wegbewegt, gilt dasselbe [siehe Abb. 33a–b]; diesen Fall hatten wir beim Michelson-Morley-Experiment und seinen Varianten mit Sternlicht. Für diese beiden Extreme ist also die Berechnung der neuen Geschwindigkeiten beim Wechsel der Bezugssysteme sehr einfach.

Was aber, wenn die Geschwindigkeiten irgendwo dazwischen liegen? Bei Geschwindigkeiten nahe der Lichtgeschwindigkeit gilt die einfache *Galilei-Transformation nicht mehr; stattdessen brauchen wir die mathematisch kompliziertere *Lorentz-Transformation für Geschwindigkeiten.[285]

Gemäß dieser allgemeineren *Lorentz-Transformation kann man ausrechnen: Wenn Mito in einer Rakete mit 10 % Lichtgeschwindigkeit fliegt und Christian fliegt ihm mit 10 % Lichtgeschwindigkeit entgegen, so bewegen sie sich mit 19,8 % Lichtgeschwindigkeit aufeinander zu, nicht mit 20 %. Der Unterschied zwischen der *Galilei-Transformation und der *Lorentz-Transformation macht in diesem Falle also nur zwei Promille aus, fast zu vernachlässigen.

Bei jeweils 50 % Lichtgeschwindigkeit würden sie sich nur mit 80 % der Lichtgeschwindigkeit aufeinander zubewegen statt mit 100 %; der Unterschied zwischen der mechanischen und der relativistischen Transformation beträgt dann schon 20 %.

Jetzt wird's spannend: Wenn Mito und Christian in ihren Raketen jeweils mit 75 % Lichtgeschwindigkeit aufeinander zufliegen, so bewegen sie sich mit 96 % Lichtgeschwindigkeit aufeinander zu; fliegt jeder mit 90 %, nähern sie sich einander mit 99,4 % Lichtgeschwindigkeit!

Und wenn jeder (rein hypothetisch, denn möglich ist das nicht) dem anderen mit 100 % Lichtgeschwindigkeit entgegenfliegen könnte? Richtig – Sie ahnen es schon: Dann wären es insgesamt trotzdem nur 100 %./Dann würden sie mit 100 % aufeinander zukommen.

---

285. Während die *Galilei-Transformation für Geschwindigkeiten einfach $V = V_1 + V_2$ ist, lautet die *Lorentz-Transformation: $V = V_1 + V_2/(1 + V_1 \cdot V_2/c^2)$. Solange $V_1 \cdot V_2 \ll c^2$ ist (das Produkt $V_1 \cdot V_2$ von also sehr viel kleiner als c^2), geht die *Lorentz-Transformation in die Galilei-Transformation über, unterscheidet sich nicht von ihr..

3.3 Die relativierte Welt der Relativitätstheorie als Gleichnis

3.3.1 Die relativierte Welt gemäß Einstein und die absolute Welt gemäß Newton als Gleichnis

Als logische Folge der absoluten Lichtgeschwindigkeit wird die Welt – dargestellt in ihren Grundgrößen von Raum, Zeit und Masse – relativiert für alle, deren Geschwindigkeit nahe Lichtgeschwindigkeit ist.

Aber für jene mit Geschwindigkeiten fern der Lichtgeschwindigkeit bleibt die Welt (Raum, Zeit und Masse) weiterhin absolut, ganz nach der klassischen Mechanik, also gemäß Galilei und Newton.

In Kapitel 2 haben wir gesehen, dass das Licht der Physik ein Gleichnis für Gott ist. Wir sahen die absolute Lichtgeschwindigkeit als Gleichnis für Gottes Absolutheitsanspruch als Schöpfer; fern von der Lichtgeschwindigkeit zu sein, bedeutet dann in der Deutung dieses Gleichnisses, fern von Gott zu sein.

Das gilt nicht nur für Menschen, die nicht nach Gott fragen, sondern insbesondere für jene, die ihn aus ihrem Leben ausgeklammert haben. Für solche ist diese an Raum, Zeit und Masse gebundene Welt das Absolute. Das Diesseits (Raum), diese vergängliche Welt (Zeit) und die Dinge dieser Welt, die materialistische Sicht (Masse) ist für sie absolut. Ihr Leben dreht sich nur um diese Welt.

Im Gleichnis der Physik entsprechen sie damit den Gesetzen der klassischen Mechanik.

Umgekehrt beschreibt die Geschwindigkeit nahe Lichtgeschwindigkeit im Gleichnis der Physik das *Bezugssystem all jener, die Gott suchen, nach ihm fragen und mit ihm in Verbindung treten wollen. In Kapitel 1 sahen wir gleich am ersten Beispiel, dass die verschiedenen Geschwindigkeiten ein Gleichnis sind für verschiedene Meinungen, Werte etc.; Geschwindigkeiten nahe Lichtgeschwindigkeit sind dann ein Gleichnis für Menschen, deren Meinungen und Werte sich orientieren am Licht, also an Jesus Christus bzw. der Bibel.

Weil Gott als Schöpfer absolut ist und weil er sich in Jesus Christus offenbart hat, deshalb ist für solche Menschen diese Welt nur relativ; was Jesus bzw. Gottes Wort zu sagen hat, ist für sie wichtiger, als was Menschen zu sagen haben, die nur für diese Welt leben. Die persönliche Beziehung zu Jesus Christus, die uns im Evangelium angeboten wird, hat ihnen mehr zu bieten als alles, was diese Welt geben könnte.

Für echte Christen hat diese Welt nur einen sehr relativen, vergänglichen Wert. Sie darf ihrer auf die Ewigkeit ausgerichteten Liebesbeziehung zu Jesus nicht in die Quere kommen. Werden die Dinge dieser Welt ein Hindernis für diese Beziehung zu Jesus, dann ist solchen, die nahe beim Licht sein wollen, klar: Alles Geschaffene hat – im Gegensatz zum absoluten Schöpfer – nur relativen Wert, auch wir selbst: Wir sind Geschöpf.

Echte Christen sehen sich hier auf Erden nur als Gäste oder Fremdlinge; ihre eigentliche Bestimmung liegt in der Ewigkeit. Solche Fremdlinge ermahnt Petrus zur Gottesfurcht: „Wandelt die Zeit eurer Fremdlingschaft in Furcht!"[286]

Diese gleichnishafte Übertragung sowohl für solche, die dem Licht (Jesus Christus) fern sind und Gott aus ihrem Leben ausklammern, wie auch für solche, die dem Licht nahe sind, ist hier zunächst nur eine Behauptung; sie ergibt sich aus der gleichnishaften Eins-zu-eins-Übertragung der Längenschrumpfung, Zeitdehnung und Massenzunahme der speziellen Relativitätstheorie im Gegensatz zur klassischen Mechanik laut Newton.

Die Frage ist, ob wir diese beiden Realitäten, jene „fern vom Licht" und jene „nahe beim Licht", auch in der Bibel finden.

3.3.2 Die drei relativierten Grundgrößen Raum, Zeit und Masse, einzeln betrachtet, als Gleichnis

Die Synthese der drei Grundgrößen der Physik (Raum, Zeit und Masse), als Gleichnis betrachtet, kann man in einen Satz zusammenfassen: Durch das Evangelium wurde die Welt relativiert, weil Jesus Christus absolut ist.

Nun zur Analyse dieser drei Grundgrößen der Welt:

3.3.2.1 Längenschrumpfung

Bei Geschwindigkeiten fern der Lichtgeschwindigkeit gibt es zwischen klassischer Mechanik und Relativitätstheorie keinen (nennenswerten) Unterschied: Die Länge bzw. der Raum bleibt absolut.

Als Gleichnis betrachtet ist für solche, die fern vom Licht, also fern von Gott sind, alles Diesseitige, Innerweltliche, Irdische absolut; sie konzentrieren sich ganz auf diese Welt. Gottes Wort nennt eine solche Ausrichtung „Zielverfehlung" bzw. „Sünde"[287]. Von solchen sagt die Bibel: „... deren Ende Verderben ... ist, die auf das Irdische sinnen."[288] Entscheidend für diese Aussicht ist also die rein irdische Gesinnung.

---

286. 1. Petrus 1,17.
287. Das hebräische Verb chata : אָטָח für „sündigen" kommt im AT 239 Mal vor und bedeutet in Richter 20,16 „Ziel verfehlen" (Gesenius, S. 223). Auch das griechische Verb für „sündigen" – hamartano::ἁμαρτάνω bedeutet nach Menge (S. 41) „fehlen, verfehlen, (das Ziel) nicht treffen".
288. Philipper 3,19.

Die Längenschrumpfung eines mit nahe Lichtgeschwindigkeit sich bewegenden *Bezugssystems dagegen zeigt, dass der Raum relativ ist. Übertragen bedeutet das: Nicht der Raum dieser vergänglichen Schöpfung, nicht das Diesseits, das Irdische ist das Absolute, sondern das absolute Licht.

Gottes Wort sagt ausdrücklich, dass Gott selbst mit seiner Herrlichkeit den Himmel erleuchtet und dass Jesus dort Licht bzw. Lampe ist. Jenen, die nahe am Licht, nahe an Gott sind, ist zugesagt: „Denn unser Bürgerrecht ist in den Himmeln, von woher wir auch den Herrn Jesus Christus als Retter erwarten, der unseren Leib der Niedrigkeit umgestalten wird zur Gleichgestalt mit seinem Leib der Herrlichkeit, nach der wirksamen Kraft, mit der er vermag, auch alle Dinge sich zu unterwerfen."[289] Damit wird die irdische Gesinnung, also das Sinnen auf das, was hier auf der Erde ist, relativiert.

„... die auf das Irdische sinnen" ist eine Warnung davor, das Irdische als Lebensziel zu verabsolutieren; Gottes Wort sagt, wir sollten uns ausrichten auf das, was im Himmel ist, was droben ist, auf das erstrebenswerte Absolute.

Denn vom Himmel her erwarten die Christen die Wiederkunft Jesu und dort im Himmel, bei Jesus, werden sie die ganze Ewigkeit verbringen:

> Wenn ihr nun mit dem Christus auferweckt worden seid, so sucht, was droben ist, wo der Christus ist, sitzend zur Rechten Gottes! Sinnt auf das, was droben ist, nicht auf das, was auf der Erde ist! Denn ihr seid gestorben, und euer Leben ist verborgen mit dem Christus in Gott. Wenn der Christus, euer Leben, offenbart werden wird, dann werdet auch ihr mit ihm offenbart werden in Herrlichkeit.[290]

Den Raum des ganzen Weltalls relativiert die Bibel, indem sie uns das Ende desselben voraussagt: „Und ‚Du, Herr, hast im Anfang die Erde gegründet, und die Himmel sind Werke deiner Hände; sie werden untergehen, ... und sie alle werden veralten wie ein Kleid, und wie einen Mantel wirst du sie zusammenrollen, wie ein Kleid, und sie werden verwandelt werden.'" So hat dieser irdische Raum im Vergleich zum absoluten Schöpfer im Himmel nur einen sehr relativen Wert und wird entsprechend als „irdisches Zelthaus" bezeichnet: „Denn wir wissen, dass, wenn unser irdisches Zelthaus zerstört wird, wir einen Bau von Gott haben, ein nicht mit Händen gemachtes, ewiges Haus in den Himmeln."[291]

---

289. Philipper 3,20–21. – Gott erleuchtet mit seiner Herrlichkeit den Himmel: Offenbarung 21,23.
290. Kolosser 3,1–4.
291. Hebräer 1,10–12; 2. Korinther 5,1.

3.3.2.2 Zeitdehnung

Wir sahen, dass entsprechende Überlegungen auch für die Zeit gelten. Bei Geschwindigkeiten fern von der Lichtgeschwindigkeit ist die Zeit absolut: Ein Tag ist und bleibt ein Tag, egal aus welchem *Bezugssystem ich betrachte (solange es nur fern von der Lichtgeschwindigkeit ist). Und tausend Jahre bleiben tausend Jahre. Aber aus der Sicht derer, die nahe der Lichtgeschwindigkeit sind, wird die Zeit gedehnt, im Licht selbst sogar bis ins Unendliche (wenn man von außen betrachtet).

Das Gleichnis der Physik zeigt uns damit, dass für solche, die nahe bei Gott (beim Licht) sind, alles Zeitliche zu relativieren ist, da sie die Ewigkeit vor Augen haben, während Gott selbst (das Licht) über der Zeit steht (Zeit ins Unendliche gedehnt) und alles aus der Perspektive der Ewigkeit sieht. Die Bibel gebraucht hier fast das Gleichnis der Physik, wenn sie, zunächst im AT, sagt: „Denn tausend Jahre sind in deinen Augen wie der gestrige Tag ..."; im NT wird das als Beispiel zitiert: „Dies eine aber sei euch nicht verborgen, Geliebte, dass beim Herrn ein Tag ist wie tausend Jahre und tausend Jahre wie ein Tag."[292]

Je näher wir Gott kommen (im Gleichnis der Relativitätstheorie: Je mehr wir uns der Lichtgeschwindigkeit nähern), desto mehr sehen wir die Dinge aus seiner ewigen Sicht und relativieren dabei die Zeit immer mehr. Selbst die (menschlich gesehen oft sehr lange) Zeit, in der Christen um Jesu willen leiden, wird aus der Sicht Gottes bzw. in Gottes Wort als ein „schnell vorübergehendes Leichtes" völlig relativiert: „Denn das schnell vorübergehende Leichte unserer Bedrängnis bewirkt uns ein über die Maßen überreiches, ewiges Gewicht von Herrlichkeit, da wir nicht das Sichtbare anschauen, sondern das Unsichtbare; denn das Sichtbare ist zeitlich, das Unsichtbare aber ewig."[293]

Mit Blick auf das absolute Licht sind Christen zum geduldigen Warten aufgerufen auch in menschlich unerträglich langer Zeit der Drangsal und des Leidens; dabei erwartet sie allerdings die Freude in der Herrlichkeit Gottes, eine Freude, die die Gottlosen nicht kennen: „Das Warten der Gerechten führt zur Freude, aber die Hoffnung der Gottlosen wird zunichte". Und Jakobus schreibt im NT über die Ungerechtigkeit in dieser Welt, während er die Christen ermutigt: „Habt nun Geduld, Brüder, bis zur Ankunft des Herrn! ... Habt auch ihr Geduld, stärkt eure Herzen! Denn die Ankunft des Herrn ist nahe gekommen."[294]

Die Ankunft des Herrn, die Wiederkunft Jesu Christi in Macht und Herrlichkeit, dem absoluten Licht, motiviert also dazu, die Zeit in diesem Leben zu relativieren. Die Relativität unseres kurzen, vergänglichen Lebens wird uns immer wieder vor Augen gemalt: „Die Tage unserer Jahre sind siebzig Jahre, und, wenn in Kraft, achtzig Jahre, und ihr

---

292. Psalm 90,4; 2. Petrus 3,8.
293. 2. Korinther 4,17–18.
294. Sprüche 10,28; Jakobus 5,7–8.

Stolz ist Mühe und Nichtigkeit, denn schnell eilt es vorüber, und wir fliegen dahin. ...So lehre uns denn zählen unsere Tage, damit wir ein weises Herz erlangen!"[295]

Dieses Leben hier auf Erden ist nur eine kurze Durchgangsstation; David im AT vergleicht es mit einem Hauch: „Der Mensch gleicht dem Hauch. Seine Tage sind wie ein vorübergehender Schatten", Jakobus im NT gebraucht das Bild vom kurzlebigen Dampf: „Denn ihr seid ein Dampf, der eine kleine Zeit sichtbar ist und dann verschwindet."[296]

Mit der Relativierung der Zeit, also des vergänglichen Lebens, ist folgende Haltung gemeint: „Die Zeit ist begrenzt: dass künftig die, die Frauen haben, seien, als hätten sie keine, und die Weinenden, als weinten sie nicht, und die sich Freuenden, als freuten sie sich nicht, und die Kaufenden, als behielten sie es nicht, und die die Welt Nutzenden, als benutzten sie sie nicht; denn die Gestalt dieser Welt vergeht."[297]

3.3.2.3 Relativistische Massenzunahme

Bei Geschwindigkeiten fern von der Lichtgeschwindigkeit ist auch die Masse absolut, also unabhängig vom *Bezugssystem. Als Gleichnis betrachtet sind die Menschen, die das Materielle verabsolutieren und ihr Lebensziel auf Reichtum richten, fern vom Licht (bzw. von Gott).

Vor Habsucht hat Jesus deutlich gewarnt, er illustriert das mit einem Gleichnis:

> Seht zu und hütet euch vor aller Habsucht! Denn auch wenn jemand Überfluss hat, besteht sein Leben nicht aus seiner Habe. Er sagte aber ein Gleichnis zu ihnen und sprach: Das Land eines reichen Menschen trug viel ein. Und er überlegte bei sich selbst und sprach: Was soll ich tun? Denn ich habe nicht, wohin ich meine Früchte einsammeln soll. Und er sprach: Dies will ich tun: ich will meine Scheunen niederreißen und größere bauen und will dahin all mein Korn und meine Güter einsammeln; und ich will zu meiner Seele sagen: Seele, du hast viele Güter liegen auf viele Jahre. Ruhe aus, iss, trink, sei fröhlich! Gott aber sprach zu ihm: Du Tor! In dieser Nacht wird man deine Seele von dir fordern. Was du aber bereitet hast, für wen wird es sein? So ist, der für sich Schätze sammelt und nicht reich ist im Blick auf Gott.[298]

In der Bergpredigt fasst Jesus die Aussage dieses Gleichnisses als Ermahnung zusammen: „Sammelt euch nicht Schätze auf der Erde, wo Motte und Fraß zerstören und

---

295. Psalm 90,10.12.
296. Psalm 144,4; Jakobus 4,14.
297. 1. Korinther 7,29–31.
298. Lukas 12,15–21.

wo Diebe durchgraben und stehlen; sammelt euch aber Schätze im Himmel, wo weder Motte noch Fraß zerstören und wo Diebe nicht durchgraben noch stehlen!"[299]
Ein konkretes Negativ-Beispiel für jemanden, der seinen irdischen Reichtum verabsolutierte, war jener Reiche, der zu Jesus kam und ewiges Leben wollte. Jesus stellte ihn vor die Entscheidung, was er als absolut ansehen wollte: das ewige Leben oder aber seinen irdischen Reichtum; denn er forderte ihn auf, seinen Reichtum aufzugeben und ihm nachzufolgen. Der Reiche entschied sich für seinen Reichtum, deshalb konnte Jesus in seinem Leben nicht absolut werden.[300] Jesus macht damit deutlich, dass für uns nicht beides absolut sein kann.

Ein Positiv-Beispiel ist Abraham; von ihm sagt die Bibel, dass er sehr reich war. Ausgrabungen zeigen, dass es sich in Abrahams Heimat Ur sehr kultiviert und komfortabel leben ließ. Als Gott den Abraham aus dieser wohlhabenden Stadt herausrief, bedeutete das für diesen, von nun an nur noch in Zelten zu wohnen – somit stand Abraham vor der Entscheidung, was in seinem Leben absolut und was für ihn nur relativ war.[301]

Abraham relativierte seinen Reichtum: Er war bereit, alles aufzugeben für den allein Absoluten, den Schöpfer des ganzen Universums. Diese Haltung wird auch nach seinem Auszug aus Ur deutlich: Er hatte seinen Neffen Lot mitgenommen und irgendwann gab es Streit zwischen seinen Hirten und den Hirten Lots. Um den Streit zu beenden, durfte Lot sich das beste Land aussuchen und Abraham nahm, was übrig blieb.[302]

Als weiteres Positiv-Beispiel berichtet der Brief an die Hebräer, dass unter den Juden-Christen solche waren, denen wegen ihres Glaubens an Jesus Christus ihr ganzer Besitz weggenommen wurde, und dass sie das mit Blick auf den einen absoluten Jesus Christus mit Freuden ertrugen: „Denn ihr habt … auch den Raub eurer Güter mit Freuden aufgenommen, da ihr wisst, dass ihr für euch selbst einen besseren und bleibenden Besitz habt."[303]

In den Psalmen im AT werden wir gewarnt vor einer Verabsolutierung unseres Besitzes: „Ihr Gedanke ist, dass ihre Häuser in Ewigkeit stehen, ihre Wohnung von Geschlecht zu Geschlecht; sie hatten Ländereien nach ihren Namen benannt. Doch der Mensch, der im Ansehen ist, bleibt nicht; er gleicht dem Vieh, das vertilgt wird. … Denn bei seinem Tod nimmt er das alles nicht mit; seine Pracht folgt ihm nicht hinab."[304]

---

299. Matthäus 6,19–20.
300. Matthäus 19,16–22//Markus 10,17–22// Lukas 18,18–23.
301. Abrahams Reichtum: 1. Mose 13,2. Archäologische Ausgrabungen von Ur: Davis, S. 165–16. – Gott ruft Abraham aus Ur heraus: 1. Mose 12,1–3; 15,7. Leben in Zelten nach der Berufung: 1. Mose 12,8; 13,3.18; 18,1–2.
302. 1. Mose 13,5–11.
303. Hebräer 10,34.
304. Psalm 49,12–13.18.

Im NT wird die Warnung vor dem relativen irdischen Besitz den zu erstrebenden absoluten Werten gegenübergestellt:

„Die Gottseligkeit mit Genügsamkeit aber ist ein großer Gewinn; denn wir haben nichts in die Welt hereingebracht, so dass wir auch nichts hinaus bringen können. Wenn wir aber Nahrung und Kleidung haben, so wollen wir uns daran genügen lassen. Die aber reich werden wollen, fallen in Versuchung und Fallstrick und in viele unvernünftige und schädliche Begierden, welche die Menschen in Verderben und Untergang versenken. Denn eine Wurzel alles Bösen ist die Geldliebe, nach der einige getrachtet haben und von dem Glauben abgeirrt sind und sich selbst mit vielen Schmerzen durchbohrt haben. Du aber, o Mensch Gottes, fliehe diese Dinge; strebe aber nach Gerechtigkeit, Gottseligkeit, Glauben, Liebe, Ausharren, Sanftmut!"[305]

Jesus fasst das in der Bergpredigt so zusammen: „Niemand kann zwei Herren dienen; denn entweder wird er den einen hassen und den anderen lieben, oder er wird einem anhängen und den anderen verachten. Ihr könnt nicht Gott dienen und dem Mammon."[306]

3.3.3 Die relativierte Welt (Synthese von Raum, Zeit und Masse) als Gleichnis

Jesu Aussage in der Bergpredigt über die Unmöglichkeit, zwei Herren zu dienen, klingt zunächst so, als hätte Jesus nur vom Mammon gesprochen, vom Geld, also dem Materiellen (Masse). Man kann diesen Vers aber auch so verstehen, dass Jesus in der ersten Vershälfte zunächst das allgemeine Prinzip nennt: „Niemand kann zwei Herren dienen; denn entweder wird er den einen hassen und den anderen lieben, oder er wird einem anhängen und den anderen verachten"; in der zweiten Vershälfte nennt er dann den Mammon als Beispiel: „Ihr könnt nicht Gott dienen und dem Mammon."

Im Gleichnis der Physik entspricht das der Masse. Dem „Mammon" kann man weitere Beispiele aus der Bibel zugesellen, die im Gleichnis der Physik dem Raum und der Zeit entsprechen.

In Kapitel 4 werden wir feststellen, dass in der umfassenderen allgemeinen Relativitätstheorie Raum, Zeit und Masse ohnehin eine untrennbare, sich gegenseitig bedingende Einheit sind. Das Gleichnis der Relativitätstheorie deutet damit entsprechend der Syn-

---

305. 1. Timotheus 6,6–11.   306. Matthäus 6,24.

these von Raum, Zeit und Masse auf eine Einheit, die wir in diesem Buch allgemein als „Welt" bezeichnen.

In der Physik ist die Welt etwas, das an Raum, Zeit und Masse gebunden ist; auch unser Leben, im Gleichnis betrachtet, spielt sich in dieser Welt ab: Wir Leben z. B. in München, sterben mit 86 Jahren und gehören zum Mittelstand. .

„Welt" ist in der Bibel eine häufige Bezeichnung für die Ausrichtung jener Menschen, die das Diesseitige, Vergängliche und Materielle verabsolutieren und entsprechend gottlos leben. David bat Gott, ihn vor gottlosen Menschen zu retten; er bezeichnete sie wörtlich als Leute, „deren Teil im Leben von dieser Welt ist"[307].

Die Bibel mahnt, die Dinge dieser Welt zu relativieren und allein in Gott das Absolute zu sehen:

> Liebt nicht die Welt noch was in der Welt ist! Wenn jemand die Welt liebt, ist die Liebe des Vaters nicht in ihm; denn alles, was in der Welt ist, die Begierde des Fleisches und die Begierde der Augen und der Hochmut des Lebens, ist nicht vom Vater, sondern ist von der Welt. Und die Welt vergeht und ihre Begierde; wer aber den Willen Gottes tut, bleibt in Ewigkeit.[308]

Das setzt freilich voraus, dass man zunächst einmal die persönliche Beziehung zum Schöpfer als den größten Schatz erkannt hat, als einen Schatz, für den es sich lohnt, diese Welt und alles in dieser Welt zu relativieren, loszulassen, zu verkaufen. Das sagt Jesus im Gleichnis vom Schatz im Acker: „Das Reich der Himmel gleicht einem im Acker verborgenen Schatz, den ein Mensch fand und verbarg; und vor Freude darüber geht er hin und verkauft alles, was er hat, und kauft jenen Acker."[309]

---

307. Psalm 17,14.
308. 1. Johannes 2,15–17.
309. Matthäus 13,44; dieser Vers ist sorgfältig zu unterscheiden von den beiden folgenden Versen (Matthäus 13,45–46)! Der Vers gibt selbst die Deutung an: „Das Reich der Himmel gleicht einem ... Schatz ..." Hier in diesem Vers 44 ist also der verborgene Schatz im Acker das Reich der Himmel; er wird entdeckt von einem Menschen, der dann für diesen Schatz alles aufgibt (wie Jesus es in Lukas 14,33 seinen Jüngern geboten hat). Auch die beiden nächsten Verse geben ihre Deutung selber an; die allerdings ist anders, denn dort heißt es: „... gleicht das Reich der Himmel *einem Kaufmann* ..." In Matthäus 13,45–46 ist dieses Reich der Himmel also der, *der die Perle kaufte*. Im Zentrum des Reiches der Himmel steht Jesus Christus, folglich ist er selber dieser Kaufmann. – Tatsächlich hatte Jesus seinen eigenen Reichtum aufgegeben und war Mensch geworden (Philipper 2,6–8), um den verlorenen Menschen – die Perle, die in der Muschel zunächst nur ein wertloses, ja, verletzendes Sandkorn ist – loszukaufen von der Sünde (1. Petrus 1,18–19).

3.3.3.1 Am Anfang der Bibel (1. Mose)

Hierbei handelt es sich nicht um Einzelaussagen der Schrift, sondern um ein sehr zentrales Prinzip, das wir quer durch die ganze Bibel finden. Deshalb beginnen wir ziemlich vorn.

Kain und seine Nachfahren lebten in der Gottesferne; so konzentrierten sie sich auf die vergänglichen Dinge dieser Welt, als hätten diese absoluten Wert: Sie erbauten eine Stadt und machten allerhand Erfindungen. Diese Ausrichtung auf das Diesseits findet sich im Stammbaum der Nachfahren des gottlosen Kain.[310]

Ganz anders die Nachfahren von Set, der an die Stelle Abels trat (der war vor Gott gerecht gewesen): Sie konzentrierten sich ganz auf Gott. Außer der Geburt ihrer Kinder erfahren wir nichts über ihre Tätigkeit und ihre Errungenschaften in dieser Welt; nur das: Diese Nachfahren von Set (bzw. Abel) riefen den Namen des Herrn an.[311] Einer von ihnen, Henoch, wandelte in besonderer Weise mit Gott; und ein anderer, Noah, fand Gunst in den Augen des Herrn.[312]

Der Vergleich der Nachfahren des Kain mit denen des Set zeigt deutlich, wie für Erstere das Absolute in dieser Welt lag – deshalb suchten sie ihr Glück in dieser Welt: Ihre Früchte waren eine große Stadt und viele Erfindungen. Für die Nachfahren von Set dagegen war die Beziehung zu Gott das Absolute, so suchten sie ihr Glück in dieser Gottesbeziehung.

Die Frucht des Auf-Gott-ausgerichtet-Seins zeigte sich[313] darin, dass am Ende dieser beiden Stammbäume Noah mit seiner Familie übrig blieb: Sie wurden in der Arche vor der Sintflut gerettet; folglich stammen alle Menschen bis heute von Noah und seiner Familie ab und damit auch von dessen Vorfahren Set. So hat das Leben der Nachfahren von Set (bzw. Abel) bis heute seinen Sinn (da sie gewissermaßen in uns fortleben, die Bibel nennt das: wir waren „in ihren Lenden"). – Dagegen gibt es von Kain seit der Sintflut keine Nachfahren mehr.

Die beiden Enkel von Abraham, Esau und Jakob, waren Zwillinge. Nur einer von beiden konnte die Verheißung (als Segen) erben, die Gott dem Abraham gegeben hatte – jene Verheißung, dass aus seinen Nachfahren eine Nation entstehen werde, durch die dann alle Nationen der Erde gesegnet würden und zwar mit dem Angebot der Errettung durch den Messias.[314] In dieser zentralen Verheißung des Evangeliums ist ansatzweise

---

310. 1. Mose 4,17–22.
311. 1. Mose 4,25–26.
312. Abel war vor Gott gerecht: Hebräer 11,4. Stammbaum von Sets Nachfahren: 1. Mose 5,1–32. Henoch: 1. Mose 5,22–24. Noah: 1. Mose 6,8.
313. Zusätzlich zur Entrückung von Henoch zu Gott.
314. 1. Mose 12,1–3: Dass mit dem „Segen für alle Geschlechter" (bzw. Sippen) der Erde das Angebot der Errettung durch den Messias Jesus Christus gemeint ist, geht aus dem Zusammenhang der Bibel hervor; nachvollziehen kann man das z. B. durch Römer 4 oder Galater 3. Das Erbe Esaus bzw. Jakobs war das Erstgeburtsrecht; entsprechend werden alle, die das ewige Leben im himmlischen Jerusalem erben (das sind alle wiedergeborenen Christen), auch als „Gemeinde der Erstgeborenen" bezeichnet (Hebräer 12,23).

der große Plan Gottes enthalten, der „Heilsplan".

Dieses Erbe der Verheißung stand Esau zu als dem Erstgeborenen der beiden Zwillinge. Aber Esaus Herz sah in den vergänglichen Dingen dieser Welt das Absolute, die Verheißungen aus der Quelle des Allmächtigen hingegen achtete er gering.

Bei Jakob war es umgekehrt. Er war nicht der Erstgeborene und hatte daher keine Chance, die Verheißung des Allmächtigen zu erben – aber er sehnte sich danach und schließlich fand Jakob eine List, wie er seinem Bruder Esau dieses Erstgeburtsrecht „abkaufen" konnte; denn Esau war fern vom Licht, so fern von Gott, dass er im NT als „Gottloser" bezeichnet wird.[315]

Das Beispiel von Esau zeigt, dass die Gottlosen bzw. Ungläubigen diese Welt verabsolutieren, während sie Gott relativieren und damit seine in der Bibel festgelegten Verheißungen geringschätzen.

3.3.3.2 Die Geschichte des Volkes Israels (ab 2. Mose)

In ganz besonderer Weise wurde Mose vor die Frage gestellt, was für ihn absolut und was relativ sei. Sein Leben beginnt in der Versklavung des Volkes Israel unter die Ägypter; der Pharao hatte befohlen, alle männlichen Babys der Israeliten zu ertränken – aber die Eltern versteckten den kleinen Mose in einem mit Asphalt verklebten Kästchen auf dem Nil. Die Tochter des Pharaos sah das Kästchen, ließ es holen und adoptierte Mose; doch ließ sie ihn von seiner Mutter stillen, vielleicht drei Jahre lang. Damit stand Mose zwischen zwei Welten: Einerseits war er am Hof des Pharaos wie ein Prinz und hatte dort alle Vorzüge dieser Welt, andererseits gehörte er seinen Eltern nach zum versklavten Volk Israel, das aber die Verheißungen Gottes hatte[316].

Zu welcher Seite sollte er sich halten? Was war für ihn das Absolute? Die Welt mit allem Luxus und den Privilegien als Prinz am Hofe des Pharaos? Oder war für Mose die Zugehörigkeit zum versklavten Israel das Absolute, weil Israel die Verheißung Gottes hatte?

Zu welcher Seite Moses Herz sich mehr neigte, zeigt eine Begebenheit mit Mose im Alter von vierzig Jahren: Er sah das Unrecht gegen sein Volk und setzte sich für dieses ein; konkret kam es so weit, dass er einen ägyptischen Sklavenaufseher erschlug, weil der einen Israeliten misshandelt hatte.

Moses Entscheidung kommentiert das NT so:

> Durch Glauben weigerte sich Mose, als er groß geworden war, ein Sohn der Tochter Pharaos zu heißen, und zog es vor, lieber zusammen mit dem Volk Gottes geplagt zu werden, als den zeitlichen Genuss der Sünde zu haben, indem er die Schmach

---

315. 1. Mose 25,29–34; Hebräer 12,16–17.   316. 2. Mose 2,1–15//Apostelgeschichte 7,23–29

des Christus für größeren Reichtum hielt als die Schätze Ägyptens; denn er schaute auf die Belohnung.[317]

Nachdem Gott das Volk Israel unter der Leitung von Mose aus der Sklaverei befreit hatte, lehrte er das Volk, die weltlichen Vorzüge zu relativieren, indem er ihnen diese Welt gewissermaßen wegnahm: Er führte sie in die Wüste. Aber Israel wollte diese Lektion nicht annehmen, jedenfalls nicht die erste Generation, obwohl Gott sie durch große Zeichen und Wunder aus der Sklaverei Ägyptens herausgeführt hatte.

Trotz all dem Übel dort sehnten sie sich zurück nach der Welt, sehnten sich danach, das zu essen, was sie vorher in Ägypten gehabt hatten; sie klagten und murrten und wollten nach Ägypten zurück. Mit dieser Haltung der Rebellion gegen Gott verabsolutierten sie diese Welt. Sie waren nicht bereit, die von Gott bestimmte Lektion der Demütigung zu ertragen, um das absolute Wort Gottes kennenzulernen.[318]

Die zweite Generation, die weitgehend in der Wüste aufwuchs, hatte von Jugend auf Demut gelernt[319] und konnte unter der Leitung von Josua das verheißene Land Kanaan einnehmen.

Gott prüfte auch diese zweite Generation: Bei der Einnahme der Stadt Jericho gebot er, von der Beute nichts für sich selbst zu behalten, sondern alles Gott zu weihen. Sie gehorchten – bis auf einen Ausreißer: Achan sah in einem schönen Mantel aus Babylonien und einem Schatz aus viel Silber und Gold einen absoluten Wert; dafür relativierte er den Gehorsam gegenüber dem Allmächtigen.[320]

3.3.3.3 Der Götzendienst als Beispiel für die Nichtigkeit dieser Welt

Eine Serie von Negativ-Beispielen haben wir im immer wiederkehrenden Götzendienst der Israeliten über ein Jahrtausend hinweg. Etwas oder jemandem zu „dienen" bedeutet hier, es anzubeten und damit, es als absolut zu setzen. Was genau wurde beim Götzendienst absolut gesetzt?

Während die Welt der Religionen uns ein pluralistisches Bild vorgaukelt, sagt Gottes Wort, dass hinter diesen selbstgemachten Götzen, anderen Göttern und Religionen Dämonen stecken. Laut der Bibel ist Satan „der Gott dieser Welt" und zugleich der Oberste der von Gott abgefallenen Engel, der Dämonen; folglich beten Götzendiener das an, was diese Welt zu bieten hat:[321] Hinter Götzendienst, den Religionen oder auch

---

317. Hebräer 11,24–26.
318. Rückkehrwunsch: 2. Mose 16,3; 17,3; 4. Mose 11,1.4–5. Demütigung: 5. Mose 8,2–3.
319. Beim Auszug aus Ägypten war die zweite Generation höchstens zwanzig: 4. Mose 14,29
320. Josua 7 (ganze Geschichte), insbesondere Josua 7,19–23.
321. Dämonen hinter Götzen bzw. anderen Göttern: 5. Mose 32,17; 2. Könige 23,8; Psalm 106,37; 1. Korinther 10,20.
Satan als Gott dieser Welt: 2. Korinther 4,3–4.
Satan und die gefallenen Engel im geistlichen Kampf: Epheser 6,12; Offenbarung 12,7–10.

okkulten (bzw. esoterischen) widergöttlichen Praktiken wie Astrologie[322] verbergen sich geistliche Mächte; ihren Anbetern verschaffen sie in dieser Welt Erfolge, um sie dadurch zu verführen und in ihre Gewalt zu bringen.

Ein Beispiel: Als der Prophet Jeremia die Juden ermahnte, mit ihrem Götzendienst aufzuhören, konkret der Anbetung der Himmelsgöttin, antworteten sie ihm:

> Was das Wort betrifft, das du im Namen des Herrn zu uns geredet hast, so werden wir nicht auf dich hören, sondern wir wollen bestimmt all das tun, was aus unserem eigenen Mund hervorgegangen ist, der Königin des Himmels Rauchopfer darbringen und ihr Trankopfer spenden. [...] Da hatten wir Brot in Fülle, und es ging uns gut, und wir sahen kein Unglück. Aber seitdem wir aufgehört haben, der Königin des Himmels Rauchopfer darzubringen und ihr Trankopfer zu spenden, haben wir an allem Mangel gehabt und sind durch das Schwert und durch den Hunger aufgerieben worden[323].

Jeremia erklärt ihnen darauf, eben deshalb sei Gottes Gericht über sie gekommen.[324]

Götzendienst ist damit auch die Verabsolutierung weltlicher Dinge; das wird bestätigt, wenn wir nachschauen, was im NT als Götzendienst betrachtet wird. Wörtlich heißt es dort: „Tötet nun ... Habsucht, die Götzendienst ist!", und: „... dass kein ... Habsüchtiger – er ist ein Götzendiener – ein Erbteil hat in dem Reich Christi und Gottes".[325] In diesem Sinne wurde Achan bei der Einnahme von Jericho zum Götzendiener; denn trotz Gottes ausdrücklichem Verbot, von der Beute nichts für sich zu nehmen, ließ er einen schönen Mantel mitgehen sowie Silber und Gold.[326]

Aus der Sicht des absoluten Schöpfers ist dieser Götzendienst ein Dienst der Nichtigkeit, ein Dienst am Diesseitig-Vergänglich-Materiellen.[327] Es gibt im Hebräischen verschiedene Worte für Götzen, Götterbilder bzw. Götzendienst. Einige dieser hebräischen Begriffe für „Götzen" bedeuten gleichzeitig auch „Nichtigkeit".[328]

---

322. Okkultismus (Wahrsagerei, Zauberei, Magie ...) und Götzendienst sind Mächte der Finsternis und Feindschaft gegen Gott; Gott hasst das und hat es seinem Volk verboten. ruft es auf, sich davon abzuwenden: 5. Mose 18,10–12; Micha 5,11–14; Apostelgeschichte 8,9–11; 13,6–11; 16,16–19; 19,19.24–29; Offenbarung 9,20; 21,8; 22,15. Astrologie: Jesaja 47,13.
323. Jeremia 44,16–18
324. Jeremia 44,22–23.
325. Kolosser 3,5; Epheser 5,5.
326. Josua 6,18–19; 7,21.
327. Dieser „Dienst der Nichtigkeit" ist nicht zu verwechseln mit dem Dienst, den wir im Beruf ausüben; der hat seine völlige Berechtigung, wenn dies in Rechtschaffenheit und Aufrichtigkeit geschieht und damit Gott ehrt. Der hier gemeinte Götzendienst dagegen bedeutet, seine Hoffnung auf die nichtigen Dinge der Welt zu setzen, sich als ausschließlich abhängig von weltlichen Dingen zu verstehen und die Abhängigkeit von Gott zu leugnen – was all die tun, die Rettung, Erlösung, Befreiung etc. (wovon auch immer) durch Weltliches erwarten (z. B. Reichtum, Ehre, Macht etc.) statt durch den Glauben an Jesus allein.
328. Der hebräische Begriff (älil: אֱלִיל, z. B. in 3. Mose 19,4), der normalerweise mit „Götze" übersetzt wird, wird an anderer Stelle mit „nichtig" bzw. „Nichtigkeit" wiedergegeben (z. B. Jeremia 14,14; Sacharja 11,17).

„Nichtigkeit der Nichtigkeiten", so übersetzt die revidierte Elberfelder Bibel am Anfang des Buches Prediger einen hebräischen Begriff, der an anderer Stelle mit „Götzen" übersetzt wird oder im Zusammenhang mit Götzen bzw. Götzendienst vorkommt;[329] die Luther-Bibel übersetzt denselben Begriff mit „Eitelkeit": „Es ist alles ganz eitel."

Auch Eitelkeit ist eine Art Götzendienst bzw. eine Variante der weltlichen Ausrichtung, wir finden sie bei den jüdischen Leitern zur Zeit Jesu: Sie wollten die ersten Plätze bekommen. Ihr Stolz, die Habsucht nach den ersten Plätzen, war ihr Götzendienst; deswegen waren sie so sehr von Eifersucht auf Jesus erfüllt, dass selbst Pilatus sie durchschaute.[330]

Ihre weltliche Gesinnung von Eitelkeit, Stolz und dadurch bedingtem Neid hinderte sie daran, der Frage nach der absoluten Wahrheit nüchtern auf den Grund zu gehen und in Jesus den angekündigten Messias zu erkennen. Im Gleichnis von den bösen Weingärtnern hielt Jesus ihnen einen Spiegel vor und zeigte ihnen, dass sie ihn lieber töteten, um den Weinberg (in Jesu Gleichnis: die Welt) für sich selbst zu behalten, statt Jesus als Messias anzuerkennen.[331] Das Absolute für sie war ihr eigener Stolz in dieser Welt, ihre Eitelkeit, Nichtigkeit, aber auch die Welt ganz allgemein. In den Worten von Jesu Gleichnis ausgedrückt, war ihnen der Weinberg wichtiger als dessen Eigentümer; so zogen sie es vor, die Wahrheit über den vorhergesagten Messias, Jesus Christus, auf den Kopf zu stellen (vgl. dazu Abb. 44, als Gleichnis betrachtet). Schließlich relativierten sie diese Wahrheit so sehr, dass sie Jesus kreuzigten.

Noch deutlicher wurde das, als sie beschlossen, lieber die Wachen zu bestechen, als dass die Wahrheit über Jesu Auferstehung ans Licht käme. Weil für sie diese Welt absolut war und damit auch ihre einflussreiche Position und ihre Ehre vor den Juden, deshalb relativierten sie das Licht, die Wahrheit über den Messias. Dabei hatten auch sie mitbekommen, dass Jesus vor seiner Kreuzigung seine Auferstehung voraussagte.[332]

3.3.3.4 Im NT genannte Beispiele

Zusätzlich zu Abel und der Sippe des Set, zu Abraham und Mose finden wir eine Serie von Positiv-Beispielen aus dem AT als Überblick im NT und zwar im Hebräerbrief, Kapitel 11: Zunächst wird über die Glaubensvorbilder von Abel bis Abraham zusammenfassend gesagt, wie sehr sie die Dinge dieser Welt relativierten, um im Glauben an dem Allmächtigen festzuhalten:

---

329. Der im Buch Prediger 38 mal mit „Nichtigkeit" übersetzte hebräische Begriff wird von der revidierten Elberfelder Übersetzung mehrfach mit „Götzen" übersetzt: 1. Könige 16,13.26; Psalm 31,7; Jesaja 57,13; Jeremia 10,3; Jona 2,9. Weiter kommt dieser hebräische Begriff im Zusammenhang mit Götzen/Götzendienst auch vor in 2. Könige 17,15; Jeremia 2,5; 8,19; 10,15; 16,19; 51,18.

330. Erste Plätze: Matthäus 23,6–7. Selbst Pilatus erkannte ihren Neid: Markus 15,10. Ihre Ehre vor den Juden: Matthäus 23,5–7; Johannes 5,44.

331. Matthäus 21,33–46.

332. Bestechung der Wache: Matthäus 28,11–15. Sie kannten Jesu Voraussage seiner Auferstehung: Matthäus 12,38–40; 27,63.

Diese alle sind im Glauben gestorben und haben die Verheißungen nicht erlangt, sondern sahen sie von fern und begrüßten sie und bekannten, dass sie Fremde und ohne Bürgerrecht auf der Erde seien. Denn die, die solches sagen, zeigen deutlich, dass sie ein Vaterland suchen. Und wenn sie an jenes gedacht hätten, von dem sie ausgezogen waren, so hätten sie Zeit gehabt, zurückzukehren. Jetzt aber trachten sie nach einem besseren, das ist nach einem himmlischen. Darum schämt sich Gott ihrer nicht, ihr Gott genannt zu werden, denn er hat ihnen eine Stadt bereitet.[333]

Aber nicht nur jene bis Abraham haben diese vergängliche Welt so sehr relativiert, dass sie darin Fremde und ohne Bürgerrecht waren, nur um nach dem Absoluten zu trachten, dem himmlischen Bürgerrecht; nein, das wird über alle gesagt, die in der „Galerie der Glaubenshelden" von Hebräer 11 angeführt sind, stellvertretend für alle Gleichgesinnten im AT. Der Refrain in diesem Kapitel lautet „Durch Glauben … durch Glauben … durch Glauben": Diese alle glaubten den absoluten Verheißungen Gottes mehr als allem anderen in dieser Welt. Am Schluss des Kapitels wird zusammenfassend über sie gesagt: „Und diese alle, die durch den Glauben ein Zeugnis erhielten, haben die Verheißung nicht erlangt, da Gott für uns etwas Besseres vorgesehen hat, damit sie nicht ohne uns vollendet werden sollten."[334]

Entsprechend dieser Relativierung der Welt durch den Blick auf den einen Absoluten, auf Jesus Christus ist den Christen Jesu Vorbild vor Augen gemalt, „der um der vor ihm liegenden Freude willen die Schande nicht achtete und das Kreuz erduldete"[335].

Seinen Nachfolgern hat Jesus geboten, diese Welt zu relativieren, ja, im Konfliktfall ihr sogar zu entsagen: „So kann nun keiner von euch, der nicht allem entsagt, was er hat, mein Jünger sein", oder: „Denn wer sein Leben retten will, wird es verlieren; wer aber sein Leben verliert um meinetwillen, der wird es retten."[336]

Dabei meint Jesus mit „sein Leben retten", es in dieser Welt zu retten, und mit „sein Leben verliert um meinetwillen", es in dieser Welt zu verlieren, um im Himmel ewiges Leben zu haben in der Gemeinschaft mit Jesus, mit Gott. Das eigene Leben mit Blick auf den einen Absoluten, Jesus Christus, völlig zu relativieren, das nennt Jesus „sein Leben verlieren um meinetwillen".

Und wie das Volk Israel, so wurde auch Jesus in der Wüste in gleicher Weise versucht; doch trotz 40 Tage Fasten relativierte er seinen Hunger und verabsolutierte Gottes Wort. Dabei berief er sich auf jene Situation der Israeliten damals in der Wüste und antwortete dem Versucher: „Es steht geschrieben: ‚Nicht von Brot allein soll der Mensch leben, sondern von jedem Wort, das durch den Mund Gottes ausgeht.'"[337]

---

333. Hebräer 11,13–16.
334. Hebräer 11,39–40.
335. Hebräer 12,2.
336. Lukas 14,33; 9,24.
337. Matthäus 4,4.

3.3.3.5 Die Erwartung der Wiederkunft Jesu

So, wie die Relativierung der weltlichen Grundgrößen (Raum, Zeit und Masse) in der Relativitätstheorie eine Folge des absoluten Lichts ist, so ist in der Relativitätstheorie, als Gleichnis betrachtet, die Relativierung der diesseitig-vergänglich-materiellen Welt die Folge der Ausrichtung auf den absoluten Gott, Jesus Christus. Auf ihn hin sind alle Dinge erschaffen.[338]

Statt den absoluten Wert bzw. das Herz auf diese vergängliche Welt zu richten, ist die Kernaussage von Gottes Wort, das Herz sei allein auf den einen Absoluten zu richten, auf Jesus Christus, und ihn vom Himmel her zu erwarten. Zu dieser Erwartung der Wiederkunft Jesu wird im NT immer wieder aufgerufen;[339] sie ist zentraler Bestandteil des christlichen Glaubens und in fast allen Büchern des NT wird darauf hingewiesen wird, oft mehrfach, direkt oder implizit.[340]

„Die wunderbare Kraft der ersten Christengemeinde lag einzig und allein begründet in der lebendigen Hoffnung auf den sichtbar, persönlich wiederkommenden Christus."[341] „Das zweite Kommen des Herrn wird im NT insgesamt 320 Mal erwähnt bzw. darauf angespielt, d. h. also in jedem 25. Vers des NT."[342]

Aus diesen 320 Mal hier nur zwei Beispiele. Jesus sagte: „Eure Lenden sollen umgürtet und die Lampen brennend sein! Und ihr, seid Menschen gleich, die auf ihren Herrn warten, wann er aufbrechen mag von der Hochzeit, damit, wenn er kommt und anklopft, sie ihm sogleich öffnen. Glückselig jene Knechte, die der Herr, wenn er kommt, wachend finden wird!" Und Petrus schrieb: „Deshalb umgürtet die Lenden eurer Gesinnung, seid nüchtern und hofft völlig auf die Gnade, die euch gebracht wird in der Offenbarung Jesu Christi!"[343]

So bewahrt die Konzentration auf die Wiederkunft Jesu Christi als das einzig Absolute davor, diese vergänglich-diesseitige Welt zu verabsolutieren.

---

338. Jesus als Schöpfer des Weltalls: Hebräer 1,10–12. Alles auf ihn hin geschaffen: Kolosser 1,16–17.
339. Bzw. vorher zu der Erwartung der Entrückung derer, die ihr Leben ihm anvertraut haben.
340. Matthäus 16,27; 24,30–31.36–44; 25,31; 26,64 (vgl. Daniel 7,13); Markus 13,33–37; Lukas 12,35–37; 21,27–28; Johannes 5,28–29; Apostelgeschichte 1,11; 3,20–21; 17,31; Römer 11,26; 1. Korinther 1,7–8; 4,5; 11,26; 15,23; Philipper 3,20–21; 1. Thessalonicher 1,10; 2,19; 3,13; 4,13–5,11; 2. Thessalonicher 1,7–10; 2,1.8; 1. Timotheus 6,14; 2. Timotheus 1,20; Titus 2,13; Hebräer 10,36–37; Jakobus 5,7; 1. Petrus 1,7.13; 4,13; 2. Petrus 3,12; 1. Johannes 2,28; Offenbarung 1,7; 2,25; 3,11; 19,11.
341. Rienecker, *Wuppertaler Studienbibel – Matthäus*, S. 327; Zitat von Professor Kaftan.
342. MacArthur, *... Matthew 16–23*, S. 53 (Übersetzung des Autors).
343. Lukas 12,35–37; 1. Petrus 1,13.

3.3.4 Der Übergang von relativen Geschwindigkeiten zur absoluten Lichtgeschwindigkeit im Gleichnis

Unterschiedliche Meinungen und Werte entsprechen im Gleichnis der Physik unterschiedlichen Geschwindigkeiten. In der Mechanik, der Physik des Alltags, gibt es keine absolute Geschwindigkeit; entsprechend sind viele der Überzeugung, es gebe auch keine absoluten Werte. So stellte Francis Schaeffer fest: „In der modernen Gesellschaft ist nichts gewisser als der Grundsatz, dass es keine Absoluta gibt."[344] Diese weitverbreitete Meinung geht Hand in Hand damit, dass Gott – der einzig Absolute – weitgehend aus unserem Leben ausgeklammert wird. Im Gleichnis der Mechanik finden wir dieses eine Extrem, hier sind alle Geschwindigkeiten fern von der Lichtgeschwindigkeit.

Die umgekehrte Haltung, also ein Leben mit Gott im Mittelpunkt, entspricht im Gleichnis der Relativitätstheorie der absoluten Lichtgeschwindigkeit und damit jenem zentralen Postulat, auf dem die Relativitätstheorie aufbaut. Von Gott offenbarte Aussagen sind absolut, genauso wie die Lichtgeschwindigkeit in jedem beliebigen Bezugssystem stets absolut ist: Gott hat sich in seinem Wort offenbart und damit absolute Maßstäbe festgelegt, z. B. die Zehn Gebote. Entsprechend sind auch Meinungen über diese Gebote absolut, sofern sie wurzeln in einer Haltung, die Gott ernst nimmt und in ihm das Absolutum sieht.

Unter wahren Christen gibt es unterschiedliche Bewertungen und Meinungen, wie die allgemein gehaltenen Anweisungen Gottes zu befolgen seien: Die einen mögen aus biblischen Prinzipien konkrete, sichtbare Handlungsweisen ableiten, während andere der Ansicht sind, die Prinzipien der Bibel solle jeder eigenverantwortlich auf seine konkrete Situation anwenden.

Da ist zum Beispiel das siebte Gebot: „Du sollst nicht ehebrechen"[345]; in der Bergpredigt hat Jesus es drastisch verschärft: „Ich aber sage euch, dass jeder, der eine Frau ansieht, sie zu begehren, schon Ehebruch mit ihr begangen hat in seinem Herzen."[346]

Nun gibt es unterschiedliche Meinungen, wie das umzusetzen sei: Die einen leiten daraus ab, dass es grundsätzlich für einen verheirateten Mann, der Jesus nachfolgt, nicht richtig ist, längere Zeit mit einer fremden Frau allein zu sein; andere dagegen meinen, dies sei kein Problem, solange er sich für diese Frau nicht interessiere – und umgekehrt: Wer verheiratet ist und erkennt, dass er sich für eine fremde Frau interessiert (oder wer Single ist und sich für eine verlobte oder verheiratete Frau interessiert), sollte Jesu Aussage in der Bergpredigt so wörtlich wie möglich nehmen und jeden Kon-

---

344. Schaeffer, S. 217
345. Die Zehn Gebote werden unterschiedlich gezählt. Laut der jüdischen, orthodoxen, anglikanischen und reformierten Zählweise ist dies das siebte Gebot, in der katholischen und lutherischen Zählung das sechste (https://de.wikipedia.org/wiki/Zehn_Gebote#Einteilungen). 2. Mose 20,14//5. Mose 5,18.
346. Matthäus 5,28.

takt mit ihr meiden. Selbstverständlich gilt das umgekehrt genauso für eine Frau im Hinblick auf Einstellung und Verhalten gegenüber einem Mann, der nicht der ihrige ist.

Hier gibt es also auch unter Christen zu ein und demselben Gebot unterschiedliche Meinungen, Schattierungen.

Im Gleichnis der Relativitätstheorie entsprechen solche Ansichten den Geschwindigkeiten, die nahe Lichtgeschwindigkeit sind: Wie beim Wechsel des Bezugssystems sich eine andere Sicht ergibt, so auch beim Wechsel von einer christlichen Gruppierung in eine andere; in der Relativitätstheorie greift bei extrem hohen Geschwindigkeiten beim Wechsel des Bezugssystems laut der *Lorentz-Transformation ebenfalls eine Änderung der Geschwindigkeiten, aber in gewissen Grenzen.

Zur Erinnerung: Wenn zwei Körper sich mit je 75 % Lichtgeschwindigkeit aufeinander zubewegen, kommt man auf insgesamt 96 % Lichtgeschwindigkeit. Die Meinungsänderung, der Unterschied, ist also wirklich gering; damit unterscheiden diese Varianten sich völlig von der Meinung von Leuten, die Gott aus ihrem Leben ausklammern: Für sie ist alles relativ, einschließlich der direkten Gebote Gottes, das heißt seiner konkreten Handlungsanweisungen.

Im Gleichnis gesprochen haben sie die Mechanik verabsolutiert und für alle Lebensfragen als gültig erklärt. Ihr Absolutum ist, dass es keine Absoluta gebe, als wäre die *Galilei-Transformation immer gültig und 75 % Lichtgeschwindigkeit plus 75 % Lichtgeschwindigkeit ergäbe 150 % Lichtgeschwindigkeit.

Dass es umgekehrt in der Tat Lebensfragen gibt, die sich auch für Gläubige im Gleichnis der Physik fern von der Lichtgeschwindigkeit befinden, das räumt die Bibel ausdrücklich ein: „Einer glaubt, er dürfe alles essen; der Schwache aber isst Gemüse."[347] Dieser Vers schildert eine Meinung, die unter Gläubigen genauso relativ ist wie unter Ungläubigen, nämlich da, wo es um das Essen geht.

Anders dagegen gleich im nächsten Vers: „Wer isst, verachte den nicht, der nicht isst; und wer nicht isst, richte den nicht, der isst! Denn Gott hat ihn aufgenommen."[348] Hier geht es um Annahme statt Verachtung, also eine konkrete Anwendung des Liebesgebotes – und diese Haltung hat schon sehr viel mehr zu tun mit dem Gott der Liebe, entspricht also, im Gleichnis der Relativitätstheorie, viel eher einer Geschwindigkeit nahe Lichtgeschwindigkeit.

Der Kommentar dazu einige Verse danach definiert sehr schön, bei welchen Meinungen es um Angelegenheiten geht, die im Gleichnis der Relativitätstheorie fern von der Lichtgeschwindigkeit sind, und wo man der Lichtgeschwindigkeit nahekommt: „Denn das Reich Gottes ist nicht Essen und Trinken, sondern Gerechtigkeit und Friede und Freude im Heiligen Geist."[349] Die Ansichten zu Essen und Trinken sind laut Bibel

---

347. Römer 14,2.
348. Römer 14,3.
349. Römer 14,17.

also völlig relativ; bei „Gerechtigkeit, Friede und Freude im Heiligen Geist" jedoch handelt es sich um Werte und Meinungen nahe der Lichtgeschwindigkeit: Hier werden die Meinungen unter Christen sehr viel absoluter.

3.3.5 Das bisher betrachtete Gleichnis der Relativitätstheorie, auf zentrale Fragen angewandt

3.3.5.1 Hilft dieses Gleichnis, die Theodizee-Frage zu beantworten, die Frage nach dem Sinn des Leides?

Immer wieder hört man die Frage: „Warum lässt Gott das Leid zu?" Ein ca. 16-seitiger Übersichtsartikel in Wikipedia gibt

> verschiedene Versuche einer Antwort auf die Frage, wie das Leiden in der Welt mit der Annahme zu vereinbaren sei, dass ein (zumeist christlich-monotheistisch aufgefasster) Gott sowohl allmächtig [und] allwissend als auch gut sei. Konkret geht es um die Frage, wie ein Gott oder Christus das Leiden unter der Voraussetzung zulassen kann, dass er doch die Omnipotenz („Allmacht") und den Willen („Güte") besitze, das Leiden zu verhindern.[350]

Der Artikel erläutert verschiedene Lösungsansätze, teils philosophisch, teils theologisch. Keiner dieser Ansätze kommt zu einem befriedigenden Ergebnis, jeder führt zu Feststellungen wie z. B., dass es keine Lösung gebe, dass diese Frage eine Anmaßung sei, dass Gottes Eigenschaften zu überdenken seien oder dass die Frage falsch gestellt sei. Der Artikel endet im Wesentlichen mit der atheistischen Schlussfolgerung, dass die Existenz Gottes bestritten wird:

> Die atheistische Schlussfolgerung aus der, wie man meinte, misslungenen Theodizee gewann Ende des 18. Jahrhunderts an Boden. Als nach dem Erdbeben von Lissabon 1755 die optimistische Leibniz'sche Lösung der Theodizee für viele an Plausibilität einbüßte, war es nur noch ein kleiner Schritt, anstatt Gottes Güte gleich Gottes Existenz zu verneinen.
>
> Viele Atheisten und Agnostiker ziehen aus dem Theodizee-Problem ähnliche Schlüsse wie der Philosoph Norbert Hoerster: „… dass jedenfalls auf dem gegenwärtigen Stand unseres Wissens die Existenz eines ebenso allmächtigen wie allgütigen göttlichen Wesens angesichts der vielfältigen Übel der Welt als äußerst

---

350. https://de.wikipedia.org/wiki/Theodizee (Version vom 03.08.2020; 10:56 Uhr).

unwahrscheinlich gelten muss." Joachim Kahl sieht im Theodizee-Problem sogar eine „empirische Widerlegung des Gottesglaubens".[351]

Dieser Wikipedia-Artikel bestätigt ganz richtig, dass es in der Tat rein innerweltlich auf diese Frage keine Antwort gibt und nicht geben kann. Er bestätigt, dass wir in Philosophie und Religion[352] vergeblich nach einer Antwort suchen. Ja, ohne die Bibel als das von Gott eingegebene Gotteswort muss diese Frage ohne Antwort bleiben. Gottes Wort aber hat Antworten dazu!

Der Artikel argumentiert zwar bei einigen Ansätzen ganz richtig mit der Bibel, so z. B., wo es um das Ziel Gottes zur Umgestaltung des Menschen geht[353] oder auch beim Buch Hiob. Ganz im Sinne der Bibelkritik relativiert er die Bibel dann aber als unzureichendes Quellenmaterial mit dem Verweis auf mögliche Quellenerweiterung in der Mystik oder auf sonstige Neuoffenbarung. Die angeführten biblischen Ansätze gehen zwar in die richtige Richtung, sind aber – entsprechend der Gesamtaussage des Artikels – zu oberflächlich für eine wirklich befriedigende Antwort aus der Bibel.

Warum kommt der Wikipedia-Artikel nicht zu einer positiven Antwort auf diese Frage, wo es in der Bibel doch tatsächlich Antworten gibt? Innerhalb der getroffenen Voraussetzungen ist der Artikel in sich logisch und stimmig. Aber wo in der Bibel finden wir diese Antworten; und wo überschreitet die Bibel die Voraussetzungen bzw. Grenzen dieses Artikels?

Der begrenzte Horizont dieses Artikels endet – im Gleichnis der Physik gesprochen – da, wo die Mechanik aufhört und die Relativitätstheorie beginnt. Diese Grenze wird schon deutlich, wenn man sich die Formulierung des Problems im Wikipedia-Artikel ansieht:

> Eine prägnante, oft zitierte philosophische Formulierung der Theodizee lautet:
> Entweder will Gott die Übel beseitigen und kann es nicht: Dann ist Gott schwach, was auf ihn nicht zutrifft. Oder er kann es und will es nicht: Dann ist Gott missgünstig, was ihm fremd ist. Oder er will es nicht und kann es nicht: Dann ist er schwach und missgünstig zugleich, also nicht Gott, [o]der er will es und kann es,

---

351. https://de.wikipedia.org/wiki/Theodizee
352. Unter „Religion" verstehe ich das Streben des Menschen nach Gott, wie wir es in verschiedenen Religionen finden, und auch dort, wo das Christentum zu einer von Menschen gemachten Religion entartet ist. In diesem Sinne ist Religion das Gegenteil von dem, was uns in Gottes Wort durch Jesus Christus angeboten wird, wo nicht der Mensch (vergeblich) versucht, zu Gott zu kommen, sondern wo umgekehrt Gott zu uns Menschen gekommen ist und wirkliche Erlösung von den Sünden anbietet. (Genauere Ausführungen dazu in Kapitel 4.)
353. Hier wird verwiesen auf Stellen wie Hiob 42,5; Psalm 78,34; Römer 8,28; Hebräer 12,5–7.10–11 (bzw. Sprüche 3,11–12), 5. Mose 32,15; Psalm 118,5 sowie auf Kommentare von Martin Luther und Dietrich Bonhoeffer.

was [sich] allein für Gott ziemt: Woher kommen dann die Übel und warum nimmt er sie nicht hinweg?[354]

In dieser Problemstellung wird stillschweigend vorausgesetzt, das Übel bestehe nur in und aufgrund unserer an Raum, Zeit und Masse gebundenen und damit diesseitig-vergänglichen Welt; die Ewigkeit und damit die Frage, wie es nach dem Tod weitergeht, wird in dem Artikel fast völlig ausgeblendet. Die Bibel hingegen spricht über das sehr viel größere, ja unendlich größere Leid für all jene, die Jesus Christus als Retter verpasst haben – denn nach dem Tod werden sie ihm als dem Richter begegnen;[355] aber dieses viel größere Leid wird hier nicht einmal am Rande erwähnt.

Im Gleichnis der Physik gesprochen, ist dies die Denkweise der Mechanik – und die ist ja auch vollkommen richtig, solange die Geschwindigkeit fern der Lichtgeschwindigkeit ist: Unter dieser Voraussetzung ist unsere natürliche Welt absolut; in dieser rein innerweltlich begrenzten Sichtweise wird dann logischerweise auch nur das Leid in dieser Welt zum Thema gemacht.

Entsprechend der auf das Innerweltliche begrenzten Voraussetzung ist die Schlussfolgerung völlig logisch: Die Existenz Gottes wird bestritten. Im Gleichnis der Relativitätstheorie formuliert, entspricht der im Wesentlichen innerweltliche Ansatz den Geschwindigkeiten, die der Lichtgeschwindigkeit fern sind; logischerweise bleibt auch das Ergebnis der Lichtgeschwindigkeit fern – es ist nämlich atheistisch.

Denken wir aber relativistisch, also im Sinne der Relativitätstheorie mit Geschwindigkeiten nahe der Lichtgeschwindigkeit, dann sieht die Situation völlig anders aus, sie wird sogar auf den Kopf gestellt: Was zuvor (bei langsamen Geschwindigkeiten) absolut war – Raum, Zeit und Masse –, ist nun relativ – Längenschrumpfung, Zeitdehnung, relativistische Massenzunahme –, während allein das Licht bzw. die Lichtgeschwindigkeit absolut ist [siehe Abb. 44].

Als Gleichnis betrachtet heißt das: Was zuvor absolut war, also diese Welt und damit auch das Ziel, Leid in dieser Welt wegzunehmen, ist mit Blick auf Gott und seine absoluten Eigenschaften nun relativiert. Zu diesen absoluten Eigenschaften gehört die Ewigkeit, folglich auch das ewige Leben. Weiter gehört zu diesen absoluten Eigenschaften oder Wesenszügen Gottes auch seine Gerechtigkeit und folglich ein absolut gerechtes Gericht mit Jesus als Richter; das Ergebnis: ewige Strafe in der Gottesferne, also ewiges Leid statt ewiges Leben in Gottes Herrlichkeit.[356]

Mit Blick auf dieses ewige Leid ist alles Leid in dieser diesseitig-vergänglichen Welt zu relativieren, wie wir schon bei der gleichnishaften Deutung der Zeitdehnung fest-

---

354. https://de.wikipedia.org/wiki/Theodizee.
355. Gott, der Vater, hat das Gericht Gott, dem Sohn, (Jesus) übertragen: Johannes 5,22. Ewige Strafe statt ewigem Leben: Matthäus 25,46.
356. Ewige Strafe statt des ewigen Lebens: Matthäus 25,46.

gestellt haben: „Denn das schnell vorübergehende Leichte unserer Bedrängnis bewirkt uns ein über die Maßen überreiches, ewiges Gewicht von Herrlichkeit, da wir nicht das Sichtbare anschauen, sondern das Unsichtbare; denn das Sichtbare ist zeitlich, das Unsichtbare aber ewig."[357]

Das ist die Grundlage für Gottes Handeln: Das größte Leid hier auf dieser Erde steht der Menschheit noch bevor, es wird in den sieben Jahren vor der Wiederkunft Christi stattfinden – das kündigt das letzte Buch der Bibel an, es bezeichnet dieses Leid als „große Bedrängnis". Zwar bewirkt diese für eine sehr begrenzte Zeit unvorstellbares Leid; aber sie führt dazu, dass eine große, unzählbare Volksmenge sich durch das Evangelium retten lässt zum ewigen Leben:

> Nach diesem sah ich: und siehe, eine große Volksmenge, die niemand zählen konnte, aus jeder Nation und aus Stämmen und Völkern und Sprachen, stand vor dem Thron und vor dem Lamm, bekleidet mit weißen Gewändern und Palmen in ihren Händen. Und sie rufen mit lauter Stimme und sagen: Das Heil unserem Gott, der auf dem Thron sitzt, und dem Lamm! […]
> Und einer von den Ältesten begann und sprach zu mir: Diese sind es, die aus der großen Bedrängnis kommen, und sie haben ihre Gewänder gewaschen und sie weiß gemacht im Blut des Lammes.[358]

In der Ewigkeit wird sich also herausstellen, dass das unvorstellbar große Leid, das die Menschheit durchmachen wird, bevor Jesus auf die Erde zurückkommt, dass dieses immense Leid sich gelohnt hat: Eine Volksmenge, die niemand zählen kann, wird sich zu Jesus bekehren. Diese große Volksmenge begegnet Jesus nicht als ihrem Richter, sondern als dem Retter.

So handelt Gott nicht nur im Großen mit der ganzen Menschheit, sondern auch im Kleinen mit jedem Einzelnen. Als konkretes Beispiel möchte ich Helene vorstellen; sie gehört zu unserer Gemeinde und hat ihre Geschichte so aufgeschrieben:

> Ich bin in einer ungläubigen Familie aufgewachsen. Ich wusste, dass es Gott gibt, aber eine persönliche Beziehung hatte ich zu Ihm nicht. Ich habe sehr gottlos gelebt. Ich probierte alles aus, was mich glücklich machen könnte, aber am Ende waren es nur Enttäuschungen.
> Erst nach einem sehr schweren Autounfall kam ich zum Nachdenken: Warum? Und was mich wohl erwartet hätte, wenn ich an der Unfallstelle gestorben wäre?

---

[357] 2. Korinther 4,17–18.

[358] Offenbarung 7,9–10.13–14. Mit „Lamm" ist Jesus Christus gemeint.

Ich bin Gott sehr dankbar, dass Er mir die zweite Chance gegeben hat. Er ließ mich Seinen Sohn Jesus durch die Bibel kennenlernen, der für mich stellvertretend am Kreuz starb, damit ich nicht verloren gehe, sondern das ewige Leben habe (Johannes 3,16).

Denn so, wie ich früher gelebt habe, wäre ich in der Hölle gelandet; aber Gott möchte nicht eines Sünders Tod, sondern, dass er umkehrt und lebt (Hesekiel 33,11). Nur in Jesus Christus hat mein Leben einen Sinn bekommen.

Helene sagte uns einmal: „Noch heute danke ich täglich dem Herrn, dass er mich damals querschnittsgelähmt gemacht hat." Weiter schrieb sie mir in einer E-Mail:

Natürlich würde ich gerne wieder laufen können. Nun aber, Jesus weiß besser, was für mich (uns) gut ist. Ich habe diese Situation aus Seiner Hand angenommen. Viele fragen mich: „Und, willst du nicht gesund werden?" Meine Antwort ist: Mein Wunsch ist, nicht gesund zu werden, sondern mein größter Wunsch ist, jetzt bei der Entrückung der Gemeinde dabei zu sein.

Dieser Wunsch Helenes, bei der Entrückung der Gemeinde dabei zu sein, dieser Wunsch wird laut der Verheißung der Bibel jedem echten Christen eines Tages erfüllt – und er zeigt, wie sehr Helene mit ihrem Herzen auf Jesus Christus konzentriert ist; im Gleichnis der Physik gesprochen: wie nahe sie der absoluten Lichtgeschwindigkeit ist.

Helene ist kein Einzelfall; ich kenne auch andere Menschen persönlich, die ihr Leid auf diese Weise einordnen und bewältigen. Mit Rolf habe ich 1991 in Heidelberg etwa ein halbes Jahr lang die Bibel gelesen; dann hatte er keine Lust mehr, wollte vom Glauben nichts wissen, ging den Weg der Welt.

Um so überraschter war ich, als er mich 1998 anrief – wir waren inzwischen umgezogen, aber er hatte meine Telefonnummer ausfindig machen können. Rolf erzählte, wegen eines Motorrad-Unfalls sei er jetzt gelähmt und sitze im Rollstuhl – und es sei eine große Gnade vom Herrn gewesen, dass er diesen Unfall gehabt habe. Denn er sei auf den falschen Weg geraten, habe sich vom Herrn entfernt. In einer E-Mail schrieb Rolf: „So lebe ich und trainiere auf den Tag hin, an dem Jesus mir einen neuen Leib schenken wird." Gottes Wort sagt, dass Christen diesen neuen Leib der Herrlichkeit bekommen bei der Entrückung oder, falls sie vorher sterben, nach dem Tod.[359]

Damit hat die Lähmung, das Im-Rollstuhl-Sitzen sowohl bei Helene wie auch bei Rolf dazu geführt, dass beide sich ausgerichtet haben nach dem ewigen Zustand, den sie

---

359. Entrückung: 1. Korinther 15,51–52; 1. Thessalonicher 4,14–17. Verwandlung in den Herrlichkeitsleib, den Gott gibt: Philipper 3,21; 2. Petrus 1,3–4; 1. Johannes 3,2.

in der Herrlichkeit Gottes einmal erleben werden. Bei beiden gebrauchte Gott die Lähmung, damit in ihren Herzen nicht mehr die Dinge dieser Welt absolut sind, sondern allein Jesus Christus.

Dafür danken und es als die größte Gnade ansehen, dass Gott einen lebenslänglich querschnittsgelähmt gemacht hat (wie Helene und Rolf es taten) – das kann wirklich nur jemand, der die Aussagen der Bibel gemäß dem Gleichnis der Relativitätstheorie mit dem Herzen verinnerlicht hat.

Vor ihrem Unfall war Helene wie auch Rolf im Gleichnis der Relativitätstheorie wie ein Objekt, dessen Geschwindigkeit sehr viel kleiner ist als die Lichtgeschwindigkeit. Ihr Denken und ihre Wunschvorstellungen entsprachen damals denen der Mechanik: Die innerweltlichen Grundgrößen Raum, Zeit und Masse waren für beide absolut. Aber nach dem Unfall bekamen die zwei eine ganz neue Sicht: Ihre Gedanken, Meinungen, Lebensziele, ihr ganzer Lebenshorizont wurde erweitert auf die Ewigkeit, unendlich erweitert.

Im Gleichnis der Relativitätstheorie betrachtet, wurde ihre Geschwindigkeit beschleunigt auf nahe Lichtgeschwindigkeit – und jetzt wurde für sie die Relativitätstheorie gültig: Die Grundgrößen dieser Welt (für die beiden: ihre Gesundheit) wurden relativ, denn jetzt orientierten sie sich an der absoluten Lichtgeschwindigkeit. Entsprechend dieser gleichnishaften Deutung sind die Dinge dieser Welt für Helene und Rolf nicht mehr so wichtig, weil sie sich jetzt ganz an Jesus Christus ausgerichtet haben.

Wo das Leid in dieser Welt dazu führt, dass jemand Gott sucht und schließlich errettet wird, da hat Gott in Wirklichkeit ewiges Leid verhindert. Das hat der Wikipedia-Artikel in einem Lösungsansatz zumindest angedeutet durch den Bibelvers „Wenn er sie umbrachte, dann fragten sie nach ihm, kehrten um und suchten nach Gott".[360]

Auch die Charakterbildung bzw. Umgestaltung des Menschen wird in dem Artikel angesprochen, mit gutem Grund zitiert er aus dem Hebräerbrief: „Mein Sohn, schätze nicht gering des Herrn Züchtigung ... Alle Züchtigung scheint uns zwar für die Gegenwart nicht Freude, sondern Traurigkeit zu sein; nachher aber gibt sie denen, die durch sie geübt sind, die friedvolle Frucht der Gerechtigkeit."[361] Diese Andeutung könnte man noch weiter ausführen: Auch wenn uns in dieser Welt solch züchtigendes Leid als sehr schlimm erscheinen mag, ist es dennoch zu relativieren, wenn man den Blick auf die Charakterbildung gerichtet hält, denn die wird für die ganze Ewigkeit bei dem ewigen Gott von Bedeutung sein.

Petrus zeigt den Sinn des Leides in dieser Welt im Bild des Feuers zur Erprobung: „Darin jubelt ihr, die ihr jetzt eine kleine Zeit, wenn es nötig ist, in mancherlei Versu-

---

360. Psalm 78,34.

361. Hebräer 12,5.11; siehe auch V. 6–7.10.

chungen betrübt worden seid, damit die Bewährung eures Glaubens viel kostbarer befunden wird als die des vergänglichen Goldes, das durch Feuer erprobt wird, zu Lob und Herrlichkeit und Ehre in der Offenbarung Jesu Christi"; Paulus relativiert das Leid: „Wenn aber Kinder, so auch Erben, Erben Gottes und Miterben Christi, wenn wir wirklich mitleiden, damit wir auch mit verherrlicht werden. Denn ich denke, dass die Leiden der jetzigen Zeit nicht ins Gewicht fallen gegenüber der zukünftigen Herrlichkeit, die an uns offenbart werden soll"; und Jakobus geht so weit zu sagen, über „Versuchungen" (inklusive Leid, z. B. auch Verfolgung) sollten wir uns sogar freuen: „Haltet es für lauter Freude, meine Brüder, wenn ihr in mancherlei Versuchungen geratet, indem ihr erkennt, dass die Bewährung eures Glaubens Ausharren bewirkt. Das Ausharren aber soll ein vollkommenes Werk haben, damit ihr vollkommen und vollendet seid und in nichts Mangel habt."[362]

Wo es sonst keine Antwort gibt, hat die Bibel noch viel mehr Antworten auf die Theodizee-Frage.[363] Hier sei nur auf eine Antwort eingegangen zu einer immer wieder gestellten Frage, die auch Wikipedia mit Recht anspricht:

> Menschliches Leiden wird gedeutet als „gerechte Strafe" für menschliches Fehlverhalten und/oder für Ungehorsam gegenüber den Geboten Gottes und/oder für „Sünde", d. h. die Trennung des Menschen von Gott.
> Dieser Theodizee-Versuch ist dem Einwand ausgesetzt, dass menschliches Leiden oft in keinem Verhältnis zur Schuld des Betroffenen stehe, dass auch Unschuldige litten, z. B. Säuglinge. So erhalte man keine Lösung des Theodizee-Problems, sondern ein Theodizee-Problem in etwas veränderter Gestalt: „Verträgt sich die Lehre vom allmächtigen und gerechten Gott mit der Erfahrung einer Welt voller Ungerechtigkeiten?"[364]

Außerhalb der Bibel gibt es darauf in der Tat keine Antwort. Aber die Position der Bibel finden wir in der Erklärung zum zweiten Gebot: „Denn ich, der HERR[365], dein Gott, bin ein eifernder Gott, der die Missetat der Väter heimsucht bis ins dritte und vierte Glied

---

362. 1. Petrus 1,6–7; Römer 8,17–18; Jakobus 1,2–4.
363. Dass es grundsätzlich Gottes Plan ist, vieles der Mehrheit zu verbergen und nur den Jüngern bzw. Christen zu offenbaren, hat Jesus ausdrücklich gesagt: Matthäus 13,10–11. Das gilt besonders für das Thema „Leid", wovon (implizit) am meisten in der Offenbarung die Rede ist. Gerade in diesem letzten Buch der Bibel wird gesagt, dieses Thema, „Leid und Trübsal", sei durch sieben Siegel versiegelt und damit verborgen (Offenbarung 5,1–4). Weiter heißt es dort, diese sieben Siegel würden nur durch Christus geöffnet; nach Matthäus 13,10–11 können nur Christen es wirklich verstehen.
364. https://de.wikipedia.org/wiki/Theodizee (Version vom 3.8.2020)
365. Entsprechend der Konvention der in diesem Buch verwendeten Revidierten Elberfelder Bibel (und anderen Bibelübersetzungen) bedeutet „HERR" mit vier Großbuchstaben, dass im hebräischen Urtext hier das sog. Tetragramm, was an anderer Stelle auch mit „Jahwe" oder „Jehova" oder „Adnoaj" (= Herr) wiedergegeben wird.

an den Kindern derer, die mich hassen; der aber Barmherzigkeit erweist an vielen Tausenden, die mich lieben und meine Gebote halten."[366]

Das biblische Prinzip ist hier, dass Segen und Fluch über Menschen, ja sogar auf ganze Völker, nicht nur von ihrem eigenen Verhalten abhängen, sondern auch von dem ihrer Vorfahren oder anderer Menschen; für dieses Prinzip finden wir reichlich konkrete Beispiele in der Schrift,[367] aber nicht nur dort[368]. Die Begründung für dieses Prinzip ergibt sich aus dem Prinzip der Liebe: „Die Liebe ist gütig"[369] – wir lieben, indem wir uns dem anderen als gütig erweisen, ihm Gutes tun. Der Gott der Liebe wird alles so einrichten, dass wir maximale Möglichkeiten haben, anderen Menschen Gutes zu tun.

Nun ist die Abwesenheit des Guten das Böse (wie auch die Abwesenheit von Licht Finsternis ist und die Abwesenheit von Wärme Kälte). Entsprechend der Möglichkeiten, die er uns gibt, wird Gott auch dafür sorgen, dass unser Leben maximale Konsequenzen hat – und zwar in beiden Richtungen, zum Guten wie zum Bösen, wie wir bei der Erklärung des zweiten Gebots gesehen haben.

Da Gott allein absolut ist und damit auch die Quelle alles Guten,[370] sind jene, die ihn hassen, auf bösem Weg und das hat negative Konsequenzen auch für andere. Das wichtigste Negativ-Beispiel dafür ist der Sündenfall, er hat alle Menschen unter Satans Macht gebracht: „Die ganze Welt steht unter der Macht des Bösen." Umgekehrt ist das wichtigste Positiv-Beispiel mit maximalem Segen die Großtat Jesu auf Golgatha; dadurch hat Gott alle, die an Jesus glauben, von der ewigen Strafe befreit und führt sie nun zur ewigen Herrlichkeit. Beides, der größte Fluch für andere durch Adam und der größte Segen für andere durch Jesus, wird in der Schrift einander gegenübergestellt: „Wie es nun durch eine Übertretung für alle Menschen zur Verdammnis kam, so auch durch eine Gerechtigkeit für alle Menschen zur Rechtfertigung des Lebens."[371]

Ohne dieses Prinzip der Liebe, dass das Leben eines Einzelnen maximale Konsequenzen auch für andere hat, gäbe es vielleicht kein (oder weniger) Leid für Unschuldige, z. B.

---

366. 2. Mose 20,5–6 (*NeueLuther Bibel 2009*).
367. Ein Musterbeispiel ist der Vergleich von Jakob und Esau: Esau hatte sein Erstgeburtsrecht (bestehend aus Gottes großer Verheißung seines Heilsplans an Abraham, siehe 1. Mose 12,1–3) mit Füßen getreten, hatte es für ein Linsengericht verkauft (1. Mose 25,29–34), weshalb die Bibel ihn einen „Gottlosen" nennt (Hebräer 12,16), während Jakob sich danach gesehnt hatte. Noch weit über tausend Jahre später haben die Edomiter, die Nachfahren von Esau, den Fluch dieser Haltung geerntet und „Jakob" (das Volk Israel) den Segen (Maleachi 1,1–5).
368. Eine Untersuchung zweier Familien im Staat New York (USA) über jeweils fünf Generationen hinweg hat gezeigt: Ein Mann namens Max Jukes war ein Verbrecher. 1026 seiner Nachkommen konnten ermittelt werden; 300 davon starben vorzeitig, 100 verbrachten durchschnittlich 13 Jahre im Gefängnis, 190 waren Prostituierte, 100 waren alkoholabhängig. Sie kosteten den Staat New York 100 200 000 Dollar, also über 100 Mio. US-$. - Ein anderer Mann namens Jonathan Edwards kam im Alter von sieben Jahren zum Glauben an Jesus Christus und führte eine christliche Ehe und Familie. Von den 729 Nachkommen, die ermittelt werden konnten, waren 300 Prediger des Evangeliums, 65 Universitätsprofessoren, 13 waren Rektor einer Universität, 60 Autoren guter Bücher, 3 Mitglieder des US-Kongresses, einer wurde sogar US-Vizepräsident. (Quelle: http://www.thevoice inthewilderness.org/page/id/117/Jonathan_Edwards_vs_Max_Jukes; siehe auch Sam Doherty, Die Biblische Grundlage der Kinderevangelisation, S. 91–92.)
369. 1. Korinther 13,4.
370. Matthäus 19,17; Jakobus 1,17.
371. Die Welt unter der Macht des Bösen: 1. Johannes 5,19 (Einheitsübersetzung); Römer 5,18 (Kursive Hervorhebung durch den Autor).

für Babys, sofern sie wegen böser, ungerechter oder egoistischer Motive anderer leiden müssen – aber dann gäbe es auch kein Evangelium, also keine Errettung zum ewigen Leben durch Jesus Christus. Das wäre unendlich schlimmer!

3.3.5.2 Hilft das Gleichnis der Relativitätstheorie, echte Liebe hervorzubringen?

Alle Beschäftigung mit Gottes Wort hat letztlich nur ein Ziel: die tiefe Liebesbeziehung zu Gott – und aus dieser Beziehung heraus auch die Fähigkeit, überhaupt echte Liebe hervorzubringen.[372] Die Liebe zu Gott ergibt sich daraus, dass Er, das Licht, allein absolut ist und deshalb alle anderen Dinge dieser Welt relativiert werden sollten, wo sie ein Hindernis darstellen für die Liebe zu Gott.

Wenn jemand das nicht nur theoretisch erkennt, sondern wirklich mit dem Herzen begriffen hat und demgemäß lebt, dann steht für ihn Jesus Christus wirklich an erster Stelle und alles richtet sich auf dieses eine Ziel hin aus. Im Zentrum dieses Zieles steht – wie gerade gesagt – die Liebe, also auch die Liebe zum Nächsten. Das Hohelied der Liebe gipfelt in der Aussage „[Die Liebe) erträgt alles ... sie erduldet alles".[373]

Hilft uns das Gleichnis der Relativitätstheorie auch hier weiter, nämlich, dass die Grundgrößen dieser Welt relativ sind, weil die Geschwindigkeit des Lichts absolut ist? Hilft uns das, andere zu ertragen und zu erdulden und sie damit mehr zu lieben, weil wir die Dinge dieser Welt und dieses vergängliche Leben relativieren?

In der Tat relativieren echte Christen die Dinge dieser Welt; sie fragen nur danach, wie ihre Liebe zum Nächsten einmal von dem absoluten Licht, Jesus Christus, bewertet wird und zwar bewertet für alle Ewigkeit. Sie können ertragen und erdulden, „bis der Herr kommt, der auch das Verborgene der Finsternis ans Licht bringen und die Absichten der Herzen offenbaren wird! Und dann wird jedem sein Lob werden von Gott."[374]

Betrachten wir dazu ein konkretes Beispiel:

> Als ein Universitätsstudent wegen übermäßigen Trinkens unausstehlich wurde, wandten sich seine Freunde von ihm ab. Sein Zimmerkommilitone verlangte sogar, dass er auszog. Niemand wollte ihn. Schließlich hörte ein hingegebener Christ von seiner Not und lud ihn ein, das Zimmer mit ihm zu teilen. Der Alkoholiker war abstoßend, aber der gute Samariter kochte für ihn und kümmerte sich um seine Wäsche. Oft musste er das Erbrochene wegputzen, ihn baden und ihn ins Bett bringen.[375]

---

372. 1. Timotheus 1,5; Matthäus 22,36–40.
373. 1. Korinther 13,7.
374. 1. Korinther 4,5.
375. MacDonald, Seiner Spur folgen, S. 41.

All das ertrug er und erduldete es um Jesu willen mit bedingungsloser Liebe; und so gewann er den alkoholabhängigen Kommilitonen für Jesus Christus und damit zum ewigen Leben in der Herrlichkeit Gottes.

Was hat dieses Beispiel mit der Relativitätstheorie zu tun, konkret mit der Relativität von Raum, Zeit und Masse und der absoluten Lichtgeschwindigkeit? Jener hingegebene Christ lebte so eng mit Jesus, war also – im Gleichnis gesprochen – so nahe an der Lichtgeschwindigkeit, dass Raum, Zeit und Masse sehr relativ wurden, dass also die Dinge dieser Welt für ihn an Bedeutung verloren: Er nahm sie nicht mehr wichtig. Für ihn war es nicht wichtig, dass er Erbrochenes wegputzen musste und viel Unannehmlichkeiten und Mühe zu ertragen hatte; er nahm sein Leben in dieser Welt nicht wichtig, er verleugnete sich um Jesu willen.[376]

Oder bedenken wir, wie viele Ehen geschieden sind, weil der eine vom anderen restlos enttäuscht ist. Warum? In der Regel, weil er oder sie im anderen nicht das erhoffte Glück gefunden hat, nicht innerhalb dieser vergänglichen Welt.

Wenn aber das Glück in dieser Welt ohnehin relativiert ist, weil man sich konzentriert auf Jesus Christus, das absolute Licht, dann bekommt auch eine – menschlich gesehen, unglückliche – Ehe einen ganz neuen Sinn; denn der Sinn der Ehe nach Gottes Plan ist, dass sie ein Abbild sein soll für die Beziehung zwischen Christus und allen echten, also wiedergeborenen Christen:[377] Die bedingungslose Liebe Jesu, der alle Schuld der Welt getragen hat, soll sich widerspiegeln in der bedingungslosen Liebe zum Ehepartner.

In dem Maße, wie sich jemand auf Jesus Christus konzentriert, wir er unabhängig von der Qualität des Ehepartners; nur Christus ist für ihn absolut. Paul Washer fordert uns auf, uns zu entscheiden: Im Gleichnis der Relativitätstheorie gesprochen, fragt er, ob wir mit unserer Sicht auf die Ehe der Lichtgeschwindigkeit fern oder nahe sein wollen? Im Gleichnis der Physik steht in dieser Hinsicht das „fern von der Lichtgeschwindigkeit" für die in dieser vergänglichen Welt verabsolutierte Romantik, die bezeichnet er als „vorgegaukelte Märchen-Ehe".

Washers Alternative, im Gleichnis gesprochen, lautet: Oder wollen wir mit unserer Sicht auf die Ehe der Lichtgeschwindigkeit nahekommen? Übertragen würde das bedeuten, nahe bei Gott zu sein – das geschieht, wenn die Ehe dazu dient, uns „dem Bild Christi gleichförmig [zu] machen".

---

376. Lukas 9,23–24. Siehe analoge Anregungen dazu in der Schrift, z. B. in Lukas 14,12–14 (oder ganz allgemein in Matthäus 5,44–47).

377. Epheser 5,31–32 (vgl. auch Offenbarung 19,7–8, das „Lamm" ist Jesus Christus). Zur Wiedergeburt, siehe z. B. Johannes 3,3-5; 2.Korinter 5,17; Titus 3,5; 1. Petrus 1,23

Paul Washer sagt dazu:

> Wenn dein größtes Ziel Gleichförmigkeit mit Christus ist, dann hat alles, was in deinem Leben geschieht, einen Zweck und du kannst auch Schweres in deinem Leben annehmen.
>
> [...]
>
> Das Problem ist, dass du falsche Gedanken über die Ehe hast. Deine Vorstellungen von einer Ehe kommen von Hollywood, dem Fernsehen oder einer anderen Vorgaukelung. Sie stammen nicht aus der Schrift.
>
> [...]
>
> Gott begehrt, dass du wie Jesus Christus bist. Nun, was ist es, das Jesus Christus so besonders, so einzigartig macht? Welche seiner Eigenschaften besingen wir? Wir singen von seiner Gnade, seiner Barmherzigkeit und seiner bedingungslosen Liebe. Und jetzt folgt eine sehr wichtige Frage: Willst du wie Jesus sein? Dann musst du voller Gnade, voller Barmherzigkeit und voller bedingungsloser Liebe sein. [...]
>
> Wir sind in die Ehe gestellt, um zu lernen, eine Person zu lieben, die manchmal nicht alle Vorstellungen erfüllt. Und sie heiratet uns, obwohl wir nicht alle Bedingungen erfüllen. Aber auch sie soll dadurch lernen, wie Christus zu sein.
>
> Die meisten Leute, die mit Eheproblemen zu mir kommen, sagen: „Ich liebe sie nicht mehr! Sie befriedigt meine Bedürfnisse nicht." Dann schaue ich einfach zu dem Mann und sage: „Dann tue Buße. Tue Buße über deine Egozentrik. Tue Buße über deine Selbstsucht. Denn du sollst sie nicht deshalb lieben, weil sie deine Bedürfnisse befriedigt. Du sollst sie nicht deshalb lieben, weil du romantische Gedanken hast. Du sollst sie lieben, weil du einen Bund mit deinem Gott gemacht hast und danach trachtest, wie Christus zu sein." [...]
>
> Du bist mit einer sehr schwierigen Person verheiratet, und sie scheint dich in allem einzugrenzen. Vielleicht will sie dem Herrn nicht dienen. Vielleicht macht sie dein Leben beinahe unglücklich. Und du sagst: „Ich habe einen Fehler gemacht. Ich möchte weg. Ich lasse mich scheiden. Was ich erleide, ergibt keinen Sinn." Du liegst falsch. All das geschieht, um dich dem Bild Christi gleichförmig zu machen. Du musst entscheiden, was für dich am wichtigsten ist: in einer vorgegaukelten Märchen-Ehe zu leben oder dem Bild Christi gleichförmig gemacht zu werden?[378]

Einer der soeben zitierten Absätze von Paul Washer hat die Überschrift: „Gott gebraucht die Ehe zur Umgestaltung in das Bild seines Sohnes", was laut Bibel die Bestimmung der Christen ist: „Denn die er vorher erkannt hat, die hat er auch vorher-

---

378. Washer, S. 6–9.

bestimmt, dem Bilde seines Sohnes gleichförmig zu sein"[379]. Im Gleichnis der Relativitätstheorie ausgedrückt könnte Washers Überschrift wie folgt formuliert werden: „Gott gebraucht die Ehe, damit wir näher an die Lichtgeschwindigkeit herankommen."

Nahe Lichtgeschwindigkeit sein, bedeutet: Die relativistischen Effekte der Relativitätstheorie (Längenschrumpfung, Zeitdehnung, Massenzunahme) aufgrund der absoluten Lichtgeschwindigkeit machen sich zunehmend bemerkbar. Das Gleichnis der absoluten Lichtgeschwindigkeit bedeutet dann: Jesus Christus steht an erster Stelle und damit ist Gottes Wort alleiniger Maßstab.

Konkret in der Ehe gelebt, kann das z. B. Folgendes heißen, wie ein Bruder im Herrn nach einer schweren Ehekrise sagte:

> In der Zeit, als ich alles daran setzte, meine Frau zurückzugewinnen und unsere Familie zusammenzuhalten, war ich von ihrer ablehnenden Haltung manchmal so frustriert, dass ich schließlich nur ein einziges, großes Ziel hatte: dem Wort Gottes zu gehorchen und das Ergebnis Gott zu überlassen. In diesem Gehorsam vertraute ich dem Herrn, dass er seine Verheißungen wahr machen und auch für mich alles noch zum Guten wenden würde.
>
> Nie hätte ich gedacht, dass er uns eine solch wunderbare Liebesbeziehung schenken würde, wie wir sie jetzt haben. Der Herr tut wirklich mehr, als wir erbitten und erdenken können![380]

Aber auch ohne ein irdisches Happy End wäre sein Verhalten die konsequente Umsetzung des Gleichnisses der Relativitätstheorie gewesen; auch wenn seine Frau bis ans Lebensende unerträglich geblieben wäre, hätte es trotzdem zu einem Happy End geführt, zu einem ewigen Happy End vor Jesus. Denn eines Tages steht jeder vor Jesus Christus und dann wird sein Leben beurteilt nach seinem, Gottes, absoluten Maßstab – und das gilt dann für alle Ewigkeit.

Je schwieriger der Ehepartner war, je mehr zu ertragen und zu erdulden war, desto größer die bedingungslose Liebe und entsprechend auch der von Jesus zu erwartende Lohn.[381] Eine Christin, Frau eines schwierigen Ehemannes, schrieb:

> Mein Verhalten gegenüber meinem Mann mache ich weder von seinen Reaktionen abhängig noch von sonstigen sichtbaren Ergebnissen. Einige drängen mich zwar geradezu, meinen Mann zu verlassen, weil er mein Leben ins Elend treibt. Sie meinen, ich hätte jemand Besseres verdient und ich würde auch jemand Besseres finden, einen, der mich wirklich liebt.

---

379. Washer, S. 6; Römer 8,29
380. Wheat, S. 278 (Übersetzung durch den Autor).
381. Offenbarung 22,12 (siehe auch 1. Korinther 3,11–15; 2. Korinther 5,10).

Meine Antwort darauf ist: „Die Ehe ist etwas Heiliges und Dauerhaftes. Ich halte fest an meinem Eheversprechen, denn ich bin ein Fleisch mit ihm geworden." Damit schockiere ich sie; dann sage ich ihnen weiter: „Selbst, wenn unsere Ehe kein glückliches Ende nehmen würde, werde ich meinen Standpunkt nie bereuen. Denn ich weiß, dass ich die rechte Entscheidung gefällt habe und getan habe, was ich konnte. Aber mein eigentliches Vertrauen baue ich ohnehin nicht auf das, was ich tue, sondern allein auf Gott und sein Wort. Er hat einen wunderbaren Plan für mein Leben und ist weise und mächtig, mich durchzutragen, wenn ich mich fest an sein Wort halte. Deshalb steht mein Entschluss fest, mich unerschütterlich an sein Wort zu halten. Die Ergebnisse werde ich ihm überlassen."

Mit dieser Einstellung geht es mir rundum gut, ich habe totalen Frieden.[382]

Mit diesen konkreten Beispielen vor Augen: Hilft das Gleichnis der Relativitätstheorie, diese bedingungslose absolute Liebe zu zu leben? Sie alle schildern Situationen, in denen man nur mit sehr viel Selbstverleugnung festhalten kann an der absoluten, bedingungslosen Liebe.

Das ist aber völlig unrealistisch für alle, die den Sinn des Lebens in dieser vergänglichen Welt suchen, für die also – im Gleichnis der Relativitätstheorie – Raum, Zeit und Masse absolut ist, die damit fern von der Lichtgeschwindigkeit sind. Realistisch ist es für jene, die nahe genug an der Lichtgeschwindigkeit sind, so dass für sie Raum, Zeit und Masse höchst relativ werden: Sie sind den Dingen in dieser Welt gestorben,[383], weil sie sich ganz ausrichten auf das absolute Licht, auf Jesus Christus und damit auf die Ewigkeit.

3.4 Die relativierte Welt und das Absolute (*Invariante) in der vierdimensionalen *Raumzeit

Bisher haben wir die Grundgrößen dieser Welt nur isoliert betrachtet, obwohl diese Welt eine Einheit ist. Für Zeitdehnung und Massenzunahme fanden wir denselben Lorentzfaktor, für die Längenschrumpfung den dazu reziproken Lorentzfaktor [siehe Abb. 42]. Da also die Zeit sich in derselben Weise dehnt (um den Lorentzfaktor γ), wie der Raum schrumpft (um den reziproken Lorentzfaktor, also 1/γ), wollen wir zunächst der Frage nachgehen, ob es einen tieferen Zusammenhang gibt zwischen Zeit und Länge bzw. zwischen Zeit und Raum („dreidimensionale Länge") – denn genau das behauptet die Relativitätstheorie.

---

382. Wheat, S. 284–285 (Übersetzung durch den Autor).   383. Römer 6,5; Kolosser 3,3.

Die Frage nach weiteren Zusammenhängen mit der Masse verschieben wir auf später, auf Kapitel 4; dort beschäftigen wir uns mit der allgemeinen Relativitätstheorie.

3.4.1 Die formale, auf 2-D vereinfachte Darstellung von Raum und Zeit

Beginnen wir mit der Frage, wie wir rein formal die Zeit zusammen mit dem Raum grafisch am besten darstellen können. Eine grafische vierdimensionale Darstellung (4-D-Darstellung) ist ohne Vereinfachung nicht einmal im Dreidimensionalen möglich und erst recht nicht in der zweidimensionalen Zeichenebene eines Buches. Wir müssten auf mindestens eine Dimension verzichten, müssten die drei Raumdimensionen auf zwei Raumdimensionen vereinfachen bzw. in eine 2-D-Zeichenebene projizieren.

Jedes Foto bzw. Bild ist eine 2-D-Darstellung einer 3-D-Realität; die Zeit als vierte Dimension kann dargestellt werden durch eine Aufeinanderfolge dieser Bilder – genau das passiert im Film: Ein Film ist nichts anderes als eine zeitliche Abfolge einer 2-D-Darstellung unseres Raumes und damit eine vereinfachte 4-D-Darstellung.

Nun können wir in einem Buch keinen Film ablaufen lassen; in der Zeichenebene stehen uns ja nur zwei Dimensionen zur Verfügung. Um 4-D in einer 2-D-Grafik darzustellen, müssen wir gleich auf zwei Raumdimensionen verzichten, um die Zeitdimension hinzunehmen zu können; so müssen wir die 2-D-Projektion vereinfachend auf eine Dimension reduzieren, also auf eine Linie.

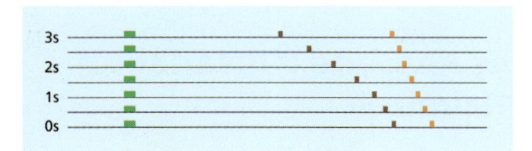

Abb. 45a: Formale, auf 2-D vereinfachte Darstellung von Raum und Zeit: Christian eilt mit zunehmender Geschwindigkeit auf ein Haus zu, während Athos ihm nur langsam und mit gleichbleibender Geschwindigkeit folgt (zeitlicher Verlauf dargestellt auf übereinander gezeichneten Linien, mit jeweils veränderten Positionen von Christian und Athos. Zeit in Sekunden (s) angegeben; die Schnappschüsse sind jeweils in zeitlichen Abständen von einer halben Sekunde).

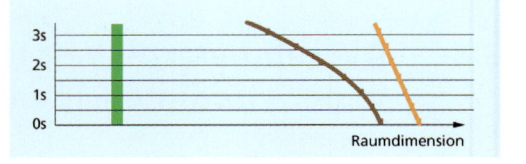

Abb. 45b: Die sieben Schnappschüsse, mit genügend weiteren Schnappschüssen dazwischen, führen von der Darstellung diskreter, einzelner Schnappschüssen zu einem kontinuierlichen Bild.

Denken wir an ein konkretes Bild: Zwei Männer, Christian und Athos, stehen vor einem Haus. Nehmen wir an, Athos steht im Abstand von drei Metern von Christian; Christian steht zwei Meter vom Haus entfernt. Dabei befinden sich alle auf einer Linie. Auf einem Foto würde man also zwei Männer und ein Haus sehen. Um das Bild nun auf eine Linie zu vereinfachen (also von 2-D auf 1-D), würde das Haus dargestellt durch einen Strich auf einer Linie, Christian durch einen Punkt daneben und Athos durch einen weiteren Punkt neben Christian.

Stellen wir uns weiter vor, dass Christian mit zunehmender Geschwindigkeit auf das Haus zueilt, während Athos ihm nur langsam und mit gleichbleibender Geschwindigkeit folgt. Um diesen zeitlichen Verlauf der Reihe nach darzustellen, müssten wir weitere Linien übereinander zeichnen, auf denen wir die jeweils veränderten Positionen von Christian und Athos markieren.

Die Zeit geben wir in Sekunden an (abgekürzt: s); die Schnappschüsse zeichnen wir in zeitlichen Abständen von jeweils einer halben Sekunde **[Abb. 45a]**. Ergänzen wir nun die sieben Schnappschüsse durch genügend weitere Schnappschüsse dazwischen, wird aus dieser Darstellung diskreter, einzelner Schnappschüsse schließlich ein kontinuierliches Bild **[Abb. 45b]**.

An diesem konkreten Beispiel können wir uns klarmachen, dass ein Punkt in dieser 4-D-Darstellung nicht nur die Darstellung eines bestimmten Ortes im Raum ist, sondern die Darstellung eines Ortes zu einem bestimmten Zeitpunkt; diese kombinierte, räumlich-zeitliche Angabe wird allgemein als „Ereignis" bezeichnet.

So kann das ganze Leben vierdimensional gesehen werden als eine Folge von Ereignissen; eine Handlung wird erst erkennbar durch die Aufeinanderfolge von Ereignissen. Am Beispiel von Christian betrachtet, sehen wir seine Handlung an dieser Abfolge: Zu einem bestimmten Zeitpunkt befindet er sich in einem bestimmten Abstand zum Haus. Das nächste Ereignis wenig später zeigt uns, dass er näher am Haus ist, usw. Aus dieser Folge der Ereignisse erkennen wir sein Ziel: Er will zum Haus gehen.

3.4.2 Verschmelzen von Raum und Zeit zum vierdimensionalen Sein (Minkowski-Raum)

Betrachten wir nochmals Abb. 40b–c und vergleichen sie: Es erscheint doch höchst widersprüchlich und paradox, dass von Christians *Bezugssystem aus betrachtet die Zeit bei Athos langsamer vergeht, während aus Athos' *Bezugssystem betrachtet die Zeit bei Christian langsamer vergeht.

Vergleichen wir nochmals Abb. 41a–b: Mit der Länge ist das genauso paradox – aus Christians Sicht ist Athos' Maßstab kürzer, aber aus Athos' Sicht ist Christians Maßstab kürzer.

Ist das wirklich so widersprüchlich? Oder kennen wir vielleicht sogar aus dem Alltag etwas Ähnliches, das für uns ganz natürlich und selbstverständlich ist? Wie ist das denn, wenn Christian und Athos sich voneinander entfernen? Von Christians *Bezugssystem aus betrachtet wird Athos immer kleiner; aber aus der Sicht von Athos' *Bezugssystem wird Christian immer kleiner! Das ist der allgemein bekannte Perspektiven-Effekt: Für Christian wird Athos zweidimensional abgebildet, und umgekehrt scheint Christian für Athos zweidimensional zu sein.

Wie kann das sein, dass der dreidimensionale Christian, wie er leibt und lebt, zweidimensional erscheint? Nun, stellen wir uns vor, Christian wollte Athos abmalen; doch darin ist er noch recht unbeholfen, deshalb konstruiert er sich ein Hilfsmittel: Er geht ins Haus und schaut sich Athos durch die Fensterscheibe an, dann nimmt er einen großen Bogen Transparentpapier und klebt ihn von innen ans Fenster. Nun kann er zumindest den Umriss von Athos noch sehen; seine Konturen zeichnet er mit Bleistift auf dem Papierbogen nach – damit projiziert er Athos auf die zweidimensionale Ebene dieses Bogens Papier.

So weit, so gut; aber was hat das zu tun mit Längenschrumpfung und Zeitdehnung? Ja, könnte es sein, dass auch die Länge eine Projektion ist, eine Projektion aus einer höheren, vierten Dimension in unsere dreidimensionale Welt hinein?

Doch was soll diese vierte Dimension dann sein? Könnte es sein, dass sie uns in der Zeit begegnet? Umgekehrt wird sie ja gedehnt, wenn die Länge schrumpft?

Abb. 46a: Christians erste Zeichnung auf der Fensterscheibe: Auf dem Papierbogen erscheint nur die Fassade des Hauses.

Abb. 46b: Christians zweite Zeichnung, nachdem er das Fenster um 45 Grad geöffnet hat: Man sieht die Fassade nicht mehr in voller Größe, dafür einen Teil des Giebels.

Um dieser Vermutung nachzugehen, stellen wir uns weiter vor, dass Christian jetzt auch das gegenüberliegende Haus auf das Transparentpapier projiziert. Das Haus steht parallel zu seinem Fenster, daher erscheint auf dem Papier fast nur die Fassade des Hauses – von der Seitenwand (Giebel) sieht man auf dem Papier nur sehr wenig **[Abb. 46a]**.

Doch nun klebt Christian auf das Transparentpapier einen zweiten Bogen und öffnet das Fenster zur Hälfte, dreht es um 45 Grad. Dann zeichnet er das Haus nochmals ab und vergleicht die beiden Zeichnungen: Auf dem zweiten Bogen ist die Giebelwand viel kürzer, sie ist kleiner geworden; dafür ist die (vorher kaum sichtbare) Seitenwand des Hauses, senkrecht zur Giebelwand, viel größer als am Anfang!

Die Seitenwand auf dem zweiten Papierbogen hat sich (gegenüber der ersten Zeichnung) gedehnt, die Länge der Giebelwand hingegen ist geschrumpft **[Abb. 46b]**.

Als Folge der absoluten Lichtgeschwindigkeit haben wir hergeleitet, dass dort im bewegten *Bezugssystem die Länge schrumpft und die Zeit sich dehnt. Aber was hat die Dehnung der Zeit zu tun mit der Dehnung der Seitenwand des Hauses auf dem Papierbogen, die Christian zeichnet, nachdem er das Fenster um 45 Grad gedreht hat? Wo ist der Zusammenhang?

Was haben Zeit und Raum miteinander zu tun? In den Tagen von Newton gar nichts, Raum und Zeit waren damals völlig getrennte Größen **[Abb. 47a]**. Aber genau das gehört zur Entdeckung der Relativitätstheorie: Der vierten Dimension begegnen wir in der Zeit – die drei Dimensionen des Raumes und die vierte Dimension der Zeit fügen sich zusammen zu einem vierdimensionalen Sein.

Durch die spezielle Relativitätstheorie werden Raum und Zeit zu einer Einheit zusammengefasst, zum vierdimensionalen Sein **[Abb. 47b]**, die wir *Raumzeit nennen.

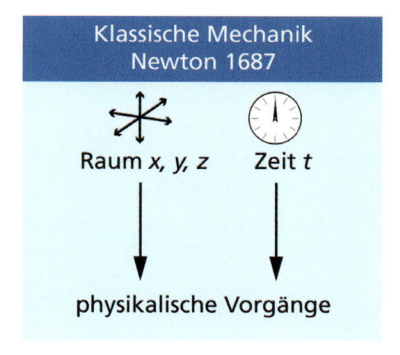

Abb. 47a: Vor der Entdeckung der Relativitätstheorie hatte Raum und Zeit nichts miteinander zu tun. Es waren völlig getrennte Größen.

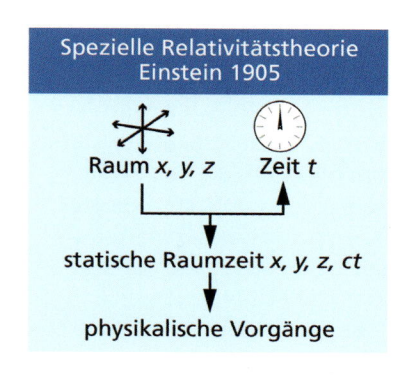

Abb. 47b: Durch die spezielle Relativitätstheorie werden Raum und Zeit zu einer Einheit zusammengefasst, der vierdimensionalen Raumzeit.

Um in dieser vierdimensionalen *Raumzeit die Rolle der Zeit zu verstehen, müssten wir nachvollziehen, dass man mit der vierten Dimension dasselbe tun kann wie mit den drei Dimensionen des Raumes; denn Länge, Breite und Höhe bilden eine räumliche Einheit – sie sind nicht etwa zusammenhanglose Einzelgrößen.

Diese räumliche Einheit zeigt sich darin, dass wir bei Darstellung einer Strecke in unterschiedlichen Koordinatensystemen einen Teil der Länge austauschen können durch einen Teil der Höhe oder Breite. Dazu vereinfachen wir wieder, indem wir eine Dimension weglassen, hier die Breite z – dann können wir etwas von der Länge x austauschen zugunsten der Höhe y des ersten, blauen Koordinatensystems; dazu überführen wir dieses durch Drehung in ein zweites, rotes Koordinatensystem **[Abb. 48a]**.

Die dargestellte Strecke E1–E2 hat sich dadurch nicht geändert; sie bleibt unverändert, in der Physik nennt man das „*invariant". Anders die Höhe y dieser Strecke: Im zweiten, roten Koordinatensystem ist sie größer geworden (also gedehnt), während die Länge x dieser Strecke im zweiten, roten Koordinatensystem kürzer geworden ist (also geschrumpft ist).

Etwas von der Länge ist also ausgetauscht worden gegen etwas an Höhe.

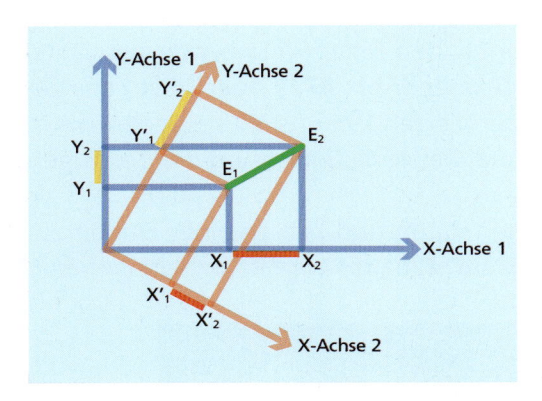

Abb. 48a: Längen-Zeit-Koordinatensystem: Um zu verstehen, warum die Zeit wirklich die vierte Dimension ist, müssten wir klar erkennen, dass man mit dieser vierten Dimension dasselbe tun kann wie mit den drei räumlichen Dimensionen. Denn Länge, Breite und Höhe sind wirklich eine räumliche Einheit und nicht etwa zusammenhangslose Größen.

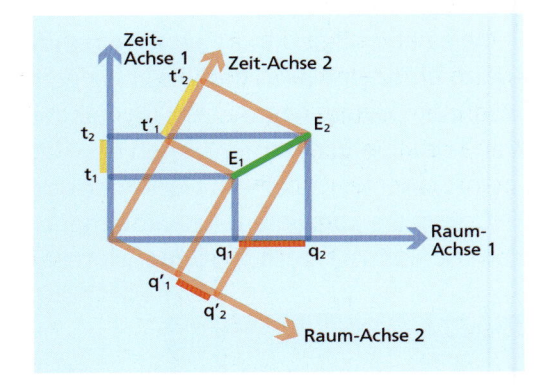

Abb. 48b: Der Wechsel vom blauen zum roten Koordinatensystem entspricht in der Relativitätstheorie dem Wechsel von einem ruhenden Bezugssystem in ein Bezugssystem, das sich nahe Lichtgeschwindigkeit bewegt.

Die Darstellung der einen absoluten Strecke E1–E2 durch unterschiedliche Koordinatensysteme illustriert Kip Thorne mit der Reise zweier Gruppen von einer Stadt (Mledina) zu einer anderen Stadt (Serona). Die Y-Achse beider Koordinatensysteme ist dabei festgelegt durch Kompasse – die der Frauen-Gruppe durch den geografischen, die der Männer-Gruppe durch den magnetischen Kompass **[Abb. 49]**.

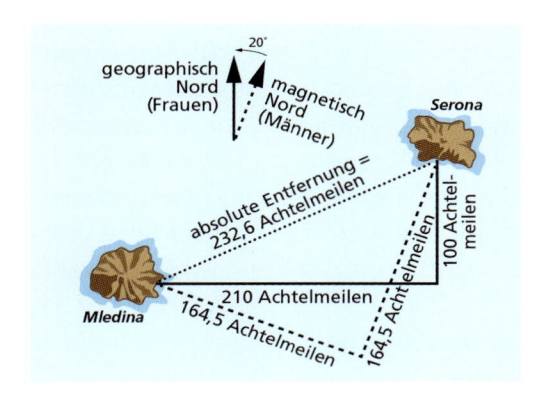

Abb. 49: Kip Thorne illustriert die Darstellung derselben absoluten Strecke E1–E2 durch unterschiedliche Koordinatensysteme mit der Reise zweier Gruppen von einer Stadt (Mledina) zu einer anderen Stadt (Serona). Die Frauen-Gruppe orientiert sich dabei am geografischen Nordpol, die Männer-Gruppe am magnetischen Nordpol.

Die Frauen-Gruppe findet die Route von Mledina nach Serona, indem sie zunächst eine relative Strecke (210 Achtelmeilen) senkrecht zum geografischen Kompass reist, dann eine relative Strecke (100 Achtelmeilen) parallel zum geografischen Nordpol. Die Männer-Gruppe dagegen findet die Route von Mledina nach Serona, indem sie zunächst eine relative Strecke (164,5 Achtelmeilen) senkrecht zum magnetischen Kompass reist, dann eine relative Strecke (ebenfalls 164,5 Achtelmeilen) parallel zum magnetischen Nordpol.

Das Koordinatensystem der Frauen ist gegenüber dem der Männer um 20 Grad gedreht;[384]. Als Schlüssel zur Berechnung der absoluten, *invarianten Strecke Mledina–Serona sowohl aus den relativen Strecken der Frauen-Gruppe wie auch denen der Männer-Gruppe dient der erste Satz des Pythagoras ($a^2 + b^2 = c^2$).[385]

Kehren wir jetzt zurück zur anfangs beschriebenen, formalen Darstellung von Raum und Zeit, die wir auf 2-D vereinfacht haben, also auf ein Längen-Zeit-Koordinatensystem: Wir prüfen es nun im Prinzip mit demselben Test – wir drehen das Koordinatensystem **[Abb. 48b]**. Dabei stellen wir fest, dass es sich mit der Zeit genauso verhält; Raum und Zeit verhalten sich also analog.

---

384. Thorne, S. 99–101.
385. Thorne erklärt dann den Satz des Pythagoras wie folgt: „Man nehme die zwei Katheten eines rechtwinkligen Dreiecks und bilde jeweils das Quadrat ihrer Länge. Addiert man die beiden Quadrate und zieht daraus die Quadratwurzel, so erhält man die Länge der Hypotenuse. Die Hypotenuse des Dreiecks war in diesem Fall die direkte Verbindung zwischen Mledina und Serona." Die absolute Strecke Mledina–Senora der Frauen-Gruppe berechnet sich dann gemäß dieser Pythagoras-Formel zu $\sqrt{(210^2 + 100^2)}$ = 232,6. Dasselbe Ergebnis bekommt man bei der Männer-Gruppe gemäß $\sqrt{(164,5^2 + 164,5^2)}$ = 232,6 (Thorne, S. 101).

Populärwissenschaftlich vereinfacht könnte man sagen: Die Drehung des Koordinatensystems entspricht in der Relativitätstheorie einem *Bezugssystem, das sich gegenüber dem ruhenden System bewegt mit einer Geschwindigkeit nahe der Lichtgeschwindigkeit.[386]

Der Wechsel vom blauen Koordinatensystem zum roten (oder: der Wechsel vom „geografischer Kompass"-System der Frauengruppe zum „Magnet-Kompass"-System der Männer-Gruppe) entspricht in der Relativitätstheorie also dem Wechsel von einem ruhenden *Bezugssystem in ein *Bezugssystem, das sich nahe Lichtgeschwindigkeit bewegt; denn genau dann dehnt sich die Zeit und der Raum schrumpft: Etwas wird vom Raum weggenommen (er schrumpft) und zur Zeit hinzugefügt (sie dehnt sich).

Die Analogie von beidem zeigt uns, dass die Zeit als vierte Dimension austauschbar ist mit einer Raum-Dimension; Raum und Zeit sind damit vereint zu einem vierdimensionalen Sein. Zusammengefasst bedeutet das:

> **Raum und Zeit verschmelzen zu einem vierdimensionalen Sein, zur Raumzeit.**

Diese absolute Strecke bzw. Entfernung erklärt Kip Thorne mit seinem Beispiel vom geografischen und magnetischen Nordpol:

> So wie die nach dem magnetischen und nach dem geografischen Nordpol definierten Himmelsrichtungen nur verschiedene Methoden sind, eine vorgegebene zweidimensionale Oberfläche zu beschreiben (die Erdoberfläche nämlich), [so] sind Raum und Zeit, wie sie von Ihnen und von mir empfunden werden, nur verschiedene Methoden, Messungen auf einer vorgegebenen vierdimensionalen „Oberfläche" vorzunehmen, die Minkowski als *Raumzeit[387] bezeichnete.
>
> So wie es auf der Erdoberfläche eine kürzeste Verbindung zwischen Mledina und Serona gibt, die mit Hilfe des Satzes von Pythagoras berechnet werden kann, gibt es auch in der *Raumzeit eine absolute Entfernung zwischen zwei beliebigen Ereignissen. Diese lässt sich mit Hilfe einer der dem Satz des Pythagoras analogen Formel berechnen, wobei die in den jeweiligen *Bezugssystemen gemessenen Längen und Zeiten zugrunde gelegt werden. [...]
>
> Wie zwischen zwei Punkten auf einem ebenen Blatt Papier gibt es auch zwischen zwei Ereignissen in der *Raumzeit eine kürzeste Verbindung, die absolut, das

---

386. Im Minkowski-Diagramm (Erklärung weiter unten in diesem Abschnitt) äußert sich das aber nicht durch Drehung des Koordinatensystems, sondern dadurch, dass x und t-Achse sich zueinander drehen – sie stehen dann nicht mehr senkrecht aufeinander, sondern bilden einen spitzen Winkel.

387. Raum und Zeit sind hier also zu einer untrennbaren Einheit zusammengezogen, weshalb die sonst zu trennenden Wörter „Raum" und „Zeit" in der Relativitätstheorie bewusst zu einem einzigen Wort verschmolzen wurden: „*Raumzeit". Deshalb werden sie auch zusammengeschrieben, nicht nur in diesem Zitat wie in der Fachsprache, sondern ab hier im ganzen Buch.

heißt unabhängig von dem jeweils benutzten *Bezugssystem, ist. Diese Tatsache zeigt, dass die *Raumzeit eine absolute Realität besitzt. Sie ist ein vierdimensionales Gebilde mit Eigenschaften, die nicht von der Bewegung des jeweiligen Beobachters abhängen.[388]

Wenn wir also nun vier Dimensionen haben und wenn diese in diesem Sinne eine untrennbare Einheit bilden, dann müssten doch diese vier Dimensionen alle in derselben Maßeinheit angegeben werden – die drei Raumdimensionen werden ja auch alle z. B. in der Einheit „Meter" angegeben? Doch für die vierte Dimension scheint das nicht zu passen, denn die Zeit misst man z. B. in Sekunden.

Wenn man die Zeit-Einheit (z. B. Sekunde) aber multipliziert mit einer Geschwindigkeit (Meter pro Sekunde, also Meter : Sekunde), ergibt sich rein mathematisch eine Längen-Einheit (z. B. Meter). Aus der Herleitung der Relativitätstheorie (bzw. um zur Einheit einer vierten Raumdimension zu kommen) ergibt sich, dass hier mit einer Geschwindigkeit zu multiplizieren ist – und die Zeit, multipliziert mit einer Geschwindigkeit (Länge : Zeit), ergibt eine Längen-Einheit. Statt mit einer beliebigen Geschwindigkeit multipliziert man mit der Lichtgeschwindigkeit, weil damit die Formeln und Diagramme einfacher werden[389].

Erinnern wir uns nun: Die Punkte in dieser vierdimensionalen Darstellung (in der Zeichen-Ebene freilich auf 2-D vereinfacht) sind nicht einfach Punkte auf einer Fläche (bzw. im Raum), sondern Ereignisse, weil nun die Zeit hinzugekommen ist – ein Ereignis definierten wir als etwas, das festgelegt wird durch die Angaben von Raum und Zeit.

Die Strecke, die durch die Grenzereignisse E1 und E2 begrenzt ist, enthält dann alle Ereignisse, die zwischen diesen beiden Grenzereignissen liegen. Wenn E1 z. B. das Ereignis ist, bei dem Athos fünf Meter vor dem Haus steht, und E2 das Ereignis, dass Athos gerade am Haus ankommt, dann stellt die Strecke dazwischen eine Serie von Ereignissen dar, nämlich seinen Gang zum Haus. Es handelt sich also um eine Ereignis-Strecke in der vierdimensionalen *Raumzeit.[390]

Während der Raum und die Zeit, getrennt betrachtet, abhängig sind von der Wahl des Koordinatensystems bzw. *Bezugssystems, ist die Ereignis-Strecke E1–E2 davon unabhängig, ist also in jedem Koordinatensystem, jedem *Bezugssystem gleich und damit absolut (bzw. *invariant). Diese 4-D-*Raumzeit wird nach dem Mathematiker und Physiker Hermann Minkowski auch „Minkowski-Raum" genannt und vereinfacht im 2-D-Minkowski-Diagramm dargestellt. Anstelle der eben populärwissenschaftlichen

---

388. Thorne, S. 103–104.
389. Auf eine Begründung für diese mathematische Vereinfachung wird hier verzichtet: Die Mathematik wird in diesem populärwissenschaftlichen Buch bewusst außen vorgelassen.
390. Die Länge berechnet sich dabei aber nicht wie in einem normalen Raumdiagramm mit der Wurzel von $(t_1 - t_2)^2 + (x_1 - x_2)^2$, sondern mit der Wurzel von $(t_1 - t_2)^2 - (x_1 - x_2)^2$.

Darstellung einer Drehung des Koordinaten-Systems bewegen sich im Minkowski-Diagramm bewegen sich, wenn man übergeht von einem ruhenden zu einem bewegten System, die Raumachse (x) und die Zeit-Achse (t) aufeinander zu und bilden dann einen mehr oder weniger spitzen Winkel.[391]

Die Darstellung der *Raumzeit als vierdimensionalen Raum mag noch immer schwer vorstellbar sein; aber für den Physiker ist sie ein sehr leistungsfähiges mathematisches Werkzeug, um komplexe relativistische Zusammenhänge verhältnismäßig einfach in den Griff zu bekommen. So lässt sich darin ein Wechsel des *Bezugssystems, populärwissenschaftlich ausgedrückt, veranschaulichen durch eine „Rotation".

Um dies plausibel zu machen, möchte ich den Vorgang skizzieren in der vereinfachten zweidimensionalen Projektion.

Erinnern wir uns dazu an das Gedankenexperiment mit den drei Raumschiffen, bei dem wir feststellten, dass zwei Ereignisse im *Bezugssystem der Raumschiffe gleichzeitig stattfinden, während dieselben Ereignisse, wenn man von einem anderen *Bezugssystem aus betrachtet, nicht gleichzeitig stattfinden.

Auch diese Relativierung der Gleichzeitigkeit können wir populärwissenschaftlich nachvollziehen durch passende Drehung des Koordinatensystems; schauen wir uns dazu nochmals die Ereignis-Strecke E1–E2 im Längen-Zeit-Koordinatensystem an [siehe Abb. 48b]: Drehen wir dieses Koordinaten-System nun andersherum (also nach links, gegen den Uhrzeigersinn), wird der zeitliche Abstand zwischen t2' und t1' immer kleiner – und wenn wir so weit drehen, dass die Raum-Achse 2 genau durch die Punkte E1 und E2 geht, wird der Zeit-Abstand gleich null; das bedeutet: Die Zeitpunkte t2 und t1 finden gleichzeitig statt [Abb. 48c].

Also können wir die Relativität der Gleichzeitigkeit veranschaulichen durch unterschiedliche Darstellungen (z. B. mittels Drehung eines Koordinatensystems); dabei ist die Zeit (multipliziert mit c) die vierte Dimension.

Auch die Längenschrumpfung, die Schrumpfung des Abstands zwischen den drei Raumschiffen, verstehen wir jetzt einfach als eine Drehung in der vierdimensionalen *Raumzeit: Wenn wir uns mit der Raumschiff-Flotte mitbewegen, sehen wir die drei Schiffe wie von vorn **[Abb. 50a]**, aber als Außenbeobachter sehen wir sie wie von der Seite und damit geschrumpft **[Abb. 50b]**.

---

391. Siehe https://en.wikipedia.org/wiki/Spacetime_diagram#Minkowski_diagrams.

Abb. 50a: Wenn wir uns mit der Raumschiff-Flotte mitbewegen, sehen wir die drei Schiffe wie von vorne.

Abb. 50b: Als Außenbeobachter sehen wir die drei wie von der Seite und damit geschrumpft.

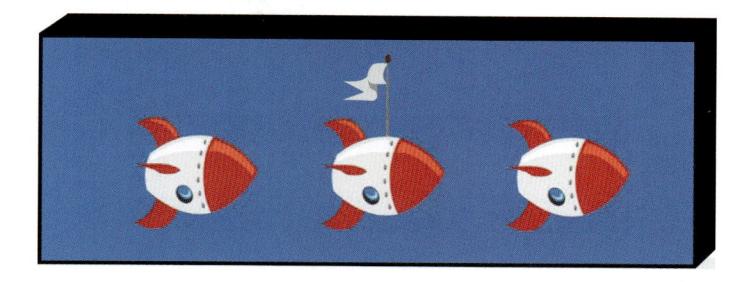

Das gilt auch umgekehrt, also wenn die Besatzung uns sieht:

> Wenn wir das Bild unter einem schrägen Blickwinkel betrachten, dann müssen die Besatzungen der Schiffe auch uns schräg, also geschrumpft, wahrnehmen. Die Abbildung wurde im Raum gedreht, um den schrägen Blickwinkel zu erzeugen, so dass die abgebildete Flotte nach der Drehung in eine andere Richtung zeigt.[392]

3.4.3 Die neue absolute Größe (*Invariante) im vierdimensionalen Sein

3.4.3.1 > Die absolute Ereignis-Strecke als *Invariante

Warum ist diese 4-D-*Raumzeit absolut? Betrachten wir dazu nochmals die Ereignis-Strecke, die durch die Ereignisse E1 und E2 begrenzt wird. Nur kurz wurde erwähnt, dass diese Strecke unverändert bleibt und damit beweist, dass Raum und Zeit austauschbar sind, wir also die Zeit als eine „vierte Dimension" betrachten können.

In der vierdimensionalen *Raumzeit ändert sich die Ereignis-Strecke E1–E2 also nicht – sie ist unabhängig vom *Bezugssystem und daher immer gleich. Was wir uns mithilfe der Drehung des Koordinatensystems im Zweidimensionalen klargemacht haben, funktioniert auch im Vierdimensionalen beim Vergleich von *Bezugssystemen mit unterschiedlichen Geschwindigkeiten.

---

392. Epstein, S. 57–59.

Raum und Zeit, getrennt betrachtet, sind dabei relativ; der Abstand zweier Ereignisse (oder einer Ereignis-Strecke) im Vierdimensionalen jedoch bleibt absolut, er ist immer unabhängig von der Geschwindigkeit der *Bezugssysteme. Da dieser Abstand beim Wechsel des *Bezugssystems sich nicht ändert, wird er als „***Invariante**" bezeichnet.

Diese Aussage gilt nun für jede Strecke in der 4-D-*Raumzeit, die Ereignis-Strecken im vierdimensionalen Raum sind also absolut.

Zur Entdeckung dieser vierdimensionalen, absoluten *Raumzeit schreibt Kip Thorne zunächst zusammenfassend:

> Minkowski nun hatte, ausgehend von Einsteins Arbeiten, entdeckt, dass das Universum eine vierdimensionale „*Raumzeit" besitzt, die nicht relativ, sondern absolut ist. Diese vierdimensionale Struktur ist von allen *Bezugssystemen aus betrachtet gleich. [393]

Dazu zitierte er vorher Hermann Minkowski; der äußerte im September 1908:

> Von Stund an sollen Raum für sich und Zeit für sich völlig zu Schatten herabsinken, und nur noch eine Art Union der beiden soll Selbständigkeit bewahren.[394]

Während also Raum und Zeit, getrennt betrachtet, relativ sind und daher von Minkowski nur als „Schatten" betrachtet wurden, sind sie als Einheit, im 4-D-Minkowski-Raum betrachtet, absolut. Brian Cox und Jeff Forshaw vergleichen das mit einem Schattenspiel beim Theater:

> Die alte Auffassung von einer Trennung zwischen Raum und Zeit führt zu einer Sicht auf die Welt, die wie das Zuschauen bei einem Theaterstück wäre, bei dem man nur die Schatten verfolgt, die die Schauspieler im Scheinwerferlicht auf die Bühne werfen. In Wirklichkeit gehören dreidimensionale Personen dazu und die Schatten sind nur eine zweidimensionale Projektion der Handlung. Dank des Konzepts der *Raumzeit sind wir nun endlich in der Lage, unsere Augen von den Schatten zu lösen.[395]

In Frank Vermeulens Roman sagt Nils der 15-jährigen Esther dazu:

---

393. Thorne, S. 99.
394. Thorne, S. 99.
395. Cox & Forshaw, S. 112.

In jedem System, das sich mit einer je eigenen Geschwindigkeit bewegt, wird der Körper eine andere Länge haben. Keine davon jedoch ist seine „wirkliche" Länge. Der Körper ist ja zweidimensional, und die Länge in einem bestimmten System stellt nichts anderes dar als die Länge der Schnittfläche dieses Körpers in diesem System. Stell dir vor, du würdest den Schatten messen, den ein Stock auf eine Mauer wirft. Abhängig davon, wie du den Stock hältst, wird die Länge des Schattens größer oder kleiner sein. Aber du kannst nur die Länge der verschiedenen Schatten messen und nicht die Länge des Stockes. [...]

Alle Körper in unserer Welt sind nichts anderes als ein Schatten eines vierdimensionalen Körpers.[396]

Zusammenfassend können wir also sagen:

> „In dieser vierdimensionalen *Raumzeit sind Zeitverlauf und Entfernungen für sich genommen relativ, aber die Kombination von Zeit und Raum ist absolut bzw. unabhängig vom Beobachter."[397]

Bis hierher haben wir gesehen, wie und warum die absolute Lichtgeschwindigkeit zur Relativierung führt bzw. zur Relativität der drei Grundgrößen der Physik Raum, Zeit und Masse. Wahrscheinlich kommt die Bezeichnung „Relativitätstheorie" von daher.

Oder der Name kommt von dem *Relativitätsprinzip (SRT), , obwohl das *Relativitätsprinzip gerade durch die Relativität der *Bezugssysteme zur absoluten Gültigkeit der physikalischen Gesetze führt. Denn gemäß dem *Relativitätsprinzip gelten in allen *Bezugssystemen dieselben Physik-Gesetze, sie sind also absolut.

Aus der Darstellung dieser relativen Größen im vierdimensionalen Raum ergibt sich eine absolute Größe, also wieder eine Größe, die unabhängig ist vom *Bezugssystem bzw. von der Wahl des Koordinatensystems. Man fragt sich, ob die Bezeichnung „Relativitätstheorie" eigentlich berechtigt ist. Einstein selbst schrieb 1921 über diesen Begriff in einem Brief: „Ich gebe zu, dass dieser nicht glücklich ist und zu philosophischen Missverständnissen Anlass gegeben hat"[398], und Vermeulen stellt in seinem Roman über Einsteins Gedankenexperimente mehrfach fest:

Einsteins Relativitätstheorie könnte auch die „Absolutivitätstheorie" heißen [...]
Ich halte fest, dass wir die Theorie auch „Absolutivitätstheorie" nennen könnten, weil c immer konstant ist und die *Invariante auch. [...]

---

396. Vermeulen, S. 227.
397. Vermeulen, S. 405.

398. Vaas, S. 12.

Schon wurde von verschiedenen Physikern bemerkt, dass die Theorie mehr auf die Formulierung von Absoluta, von *Invarianten abzielt denn auf ein *Relativitätsprinzip. Der eingebürgerte Name muss wirklich als veraltet bezeichnet werden. Zu häufig gibt er Anlass zu hoffnungslosen Missverständnissen.[399]

Denn die Aussagen der Relativitätstheorie sind eine Folge der absoluten Lichtgeschwindigkeit (*L-Postulat) bzw. der Tatsache, dass die Gesetze der Physik absolut gelten, unabhängig vom *Bezugssystem (*R-Postulat).

Eine weitere Folge ist: Auch die *Raumzeit ist absolut. Zu Recht eröffnet Hubert Goenner das Nachwort seines Lehrbuchs mit den Worten: „Der aus einem Missverständnis der Relativitätstheorie Albert Einsteins resultierende Satz ‚Alles ist relativ' ..."[400]

Jede beliebige Ereignis-Strecke im vierdimensionalen Minkowski-Raum ist also absolut, während laut Hermann Minkowski Raum und Zeit, für sich genommen, nur Schatten sind.

Freilich sind wir Menschen nur dreidimensionale Wesen, die mit vorgegebener Geschwindigkeit die Zeit – die vierte Dimension – durchwandern wie auf einem Transportband, auf dem es kein Zurück gibt.

Oben haben wir von „Wundern" gesprochen, genauer gesagt: von Anlässen zur Verwunderung angesichts der Relativität von Zeit und Raum: relative Gleichzeitigkeit, Zeitdehnung, Raumschrumpfung. Diese Wunder lassen sich zurückführen auf das Wunder einer vierdimensionalen, absoluten *Raumzeit, denn das können wir dreidimensionale Wesen uns schwerlich vorstellen – doch uns darüber wundern und es bewundern, das können wir allemal.

Vielleicht fällt es uns leichter, wenn wir uns das alles vorstellen mit einer Dimension weniger. Stellen wir uns also vor, wir wären zweidimensionale Wesen, konkret: Wesen auf einem Blatt Papier. Dieses Blatt Papier wandert mit konstanter Geschwindigkeit von unten nach oben (entsprechend der Zeitachse wie in Abb. 45) durch die dritte Dimension. Währenddessen verändert sich auf dem Papier so manches – da taucht z. B. ein Punkt auf, der dann zu einem kleinen Kreis wird, dieser Kreis wird immer größer und ein dreidimensionales Wesen ruft den zweidimensionalen Wesen in der Fläche zu: „Was ihr da erlebt habt mit dem Punkt und dem immer größer werdenden Kreis, das ist ganz einfach ein auf der Spitze stehender Kegel." Der Punkt und die Kreise waren nur vergänglich und relativ (nämlich abhängig vom *Bezugssystem), der Kegel aber bleibt auf Dauer, er ist und bleibt *invariant **[Abb. 51a]**.

Populärwissenschaftlich können wir uns das genauso vorstellen, nur um eine Dimension höher: Als dreidimensionale Wesen durchlaufen wir in der Zeit mit Lichtge-

---

399. Vermeulen, S. 270–272. 400. Goenner (*Einführung* ....), S. 454.

schwindigkeit die vierdimensionale Raumzeit (den vierdimensionalen Minkowski-Raum)[401] – genauer gesagt: indem wir die Zeit multiplizieren mit der Lichtgeschwindigkeit, denn damit kommen wir zu unserer vierten Raumkoordinate in der vierdimensionalen Raumzeit.

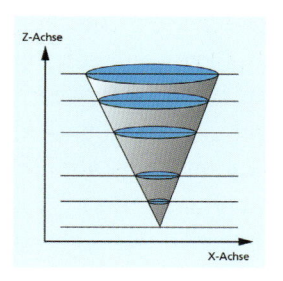

Abb. 51a: Wir durchlaufen als dreidimensionale Wesen die vierte Dimension mit der Zeit, und das mit Lichtgeschwindigkeit. Um dies im selben Koordinatensystem darzustellen, müssen wir auf die Darstellung der dritten Dimension, der z-Achse, verzichten und sie er- setzen durch die vierte Dimension, der t-Achse (Zeit-Achse).

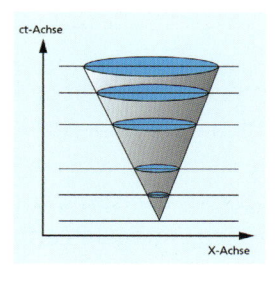

Abb. 51b: Um präzise zu sein bzw. um bei der vierten Dimension auch die Einheit einer Länge zu bekommen, müssen wir die Zeit mit der Lichtgeschwindigkeit c multiplizieren.

Um dies im Koordinatensystem darzustellen, müssten wir auf die Darstellung der dritten Dimension, die z-Achse, verzichten und stattdessen die vierte Dimension einzeichnen, die t-Achse (Zeit-Achse).

Aber erinnern wir uns: Um präzise zu sein bzw. um bei der vierten Dimension auch die Einheit einer Länge zu bekommen, müssen wir die Zeit mit der Lichtgeschwindigkeit c multiplizieren **[Abb. 51b]** – und anders als bei den drei räumlichen Richtungen können wir die Zeit in nur einer Richtung durchlaufen. Brian Cox und Jeff Forshaw illustrieren das so:

> Wir können uns im Raum völlig frei bewegen, in der Zeit dagegen nur in eine Richtung. Und die Zeit fühlt sich überhaupt nicht wie Raum an. Aber das muss keine unüberwindbare Hürde sein. Sich die Zeit als eine weitere Dimension vorzustellen, bedeutet den abstrakten Sprung, den wir machen müssen. Stellen Sie sich selbst kurz als Wesen vor, das ausschließlich vorwärts, rückwärts, nach links

---

401. Das ist nur eine populärwissenschaftliche Brücke. Denn rein physikalisch ergibt es keinen Sinn, von einer Geschwindigkeit zu sprechen, mit der wir die Zeit durchlaufen: Die Zeit läuft einfach ab, ohne eine bestimmte Geschwindigkeit.

> und nach rechts gehen kann. Sie kennen nicht die Erfahrung von Oben und Unten: Sie leben in einer flachen Welt. Wenn Sie jemand auffordert, sich eine dritte Dimension vorzustellen, würde das Ihrem flachen Verstand nicht gelingen. Doch wenn Sie mathematisch begabt wären, könnten Sie die Möglichkeit bereitwillig akzeptieren und auf jeden Fall damit rechnen, selbst wenn Sie sich diese sonderbare dritte Dimension nicht vorstellen können. Genauso ist es für Menschen mit dem vierdimensionalen Raum. [...]
>
> Fahren wir für den Moment weniger anspruchsvoll fort und stellen etwas Einfaches fest: Die Dinge geschehen. Wir wachen auf, wir richten unser Frühstück, wir frühstücken, und so weiter. Wir werden das Auftauchen eines Dings als „Ereignis in der *Raumzeit" bezeichnen. Wir können ein Ereignis in der *Raumzeit mit vier Zahlen eindeutig beschreiben: mit drei räumlichen Koordinaten, um zu beschreiben, wo es auftrat, und mit einer Zeitkoordinate, um festzulegen, wann es auftrat.[402]

Die Tatsache, dass wir als dreidimensionale Wesen uns im Raum ganz frei bewegen können, in jede Richtung, während die Richtung der Zeit unumstößlich vorgeschrieben ist – von der Vergangenheit in die Zukunft –, diese Tatsache hat noch eine weitere und tiefe Bedeutung, nämlich die des Kausalitätsprinzips. Das Kausalitätsprinzip ist die für uns völlig selbstverständliche Tatsache, dass die Wirkung immer erst *nach* der Ursache erfolgt. Diese Tatsache stimmt aber nur, weil die Lichtgeschwindigkeit c wirklich die höchste Geschwindigkeit ist:

> Nichts kann sich schneller bewegen als mit c, weil sich ansonsten Informationen übertragen ließen, die das Prinzip von Ursache und Wirkung verletzen würden.[403]

Diese Aussage folgt aus der mathematischen Beschreibung der Relativitätstheorie, konkret aus der Formel für die Zeitdehnung ($\Delta t'$[404]). Aus dieser Formel ist direkt ersichtlich, dass bei Überlichtgeschwindigkeit die Zeitdehnung negativ wäre – was bedeuten würde, dass Ursache und Wirkung vertauscht würden.

Hubert Goenner erklärt dazu:

> Wir identifizieren Kausalität in der Regel mit der Zeitordnung, also mit der Abfolge ‚früher' – ‚später'. [...]

---

402. Cox & Forshaw, S. 79–80.
403. Cox & Forshaw, S. 96.
404. Mit „Δt" ist die Zeitdifferenz zwischen zwei Zeitpunkten gemeint; „$\Delta t'$" ist die Zeit im bewegten *Bezugssystem. Die Formel für die Zeitdehnung lautet: $\Delta t' = \gamma(\Delta t - v/c^2 \cdot \Delta x)$ (Goenner, S. 36).

> Negatives Δt' [also eine negative Zeit] würde bedeuten, dass Zukunft und Vergangenheit vertauscht sind.[405]

Eine Vertauschung von Zukunft und Vergangenheit würde bedeuten, dass die Kausalität (also das Ursache-Wirkungs-Prinzip) aufgehoben (zerstört) würde. Dies wäre z. B. der Fall, wenn die Vergangenheit von der Zukunft beeinflusst, gelenkt, verursacht würde. Deshalb forderte Einstein

> zur Aufrechterhaltung der Kausalität, dass es keine Signale mit Überlichtgeschwindigkeit geben darf (Kausalitätsprinzip) [...] Manchmal wird von Teilchen gesprochen, den Tachyonen, die sich nicht langsamer bewegen können als mit Lichtgeschwindigkeit. Solche Teilchen sind nicht beobachtet worden und können auch in der Zukunft nicht gefunden werden – solange das Kausalitätsprinzip besteht, weil sie es verletzen, wenn sie mit gewöhnlicher Materie wechselwirken.[406]

Markus Pössel bringt das zusammenfassend auf den Punkt, er spricht von der „Rolle des Lichts als Hüter der kausalen Struktur"[407].

3.4.3.2 > Die absolute Geschwindigkeit durch die *Raumzeit

Die (um zwei Dimensionen) vereinfachte 2-D-Darstellung im Minkowski-Diagramm ist nicht die einzige Möglichkeit, die 4-D-Ereignisse darzustellen. Wenn wir alles aus dem Ruhesystem heraus betrachten, ist es didaktisch vorteilhaft, die dem Ruhesystem eigene Zeit (also die Zeit im Ruhesystem), „Eigenzeit" genannt, gegen den Raum abzutragen, wie es Lewis Epstein macht in seinem populärwissenschaftlichen Werk *Relativitätstheorie anschaulich dargestellt*.[408]

---

405. Goenner (*Einsteins Relativitätstheorie* ...), S. 37. Auf derselben Seite führt Hubert Goenner weiter aus: „Positives Δt kann aber genau dann in negatives Δt' transformiert werden, wenn Δx/Δt [damit meint Goenner die Geschwindigkeit] größer als c ist. Δx/Δt können wir als die ‚Geschwindigkeit der Wirkung' auffassen, die sich zwischen den beiden durch Δt und Δx getrennten Ereignissen ausbreitet. Damit ist klar, dass die Zeitordnung umgedreht werden könnte, wenn es Signale gäbe, deren Ausbreitungsgeschwindigkeit größer als die Lichtgeschwindigkeit ist. Niemand hat aber bisher beobachtet, dass die Vergangenheit zur Zukunft werden kann."
406. Goenner (*Einsteins Relativitätstheorie* ...), S. 37.
407. Pössel, S. 144.
408. Lewis Epstein erklärt darin: „In unseren Diagrammen wird die Lichtgeschwindigkeit als horizontale Linie dargestellt, während viele andere Bücher [damit meint er die vielen Bücher, die das Minkowski-Diagramm gebrauchen] sie als eine um 45° geneigte Linie darstellen. Wie kommt das? In unseren Diagrammen wird die Eigenzeit gegen den Raum abgetragen, während in anderen Büchern die Koordinatenzeit [also die Zeit gegenüber der Ruhezeit im bewegten System] gegen den Raum abgetragen wird. Welche Version ist nun die richtige? Beide sind es. Sie sind verschiedene Sichtweisen der gleichen Sache, wie der Grundriss und Aufriss eines Hauses" (Epstein, S. 24); im Anhang seines Buchs erklärt Epstein, wie man die Eigenzeit-Darstellung umrechnen kann in die Koordinatenzeit-Darstellung bzw. ins Minkowski-Diagramm.

Was könnte es nun heißen, dass wir – von unserem ruhenden *Bezugssystem aus betrachtet (Eigenzeit) – die vierte Dimension „erleben" durch eine Serie von Ereignissen? Wir erleben die Ereignisse, indem wir von unserem ruhenden *Bezugssystem aus mit einer bestimmten Geschwindigkeit die Zeit (vierte Dimension) durchwandern. Das ist das eine Extrem (bzw. in der Eigenzeit-Darstellung laut Epstein: die eine Richtung): Wir durchwandern die Zeit bzw. die vierte Raumdimension.

Betrachten wir nun eine Lichtwelle und damit ein *Bezugssystem, das sich gegenüber unserem *Bezugssystem mit genau Lichtgeschwindigkeit bewegt. : Aus unserer Sicht ist die Zeit in der Lichtwelle unendlich gedehnt, steht also still. Das ist das andere Extrem (bzw. in der Eigenzeit-Darstellung von Epstein: die andere Richtung): Die Lichtwelle durchwandert den Raum.

Diese beiden Extrem-Situationen kann man so verstehen, dass die Lichtwelle – von unserem *Bezugssystem aus betrachtet – ihre ganze Geschwindigkeit an den Raum abgibt, so dass keine Geschwindigkeit durch die Zeit mehr übrigbleibt: Die Zeit steht. Wir im ruhenden System dagegen geben unsere ganze Geschwindigkeit an die Zeit ab: Für uns steht der Raum, d. h., er ruht; denn unser *Bezugssystem ist ja per Definition das ruhende *Bezugssystem.

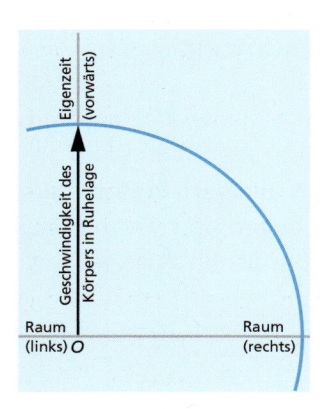

Abb. 52a: Hier ist der Raum vereinfacht mit einer einzigen Dimension in einem Koordinatensystem dargestellt, als zweite Dimension die Zeit. In dieses Koordinaten-System können die Geschwindigkeiten eintragen werden, womit die 4-D *Raumzeit wieder auf zwei Dimensionen vereinfacht ist. In dieser einen Extremdarstellung bewegt sich das „Objekt", hier der Körper, gar nicht durch den Raum, sondern nur durch die Zeit des eigenen Bezugssystems (auch Eigenzeit genannt): Die Zeit hat daher ihre maximale Länge, da der durchwanderte Raum minimal ist, nämlich null, der Körper sich also nicht bewegt.

Wenn wir den Raum vereinfacht darstellen, mit einer einzigen Dimension, können wir die Geschwindigkeiten in ein Koordinaten-System eintragen, wobei wieder die 4-D-*Raumzeit vereinfacht ist auf zwei Dimensionen **[Abb. 52a]**. Um deutlich zu machen, dass die auf der Zeitachse dargestellte Zeit die Zeit in unserem eigenen *Bezugssystem ist, bezeichnen wir sie als „Eigenzeit". Der senkrecht stehende Pfeil ist unsere Geschwindigkeit, mit der wir die *Raumzeit durchwandern; der waagerechte Pfeil ist die Geschwindigkeit, mit der der *Lichtstrahl* (von unserem *Bezugssystem aus betrachtet) die *Raumzeit durchwandert **[Abb. 52b]**.

Abb. 52b: Der waagrechte Pfeil ist die Geschwindigkeit, mit der der Lichtstrahl die Raumzeit (aus unserem Bezugssystem betrachtet) durchwandert. In dieser anderen Extremdarstellung bewegt sich das „Objekt", hier das Licht, gar nicht durch die Zeit, sondern nur durch den Raum, da im Licht (von außen betrachtet) die durchwanderte Zeit steht.

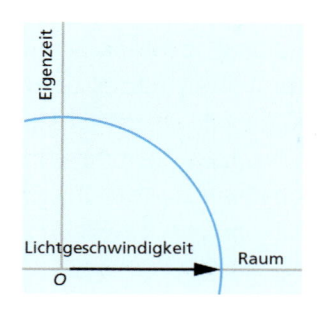

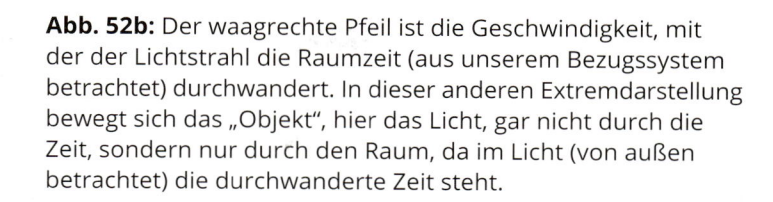

Abb. 52c: Jede andere Geschwindigkeit zwischen diesen beiden Extremen kann man sich populärwissenschaftlich nach Epstein als „Mischgeschwindigkeit" vorstellen, die sich zusammen setzt aus einer Geschwindigkeit durch die Zeit und einer Geschwindigkeit durch den Raum.

Jede andere Geschwindigkeit zwischen diesen beiden Extremen kann man sich gemäß Epstein, populärwissenschaftlich ausgedrückt, vorstellen als „Mischgeschwindigkeit", eine Kombination der Geschwindigkeit durch die Zeit mit der Geschwindigkeit durch den Raum **[Abb. 52c]**.[409] Lewis Epstein erklärt dazu:

> Es gibt nur eine Geschwindigkeit. Alles, wir mit eingeschlossen, bewegt sich stets mit Lichtgeschwindigkeit. Wieso können Sie sich bewegen, wo Sie doch auf einem Stuhl sitzen? Sie bewegen sich durch die Zeit.
>
> Wie kommt es, dass man bei Uhren, die sich durch den Raum fortbewegen, eine zunehmende Verlangsamung ihres Gangs beobachtet, je schneller sie sich bewegen? Weil eine Uhr eigentlich die Zeit und nicht den Raum durchläuft. Wenn wir sie dazu zwingen, den Raum zu durchlaufen, so kann sie dies nur, indem sie einen Teil der Geschwindigkeit abzweigt, die sie dafür benötigt, die Zeit zu durchmessen. Während sie sich immer schneller durch den Raum bewegt, zweigt sie immer mehr Geschwindigkeit ab. Wie viel kann sie überhaupt maximal abzweigen? Ihre gesamte Geschwindigkeit. In diesem Fall bewegt sie sich mit der ihr größtmöglichen Geschwindigkeit durch den Raum, und es bleibt keine Geschwindigkeit mehr übrig, um sich durch die Zeit zu bewegen. Die Uhr tickt nicht mehr. Die Uhr hört auf zu altern.[410]

---

409. Hier sei betont, dass es sich um eine populärwissenschaftliche Darstellung handelt; offensichtlich gebraucht Epstein sie nur, um die Relativitätstheorie anschaulicher zu machen.
410. Epstein, S. 101.

Entscheidend für das Verstehen ist also, dass diese Geschwindigkeit, egal, ob reine Geschwindigkeit durch die Zeit oder Lichtgeschwindigkeit durch den Raum oder irgendeine Kombination davon – also: dass die Geschwindigkeit, die wir als „Mischgeschwindigkeit" bezeichnen, immer dieselbe Größe hat, nämlich Lichtgeschwindigkeit. Ihre Größe ist festgelegt durch den Abstand zwischen dem Koordinatenursprung O und dem Kreisbogen in Abb. 52a–c. Dieses Konzept der Mischgeschwindigkeit zeigt uns,

> dass sich in der *Raumzeit alles mit derselben Geschwindigkeit bewegt. [...]
> Sie bedeutet, dass Sie während der Lektüre dieses Buches mit genau derselben Geschwindigkeit durch die *Raumzeit-Landschaft zischen wie alles andere im Universum. So betrachtet ist die Bewegung im Raum der Schatten einer viel umfassenderen Bewegung in der *Raumzeit.
> [....]
> Die Geschwindigkeit in der *Raumzeit ist also eine universelle Größe, über die sich alle einig sind. Diese neu gefundene Art darüber nachzudenken, wie sich Dinge durch die *Raumzeit bewegen, kann uns bei der Suche nach einem neuen Ansatzpunkt helfen, um zu erklären, warum Uhren in Bewegung langsamer gehen. Bei dieser Art des *Raumzeit-Denkens braucht eine sich bewegende Uhr also etwas von ihrem festen Anteil an *Raumzeit-Geschwindigkeit auf, weil sie sich durch den Raum bewegt. Dadurch bleibt weniger für die Bewegung in der Zeit übrig.[411] Mit anderen Worten: Eine Uhr in Bewegung bewegt sich nicht so schnell durch die Zeit wie eine stationäre – was einfach eine andere Form der Aussage ist, dass sie langsamer tickt. Dagegen saust eine Uhr in Ruhe mit der Geschwindigkeit c in Richtung der Zeit, ohne Bewegung im Raum. Sie tickt also so schnell wie möglich.[412]

3.4.3.3 Das Zwillingsparadoxon: Lösung durch Asymmetrie der beiden Brüder

Ein paradoxes (also scheinbar widersprüchliches) Gedankenexperiment zeigt uns, wie hilfreich das populärwissenschaftliche Konzept von Lewis Epsteins „Mischgeschwindigkeit" ist:

Zwillinge trennen sich; der eine, Christian, bleibt auf der Erde, der andere, Athos, fliegt mit einer Rakete in den Weltraum und beschleunigt dabei auf nahe Lichtgeschwindigkeit. Aufgrund der Zeitdehnung vergeht für Athos die Zeit langsamer als für Christian. Als Athos auf die Erde zurückkommt, ist er jünger als Christian.

---

411. Auch hier sei zu dieser populärwissenschaftlichen Darstellung angemerkt, dass sie nur eine Gedankenstütze zur Veranschaulichung ist, aber nichts, was man physikalisch messen oder beobachten könnte. – An diesem Zitat sehen wir aber auch, dass nicht nur Lewis Epstein, sondern gleicherweise auch Brian Cox und Jeff Forshaw sich dieser Gedankenstütze bedienen.

412. Cox & Forshaw, S. 100–101; 103.

Hier könnte man einwenden: Wenn wir uns in das *Bezugssystem von Athos setzen, dann ist doch die Situation genau umgekehrt – dann müsste bei Christian die Zeit sich dehnen, würde also langsamer vergehen als bei Athos, und dann wäre Christian jünger. Ist nicht die Situation völlig symmetrisch?

Doch beides gleichzeitig kann nicht sein, wenn sie wieder zusammentreffen: Christian kann nicht gleichzeitig älter und jünger sein, wenn Athos zurückkommt. Im Roman von Frank Vermeulen erklärt Nils der 15-jährigen Esther:

> Viele Leute verstehen das Zwillingsparadoxon falsch. Allerdings gibt es auch Wissenschaftler, die gerade das Zwillingsparadoxon als einen Beweis dafür sehen, dass die spezielle Relativitätstheorie falsch sei. Denn sie sagen, beide Brüder befinden sich doch in der gleichen Situation.[413]

Was also stimmt hier nicht?

Wir können das Paradox lösen, indem wir uns erinnern an das, was wir über die Mischgeschwindigkeit gelernt haben: Weil Christian ruht, bewegt er sich mit voller Lichtgeschwindigkeit durch die Zeit (reine Geschwindigkeit): seine Geschwindigkeit wird nur für die Zeit verbraucht. Athos dagegen verbraucht einen Teil seiner Geschwindigkeit für den Raum (Mischgeschwindigkeit). Denn beim Start seiner Rakete muss er in der 4-D-Darstellung die Richtung seiner Geschwindigkeit ändern und zwar durch Beschleunigung gegenüber der Richtung von Christian. Diese 4-D-Darstellung wird hier wieder vereinfacht zu einer 2-D-Darstellung **[Abb. 53a]**; die Eigenzeit ist dabei die Zeit, die in Christians *Bezugssystem gilt.

Um zurückzukommen, muss Athos erneut die Richtung der Geschwindigkeit ändern. In diesen beiden Punkten ist die Situation von Athos nicht symmetrisch mit der von Christian, sie ist asymmetrisch! Denn Christian verändert nichts, Athos aber doch.

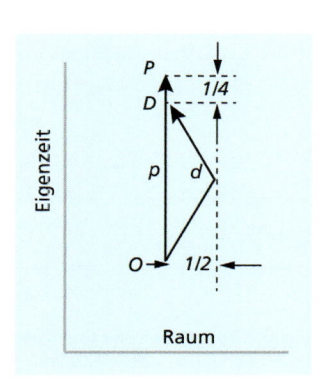

Abb. 53a: Zwillingsparadoxon: Christian bleibt auf der Erde, Athos fliegt in den Weltraum und kommt zur Erde zurück: Die Eigenzeit ist die Zeit, die in Christians Bezugssystem gilt. Um zurückzukommen, muss Athos die Richtung der Geschwindigkeit erneut ändern. In diesen beiden Punkten ist die Situation von Athos nicht symmetrisch mit der von Christian (Asymmetrie).

---

413 Vermeulen, S. 302.

In Abb. 53a muss die Länge der Summe dieser beiden Pfeilstücke genauso groß sein wie die Länge für Christians Geschwindigkeit durch die Zeit; denn nur so gilt, was wir vorher über die Mischgeschwindigkeit gelernt haben: Die Länge der Mischgeschwindigkeit (egal, ob geknickt oder nicht) ist immer dieselbe (nämlich Lichtgeschwindigkeit durch den 4-D-Raum), für Christian wie für Athos.

Die Richtungsänderung bzw. der Knick im Pfeil von Athos verdeutlicht, dass er Christian in der Zeit nicht einholen kann. Die Abbildung zeigt, dass Athos seine Geschwindigkeit geändert hat, Christian nicht. Deshalb ist die Situation nicht symmetrisch. Aber so abrupt, wie in dieser Grafik angenommen, kann man gar nicht beschleunigen; realistischer wäre eine allmähliche Änderung der Geschwindigkeit von Athos, denn er braucht eine gewisse Zeit, um der Lichtgeschwindigkeit nahezukommen **[Abb. 53b]**.

Der wesentliche Unterschied zwischen Christian und Athos ist, dass Athos beschleunigt hat, Christian nicht.[414] Da Christian seine gesamte Mischgeschwindigkeit an die Zeit abgibt, vergeht bei ihm die Zeit schneller – er altert schneller als Athos.

Brian Cox und Jeff Forshaw haben konkret folgenden Fall durchgerechnet: Wie alt ist der auf der Erde zurückgebliebene Christian, wenn Athos mit der uns bekannten Erdbeschleunigung sein Raumschiff zehn Jahre lang in den Weltraum hinein beschleunigt, danach zehn Jahre bremst, dann das Raumschiff wieder Richtung Erde wendet und entsprechend weitere zwanzig Jahre braucht, bis er die Erde erreicht? Er wäre also insgesamt vierzig Jahre unterwegs. „Das Resultat lautet, dass atemberaubende 59.000 Jahre auf der Erde vergangen sein werden!"[415]

Abb. 53b: Lösung des Zwillingsparadoxons: Athos hat beschleunigt, Christian nicht. Da Christian seine gesamte Mischgeschwindigkeit an die Zeit abgibt, vergeht bei ihm die Zeit schneller (maximale Zeit, da minimaler Raum). Er altert folglich schneller als Athos. Anders gesagt: Christian lebt und erlebt mehr in der Zeit, Athos mehr im Raum.

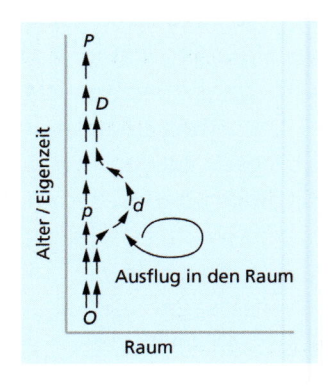

---

414. Da die spezielle Relativitätstheorie sich nur auf *Inertialsysteme bezieht, liest man zuweilen, dass hier für das Zwillingsparadoxon die spezielle Relativitätstheorie nicht angewandt werden könne (siehe z. B. Bührke, S. 52). Dennoch kann auch die spezielle Relativitätstheorie mit Beschleunigung umgehen, z. B. dann, wenn man die Beschleunigung darstellt durch den ständigen Wechsel von *Inertialsystemen. So erklärt Wikipedia die Nachalterung des Zwillingsbruders auf der Erde sowie die Beschleunigung im Zwillingsparadoxon wie folgt: „Ursache dieser Nachalterung ist wiederum die Relativität der Gleichzeitigkeit. Während der Beschleunigung wechselt der fliegende Zwilling gewissermaßen ständig in neue *nertialsysteme. In jedem dieser *Inertialsysteme ergibt sich jedoch für den Zeitpunkt, der gleichzeitig auf der Erde herrscht, ein anderer Wert und zwar derart, dass der fliegende Zwilling auf eine Nachalterung des irdischen schließt." (https://de.wikipedia.org/wiki/Zwillingsparadoxon.)

415. Cox & Forshaw, S. 108.

3.4.4 Das vierdimensionale Sein als Gleichnis

3.4.4.1 Der ewige Schöpfer steht über Raum und Zeit

Schon der erste Satz der Bibel sagt uns, dass Zeit und Raum nur etwas Erschaffenes sind.[416] Die beiden ersten Wörter der Bibel „Im Anfang" drücken aus, dass es vorher keine Zeit gab; denn hätte es ein „Vorher" gegeben, wenn es also vor der Schöpfung, vor der Erschaffung von Himmel und Erde, schon Zeit gegeben hätte, dann wäre das kein wirklicher Anfang von Himmel und Erde gewesen.

Zu demselben Ergebnis kommt man auch ohne die Bibel, wenn man vom Standardmodell für die Entstehung des Weltalls ausgeht, also dem Modell, das heute die Mehrheit am ehesten akzeptiert – doch sei an dieser Stelle zumindest erwähnt, dass es zum „Urknall" auch alternative Modelle gibt. Zu solchen Alternativen

> passt z. B. eine Feststellung der ESO (European Southern Observatory), dass viele gegenwärtige astronomische Beobachtungen zunehmend den Schluss nahelegen, dass das Universum als eine augenblickliche Schöpfung entstanden sein könnte [...]
> In einer Kurzfassung (März 2005) der Veröffentlichung von Mullis et al. (2005) sagt Piero Rosati zu den neun Milliarden Lichtjahren entfernten Galaxienhaufen: „Schon in dieser frühen Periode der kosmischen Geschichte sehen wir diese riesige und voll entwickelte Struktur. Das bedeutet, dass wir es mit einem alten Galaxienhaufen in einem jungen Universum zu tun haben".
> [...]
> [So] sollte in der Öffentlichkeit die Vorläufigkeit kosmologischer Modelle herausgestellt und nicht von gesicherten Fakten gesprochen werden.[417]

Aber ob durch „Urknall" oder gemäß einem Alternativ-Modell: Raum und Zeit sind irgendwann und irgendwie einmal entstanden.

Weiter sagt die Bibel voraus, dass Raum und Zeit nicht auf Dauer existieren, sondern dass dieser Himmel und diese Erde vergehen werden. Sie sagt (in Übereinstimmung mit der heutigen naturwissenschaftlichen Erkenntnis), dass Raum und Zeit nur etwas Erschaffenes, Vergängliches ist.

Diesem vergänglichen Geschaffenen mit seinem relativen Wert steht der ewige Schöpfer als das einzig Absolute gegenüber. So ist z. B. die Rede davon, dass Himmel und Erde wie ein Mantel zusammengerollt werden, vergehen werden, wohingegen der Schöpfer bleiben wird.[418]

---

416. 1. Mose 1,1.
417. Pailer & Krabbe, S. 20; 144.
418. Offenbarung 21,1; Hebräer 1,10–12; (für „vergehen werden" siehe 2. Petrus 3,10 laut Schlachter-2000-Übersetzung bzw. nach Mehrheitstext und Textus Rezeptus).

In der Bibel finden wir jede Menge Stellen, die besagen, dass ein ewiger Gott ist, einer, der von Ewigkeit her lebt und herrscht und das in alle Ewigkeit tun wird.[419] Gottes ewige Existenz ist so grundlegend wichtig, dass mindestens zwei französische Übersetzungen den Gottesnamen Jahwe („HERR", Vorkommen im AT: fast 7000 Mal) wiedergeben mit „der Ewige" (französisch: „l'Éternel")[420]

Über 700 Jahre vor der Geburt des Messias[421] hatte Micha vorhergesagt, er würde in Bethlehem geboren werden, sei aber „von Ewigkeit her". Am meisten als Gott und Gottes Sohn dargestellt wird Jesus im Johannes-Evangelium; dieses beginnt mit der Ewigkeit, mit der Aussage, dass Jesus aus der Ewigkeit hergekommen ist: „Im Anfang war das Wort, und das Wort war bei Gott, und das Wort war Gott. ... Und das Wort wurde Fleisch und wohnte unter uns." Paulus schreibt der Gemeinde in Kolossää über Jesus: „Er ist vor allem, und alles besteht durch ihn", und im letzten Buch der Bibel, in der Offenbarung, wird Jesus Christus bezeichnet als „der Erste und der Letzte, der Anfang und das Ende".[422]

Dass Gott über Raum und Zeit steht, erklärte Jesus den Juden mit einem einzigen Satz: „Ehe Abraham war, bin ich." Damit beanspruchte er, der ewige Gott zu sein, wofür sie ihn auf der Stelle steinigen wollten.[423] Abraham hatte 2000 Jahre vor Jesus auf der Erde gelebt; folglich behauptete Jesus, als ewig Existierender stehe er über Raum und Zeit.

Für diese Aussage Jesu – „Ehe Abraham war, bin ich" – ist die vierdimensionale Darstellung der *Raumzeit nach Minkowski ein wunderbares Gleichnis. Wir sahen, dass wir Menschen diese 4-D-*Raumzeit nur in der vorgegebenen Richtung durchwandern können; auch die Geschwindigkeit ist vorgegeben: mit Lichtgeschwindigkeit.

Aber Gott, der HERR, der Ewige, der über Raum und Zeit steht (und damit nicht gebunden ist an die 4-D-*Raumzeit), kann sich auch innerhalb der 4-D-*Raumzeit in jeder beliebigen Richtung bewegen: vor und zurück, rechts, links, schräg nach oben und nach unten. Damit kennt er das Ende vor dem Anfang und deshalb kann er auch alles vorhersagen. Die Bibel ist voll von Beispielen dafür.

---

419. Z. B. 1. Mose 21,33; 2. Mose 3,15; 15,18; Psalm 10,16; 29,10; 33,11; 48,15; 90,2; 93,2; 102,13; 135,13; Jesaja 40,28; Daniel 4,31; 7,14; Römer 16,26; 1. Timotheus 6,16; Offenbarung 1,6.18; 4,9–10; 5,13; 7,12; 10,6; 11,15; 15,7.

420. „Jahwe"(HERR) kommt im AT (hebräischer und aramäischer Grundtext) in 5790 Versen genau 6828 Mal vor. Die beiden französischen Übersetzungen, die dafür „der Ewige" schreiben, sind die *La Sainte Bible par Louis Segond* (1910) und die Bible Darby en français (1885). In vielen deutschen Übersetzungen dagegen wird Jahwe mit „HERR" wiedergegeben, also mit vier Großbuchstaben. Wikipedia erklärt dazu: „JHWH (hebräisch יהוה ; englisch YHWH) ist der unvokalisierte Eigenname des Gottes Israels im Tanach. ... Um die Aussprache des Eigennamens JHWH zu vermeiden, verwendet das Judentum für dieses Tetragramm die Ersatzlesungen Adonai [... ‚mein Herr'] oder HaSchem (‚der Name'). Die ursprüngliche Aussprache des Namens ist unbekannt." (https://de.wikipedia.org/wiki/JHWH).

421. Micha prophezeite im 8. Jh. v. Chr... Den er trat auf während der Königszeit von Jotam, Ahas und Hiskia (Micha 1,1) Walvoord & Zuck, S. 1475.

422. Micha 5,1; Johannes 1,1.14; Kolosser 1,17; Offenbarung 22,13.

423. Johannes 8,58–59.

Der Prophet Jesaja bestätigt zunächst grundsätzlich: „Das Frühere, siehe, es ist eingetroffen, und Neues verkündige ich. Bevor es aufsprosst, lasse ich es euch hören. ... Wer hat von Urzeiten her das Kommende hören lassen? Und was eintreten wird, sollen sie uns verkünden! Erschreckt nicht und zittert nicht! Habe ich es dich nicht schon längst hören lassen und es dir verkündet? ... Wer hat dies von alters her hören lassen, schon längst es verkündet? Nicht ich, der HERR? ... der ich von Anfang an den Ausgang verkünde und von alters her, was noch nicht geschehen ist ... so habe ich es dir schon längst verkündet, ehe es eintraf, habe ich es dich hören lassen."[424]

Als Beispiel dafür haben wir bereits in Kapitel 2 viele solcher Vorhersagen bzw. Prophetien der Schrift kennengelernt, klassifiziert nach den vier Punkten: 1) Völker und Städte; 2) Israel; 3) Messias, Jesus Christus; 4) Leben nach dem Tod.

Analog zum Gleichnis der Relativitätstheorie bedeutet das: Im Gegensatz zu uns Geschöpfen, die wir als dreidimensionale Wesen an eine bestimmte Zeitrichtung gebunden sind und damit an das Kausalitätsprinzip von Ursache und Wirkung, im Gegensatz dazu kann Gott (nicht nur, aber auch) in der vierten Dimension in alle Richtungen gehen, insbesondere kann er auch zurückgehen von der Zukunft in die Vergangenheit. So kann er „von Anfang an den Ausgang verkünde[n] und von alters her, was noch nicht geschehen ist".

3.4.4.2 Im Gleichnis ist unser vergängliches Leben vierdimensional aufgezeichnet, zur ewigen Bewertung von Gott

Dieser ewige Schöpfer hat dementsprechend mit seinen Geschöpfen ewige Pläne. Der eigentliche Autor der Heiligen Schrift ist Gott;[425] folglich ist die Bibel, sein ewiges Wort an uns, auf die Ewigkeit ausgerichtet – und auch Gottes Pläne für die Christen sind ewige Pläne.

Christen sind durch Gottes Wort wiedergeboren[426] und durch Gottes Wort – die Bibel – haben sie eine völlig neue Lebensorientierung bekommen: Der Christ ist den relativen, vergänglichen Dingen dieser Welt gestorben und richtet sich aus nach dem, „was droben ist", was also für die Ewigkeit Bedeutung hat.[427]

Eines Tages wird Gott im Gericht das Leben eines jeden bewerten, inwiefern es rein auf das Irdische (Vergängliche) ausgerichtet war oder auf das Ewige gemäß den Verheißungen von Gottes Wort.[428] Somit wird einmal alles, was in dieser Welt in Raum und

---

424. Jesaja 42,9; 44,7–8; 45,21; 46,10; 48,5.
425. Nur damit ist zu erklären, warum die Bibel, über einen Zeitraum von über 1500 Jahren von über 40 Autoren geschrieben, so sehr „aus einem Guss" ist.
426. 1. Petrus 1,23.
427. „was droben ist": Kolosser 3,1–4; „was für die Ewigkeit Bedeutung hat": z. B. Psalm 119,152; Johannes 6,27; 2. Korinther 4,17-18
428. Philipper 3,18–21; Hebräer 11,15–16.

Zeit geschehen ist, für alle Ewigkeit seine positive oder negative Bedeutung haben, es wird – im Bild der 4-D-*Raumzeit gesprochen – für ewig zu einer *Invariante erstarren.

Anders gesagt (bzw. mit den Worten der Bibel ausgedrückt): Es ist bereits zur *Invarianten erstarrt allein dadurch, dass alles in Büchern aufgezeichnet ist.[429] Eines Tages wird alles von Jesus Christus bewertet werden; Gott, der Vater, hat ihn zum Richter eingesetzt.[430]

Dieses richtende Bewerten durch Jesus Christus gilt sowohl denen, die durch den Glauben an Jesus Christus ewiges Leben haben, als auch denen, die ohne Gott gelebt haben: „Denn wir müssen alle vor dem Richterstuhl Christi offenbar werden."[431]

Jene, die ihr Leben Jesus anvertraut haben und – aus reiner Gnade durch Jesu Tod am Kreuz – in der Herrlichkeit Gottes ewiges Leben haben, werden unterschiedlichen Lohn bekommen, je nachdem, wie konsequent sie Jesus nachgefolgt sind (oder nicht), ob und inwieweit sie auf die absoluten, ewigen Verheißungen von Gottes Wort gebaut haben oder auf die relativen, vergänglichen Dinge dieser Welt.

Das Gericht wird in der Bibel häufig dargestellt mit dem Bild des Feuers. Was auf die Verheißungen von Gottes Wort gebaut ist, hat auch im Feuer Bestand, während das, was nur im Blick auf diese vergängliche Welt getan wurde, im Feuer verbrennt: „Einen andern Grund kann niemand legen außer dem, der gelegt ist, welcher ist Jesus Christus. Wenn aber jemand auf den Grund Gold, Silber, kostbare Steine, Holz, Heu, Stroh baut, so wird das Werk eines jeden offenbar werden, denn der Tag wird es klarmachen, weil er in Feuer geoffenbart wird. Und wie das Werk eines jeden beschaffen ist, das wird das Feuer erweisen. Wenn jemandes Werk bleiben wird, das er darauf gebaut hat, so wird er Lohn empfangen; wenn jemandes Werk verbrennen wird, so wird er Schaden leiden, er selbst aber wird gerettet werden, doch so wie durchs Feuer."[432]

Manche vergleichen dieses Gericht der Erretteten mit einem Preisgericht. Das ist die große Hoffnung aller, die auf die Wiederkunft Jesu warten gemäß seiner Verheißung: „Siehe, ich komme bald und mein Lohn mit mir, um einem jeden zu vergelten, wie sein Werk ist."[433]

Dieses richtende Bewerten durch Jesus Christus gilt aber auch jenen, die nicht gerettet sind, weil sie ihr Leben nicht Jesus anvertraut haben (also nicht im Buch des Lebens stehen): Auch sie werden gerichtet nach ihren Werken – aber im Gegensatz zur ersten Gruppe werden sie in ewiger Gottesferne enden.

Auch ihre Werke sind in Büchern aufgezeichnet. Im Gleichnis der Relativitätstheorie kann man sich die Bücher (beider Gruppen) vorstellen als ewige, vierdimensionale Ge-

---

429. Offenbarung 20,12.
430. Johannes 5,22.
431. 2. Korinther 5,10.
432. 1. Korinther 3,11–15.
433. Offenbarung 22,12.

bilde, die die dreidimensionalen Menschen beim Durchgang durch die Zeit produziert haben: „Und ich sah die Toten, die Großen und die Kleinen, vor dem Thron stehen, und Bücher wurden geöffnet und ein anderes Buch wurde geöffnet, welches das des Lebens ist. Und die Toten wurden gerichtet nach dem, was in den Büchern geschrieben war, nach ihren Werken." Jene in der Gottesferne sind für alle Ewigkeit unter Gottes Gericht; dieses wird im Bild des Feuersees geschildert: „Und wenn jemand nicht geschrieben gefunden wurde in dem Buch des Lebens, so wurde er in den Feuersee geworfen."[434]

3.5 Abstoßende und anziehende Kraft als Folge der relativierten Welt

3.5.1 Die Magnetkraft als Folge der Relativitätstheorie

In Kapitel 1 in der Einführung in die Elektrodynamik haben wir festgestellt, dass ein sich änderndes elektrisches Feld ein Magnetfeld erzeugt und umgekehrt. Nachdem wir nun wissen, dass Raum und Zeit im vierdimensionalen Minkowski-Raum austauschbar sind, brauchen wir uns keine Gedanken mehr darüber zu machen, ob sich das elektrische Feld zeitlich ändert oder aber räumlich.

Aus diesem grundsätzlichen Zusammenhang zwischen elektrischem und Magnetfeld haben die Physiker innerhalb der Elektrodynamik verschiedene Gesetze abgeleitet, z. B. das Biot-Savart-Gesetz, das Ampèresche Kraftgesetz, das Induktionsgesetz, die Lorentzkraft usw.; mit diesen Bezeichnungen für ein und dieselben oder miteinander verwandten Phänomene in der Physik brauchen wir uns jetzt nicht aufzuhalten.

Dann haben wir die Längenschrumpfung kennengelernt, auch „Längenkontraktion" oder „Lorentzkontraktion" genannt; auch diese Begriffe brauchen uns hier nicht zu interessieren, außer, wenn Sie gerne den Dingen auf den Grund gehen – man könnte ja Verdacht schöpfen, wenn zwei Personen denselben Namen tragen, vielleicht steckt jedoch mehr dahinter.

Also forschen wir doch mal ein bisschen nach. Wir haben hier zwei Begriffe, die zunächst nichts miteinander zu tun haben: Da gibt es die „Lorentzkontraktion" (beschrieben durch den reziproken Lorentzfaktor γ, siehe Abb. 42), was dasselbe ist wie die Längenschrumpfung, die wir bei der Relativitätstheorie kennengelernt haben.

Dann gibt es die „Lorentzkraft", die entsteht durch ein sich änderndes elektrisches Feld, erzeugt ein Magnetfeld und zeigt bei der Begegnung mit einem anderen Magnet-

---

[434]. Offenbarung 20,12.15.

feld eine abstoßende oder anziehende Kraft. Denn Magnetfelder, wenn sie einander begegnen, ziehen sich an oder stoßen sich ab, erfahren also eine Kraft – die Lorentzkraft kennen wir aus der Elektrodynamik am Schluss von Kapitel 1, allerdings ohne ihr einen (diesen) Namen zu geben.

Die Lorentz*kontraktion* aus der Relativitätstheorie und die Lorentz*kraft* aus der Elektrodynamik sind zwei ganz unterschiedliche Phänomene; auf den ersten Blick haben sie genauso wenig miteinander zu tun wie z. B. ein gewisser Herr Lorentz aus Bayern und ein anderer Herr aus Sachsen, der zufällig auch Lorentz heißt.

Aber da wir nun einmal beschlossen haben, der Sache auf den Grund zu gehen, stellen wir durch rein historische Nachforschung zunächst einmal fest: Sowohl die Lorentzkontraktion als auch die Lorentzkraft sind nach demselben Herrn benannt: nach Hendrik Antoon Lorentz (1853–1928), einer führenden Persönlichkeit in der Theoretischen Physik. Ein Schwerpunkt seiner Arbeit war die Bewegung elektrisch geladener Teilchen.

Nun wissen wir bereits aus Kapitel 1, dass elektrische Ladungen die Quellen elektrischer Felder sind und dass diese, wenn sie bewegt werden, Magnetfelder erzeugen. Weiter ist klar – wie wir soeben festgestellt haben –, dass Magnetfelder bei der Begegnung mit anderen Magnetfeldern eine Kraftwirkung erfahren (Physiker sprechen in solchen Fällen von Wechselwirkung).

Da Herr Lorentz sich nun mal gerne mit der Bewegung elektrischer Ladungen beschäftigte, kann man sich gut vorstellen, warum die Kraft, die eine bewegte Ladung in einem Magnetfeld erfährt, als „Lorentzkraft" bezeichnet wird. Weitere Nachforschungen bei Wikipedia zeigen, dass seine Beschäftigung mit Elektronen ihn dann auch zu einer Elektronentheorie führte:

> Im Rahmen seiner Elektronentheorie entwickelte Lorentz das Konzept eines vollständig ruhenden *Äthers, der von der Materie unbeeinflusst blieb. In diesem Modell war die Lichtgeschwindigkeit unabhängig von der Geschwindigkeit der Lichtquelle, da diese ausschließlich in Bezug zum *Äther konstant war. Letzteres müsste allerdings dazu führen, dass relativ zum *Äther bewegte Materie dem Licht entgegen- bzw. davonläuft („*Ätherwind"). Dieser Effekt konnte jedoch experimentell nicht nachgewiesen werden. Deshalb führte Lorentz 1892 die Annahme ein, dass bewegte Materie im *Äther verkürzt wird (wobei dieselbe Hypothese 1889 von George Francis FitzGerald vorgeschlagen wurde).[435]

---

435. https://de.wikipedia.or g/wiki/Hendrik_Antoon_ Lorentz .

Wir sehen daran, dass auch Herr Lorentz sich mit der Frage nach der Lichtgeschwindigkeit beschäftigte und – wie auch die anderen Physiker – damals davon ausging, dass Licht sich in einem „*Äther" ausbreitet. Weil Hendrik Antoon Lorentz im Rahmen der *Äther-Theorie an einem ruhenden *Bezugssystem festhielt, statt das *Relativitätsprinzip auch in der Elektrodynamik einzuführen, konnte er die Relativitätstheorie nicht entdecken. Dennoch half seine Kontraktionshypothese (Schrumpfungshypothese) weiter, also die Hilfshypothese, dass Materie im *Äther verkürzt wird:

> Einstein erkannte nun, dass man nur die wesentliche Erkenntnis von Lorentz, nämlich die Unabhängigkeit der Lichtgeschwindigkeit von der Quelle, mit dem *Relativitätsprinzip kombinieren müsse, um eine widerspruchsfreie Elektrodynamik bewegter Körper zu konstruieren.[436]

Da also Einstein die Kontraktionshypothese von Lorentz übernommen hat, spricht man auch von „Lorentzkontraktion", also jenem Effekt, den wir bisher (aus populärwissenschaftlichen Gründen) einfach „Längenschrumpfung" genannt haben.

So bestätigt sich im Rückblick nochmals, wie sehr die Elektronentheorie bzw. die Elektrodynamik doch zusammenhängt mit der Relativitätstheorie. Und beim Übergang von Kapitel 1 zu Kapitel 2 haben wir bereits festgestellt, dass Grundlage der Relativitätstheorie das um die Elektrodynamik erweiterte *Relativitätsprinzip ist. So viel ist damit also klargeworden: Die Elektrodynamik ist nicht zu trennen von der Relativitätstheorie.

Deswegen fragen wir weiter: Könnte es auch einen physikalischen Zusammenhang geben zwischen der Lorentzkraft und der Lorentzkontraktion? Dabei machen wir uns nochmals klar: „Lorentz*kontraktion*" ist nur ein anderer Begriff, ein Synonym für „Längenschrumpfung"; die Lorentz*kraft* hingegen ist ein Effekt, der entsteht, wenn bewegte elektrische Ladung ein Magnetfeld erzeugt.

Bisher haben wir in der Elektrodynamik ja einfach zur Kenntnis genommen, dass bewegte Ladung – im Gegensatz zur ruhenden Ladung – ein Magnetfeld erzeugt; eine Erklärung, warum das so ist, steht noch aus. Nun führt uns der tiefe Zusammenhang zwischen Elektrodynamik und Relativitätstheorie auf eine Spur; gehen wir ihr einmal versuchsweise nach und fragen wir:

Wie schafft es die Elektrodynamik mit Hilfe der Relativitätstheorie, bei Änderung des elektrischen Feldes ein neues Feld zu erzeugen, ein Magnetfeld, sodass bei Wechselwirkung mit einem anderen Magnetfeld eine Kraft entsteht, die man „Lorentzkraft" nennt?

---

436. https://de.wikipedia.org/wiki/Hendrik_Antoon_Lorentz .

Dass die Elektrodynamik dazu die Relativitätstheorie braucht, ist zunächst nur eine Vermutung.

Um dieser Vermutung nachzugehen, stellen wir uns Elektronen in einem Kupferdraht vor:

> In einem normalen Leiter wie Kupfer beruhen die elektrischen Ströme auf der Bewegung einiger negativer Elektronen – sie heißen Leitungselektronen – während die positiven Kernladungen und der Rest der Elektronen unbeweglich im Körper des Materials bleiben.[437]

Zu jedem (negativ geladenen) Elektron im Kupfer gehört also sein positiv geladenes Kupferion. Das Kupferion, hier jetzt einfach „Ion" genannt, ist also das Überbleibsel, der Rest des Kupfer-Atoms, wenn man das Elektron entfernt. Solange beide ruhen, sind wir noch in der Elektrostatik **[Abb. 54a]** – es bewegt sich nichts. Sie erzeugen in der Umgebung nur ein elektrisches Feld, dabei werden die Felder der positiven Ionen genau ausgeglichen durch die Felder der negativen Elektronen: Wir haben nach außen keine Kraft (genauer gesagt: kein elektrisches Feld, das auf eine Probeladung eine Kraft ausübt).

Fließt durch den Draht aber ein Strom von Elektronen, dann bewegen sich diese gegenüber den positiv geladenen Ionen mit einer bestimmten Geschwindigkeit und erzeugen so ein Magnetfeld: Bewegte Elektronen sind bewegte elektrische Felder. Aus der Elektrodynamik, die wir in Kapitel 1 betrachtet haben, wissen wir, dass ein sich änderndes elektrisches Feld ein Magnetfeld erzeugt.

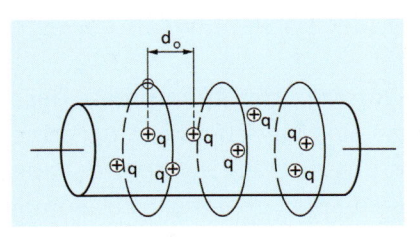

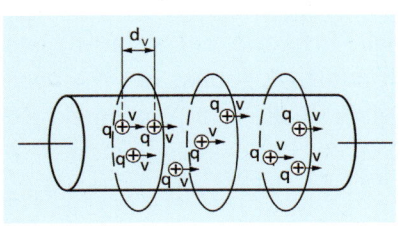

Abb. 54a: Elektronen im Kupferdraht: Elektrische Ströme beruhen auf der Bewegung einiger negativer Elektronen – Leitungselektronen –, während die positiven Kernladungen und der Rest der Elektronen unbeweglich im Körper des Materials ruhen.

Abb. 54b: Aus dem Bezugssystem der positiv geladenen Ionen betrachtet, sind die Abstände (d) zwischen den negativ geladenen Elektronen also geschrumpft (dv ist kleiner als d0). Die Distanz der bewegten Elektronen (dv) ist verkürzt gegenüber der Distanz der ruhenden Elektronen (d0), – der Effekt der Längenschrumpfung.

437. Feynman, Kap. 13; S. 13-12

Aufgrund dessen, was wir in diesem Kapitel 3 aus der Relativitätstheorie kennengelernt haben, wissen wir: Ein *Bezugssystem, das sich gegenüber einem ruhenden *Bezugssystem mit einer bestimmten Geschwindigkeit bewegt, erfährt eine Längenschrumpfung (Lorentzkontraktion).

Aus dem *Bezugssystem der positiv geladenen Ionen betrachtet, sind die Abstände (d) zwischen den negativ geladenen Elektronen also geschrumpft (d_v ist kleiner als d_0) **[Abb. 54b]** – die Distanz der bewegten Elektronen (d_v) ist verkürzt gegenüber der Distanz der ruhenden Elektronen (d_0). Der Beobachter, der mit den positiv geladenen Ionen verbunden ist, sieht auf einem Meter Draht jetzt mehr negativ geladene Elektronen als positiv geladene Ionen; die Ionen können also die Elektronen nicht mehr ganz ausgleichen.

Durch diesen Überschuss an Elektronen entsteht im *Bezugssystem der Ionen ein zusätzliches Feld und damit (bei Wechselwirkung mit einem anderen Magnetfeld) eine zusätzliche Kraft, die vorher nicht da war. Hier sind wir dem neuen, zusätzlichen Feld und der neuen, zusätzlichen Kraft auf die Spur gekommen – das muss die Magnetkraft sein, die nach Herrn Lorentz genannte Lorentzkraft.

Haben wir weitere Beweise dafür? Da die Schrumpfung nur in Bewegungsrichtung der Elektronen auftritt, erscheint dieses Feld und damit auch diese Kraft nur senkrecht zur Bewegungsrichtung. Und genau das wird beobachtet bei der Magnetkraft. Damit haben wir nachvollzogen,

> dass die Existenz eines magnetischen Felder um einen Leiter mit bewegten Ladungen (stromfließenden Leiter) eine Folgerung aus den Gesetzen der Elektrostatik und der speziellen Relativitätstheorie ist.[438]

oder zusammengefasst:

> **Die Magnetkraft bei bewegten Ladungen folgt logisch aus der Längenschrumpfung der Relativitätstheorie.**

Bei Wechselwirkung mit einem anderen Magnetfeld erfährt dann der Elektronen-Strom innerhalb des Leiters eine Kraft, die Lorentzkraft. Damit haben wir gesehen, wie die Lorentzkraft sich logisch erklären lässt aus der Lorentzkontraktion bzw. Längenschrumpfung der Relativitätstheorie.

Nun könnte man einwenden: Wenn die Dichte der Elektronen in der bewegten Ladung

---

438. Lüscher, S. 74

größer ist als die der Ionen, dann entsteht doch nach außen ein zusätzliches elektrisches Feld, wenn auch nur senkrecht zum Draht. Wieso spricht man dann vom Magnetfeld? Warum gibt man dem einen neuen Namen, statt es einfach „zusätzliches elektrisches Feld" zu nennen?

Der Einwand ist berechtigt. Man kann das eine vom anderen gar nicht richtig trennen; sondern wir stellen fest,

> dass Magnetismus und Elektrizität nicht zwei getrennte Dinge sind – dass sie immer gemeinsam als ein vollständiges elektromagnetisches Feld betrachtet werden müssen. Obwohl die Maxwell-Gleichungen im statischen Fall zwei getrennte Paare bilden, ein Paar für die Elektrizität, das andere für den Magnetismus, ohne dass ein Zusammenhang zwischen den beiden Feldern sichtbar wäre, finden wir in der Natur selbst eine sehr enge Verknüpfung zwischen ihnen, die auf das *Relativitätsprinzip [(SRT)] zurückzuführen ist. Historisch gesehen wurde das *Relativitätsprinzip [(SRT)] nach den Maxwell-Gleichungen entdeckt. In Wirklichkeit war es das Studium der Elektrizität und des Magnetismus, das Einstein schließlich zu seiner Entdeckung des *Relativitätsprinzips [(SRT)] führte.[439]

In der vierdimensionalen *Raumzeit nach Minkowski haben wir gesehen, dass die Geschwindigkeiten durch den Raum und die Geschwindigkeiten durch die Zeit je nach *Bezugssystem unterschiedlich gemischt sind; nun treten auch „elektrische und magnetische Felder je nach *Bezugssystem verschieden gemischt"[440] auf.

So werden die Zusammenhänge allmählich deutlicher: Aus dem *Relativitätsprinzip (SRT) bzw. der absoluten Lichtgeschwindigkeit folgt logisch-mathematisch die Längenschrumpfung und Zeitdehnung und damit auch die vierdimensionale *Raumzeit (mit den 4-D-Abständen zwischen Ereignissen als *Invarianten) – und aus der Längenschrumpfung (Lorentzkontraktion) folgt wieder die Existenz des Magnetfeldes bzw. der Magnetkraft (Lorentzkraft).

Letztlich hängt alles an dem *Relativitätsprinzip (*R-Postulat) bzw. dem absoluten Licht (*L-Postulat): dass Licht auch dann noch Licht bleibt (mit derselben Geschwindigkeit, nämlich mit Lichtgeschwindigkeit), wenn man versucht, es mit Lichtgeschwindigkeit einzuholen.

> **Nicht nur die Relativitätstheorie als Ganzes ist eine Folge der absoluten Lichtgeschwindigkeit, sondern auch die Magnetkraft.**

---

439. Feynman, Kap. 13; S. 13-11.   440. Feynman, Kap 13; S. 13-16.

Von dieser Magnetkraft sprachen wir bereits in Kapitel 1, als wir feststellten, dass magnetostatische Felder nicht an Masse gebunden sind, aber dass man magnetostatische Felder sichtbar machen kann, z. B. mit Eisenfeilspänen. Später stellten wir fest, dass sie erzeugt werden durch bewegte elektrische Ladungen – und jetzt haben wir auch noch die Ursache erkannt, warum bewegte elektrische Ladungen ein Magnetfeld erzeugen, nämlich aufgrund der Längenschrumpfung der Relativitätstheorie.

Weiter sollten wir über Magneten wissen, dass ihre Feldlinien eine bestimmte Richtung haben, woraus sich auch die Definition der Pole eines Magneten ergibt: Die magnetischen Feldlinien verlaufen vom Nordpol zum Südpol **[Abb. 55a]**. „Wird ein Magnet durchbrochen, so zeigt jedes Stück an den Enden entgegengesetzte Pole. Jedes Stück richtet sich im magnetischen Feld aus."[441] **[Abb. 55b.]**

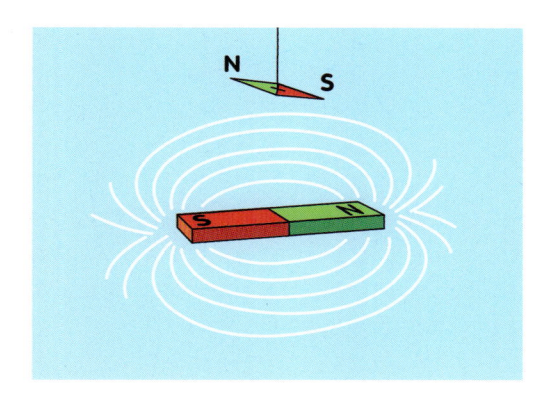

Abb. 55a: Die magnetischen Feldlinien verlaufen vom Nordpol zum Südpol.

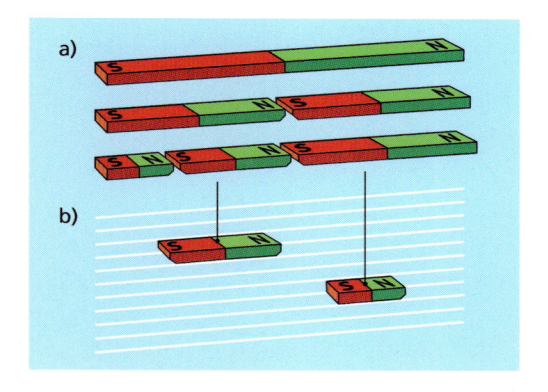

Abb. 55b: Wird ein Magnet durchbrochen, so zeigt jedes Stück an den Enden entgegengesetzte Pole und richtet sich im Magnetfeld aus.

Bereits im ersten Kapitel sahen wir, dass magnetische Felder mit stromdurchflossene Leiter erzeugt werden. Stehen sich zwei stromdurchflossene Leiter gegenüber haben wir zwei Magneten. Auf eine feldmäßige Behandlung der Kräfte dieser stromdurchflossenen Leiter bzgl. der Stromrichtung wird hier verzichtet; aber das Ergebnis dieser Behandlung für die Stromrichtung ist:

> Parallele Ströme werden sich [...] anziehen wie ungleichnamige Ladungen und umgekehrt[442].

---

441. PSSC Physik; S. 484. 442. Gerthsen, S. 379

Grafisch ist das Ergebnis für beide Fälle dargestellt: [**Abb. 56a & b:** Hier ist die Stromrichtung angegeben durch einen dicken Punkt und die Gegenrichtung durch ein Pluszeichen]. Parallele Ströme produzieren daher Magneten mit ungleichnamigen Polen und umgekehrt. So kann man also bei zwei Magneten die Feldlinien grundsätzlich auf zweierlei Weise ausrichten:

Erstens können die Feldlinien der Magneten so verlaufen, dass sie einander aus dem Weg drücken, die beiden Magneten erfahren also eine abstoßende Kraft [Abb. 56a]. Das ist der Fall, wenn gleichnamige Pole einander gegenüberliegen, z. B. Nordpol gegen Nordpol (oder Südpol gegen Südpol), eine abstoßende Kraft.

Zweitens können die Feldlinien der Magneten so verlaufen, dass die Feldlinien sich vereinigen; dann erfahren die beiden Magneten (bzw. die stromdurchflossenen Leiter) eine anziehende Kraft [Abb. 56b]. Das geschieht, wenn nicht-gleichnamige Pole sich gegenüberliegen.

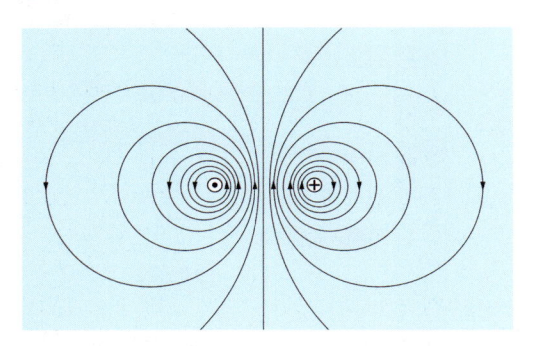

Abb. 56a: Ungleichnamige Pole (erzeugt durch parallele Ströme) erfahren eine anziehende Kraft.

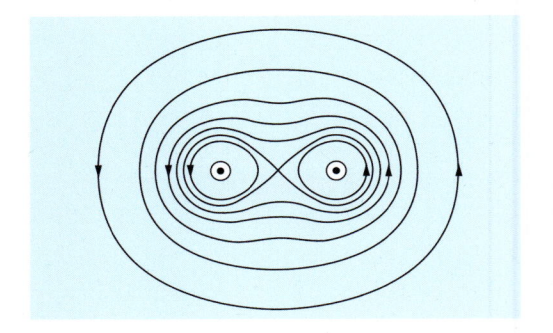

Abb. 56b: Gleichnamige Pole (erzeugt durch antiparallele Ströme) erfahren eine abstoßende Kraft.

3.5.2 Die Magnetkraft, Folge der relativierten Welt, als Gleichnis betrachtet

In der Mechanik sahen wir: Wenn Objekte sich zueinander gleichförmig bewegen, ist die Geschwindigkeit relativ. Wir deuteten dies als Gleichnis dafür, dass entsprechend auch Meinungen oder Wertesysteme zueinander relativ sind.

Aber im Bereich der unsichtbaren, nicht an Masse gebundene Mächte gibt es noch eine weitere Möglichkeit, wie sich Meinungen oder Wertesysteme zueinander verhalten können: In der Physik finden wir elektrische, magnetische oder elektromagnetische Felder, die aufeinander entweder abstoßende oder anziehende Kraft ausüben.

Als Gleichnis betrachtet sind das Mächte im Bereich von Religion und Glauben (also nicht an Masse gebundene Phänomene): Hier treten beim Meinungsaustausch neue Effekte bzw. Kräfte auf. Der Umgang beim Austausch verschiedener Meinungen im Bereich von Religion und Glauben ist daher anders als bei sonstigen Meinungsverschiedenheiten, die sich nur auf diese Welt beziehen: Da gibt es abstoßende und anziehende Kräfte, die es sonst nicht gibt, analog zur Magnetkraft.

3.5.2.1 Die sich abstoßende Kraft der einander aus dem Weg drückenden Feldlinien

Wie die abstoßende Magnetkraft [siehe Abb. 56a] als Gleichnis betrachtet sich auswirkt, hat Jesus seinen Jüngern vorausgesagt: „Ihr werdet von allen gehasst werden um meines Namens willen." Der Hass kann sich steigern bis zum Mord: „Sie werden euch aus der Synagoge ausschließen; es kommt sogar die Stunde, dass jeder, der euch tötet, meinen wird, Gott einen Dienst zu tun. Und dies werden sie tun, weil sie weder den Vater noch mich erkannt haben."[443]

Die Missionare in der Apostelgeschichte erlebten reichlich Verleumdung und Verfolgung von einer Stadt zur anderen, insbesondere von den Juden. Dass Paulus von ihnen als „Sektierer" beschimpft wurde, war noch das Geringste: „Denn wir haben diesen Mann als eine Pest befunden und als einen, der unter allen Juden, die auf dem Erdkreis sind, Aufruhr erregt, und als einen Anführer der Sekte der Nazoräer." Mehrfach versuchte man, ihn zu töten.[444]

Die Bibel beschreibt diese abstoßende Kraft wie eine geistliche Gesetzmäßigkeit: „Alle aber auch, die gottesfürchtig leben wollen in Christus Jesus, werden verfolgt werden."[445]

So wie in der Physik die Magnetkraft eine Folge der absoluten Lichtgeschwindigkeit ist, so ist – als Gleichnis betrachtet – auch Verleumdung und Verfolgung eine Kraft, die Christen erfahren, weil sie zu Jesus Christus gehören. Jesus ermutigt, in dieser Abstoßung auszuharren mit Blick auf das Absolute, das sie im Himmel erwartet: „Glückselig seid ihr, wenn sie euch schmähen und verfolgen und alles Böse lügnerisch gegen euch reden werden um meinetwillen. Freut euch und jubelt, denn euer Lohn ist groß in den Himmeln; denn ebenso haben sie die Propheten verfolgt, die vor euch waren."[446]

So wie die Magnetkraft (Lorentzkraft) sich herleitet aus der Relativierung der Welt, insbesondere aus der Längenschrumpfung (Lorentzkontraktion), so macht Jesus – entsprechend übertragen – deutlich, dass diese Abstoßung, dieser Hass und Verfolgung, daher kommt, dass seine Jünger bzw. die Christen diese Welt nicht mehr verabsolutieren, sondern sie relativieren um Jesu willen.

---

443. Matthäus 10,22 (//24,9//Markus 13,13//Lukas 21,17); Johannes 16,2–3.
444. Apostelgeschichte 24,5; Mordversuche: Apostelgeschichte 14,19; 23,12.
445. 2. Timotheus 3,12.
446. Matthäus 5,11–12.

Die Welt als absolut ansehen, das drückt Jesus aus mit den Worten „von der Welt [sein]", sie zu relativieren mit „nicht von der Welt [sein]" und zieht die Parallele zu seinem eigenen Ergehen: „Wenn die Welt euch hasst, so wisst, dass sie mich vor euch gehasst hat. Wenn ihr von der Welt wäret, würde die Welt das Ihre lieben; weil ihr aber nicht von der Welt seid, sondern ich euch aus der Welt erwählt habe, darum hasst euch die Welt."[447]

Wir sahen, dass die Magnetkraft (Lorentzkraft) eine Folge der Längenschrumpfung (Lorentzkontraktion) ist (und die ist eine Folge der absoluten Lichtgeschwindigkeit). Wie kann man noch genauer nachvollziehen, dass auch in der gleichnishaften Übertragung die abstoßende Kraft, die Verfolgung, daher rührt, dass Christen diese Welt relativieren, während Ungläubige diese Welt verabsolutieren? Wie kann man also nachvollziehen, dass Hass auf Christen bis zur Verfolgung eine logische Folge ihres Glaubens an Jesus Christus ist, wenn dieser Glaube konsequent gelebt wird?

Ein konkretes Beispiel dazu finden wir bei Paulus und Silas, die als Missionare nach Philippi kamen: Dort gab es gewisse Herren, die viel Gewinn machten. Der materielle Gewinn in dieser Welt war für sie das Absolute gemäß dem Motto „Geld regiert die Welt". Als Mittel für dieses absolute Ziel benutzten sie eine Magd,

> die einen Wahrsagergeist hatte; sie brachte ihren Herren großen Gewinn durch Wahrsagen. Diese folgte dem Paulus und uns nach und schrie und sprach: Diese Menschen sind Knechte Gottes, des Höchsten, die euch den Weg des Heils verkündigen. Dies aber tat sie viele Tage. Paulus aber wurde unwillig, wandte sich um und sprach zu dem Geist: Ich gebiete dir im Namen Jesu Christi, von ihr auszufahren! Und er fuhr aus zu derselben Stunde. Als aber ihre Herren sahen, dass die Hoffnung auf ihren Gewinn dahin war, griffen sie Paulus und Silas und schleppten sie auf den Markt zu den Vorstehern. [...]
>
> Und die Volksmenge erhob sich zusammen gegen sie, und die Hauptleute rissen ihnen die Kleider ab und befahlen, sie mit Ruten zu schlagen. Und als sie ihnen viele Schläge gegeben hatten, warfen sie sie ins Gefängnis und befahlen dem Kerkermeister, sie sicher zu verwahren.[448]

Paulus hatte es gewagt, den absoluten Wert des Gewinns in dieser Welt (das Geld) zu relativieren bzw. den Gewinn der „Zuhälter" ein Stück weit zu schmälern, denn er hatte erkannt, dass allein Jesus Christus absolut ist, hinter dem Wahrsagegeist aber der Teufel steckt, und dass Wahrsagerei Gott ein Gräuel ist.[449] Daran entzündete sich

---

447. Johannes 15,18–19.
448. Apostelgeschichte 16,16–19.22-23
449. 5. Mose 18,10–12.

die Verfolgung; schließlich führte diese dazu, dass Paulus und Silas viele Schläge bekamen und im Gefängnis landeten.

Ähnliches geschah in Ephesus, wo ein gewisser Silberschmied namens Demetrius die Verfolgung anzettelte mit den Worten:

> Männer, ihr wisst, dass aus diesem Erwerb [Herstellung und Verkauf der silbernen Miniaturen vom Tempel der Göttin Artemis] unser Wohlstand kommt; und ihr seht und hört, dass dieser Paulus nicht allein von Ephesus, sondern beinahe von ganz Asien eine große Volksmenge überredet und abgewandt hat, da er sagt, dass das keine Götter seien, die mit Händen gemacht werden. Nicht allein aber ist für uns Gefahr, dass dieses Geschäft in Verruf kommt, sondern auch, dass der Tempel der großen Göttin Artemis für nichts erachtet und auch ihre herrliche Größe, die ganz Asien und der Erdkreis verehrt, vernichtet wird.[450]

Das Ergebnis dieses Aufrufs war ein entsprechender Tumult, der wahrscheinlich zur Verfolgung geführt hätte, wenn nicht staatliche Mächte das verhindert hätte.

3.5.2.2 Die einander anziehende Kraft der sich vereinigenden Feldlinien

Umgekehrt ist die anziehende Kraft durch die sich vereinigenden Feldlinien ein Gleichnis für die Liebe Jesu, welche die Christen untereinander verbindet. Zunächst einmal ist da die Liebe von Jesus, die sie gleichermaßen erfahren haben: Alle haben diese (alles andere in den Schatten stellende) Gnade erfahren – die Gnade, Jesus dereinst nicht als dem Richter begegnen zu müssen mit der Konsequenz der ewigen Strafe in der Gottesferne, sondern als dem Retter zur ewigen Herrlichkeit.

Johannes drückt das aus mit den Worten „Wir lieben, weil er uns zuerst geliebt hat"[451]. Diese Liebe bewirkt zunächst einmal die Gegenliebe zu Jesus, der allein der Weg, die Wahrheit und das Leben ist, der einzige Absolute, wie im Gleichnis der Relativitätstheorie es die absolute Lichtgeschwindigkeit ist.

Das haben alle wahren Christen gemeinsam.

Die Mehrheit der Menschen hingegen hat den Blick nur auf das Innerweltliche gerichtet; sie stellen den vergänglichen Menschen in den Mittelpunkt. Die Frage nach Gott wird mehr oder weniger ausgeklammert und damit auch die Frage nach dem, was in der Ewigkeit sein wird.

---

450. Apostelgeschichte 19,25–27.

451. 1. Johannes 4,19.

Wegen dieses fundamentalen Unterschieds fühlt sich ein echter Christ zu denen hingezogen, bei denen es umgekehrt ist wie bei der Mehrheit: Christen fühlen sich hingezogen zu jenen, die ebenfalls Jesus Christus als die absolute Wahrheit erkannt haben und entsprechend die Dinge dieser Welt relativieren. Sie sehnen sich nach solchen, die auch erkannt haben: „Dieser ist der wahrhaftige Gott und das ewige Leben."[452]

Im Austausch miteinander erkennen sie, dass sie nicht die Einzigen sind, die diese Welt relativieren und nach dem Motto leben: „Liebt nicht die Welt noch was in der Welt ist!"[453]

Das Gleichnis der sich vereinigenden Feldlinien der Magnetkraft zeigt, dass Christen zu einem Leib zusammengebunden sind. Dabei ist Jesus Christus „als Haupt über alles der Gemeinde gegeben, die sein Leib ist, die Fülle dessen, der alles in allen erfüllt"[454].

Jeder, der durch Jesus Christus bzw. durch Gottes Wort mit neuem Geist geboren ist, erfährt diese „sich vereinigenden Feldlinien" durch den Geist: „Denn in einem Geist sind wir alle zu einem Leib getauft worden, es seien Juden oder Griechen, es seien Sklaven oder Freie, und sind alle mit einem Geist getränkt worden."[455]

Wie sehr die ersten Christen für diese Liebe untereinander die Dinge in dieser Welt relativiert haben, zeigt sich darin, dass sie alles miteinander teilten:

> Und sie verkauften die Güter und die Habe und verteilten sie an alle, je nachdem einer bedürftig war.
> [...]
> Die Menge derer aber, die gläubig geworden, war ein Herz und eine Seele; und auch nicht einer sagte, dass etwas von seiner Habe sein eigen sei, sondern es war ihnen alles gemeinsam. [...]
> Denn es war auch keiner bedürftig unter ihnen, denn so viele Besitzer von Äckern oder Häusern waren, verkauften sie und brachten den Preis des Verkauften und legten ihn nieder zu den Füßen der Apostel; es wurde aber jedem zugeteilt, so wie einer Bedürfnis hatte. Josef aber [...] der einen Acker besaß, verkaufte ihn, brachte das Geld und legte es zu den Füßen der Apostel nieder.[456]

Denn materieller Besitz hatte für sie nur relativen Wert; absoluten Wert hatte für sie die Liebe zu den Glaubensgeschwistern und die Liebe zu Jesus (so sollte es bis heute sein): „Hieran haben wir die Liebe erkannt, dass er für uns sein Leben hingegeben hat;

---

452. 1. Johannes 5,20.
453. 1. Johannes 2,15.
454. Epheser 1,22–23.
455. Durch Jesus bzw. Gottes Wort neu geboren: Johannes 3,3.5; 2. Korinther 5,17; 1. Petrus 1,23. In einem Geist zu einem Leib getauft: 1. Korinther 12,13.
456. Apostelgeschichte 2,45; 4,32.34–37.

auch wir sind schuldig, für die Brüder das Leben hinzugeben. Wer aber irdischen Besitz hat und sieht seinen Bruder Mangel leiden und verschließt sein Herz vor ihm, wie bleibt die Liebe Gottes in ihm?"[457]

Ein konkretes Beispiel dafür, das Leben für die Brüder hinzugeben war das Ehepaar Priska und Aquila. Paulus schrieb über die beiden: „…die für mein Leben ihren eigenen Hals preisgegeben haben."[458]

Diese anziehende Kraftwirkung bezieht sich also auf alle wiedergeborene Christen in der weltweiten Gemeinde Jesu. Sie zeigt sich nach dem Muster des NT in den wöchentlichen Versammlungen der einzelnen Gemeinden, ist aber nicht auf diese begrenzt: Wenn echte Christen, woher sie auch kommen mögen, sich zum ersten Mal begegnen, sei es irgendwo im Zug, in der Fremde oder wo auch immer, so haben sie sich sehr viel zu sagen – wissen sie doch: Obwohl sie sich noch nie begegnet sind, verbindet sie unendlich viel miteinander.

Sie glauben gemeinsam an den ganzen heilsgeschichtliche Plan Gottes, und der ist ewig. Sie wissen, dass sie noch die ganze Ewigkeit miteinander verbringen. Sie wissen, dass sie eines Tages all jene Gläubigen wiedertreffen und mit ihnen Gemeinschaft haben, die sie bisher nur aus der Bibel kennen, Leute wie Noah, Abraham, Isaak, Jakob, Mose, Josua, Ruth, David, Salomo, Esra, Nehemia, Ester, Daniel, Petrus, Johannes, Paulus, Timotheus …

Christen, die sich irgendwo zum ersten Mal begegnen, verbindet daher mehr als sonst nahe Verwandte verbindet, wenn diese nicht zu Jesus gehören. Denn ihre Verbindung ist ewig!

Vor vielen Jahren wollte ich ausfindig machen, wo es sinnvoll wäre, eine christliche Gemeinde zu gründen; so besuchte ich einige Gruppen von Christen an verschiedenen Orten. Einer unserer nicht-christlichen Bekannten fragte mich verwundert: „Wie finden diese Leute einander?" Das konnte ich ihm nicht wirklich erklären. Diese Anziehungskraft kann sich nur der vorstellen, der sie als wiedergeborener Christ selbst erlebt hat.

3.5.2.3 Sind alle Magnetfelder entweder einander abstoßend oder einander anziehend?

In der Physik ist das tatsächlich so, da gibt es keinen „dritten Weg". Wenn man ein wenig mit Magneten herumspielt, stellt man schnell fest, dass sie, wenn sie sich zu nahe kommen, einander entweder abstoßen oder aber anziehen. Es gibt nur diese beiden Möglichkeiten der Ausrichtung: entweder gegeneinander oder füreinander.

Das passt überhaupt nicht als Gleichnis in das pluralistisch-religiöse Weltbild dieses Zeitgeistes mit seiner multikulturellen Denkweise des postmodernen Menschen. Da-

---

457. 1. Johannes 3,16–17.   458. Römer 16,4.

gegen passt es hervorragend zur Bibel, konkret zu der Aussage Jesu: „Wer nicht mit mir ist, ist gegen mich", und umgekehrt: „Denn wer nicht gegen uns ist, ist für uns."[459] Schließlich gibt es ja auch in der Ewigkeit nur zwei Zustände: Ewiges Leben in der Herrlichkeit Gottes oder ewige Strafe in der Gottesferne. Die Umstände sorgen schon dafür, dass die „Pole"[460] sich eindeutig ausrichten, eine neutrale Zwischenstellung gibt es nicht.

Ein Musterbeispiel für einen, der neutral bleiben wollte, es aber nicht konnte, ist Pilatus. Eigentlich wollte er Jesus gar nicht kreuzigen;[461] aber die Umstände nötigten ihn dazu – die „Kräftefelder" zwangen ihn, sich in eine bestimmte Richtung auszurichten.

Der Bibelbericht zeigt, dass die Ausrichtung der „Pole" davon abhängt, ob jemand (hier: Pilatus) das Absolute in dieser diesseitig-vergänglich-materiellen Welt sucht oder ob er Jesus Christus angenommen hat mit seinem absoluten Anspruch, der Herr zu sein, auch über sein Leben.

Für Pilatus waren die Dinge dieser Welt absolut: Seine eigene Position als Statthalter war ihm wichtiger als die Wahrheit (die hatte er nicht erkannt und sie stand seinem Opportunismus im Weg, deshalb wollte er auch nichts von ihr wissen). Seine Position als Statthalter, als Mächtiger in der Exekutive, war ihm wichtiger, als Jesus Christus Gerechtigkeit widerfahren zu lassen. Denn im Gespräch mit Jesus sagte er nur: „Was ist Wahrheit? Und als er dies gesagt hatte, ging er wieder zu den Juden hinaus und spricht zu ihnen: Ich finde keinerlei Schuld an ihm."[462]

Pilatus hatte also erkannt, dass Jesus unschuldig war; aber für ihn gab es Wichtigeres als Gerechtigkeit. (Gerechtigkeit gehört zu den zentralen Eigenschaften Gottes!) Als die Juden ihn politisch unter Druck setzten mit den Worten: „Wenn du diesen losgibst, bist du des Kaisers Freund nicht; jeder, der sich selbst zum König macht, widersetzt sich dem Kaiser"[463], da gab er klein bei. Denn andernfalls hätte er wohl seine Stelle als Stadthalter verloren.

Die Umstände sorgten also dafür, dass Pilatus – der sich neutral verhalten wollte – sich entsprechend seinem auf die vergängliche Welt ausgerichteten Wertesystem verhielt. Wo die Umstände nicht dafür sorgen, da hilft Jesus nach, indem er Menschen vor die Entscheidung stellt und laue Christen ausspeit.[464] Je nachdem, wie jemand sich selbst ausrichtet und welchen anderen Menschen er begegnet, kommt es zu abstoßenden oder anziehenden Kräften.

---

459. Matthäus 12,30//Lukas 11,23; Markus 9,40//Lukas 9,50.
460. „Pole" in Anführungszeichen, denn hier geht es um die gleichnishafte Bedeutung der Magnet-Pole.
461. Siehe z. B. Johannes 18,28–40 oder Lukas 23,13–25.
462. Johannes 18,38.
463. Johannes 19,12. Dass Pilatus auch in der Gerechtigkeit keinen absoluten Wert sah, ist daran erkennbar, dass er Jesus kreuzigte, obwohl er selbst ihn für unschuldig erklärt hatte (Johannes 18,38). Jesus hingegen ist die Wahrheit und Gerechtigkeit in Person: Johannes 14,6; 1. Korinther 1,30.
464. Jesus stellt vor die Entscheidung: z. B. Matthäus 19,21; Johannes 4,48–50. Ausspeien (wörtl. „erbrechen"): Offenbarung 3,15–16.

4 Auf krummen Wegen zur Finsternis

4.1 Die Welt ist eine durch Masse gekrümmte *Raumzeit

4.1.1 Die allgemeine Relativitätstheorie berücksichtigt Gravitation (erweitertes *R-Postulat)

Was wir von der Relativitätstheorie bisher betrachtet haben, gilt nur für *Bezugssysteme, die sich mit konstanter Geschwindigkeit relativ zueinander bewegen, also für die sogenannten *Inertialsysteme. Ein *Inertialsystem aber ist (wenn überhaupt) nur im Weltall möglich und auch dort nur an völlig gravitationsfreien Stellen, also dort, wo Gegenstände frei schweben – damit wird aber nur ein idealisierter Spezialfall der Realität behandelt, daher die Bezeichnung „spezielle Relativitätstheorie", abgekürzt SRT.

Ab jetzt werden wir auch Systeme betrachten, die ihre Geschwindigkeiten verändern; damit kommen wir zur allgemeinen Relativitätstheorie (ART); hier wird das *R-Postulat – also das *Relativitätsprinzip (SRT) – dahingehend erweitert, dass die Gesetze der Physik auch in allen Nicht-*Inertialsystemen gleichermaßen gelten.

Wie bereits angedeutet, wird dieses neue *Relativitätsprinzip als „allgemeines *Relativitätsprinzip" bezeichnet, abgekürzt „*Relativitätsprinzip (ART)" im Unterschied zum uns bereits bekannten *Relativitätsprinzip (SRT).

Albert Einstein und Leopold Infeld formulierten das neue Programm der allgemeinen Relativitätstheorie so: „Unser neuer Gedanke ist einfach: Wir wollen eine Physik ausarbeiten, die für alle Systeme gilt."[465] Für diese Ausarbeitung für alle Systeme wird die Physik von Nicht-*Inertialsystemen zurückgeführt auf die wesentlich einfachere, übersichtlichere Physik von *Inertialsystemen. Dieses Vorhaben lässt sich mit folgendem Gedankenexperiment veranschaulichen:

> Ein großer Aufzugskasten befindet sich im Dachgeschoss eines überdimensionalen Wolkenkratzers. Plötzlich reißt das Seil, und der Aufzug saust frei in die Tiefe. [...]
> Was geschieht mit den Gegenständen? Für einen draußen postierten Beobachter, der durch ein Fenster in den Aufzug hineinsehen kann, fallen Taschentuch und Uhr vollkommen gleichmäßig, also mit der gleichen Beschleunigung.
> [...]
> Dasselbe gilt für den Aufzugskasten samt seinen Wänden, seiner Decke und seinem Fußboden. Folglich wird sich auch der Abstand der beiden Gegenstände

---
465. Einstein & Infeld, S. 234.

vom Fußboden nicht ändern. Für den Innenbeobachter bleiben sie genau dort, wo er sie losgelassen hat. Das Schwerefeld kann der Innenbeobachter ruhig ignorieren, da der Ursprung desselben außerhalb seines Systems liegt. Er stellt nur fest, dass im Aufzugskasten keine Kräfte auf die beiden Gegenstände einwirken. Sie ruhen genauso, als befänden sie sich in einem *Inertialsystem. Es geht merkwürdig zu in diesem Aufzug! Wenn der Beobachter zum Beispiel einem Körper einen Stoß gibt, ganz gleich in welcher Richtung[466] – sagen wir einmal nach oben oder unten –, so bewegt dieser sich so lange gleichförmig weiter, bis er gegen die Decke bzw. den Fußboden des Aufzugs stößt; kurz und gut: für den Beobachter in dem Aufzug haben die Gesetze der klassischen Mechanik Geltung. Alle Körper verhalten sich genauso, wie es gemäß dem Trägheitsgesetz [1. Newton'sches Gesetz] von ihnen erwartet wird

[...]

Der Außenbeobachter konstatiert die Bewegung des Aufzugskastens und aller darin befindlichen Gegenstände und bemerkt, dass diese Bewegung dem Newtonschen Gravitationsgesetz unterliegt. Für ihn ist die Bewegung nicht gleichförmig, sondern beschleunigt, was er dem Schwerefeld der Erde zuschreibt. Eine Generation von Physikern, die in dem Aufzugskasten geboren und groß geworden wären, würde jedoch zu ganz anderen Resultaten gelangen. Diese Leute müssten glauben, sie lebten in einem *Inertialsystem, und sie würden daher alle Naturgesetze auf ihren Aufzugskasten beziehen und mit Recht sagen, dass diese in ihrem System eine besonders einfache Form annehmen. Es wäre nur natürlich, wenn sie daraus schlössen, dass ihr Aufzug ruhe und ihr System ein *Inertialsystem sei.[467]

Kip Thorne fasst das Ergebnis dieses Gedankenexperiments zusammen:

> **In jedem kleinen frei fallenden *Bezugssystem unseres realen, mit Gravitation ausgestatteten Universums müssen dieselben physikalischen Gesetze gelten wie in einem *Inertialsystem, das sich in einem idealisierten Universum ohne Gravitation befindet.** Diese Aussage bezeichnete Einstein als *Äquivalenzprinzip.

[...]

    Man stelle mit Hilfe von Messungen in einem frei fallenden *Bezugssystem (*Inertialsystem) ein beliebiges physikalisches Gesetz auf. Wenn man dieses Gesetz nun mit Hilfe von Messungen in einem beliebigen anderen frei fallenden Bezugsrahmen neu formulieren will, muss es genau dieselbe mathematische und logische Form annehmen wie in dem ursprünglichen *Bezugssystem.[468]

---

466. Denn durch den freien Fall des Aufzugs ist die Erdbeschleunigung ja aufgehoben!
467. Einstein & Infeld, S. 235–237.
468. Thorne, S. 110; 112.

Goenner bringt es so auf den Punkt:

> Die lokalen[469], frei fallenden[470], nicht-rotierenden[471] *Bezugssysteme sind in Bezug auf die Beschreibung aller physikalischen Vorgänge gleichberechtigt.[472]

Frank Vermeulen stellt die spezielle und die allgemeine Relativitätstheorie zusammenfassend einander gegenüber:

> **Die spezielle Relativitätstheorie ist gültig für *Inertialsysteme, die sich mit einer konstanten Geschwindigkeit bewegen, weil keine Kräfte auf sie einwirken. Die allgemeine Relativitätstheorie gilt für alle Koordinatensysteme, auf die Kräfte einwirken, zum Beispiel die Schwerkraft, und damit einer Beschleunigung unterliegen.**[473]

4.1.2 Gekrümmte *Raumzeit

4.1.2.1 Rotierende Scheibe mit gekrümmter *Raumzeit am Außenkreis

Was passiert, wenn wir Geschwindigkeiten haben, die sich ändern (beschleunigen) und dabei Geschwindigkeiten nahe Lichtgeschwindigkeit annehmen? Können wir für diesen Fall aus der speziellen Relativitätstheorie irgendetwas voraussagen?

Zur populärwissenschaftlichen Veranschaulichung betrachten wir folgendes Gedankenexperiment:[474] Eine riesige Scheibe rotiert sehr schnell. Die Geschwindigkeit eines Punktes auf dieser Scheibe ist umso größer, je weiter er vom Mittelpunkt ent-

---

469. Lokal, d. h. räumlich begrenzt, so dass die Gravitation (eines Planeten oder Sterns) homogen bleibt, sich also nicht ändert. Für das Gedankenexperiment des frei fallenden Aufzugs heißt das: Die Gravitation an der Decke und am Boden des Aufzugs muss gleich groß sein.
470. Da das Bezugssystem im Gravitationsfeld frei fallend ist, wird es zum *Inertialsystem; hier ist die Physik sehr einfach, wie wir eben sahen am Gedankenexperiment des Aufzugs mit dem gerissenen Seil.
471. Rotierende Bezugssysteme ändern die Richtung ihrer Geschwindigkeit und sind daher keine *Inertialsysteme mehr.
472. Goenner (**Einführung** ...), S. 177. Streng genommen ist zu unterscheiden zwischen dem schwachen und dem starken *Äquivalenzprinzip. Die Formulierung von Hubert Goenner betrifft das starke *Äquivalenzprinzip und nennt einige Einschränkungen. Wikipedia unterscheidet folgendermaßen: „Nach dem **schwachen *Äquivalenzprinzip** bestimmt von allen Eigenschaften eines Körpers allein seine Masse (also das Maß seiner Trägheit), welche Schwerkraft in einem gegebenen homogenen Gravitationsfeld auf ihn wirkt. Seine weiteren Eigenschaften wie chemische Zusammensetzung, Größe, Form etc. haben keinen Einfluss. Nach **dem starken *Äquivalenzprinzip** gilt, dass Gravitations- und Trägheitskräfte auf kleinen Abstands- und Zeitskalen in dem Sinn äquivalent sind, dass sie an ihren Wirkungen weder mit mechanischen noch irgendwelchen anderen Beobachtungen unterschieden werden können. Aus dem starken *Äquivalenzprinzip folgt das schwache; ob das auch umgekehrt gilt, hängt möglicherweise von der genauen Formulierung ab und ist noch nicht abschließend geklärt." (https://de.wikipedia.org/w/index.php?title=Äquivalenzprinzip_(Physik)&oldid=215096566)
473. Vermeulen, S. 231.
474. Bei diesem Gedankenexperiment sind allerdings nicht alle Aspekte geklärt; das Internet bietet dazu viel Literatur mit unterschiedlichen Auffassungen.

fernt ist, je weiter wir also nach außen kommen;[475] bei hinreichend großer Scheibe und hinreichend schneller Rotation nähert man sich im äußeren Bereich der Scheibe immer mehr der Lichtgeschwindigkeit, während im inneren Bereich, also nahe am Zentrum der Scheibe, die Geschwindigkeit noch weit von der Lichtgeschwindigkeit entfernt ist **[Abb. 57a]**. Für einen Außenbeobachter aber schrumpft die Länge am Rand der Scheibe, denn dort herrschen Geschwindigkeiten nahe der Lichtgeschwindigkeit vor (aber nur in Richtung der Rotation, nicht senkrecht dazu).

Ohne Rotation lässt sich der Umfang der Scheibe in Abhängigkeit vom Radius (r) leicht berechnen: $2\pi r$; bei schneller Rotation aber schrumpft im Außenbereich die Länge, die Formel für den Kreisumfang ($2\pi r$) kann dann nicht mehr stimmen. Die Berechnung mit dieser Formel setzt ja voraus, dass der Kreis in einer Ebene ist; da die Formel für den Kreisumfang bei sehr hoher Geschwindigkeit aufgrund der Längenschrumpfung aber nicht mehr stimmt, kann der äußere Kreis der Scheibe folglich nicht mehr in der Ebene bleiben; die Scheibe muss sich also ins Dreidimensionale krümmen.

Von innen nach außen krümmt sich die Scheibe immer mehr entsprechend dem Lorentzfaktor bei der Längenschrumpfung **[Abb. 57b]**. – Anders ausgedrückt: Die Längenschrumpfung, die wir von der speziellen Relativitätstheorie her kennen, nimmt bei Änderung der Geschwindigkeit immer mehr zu und bewirkt eine Krümmung.

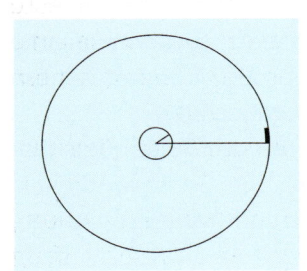

Abb. 57a: Rotierende Scheibe mit gekrümmter Raumzeit am Außenkreis

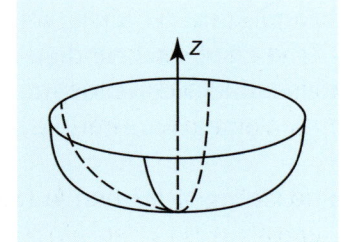

Abb. 57b: Die Längenschrumpfung nimmt bei Änderung der Geschwindigkeit immer mehr zu und bewirkt eine Krümmung.

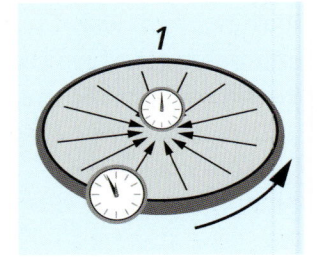

Abb. 57c: Durch Beschleunigung wird auch die Zeit zunehmend verzerrt, „gekrümmt" (bzw. gedehnt).

Hier haben wir eine Änderung der Geschwindigkeit, denn aufgrund der Rotation der Scheibe ändert praktisch jeder Punkt permanent seine Richtung, also auch ein Punkt am Außenkreis – und auch die Änderung der Richtung ist eine Art der Geschwindigkeitsänderung.[476]

---

475. Die Geschwindigkeit des Umfangs v_u ist (nach $v_u = 2\pi r$) proportional zum Radius r der Scheibe.

476. Eine Geschwindigkeit kann sich ändern durch Änderung der Richtung oder/und durch Änderung der Geschwindigkeitsgröße (also des Tempos).

Am Rand der Scheibe geschieht aber mehr als nur Längenschrumpfung: Die Zeit dehnt sich. Somit wird durch Beschleunigung auch die Zeit zunehmend verzerrt, „gekrümmt" (bzw. gedehnt) – im Zentrum der Scheibe tickt die Uhr schneller als außen am Rand **[Abb. 57c]**.

Beide Ergebnisse des Gedankenexperiments am Rand der Scheibe zusammen, die Längenschrumpfung und die Zeitdehnung, bedeuten: **> Geschwindigkeitsänderung führt zu einer Situation, die äquivalent ist zu einer Situation in einem gekrümmten Raum.**[477]

Die nach außen zunehmend gedehnte Zeit haben wir salopp auch als „gekrümmt" bezeichnet, da die vierte Dimension nicht getrennt werden kann von den drei Raum-Dimensionen, auch wenn sie in unserer begrenzten Vorstellung davon getrennt ist.

4.1.2.2 Gekrümmter Raum im beschleunigten Aufzug; Geodäte

Wie können wir auch unabhängig vom Gedankenexperiment der rotierenden Scheibe[478] erkennen, dass für den Außenbeobachter der Raum bei Geschwindigkeitsänderung sich krümmt?

Linien, die im ruhenden *Bezugssystem gerade sind, sind im beschleunigten *Bezugssystem gekrümmt. Eine gerade Linie zeichnet sich dadurch aus, dass sie die kürzeste Verbindung zwischen zwei Punkten ist; ein physikalisches Beispiel für eine solche Linie ist ein Lichtstrahl im Vakuum: Er verläuft entlang dem kürzesten Weg; aber in einem beschleunigten *Bezugssystem ist eine solche Linie auf einmal gekrümmt.

Klarmachen kann man sich das an einem weiteren Gedankenexperiment von Einstein:

Albert Einstein und Leopold Infeld stellen sich einen Aufzug vor irgendwo im Weltraum, wo keine nennenswerte Schwerkraft wirkt (also ein *Inertialsystem). Dieser Aufzug wird stetig beschleunigt:

> Denken wir uns jetzt einmal einen Lichtstrahl, der durch ein Seitenfenster waagerecht in den Aufzug einfällt und natürlich nach einem sehr kurzen Moment schon die gegenüberliegende Wand erreicht.

---

477. Für mathematisch Interessierte (bzw. um die populärwissenschaftliche Darstellung zu präzisieren) sei hier darauf hingewiesen, dass die Krümmung beschrieben wird durch den Energie-Impuls-Tensor; in diesen geht allerdings nur die Geschwindigkeit ein, nicht aber deren Änderung. Längenkontraktion und Zeitdilatation führen nicht automatisch zu einer *Raumzeitkrümmung. Auch in der allgemeinen Relativitätstheorie gilt lokal die spezielle Relativitätstheorie; gemäß der speziellen Relativitätstheorie werden Raum und Zeit nicht gekrümmt, sie werden nur verkürzt oder gedehnt – eine Geschwindigkeitsänderung krümmt den Pfad (die Trajektorie) eines Objekts, aber nicht den Raum. Wenn in der allgemeinen Relativitätstheorie der Raum gekrümmt wird, liegt das an der vorhandenen Energie oder dem Impuls (und damit an der Geschwindigkeit), nicht aber an der Geschwindigkeitsänderung.

478. ... zumal dieses Gedankenexperiment offensichtlich bei einigen umstritten ist; jedenfalls gibt es im Internet viel Literatur dazu mit unterschiedlichen Auffassungen.

[...]
    Der Außenbeobachter, der davon überzeugt ist, dass der Aufzug sich beschleunigt bewegt, würde sagen: Der Lichtstrahl geht durch das Fenster hinein und bewegt sich geradlinig, mit konstanter Geschwindigkeit, auf die gegenüberliegende Wand zu. Da der Aufzug jedoch steigt, verändert er während der Zeit, die der Lichtstrahl braucht, um die Wand zu erreichen, seine Lage. Folglich wird der Lichtstrahl die Wand an einer Stelle treffen, die dem Einfallspunkt nicht genau gegenüber, sondern ein wenig tiefer liegt **[Abb. 58]**. Die Verschiebung wird sehr gering sein, doch ist sie jedenfalls da, und der Lichtstrahl bewegt sich somit relativ zum Aufzug nicht geradlinig, sondern beschreibt eine leicht gekrümmte Linie.[479]

Um diesen Effekt noch deutlicher zu erklären: also, wie derselbe Lichtstrahl für den Außenbeobachter geradlinig verläuft, für den Innenbeobachter im beschleunigten Fahrstuhl dagegen gekrümmt, dazu sei dieser Effekt in folgender Abbildung bewusst extrem übertrieben dargestellt mit zwei Momentan-Aufnahmen des Fahrstuhls: die erste Aufnahme, wenn der Lichtstrahl gerade von links in den Fahrstuhl eintritt, und kurz darauf die zweite, wenn der Lichtstrahl gerade die rechte Seite erreicht hat **[Abb. 59]**.

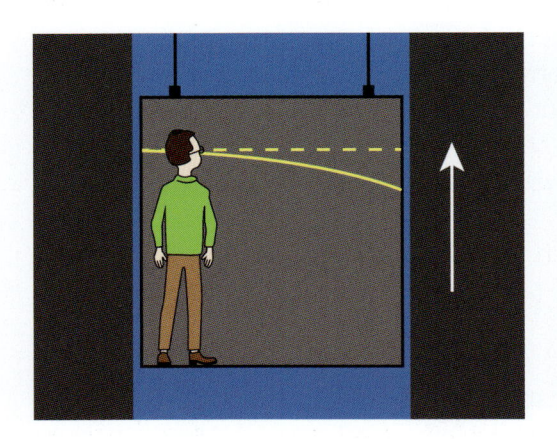

Abb. 58: Ein im Weltraum stetig beschleunigter Aufzug: Ein Lichtstrahl geht durch ein Fenster hinein und bewegt sich geradlinig, mit konstanter Geschwindigkeit, auf die gegenüberliegende Wand zu. Folglich wird der Lichtstrahl die Wand an einer Stelle treffen, die dem Einfallspunkt nicht genau gegenüber, sondern ein wenig tiefer liegt.

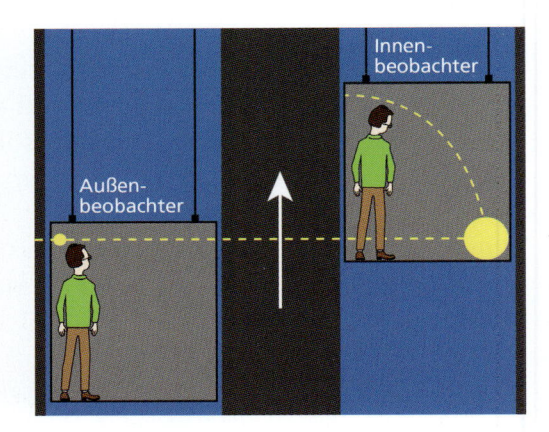

Abb. 59: Effekt in bewusst extrem übertriebener Darstellung: Für den Außenbeobachter verläuft der Lichtstrahl geradlinig, für den Innenbeobachter im beschleunigten Fahrstuhl dagegen gekrümmt.

---

479. Einstein & Infeld, S. 240–241.

Dieser Lichtstrahl, also die kürzeste Verbindung zwischen zwei Punkten, wird in der Relativitätstheorie *Geodäte genannt. Im nicht gekrümmten (mathematisch ausgedrückt: **euklidischen**) Raum ist eine *Geodäte stets eine Gerade; aber wie wir am Gedankenexperiment des Aufzugs nachvollzogen haben, hängt es „im Weltraum" (und unter vergleichbaren Bedingungen) vom *Bezugssystem ab, ob die *Geodäte eine gerade oder eine gekrümmte Linie ist. Dementsprechend ist im beschleunigten Fahrstuhl der Raum gekrümmt.

Zusammenfassend stellen wir also fest: **> In einem beschleunigten *Bezugssystem erscheint der Raum gekrümmt. Ein Lichtstrahl (*Geodäte, kürzeste Verbindung im Raum) ist im beschleunigten *Bezugssystem gekrümmt.**

4.1.2.3 Das Äquivalenzprinzip

4.1.2.3.1 > Das Äquivalenzprinzip: Kein Unterschied zwischen der trägen und der schweren Masse

Betrachten wir weiter den im Weltraum beschleunigten Aufzug. Einstein und Infeld lassen dabei nicht nur den Außenbeobachter zu Wort kommen, der mitansieht, wie der Aufzug beschleunigt wird, sondern auch den Innenbeobachter im Aufzug:

> Der Innenbeobachter, der in dem Glauben lebt, auf alle Gegenstände im Aufzug wirke ein Schwerefeld ein, würde folgendes vorbringen: Von einer beschleunigten Bewegung des Aufzugs kann nicht die Rede sein. Ich nehme vielmehr an, dass er sich in einem Schwerefeld befindet.[480]

Nun können wir das Gedankenexperiment im Sinne des Innenbeobachters erweitern, indem wir den Aufzug auf die Erde stellen, statt ihn, wie vorher, in der Schwerelosigkeit zu beschleunigen. Und, in der Tat: Es gibt keinen Unterschied, auch hier fallen die Gegenstände auf den Boden und auch der Lichtstrahl wird entsprechend gekrümmt. Wenn wir annehmen, dass der Aufzug vorher im Weltall ohne Schwerkraft mit derselben Beschleunigung beschleunigt wurde, mit der Gegenstände auf unserem Planeten Erde zu Boden fallen (also mit der Erdbeschleunigung g), dann ist alles gleich.

Ein Innenbeobachter in einer Rakete, der nicht nach draußen sehen kann, hat keine Möglichkeit zu unterscheiden, ob er sich auf einem Planeten befindet, wo er selbst und alle Gegenstände von der Schwerkraft nach unten gezogen werden, oder ob er und alle Gegenstände der Rakete im Weltall (ohne Schwerkraft) durch die Beschleunigung nach unten gedrückt werden. Die Kraft, die ihn durch Beschleunigung der Rakete

---

480. Einstein & Infeld, S. 241.

nach unten drückt, ist dieselbe Kraft, die uns im Zug oder Auto bei starker Beschleunigung nach hinten in den Sitz drückt; man nennt sie „Trägheitskraft".

Gemäß Newtons zweitem Gesetz muss diese Kraft umso größer sein, je größer die Masse ist, auch „träge Masse" genannt. Denn die Masse setzt aufgrund ihrer Trägheit der Beschleunigung einen Widerstand entgegen.

Aber auch die Kraft, die dieselbe Masse in einem Schwerefeld hat, ist umso größer, je größer die Masse ist. Diese Gleichheit (Äquivalenz) der trägen und schweren Masse führt dazu, dass der Innenbeobachter nicht unterscheiden kann, ob er sich im Schwerefeld eines Planeten befindet oder in einer beschleunigten Rakete.

Das Gedankenexperiment zeigt: Die schwere Masse im Schwerefeld hat dieselbe Wirkung wie die träge Masse bei Beschleunigung; zwischen den beiden kann nicht unterschieden werden. Aus dieser Beobachtung der Nichtunterscheidbarkeit schwerer von träger Masse entstand die Vermutung, dass beide Arten von Masse nicht nur scheinbar, sondern tatsächlich ein und dieselbe physikalische Größe beschreiben; dies manifestierte sich schließlich in einem Prinzip der Physik, dem „*Äquivalenzprinzip".

Diese Gleichheit, diese Äquivalenz von träger und schwerer Masse erklärt, warum zwei Kugeln unterschiedlicher Massen (im Vakuum) gleich schnell fallen. Brian Cox und Jeff Forshaw schildern historisch diese Erkenntnis über die Gleichheit der Fallgeschwindigkeit bei unterschiedlichen Masse:

> Tatsächlich ist es eine berühmte Erkenntnis der Physik, die lange vor Einstein bekannt war. Galilei gilt als der Erste, dem sie gelang. Gemäß der Legende stieg er auf den Schiefen Turm von Pisa und ließ zwei Kugeln unterschiedlicher Masse von oben herunterfallen. Er beobachtete, dass beide zur selben Zeit am Boden auftrafen. Ob er das Experiment tatsächlich durchgeführt hat, spielt keine Rolle. Wichtig ist, dass er den Ausgang des Experiments richtig erkannte. Wir wissen sicher, dass das Experiment schließlich, wenn nicht in Pisa, so doch 1971 auf dem Mond von David Scott, dem Kommandanten von Apollo 15, durchgeführt worden ist. Er ließ eine Feder und einen Hammer zur selben Zeit fallen – beide trafen gleichzeitig auf dem Boden auf. [...]
> Es lohnt sich auf jeden Fall, das Video anzuschauen.[481]

Weil die träge Masse dasselbe bewirkt wie die schwere Masse bzw. von dieser nicht zu unterscheiden ist, deshalb fallen die Feder und der Hammer im Vakuum und auf dem Mond gleich schnell.

---

481. Cox & Forshaw, S. 220–221. Das Video kann man auf YouTube anschauen, wenn man „Apollo 15 Hammer-Feather Drop" eingibt.

Max Born schreibt dazu:

> Tatsächlich ist die Wirkung der Schwere von der Wirkung der Beschleunigung durch nichts zu unterscheiden: beide sind einander völlig äquivalent. ... Nach dem *Äquivalenzprinzip müssen wir diese Unterscheidung fallen lassen.[482]

4.1.2.3.2 Die Ausnahme: Im heterogenen Gravitationsfeld gilt das *Äquivalenzprinzip nicht mehr („Gezeitenkraft")

Allerdings gibt es unter bestimmten Umständen (Ausnahme) doch eine Möglichkeit, „die Wirkung der Schwere von der Wirkung der Beschleunigung ... zu unterscheiden"; jedoch ist das praktisch nicht durchführbar, diese Möglichkeit besteht einmal mehr lediglich im Gedankenexperiment.

Das *Äquivalenzprinzip gilt nämlich nur für ein kleines, lokales, frei fallendes *Bezugssystem. Um das zu verstehen, stellen wir uns einen Riesenaufzug vor, dessen Kapsel von Deutschland bis nach Japan reicht. Lassen wir nun in dieser Aufzugkabine aus gleicher Höhe zwei Gegenstände fallen, den einen am westlichen Ende des Aufzugs bei Deutschland, den anderen am östlichen Ende bei Japan: Da die Erde rund ist, fallen die Gegenstände in Richtung Erdmittelpunkt; sie fallen also nicht parallel, sondern im Fallen nähern sie sich einander **[Abb. 60a]**. Daher müssen wir beim *Äquivalenzprinzip

> voraussetzen, dass diese Laboratorien nicht sehr groß sind. Wären sie beispielsweise 5000 Kilometer lang, so würden schwere Körper im Erdlabor nicht parallel herabfallen, sondern radial in Richtung des Erdmittelpunktes. Das heißt, Senklote würden dann nicht parallel nach unten hängen.[483]

Diese Kraft im Riesenaufzug über der Erde, die die beiden Gegenstände im freien Fall einander näherbringt, macht das Gravitationsfeld heterogen (uneinheitlich). Diese Kräfte

> heißen auch Gezeitenkräfte, ein Name, der sich auf den Unterschied zwischen den Kräften bezieht, mit denen die Gravitation des Mondes auf den Erdkörper und auf die mondnahen und mondfernen Ozeane wirkt; diese Gezeitenkraft ist für Ebbe und Flut verantwortlich.
>
> [...]

---

482. Born, S. 271.   483. Hoffmann, S. 164.

Ein schwereloser Beobachter kann aufgrund der Gezeitenkräfte feststellen, ob er sich im gravitationsfreien Raum befindet oder ob er in einem echten Gravitationsfeld frei fällt.[484]

Würde der Riesenaufzug also irgendwo im Weltall beschleunigt, wo es keine nennenswerte Gravitation gibt, also keine Gezeitenkraft, dann würden die Gegenstände für einen Innenbeobachter trotz ihres großen Abstands parallel nach unten fallen **[Abb. 60b]**; es würde also keine *Gezeitenkraft* einwirken.

Abb. 60a–b: Riesenaufzug mit einer Länge von Deutschland bis nach Japan: Da die Erde rund ist, fallen die Gegenstände in Richtung Erdmittelpunkt. Deswegen fallen sie nicht parallel, sondern nähern sich im Fall einander an.

In einem lokalen[485] (also kleinen) Labor jedoch ist das Gravitationsfeld homogen (einheitlich; gleichmäßig) – der Innenbeobachter könnte auch in Erdnähe keinen Unterschied feststellen zwischen Gravitation und gleichförmiger Beschleunigung, denn die einzige Möglichkeit dazu bietet die Gezeitenkraft und die ist messbar nur in einem extrem großen Versuchsaufbau.

Fassen wir – nun unter Berücksichtigung dieser Ausnahme – nochmals das Äquivalenzprinzip zusammen:

> **„Das *Äquivalenzprinzip verknüpft gleichförmige Beschleunigungen und homogene Gravitationsfelder."**[486]

---

484. Pössel, S. 107. Die Gezeitenkraft ist ein Effekt der Gravitationskraft; nur darum geht es hier. Dass dieser Begriff gebraucht wird für die Ausnahme vom Äquivalenzprinzip (zur Unterscheidung von der Beschleunigungskraft ohne Gravitation im Weltall), das ist möglicherweise historisch bedingt. Jedenfalls geht es hier nur um den Namen, nicht um den Mond oder Ebbe und Flut (außer dass auch dort die Gravitationskraft wirkt und nicht eine Kraft durch Beschleigung).
485. „Lokal" bedeutet: so klein, dass (im Rahmen der Messgenauigkeit) zwei Senklote parallel verlaufen.
486. Hoffmann, S. 165.

4.1.3 Masse krümmt die *Raumzeit

4.3.1.1 > „Krümmung" (Verzerrung) durch Masse

Beim Gedankenexperiment mit dem sich krümmenden Lichtstrahl durch einen (nahe Lichtgeschwindigkeit) beschleunigten Aufzug stellten wir fest: In einem beschleunigten *Bezugssystem wird der Raum gekrümmt. Soeben haben wir auch das *Äquivalenzprinzip kennengelernt: Die schwere Masse im homogenen Schwerefeld kann nicht unterschieden werden von der trägen Masse im beschleunigten *Bezugssystem.

Kombinieren wir nun diese beiden Prinzipien: Wenn das beschleunigte *Bezugssystem zur Krümmung des Raumes führt, dann muss auch das durch Masse erzeugte Schwerefeld zu seiner Krümmung führen **[Abb. 61]**. Das heißt also: **> Masse krümmt den Raum.**

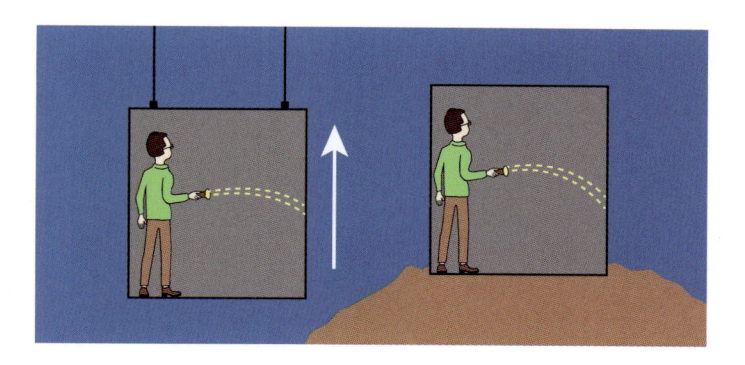

Abb. 61: Wenn das beschleunigte Bezugssystem zur Krümmung des Raumes führt, muss nach dem Äquivalenzprinzip auch das durch Masse erzeugte Schwerefeld zur Krümmung führen: Also krümmt Masse den Raum.

Zudem haben wir bei der 4-D-Darstellung der *Raumzeit festgestellt, dass Raum und Zeit untrennbar miteinander verbunden sind zur Einheit der *Raumzeit. Wenn also Masse den Raum krümmt, dann krümmt oder verzerrt Masse auch die Zeit bzw. die *Raumzeit insgesamt.

> Eine Uhr, die der Erde näher ist als eine andere, gleichartige Uhr, scheint in gleicher Weise nachzugehen. [...]
> Licht, das von Atomen am Boden des Laboratoriums abgestrahlt wird, sollte an der Decke mit einer niedrigeren Frequenz eintreffen, als sie von dortigen Atomen (desselben Elements) emittiert wird.[487]

(Die Anzahl der „Tick"-Pulse in einer Sekunde wird als „Frequenz" bezeichnet. Die Zeitverzögerung des (erdnahen) „Tick"-Pulses bedeutet also, dass das Licht eine niedrigere Frequenz hat.)

---

487. Hoffmann, S. 171.

In diesem Sinne vergeht die Zeit am Meeresspiegel der Erde langsamer als in größerer Höhe über dem Meeresspiegel bzw. weit weg von der Erde.

> **Masse dehnt („krümmt") die Zeit.**

Denn da die Gravitation am Meeresspiegel stärker ist als in größerer Höhe darüber (inhomogenes/heterogenes Gravitationsfeld), dehnt sie die Zeit am Meeresspiegel mehr.

Die Zeit hier auf der Erde vergeht also infolge der Zeitdehnung langsamer als für Astronauten außerhalb der Erde. Einstein sagte,

> ... die Geschwindigkeit ... der Zeit ... verlangsame sich während eines Durchgangs durch ein Gravitationsfeld. ... Für entfernte Beobachter außerhalb des Gravitationsfeldes verlangsamt sich die Zeit nicht.[488]

> **Im Schwerefeld wird die Zeit gedehnt.** In einer populärwissenschaftlichen Darstellung für die Jugend ist, um es ganz deutlich zu machen, dieses Prinzip am Beispiel eines Neutronensterns auf die Spitze getrieben:

> Könnte man auf einem Himmelskörper mit extrem großem Schwerefeld, vielleicht auf einem Neutronenstern, leben, so würde ein Arbeitstag ganz anders ablaufen als bei uns: Man würde morgens in

Abb. 62: Im Schwerefeld wird die Zeit gedehnt, im Schwerefeld eines Neutronensterns ganz extrem gedehnt! Die Zeit verläuft dann unten sehr viel langsamer als oben. Ein Arbeitstag auf einem Neutronenstern: Nach einem acht-Stunden-Tag im 30. Stock eines Hochhauses stellt man nach dem Hinunterfahren fest, dass dort nur eine Stunde vergangen ist.

---

488. Epstein, S. 170.

FT Physik & Kosmologie: Samstag Nachmittag

⏱ 14:00 → 19:00

Zeit	Programm	Sprecher	Dauer
08:00	Frühstück		⏱ 1 h
09:00	**Stabilität von Planetensystemen** — Aufgehängt über dem Nichts - die dynamische Stabilität von Planetensystemen	Sprecher: Albrecht Ehrmann	⏱ 1 h 30m
10:30	**Hinweise zum Büchertisch**	Sprecher: Reinhard Junker	⏱ 10m
10:40	**Radiometrische Datierungen**	Sprecher: Tobias Holder	⏱ 1 h 20m
12:00	Mittagessen		⏱ 1 h
14:00	**Is the Earth flat?**	Sprecher: Danny Faulkner	⏱ 1 h 30m
15:30	**Klimawandel: Unsere Verantwortung**	Sprecher: Peter Korevaar	⏱ 30m
16:00	Kaffeepause		⏱ 30m

37. Fachtagung Physik und Kosmologie 2023

03.11.2023, 18:00 → 05.11.2023, 13:00

Haus Oase (Diakonissen-Mutterhaus Lachen)

Freitag, 3. November

FT Physik & Kosmologie: Freitag Abend — 18:00 → 21:20 — 1h 15m

- 18:00 — Abendessen — 1h 15m
- 19:15 — **Begrüssung** — *Sprecher*: Peter Trüb — 15m
- 19:30 — **Biblical Cosmology** — *Sprecher*: Danny Faulkner — 1h 30m
- 21:00 — **Gebetsgemeinschaft** — 20m

Samstag, 4. November

FT Physik & Kosmologie: Samstag Morgen — 07:45 → 13:00

- 07:45 — **Andacht** — 15m

16:30	**Diskussionsrunde: Urknallmodell**	⏱ 1 h 30m
	Sprecher: Danny Faulkner, Peter Trüb	
18:00	Abendessen	⏱ 1 h
19:30	**FT Physik & Kosmologie: Samstag Abend**	
	Light Travel and Time	⏱ 1 h 15m
	Sprecher: Danny Faulkner	

19:30 → 21:00

Sonntag, 5. November

08:30	**FT Physik & Kosmologie: Sonntag Morgen**	
	Frühstück	⏱ 1 h 30m 📍 Haus Quelle
		⏱ 1 h 30m
10:00	**Gottesdienst**	⏱ 30m
11:30	**Abschluss & Ausblick**	
	Sprecher: Peter Trüb	
12:00	Mittagessen	⏱ 1 h

08:30 → 13:00

sein Büro im 30. Stock eines Hochhauses fahren und dort, bei geringer Schwerkraft, einen 8-Stunden-Tag verbringen **[Abb. 62]**. Dann würde man wieder hinunterfahren und feststellen, dass unten, bei größerer Schwerkraft, nur eine Stunde vergangen ist. Also Arbeitsbeginn 9 Uhr, Feierabend 10 Uhr. Allerdings hätte man die 8 Stunden oben wirklich als 8 Stunden erlebt. Wir selbst können, von uns aus gesehen, nur 70 oder 90 Jahre alt werden, auch wenn für Beobachter in anderen *Bezugssystemen unser Leben 10 Sekunden oder 10.000 Jahre dauert.[489]

4.1.3.2 > Gravitation ist die Folge einer veränderten (gekrümmten) Geometrie

Fassen wir zusammen: Wir haben gesehen, dass Masse Raum und Zeit krümmt (allg.: verändert). **> Eine *Geodäte (z. B. ein Lichtstrahl) wird durch Masse gekrümmt.** Raum und Zeit kann also nicht mehr unabhängig von der Masse betrachtet werden.

Bereits die spezielle Relativitätstheorie (SRT) verband Raum und Zeit – zuvor getrennt [siehe Abb. 47a] – zur unauflöslichen Einheit der *Raumzeit [siehe Abb. 47b]. In der allgemeinen Relativitätstheorie (ART) gehen wir noch einen Schritt weiter: Jetzt werden alle drei mechanischen Grundgrößen, nämlich Raum (bzw. Länge), Zeit und Masse, verbunden zur untrennbaren Einheit der durch Masse gekrümmten *Raumzeit.

Da dies die Grundgrößen der Physik sind (zumindest der Mechanik) und andere physikalische Größen auf sie zurückzuführen sind [siehe Abb. 8], hängt die *Raumzeit also ab von den physikalischen Vorgängen **[Abb. 63]**:

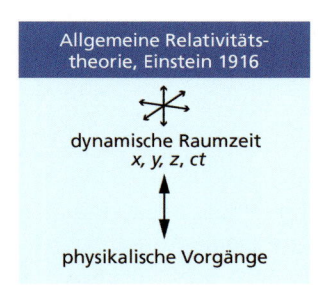

Abb. 63: In der allgemeinen Relativitätstheorie werden alle drei mechanischen Grundgrößen – Raum (bzw. Länge), Zeit und Masse – verbunden zur untrennbaren Einheit der durch Masse gekrümmten Raumzeit. Da dies die Grundgrößen der Physik sind (mindestens der Mechanik), auf die man andere physikalische Größen zurückführen kann, hängt die Raumzeit ganz allgemein von den physikalischen Vorgängen ab.

Die *spezielle* Relativitätstheorie sagt, dass Zeit und Raum nicht voneinander getrennt wird, sondern eine *Raumzeit bilden.[...]

Die *allgemeine* Relativitätstheorie besagt, dass diese *Raumzeit der speziellen Relativität **nicht-*euklidisch** ist, manchmal sagt man dazu auch, dass sie gekrümmt ist. Diese Krümmung wird verursacht durch Materie ... Und durch diese Krümmung erfahren wir, was wir in der Theorie von Newton als Schwerkraft bezeichnen.[490]

---

489. Übelacker, S. 19-20.

490. Vermeulen, S. 331 (Kursive Hervorhebung hinzugefügt).

Wir haben damit eine neue Sicht, um die Effekte der Gravitation zu beschreiben, eine Alternative zu Newtons Vorstellung. Das Gravitationsgesetz von Newton besagt, dass zwei Massen sich anziehen mit einer Kraft, die abhängt von der Größe dieser beiden Massen und mit dem Abstand quadratisch abnimmt;[491] Einstein dagegen erklärt diese Kraft als eine veränderte Geometrie des Raumes: Weil Masse die *Raumzeit krümmt, ist der Raum (bzw. die *Geodäten des Raumes) nicht mehr geradlinig (*euklidisch), sondern gekrümmt.

Um die unterschiedlichen Denkweisen über die Gravitation zu veranschaulichen, schauen wir, wie Newton und Einstein die Art beschreiben, in der die Erde um die Sonne kreist. Newton würde etwa folgendes sagen: „Die Erde wird von der Sonne durch die Schwerkraft angezogen. Diese Anziehung verhindert, dass die Erde hinaus ins Weltall fliegt, und beschränkt sie stattdessen auf eine Bewegung in einem großen Kreis." Es ist so ähnlich, als ob Sie einen Ball an einer Schnur über Ihrem Kopf herumwirbeln. Der Ball wird eine Kreisbahn beschreiben, weil die Spannung im Seil ihn dazu zwingt. Wenn Sie die Schnur durchtrennen, dann wird sich der Ball auf einer geraden Linie entfernen. Genauso würde Newton sagen, dass die Erde auf einer geraden Linie ins All davonsausen würde, wenn Sie plötzlich die Gravitation der Sonne abschalten würden. Einsteins Beschreibung geht völlig anders: „Die Sonne ist ein massereiches Objekt und krümmt als solches die *Raumzeit in ihrer Umgebung **[Abb. 64]**. Die Erde bewegt sich frei durch die *Raumzeit, aber die Krümmung der *Raumzeit zwingt die Erde auf eine Kreisbahn."

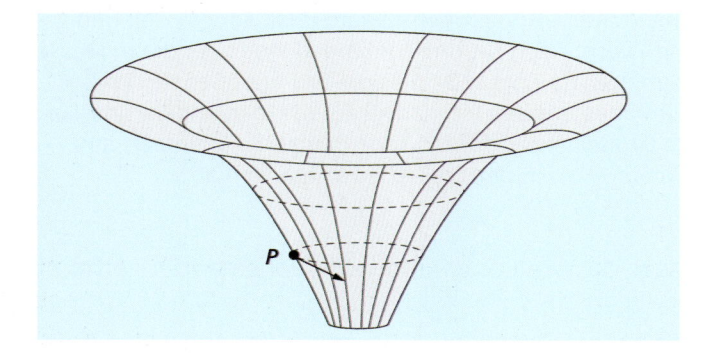

Abb. 64: Die Sonne ist ein massereiches Objekt und krümmt die Raumzeit in ihrer Umgebung. Die Erde bewegt sich frei durch die Raumzeit, aber die Krümmung der Raumzeit zwingt die Erde auf eine Kreisbahn.

---

491. Genauer: Die Kraft ist proportional dem Produkt dieser beiden Massen und nimmt ab mit dem Quadrat des Abstandes.

Um einzusehen, dass eine offensichtliche Kraft (Beschreibung von Newton) eine reine Folge der Geometrie (Beschreibung von Einstein) sein kann, können wir zwei Freunde betrachten, die über die Erdoberfläche spazieren. Sie sollen am Äquator beginnen und genau nach Norden gehen, parallel zueinander auf einer perfekt geraden Linie, was sie auch pflichtbewusst tun. Nach einer Weile werden sie bemerken, dass sie sich einander nähern und, wenn sie nur lange genug gehen, am Nordpol zusammenstoßen **[Abb. 65]**. Nachdem sie festgestellt haben, dass keiner von beiden geschummelt hat oder vom Weg abgekommen ist, kommen sie zu dem richtigen Schluss, dass eine Kraft zwischen ihnen wirkte. Durch diese Kraft zogen sie sich gegenseitig an, während sie nordwärts wanderten.[492]

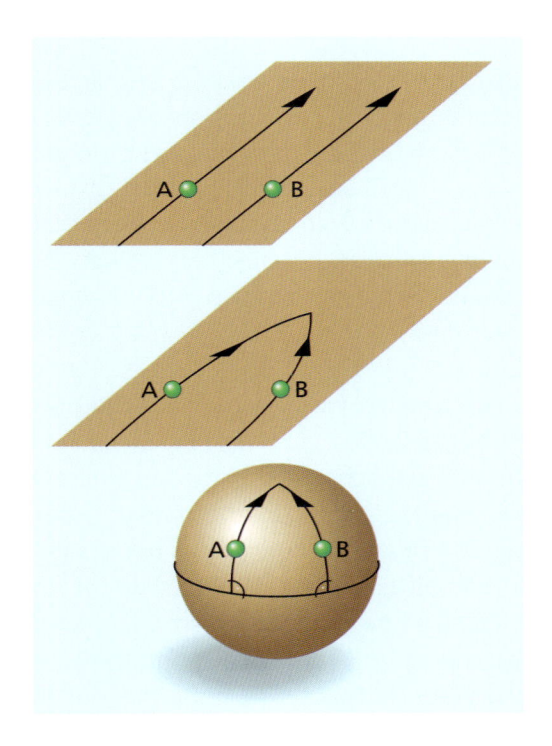

Abb. 65: Was in der Mechanik (nach Newton) als Kraft bezeichnet wird, ist in der allgemeinen Relativitätstheorie eine reine Folge der Geometrie. Die sphärische Geometrie (Kugelgeometrie) der Erde wirkt also zwischen den beiden Freunden wie eine anziehende Kraft. Würden sie sich statt auf einer Kugel (also statt auf der Erde) auf einer riesigen ebenen Plattform im Weltraum bewegen, würde diese veränderte Geometrie dazu führen, dass sie nicht durch so etwas wie eine Kraft zusammengezogen, sondern weiter parallel gehen würden.

Die sphärische Geometrie (Kugelgeometrie) der Erde wirkt also zwischen den beiden Freunden wie eine anziehende Kraft. Würden sie sich statt auf einer Kugel (also statt auf der Erde) auf einer riesigen, ebenen Plattform im Weltraum bewegen, würde diese veränderte (jetzt *euklidische) Geometrie dazu führen, dass sie nicht zueinander gezogen würden durch so etwas wie eine Kraft, sondern weiter parallel gingen. Die Geometrie bestimmt also die Bewegung der Körper:

---

492. Cox & Forshaw, S. 225–226.

Planeten und fallende Körper folgen einfach den Krümmungen des gekrümmten Raumes. Sie unterliegen dabei nicht der Schwerkraft, sondern verhalten sich einfach nach dem Trägheitsgesetz von Galilei und Newton. [...] [Im ersten Newton'schen Gesetz sahen wir:] Ein Körper, auf den keine Kräfte einwirken, fliegt mit konstanter Geschwindigkeit entlang einer geraden Linie. Aber die Gerade im gekrümmten Raum ist eine geodätische Linie in einem gekrümmten Raum. Planeten, fallende Körper und sogar Lichtstrahlen folgen einfach den geodätischen Linien des gekrümmten Raumes, so wie ein Wagen in einer Achterbahn den Krümmungen der Achterbahn folgt.[493]

4.1.3.3 > Das *Relativitätsprinzip (ART) gilt auch für gekrümmte Räume

Wie bereits erklärt, fordert das *Relativitätsprinzip (ART) laut Einstein eine Physik, die für alle Systeme gilt. Nun sahen wir, dass Beschleunigung bzw. Masse den Raum krümmt; also verlangt das *Relativitätsprinzip, dass die Gesetze der Physik auch in gekrümmten Räumen gelten.

Denn die Forderung der allgemeinen Relativitätstheorie war, dass das *R-Postulat der speziellen Relativitätstheorie, also das *Relativitätsprinzip (SRT), ausgeweitet werden muss auf Nicht-*Inertialsysteme – es wird damit zum *Relativitätsprinzip (ART). Banesh Hoffmann erklärt,

> dass die Gesetze der Physik in einer Form geschrieben werden, die in allen Koordinatensystemen der vierdimensionalen *Raumzeit-Welt gleich bleibt. Diese Forderung erwies sich aber als ein enormes mathematisches Problem, das Einstein möglicherweise überfordert hätte – er war Physiker, nicht Mathematiker. Aber die Mathematiker hatten das grundlegende mathematische Problem bereits gelöst und so die nötigen mathematischen Hilfsmittel bereitgestellt. Es mutet an wie eine Fügung des Schicksals, dass der frühere Kommilitone Einsteins, Marcel Grossmann, sich gerade auf das Gebiet der nicht-*euklidischen Geometrie und andere für Einstein wichtige mathematische Fragen spezialisiert hatte.[494]

Die *Raumzeit-Krümmung wird also berücksichtigt mittels einer aufwendigen Mathematik. Kern dieser Mathematik ist der von Riemann und Christoffel entdeckte Krümmungstensor, das ist ein mathematischer Ausdruck zur Beschreibung der Krümmung. Damit kommen wir zu den Einstein'schen Feldgleichungen.[495]

---

493. Vermeulen, S. 359.
494. Hoffmann, S. 177–178.
495. Wem der nun folgende Abschnitt über die Einstein'schen Feldgleichungen zu oberflächlich scheint, weil er doch einen gewissen mathematischen Anspruch hat, dem seien die guten populärwissenschaftlich-mathematischen Erklärungen von Markus Pössel (S. 115–145) und Banesh Hoffmann (S. 178–187) empfohlen.

4.1.3.4 Die Einstein'schen Feldgleichungen (ohne Mathematik!)

Um die Einstein'schen Feldgleichungen schon an dieser Stelle des Buches zu verstehen, müssen wir kurz vorwegnehmen, was erst in Kapitel 5 genauer erklärt wird, nämlich dass (gemäß $E = mc^2$) Energie eine andere Form von Masse ist bzw. Masse eine andere Form von Energie.

Bisher hatten wir nur festgestellt, dass Masse die Raumzeit krümmt; aber aufgrund der Einheit von Masse und Energie krümmt auch Energie den Raum. Zur quantitativen Bestimmung der Krümmung, verursacht durch Masse und Energie führen Cox & Forshaw aus:

> 1915 schrieb Einstein eine Gleichung auf, mit der sich quantitativ exakt bestimmen lässt, wie stark die Krümmung in der Anwesenheit von Masse und Energie ist. Einsteins Gleichung verbessert Newtons uraltes Gravitationsgesetz, so dass es automatisch in Übereinstimmung mit der speziellen Relativitätstheorie steht. (Newtons Gesetz tut das nicht). Natürlich liefert die Gleichung in den meisten Fällen, denen wir im Alltag begegnen, sehr ähnliche Ergebnisse wie Newtons Theorie, aber sie macht Newtons Theorie zu einer Näherung.[496]

Mit „verbessern" ist hier gemeint, dass in der Annäherung der klassischen Mechanik Einsteins Gleichung übergeht in die von Newton.

Auch wenn die Mathematik für gekrümmte Räume noch so kompliziert ist: Wenn Sie die Aussage begriffen haben, dass Masse die *Raumzeit krümmt (auch wenn Sie sich das nicht vorstellen können), dann haben Sie auch qualitativ verstanden, was die Einstein'schen Feldgleichungen quantitativ aussagen: „Die Materie krümmt die *Raumzeit. Das ist das Kernstück von Einsteins allgemeiner Relativitätstheorie."[497]

Wie versprochen, werden wir hier keine Mathematik betreiben. Dass eine Gleichung zwei Seiten hat, z. B. bei 7 = 5 + 2, das lernen Kinder schon in der Grundschule, das ist noch nicht wirklich Mathematik, sondern einfaches Rechnen. Bei dem gerade genannten Beispiel steht auf der linken Seite das Ergebnis (nämlich 7) und auf der rechten Seite die Aufgabenstellung (nämlich 5 + 2).

Analog dazu haben wir in den Einstein'schen Feldgleichungen auf der linken Seite das Ergebnis der Geometrie, auf der rechten Seite die Aufgabenstellung der Masse: Die Masse hat die Aufgabe, die Geometrie der *Raumzeit zu krümmen (allg.: zu verändern). Also können wir sagen: „Die linke Seite der Gleichung beschreibt die *Raumzeit, die rechte Seite der Gleichung beschreibt die Masse, die die Krümmung der *Raumzeit bedingt [d. h. verursacht]."[498]

---

496. Cox & Forshaw, S. 225.
497. Pössel, S. 143.
498. https://www.maths2mind.com/schluesselwoerter/einsteinsche-feldgleichung-art#formel.

Damit haben Sie das Entscheidende der Einstein'schen Feldgleichungen schon verstanden.[499] Dass die Masse bzw. Massendichte in der Gleichung hier auf einmal gleichgesetzt wird mit so etwas wie Energie, braucht Sie nicht zu verunsichern – wir werden später noch erfahren, wie über E = mc² Masse und Energie miteinander zusammenhängen. Lassen Sie es auch gut sein damit, dass die Bezeichnung „Einstein'sche Feldgleichungen" von einer Mehrzahl von Gleichungen spricht und anderswo wieder so getan wird, als wäre es nur eine einzige Gleichung.[500]

Für Sie ist hier nur wichtig zu wissen, dass es eine Gleichung gibt mit der (vierdimensionalen) Geometrie (der *Raumzeit) auf der linken Seite und der Masse bzw. Energie, die diese Geometrie erzeugt, gestaltet, beeinflusst, auf der rechten Seite.[501]

Die Gleichungen setzen mathematisch die *Raumzeit mit Materie und Energie in Beziehung. Die linke Seite drückt die Krümmung der *Raumzeit aus ... Rechts vom Gleichheitszeichen stehen materielle Größen ... die Quelle des Gravitationsfelds.[502]

> Was sich ergibt, ist ein kosmischer Reigen [...]
> Die Verteilung der Massen, Energien, Impulse, die mit einer gegebenen Teilchen-Konfiguration einhergeht, bewirkt eine Verzerrung der *Raumzeit [...]
> Dadurch aber ändert sich die Lage der Teilchen ein wenig, und auch die Geometrie, die die Teilchen der *Raumzeit aufprägen, wird eine etwas andere. [...]
> und so entwickelt sich das Universum weiter, im steten Wechselspiel von Geometrie und Materie. ... Gravitation ist bei Einstein so etwas wie *Raumzeitverzerrung.
> [...]
> Gravitation ist bei Einstein so etwas wie Raumzeitverzerrung [...]

> **Die Materie sagt der *Raumzeit, wie sie sich zu krümmen hat; die *Raumzeit sagt der Materie, wie sie sich zu bewegen hat.**[503]

---

499. Es würde zu weit gehen, die gekrümmte *Raumzeit auf der linken Seite mit einem Tensor zu beschreiben (dem Einstein-Tensor G, der die Krümmungseigenschaften der *Raumzeit beschreibt); denn dazu müsste man wissen, was ein Tensor ist und was ein Vektor – etwa, dass ein Tensor eine bestimmte Anzahl von Vektoren auf einen Zahlenwert abbildet. Aber das wäre Mathematik und die wollten wir ja hier in diesem Rahmen uns ersparen. So brauchen wir jetzt also auch nicht zu wissen, dass die Masse auf der rechten Seite, genauer gesagt: die Massendichte (also die Masse bezogen auf ein bestimmtes Volumen), beschrieben wird durch den Energie-Impuls-Tensor T; den Liebhabern der Mathematik zur Freude sei es hier dennoch vermerkt.

500. Man kann diese Gleichung in der Tat hinschreiben als eine einzige Gleichung in Tensor-Schreibweise. „Denn aufgrund der Indizes μ und ν, die für die vier *Raumzeit- Koordinaten stehen (also jeweils 1, 2, 3 oder 4 lauten), sind es eigentlich 16 Gleichungen. Von denen heben sich allerdings sechs aufgrund von Symmetrien auf, sodass zehn übrig bleiben" (Vaas, S. 58).

501. Für alle, die diese Gleichung wenigstens einmal sehen wollen: **G** = 8πG/c⁴ **T**. „**G** und **T** sind vom mathematischen Charakter her Tensoren, Gebilde mit mehreren Komponenten, und zwar ist G der Einstein-Tensor, T der Energie-Impuls-Tensor." (Pössel, S. 143.)

502. Vaas, S. 58.

503. Pössel, S. 143; 145.

Gemäß den allgemeinen Feldgleichungen ergibt sich so ein permanentes Wechselspiel, bei dem Materie und *Raumzeit sich gegenseitig beeinflussen: Eine bestimmte Materie-Anordnung verformt die vierdimensionale *Raumzeit; das Wie ist festgelegt und durch die Formeln exakt zu berechnen. Die Geometrie der *Raumzeit wiederum legt fest, wie die Bahnen massiver Objekte aussehen müssen.[504]

In Vermeulens Roman fragt Esther:

> „Wie in aller Welt lässt sich dieses Sich-wechselseitig-Beeinflussen mathematisch darstellen?" [Nils:] „Das war tatsächlich eine enorme Schwierigkeit. Zwar hat Herr Albert die Gleichungen der allgemeinen Relativitätstheorie aufschreiben können, aber lösen konnte er sie nicht. Sie beruhen auf Differenzialen von Tensoren, das sind komplizierte geometrische Größen."[505]

Wie komplex die Mathematik dazu ist, das haben wir bereits daran gesehen, dass Einstein überfordert gewesen wäre, hätte es nicht seinen früheren Kommilitonen gegeben, Marcel Grossmann. Die Frage, ob der mathematische Aufwand sich wirklich lohnt, beantwortet der experimentelle Nachweis der allgemeinen Relativitätstheorie.

4.1.4 Experimentelle Bestätigung der allgemeinen Relativitätstheorie (soweit bereits behandelt)

Newtons Theorie über Gravitation ist sehr erfolgreich und dabei mathematisch einfach, die allgemeine Relativitätstheorie dagegen ist mathematisch sehr komplex und aufwändig.

Wo ist dann der Wert der allgemeinen Relativitätstheorie (ART) ? Warum dieser Aufwand? Weil die Newton'sche Theorie nur ein Spezialfall ist. Newtons Theorie deckt zwar in unserem Alltag hier auf der Erde vieles ab, aber eben nicht alles und erst recht nicht in der Astronomie. Die allgemeine Relativitätstheorie aber umfasst alle Fälle **[Abb. 66]**. [506]

Abb. 66: Das Verhältnis zwischen Mechanik, spezieller und allgemeiner Relativitätstheorie

---

504. Spanner, S. 22–23.
505. Vermeulen, S. 367.
506. Dies bezieht sich auf den Makrokosmos. Für den Mikrokosmos, für die kleinste Welt der Atome bzw. Elementarteilchen, ist die Quantentheorie zuständig. Genaueres dazu im Anhang unter „Hawking-Strahlung und die Verdampfung Schwarzer Löcher – Ausblick auf den aktuellen Stand der Physik".

Welche Experimente zeigen konkret den Wert der allgemeinen Relativitätstheorie und bestätigen gleichzeitig ihre Richtigkeit auch dort, wo die Mechanik (Newtons Theorie) und die spezielle Relativitätstheorie versagen? Zur Beantwortung dieser Frage soll hier ein möglichst breites Spektrum dieser Experimente dargestellt werden; um dieses Buch weiterhin mit Gewinn zu lesen, brauchen Sie sie nicht alle begriffen zu haben.

4.1.4.1 Gekrümmte Lichtstrahlen (Eddington-Experiment)

Licht geht stets den kürzesten Weg; dieser kürzeste Weg ist per Definition die *Geodäte. Wenn Masse den Raum krümmt, muss also auch das Licht entlang der gekrümmten *Geodäten gehen.

Nun wusste man schon vorher, dass Licht nicht nur als elektromagnetische Welle beschrieben werden kann, sondern auch als Teilchen (Photonen). Teilchen (Masse) aber werden z. B. vom Gravitationsfeld der Sonne angezogen. Also war bereits vor der Entwicklung der allgemeinen Relativitätstheorie

> bekannt, dass auch aus der Newtonschen Gravitationstheorie eine Ablenkung von Sternenlicht durch einen massiven Himmelskörper abgeleitet werden kann. Einstein berechnete jedoch, dass dieser Wert doppelt so groß sein sollte als die Vorhersage der klassischen Mechanik. Vereinfacht ausgedrückt trägt die Krümmung der *Raumzeit noch einmal denselben Ablenkungswinkel bei wie die klassische Rechnung.[507]

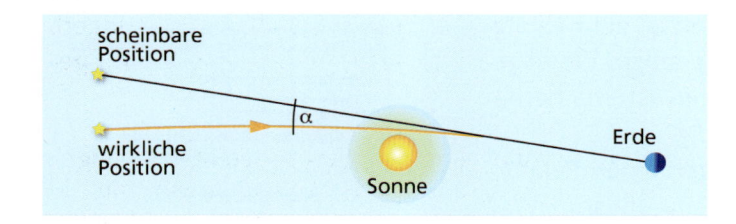

Abb. 67a: Die Ablenkung des Lichtstrahls eines Sterns im Gravitationsfeld der Sonne

Die Ablenkung eines Lichtstrahls im Gravitationsfeld wurde als Erstes experimentell an Sternstrahlen nachgewiesen, die nahe an der Sonne vorbeikamen **[Abb. 67a]**. So etwas ist nur bei Sonnenfinsternis zu beobachten, da ansonsten die Sterne im Sonnenlicht verblassen. So wurde dieser Nachweis eine historische Aktion:

> Im Jahre 1919 rüstete Eddington eine Expedition zur Insel Principe im Golf von Guinea und nach Sobral in Brasilien aus, wo sich am 29. März eine totale Sonnen-

---

507. Spanner, S. 25.

finsternis ereignen sollte. Obwohl das Wetter nicht gerade günstig war, gelangen die Beobachtungen. Eddington und seine Kollegen erhielten 16 Himmelsaufnahmen, von denen nur eine ausreichende Qualität besaß. Auf ihr waren einige schwache Sternchen auszumachen. Zurück in England wurden die Fotoplatten ausgemessen [...]. Die Positionen der Sterne waren etwa so weit verschoben, wie Einstein es vorausgesagt hatte. Als Eddington am 6. November 1919 vor der Royal Society und der Royal Astronomical Society sein Ergebnis vortrug, schlug die Meldung ein wie eine Bombe.

[...]

Eddingtons Messung war damals noch verhältnismäßig ungenau.[508] Heute ist die Lichtablenkung im Schwerefeld der Sonne jedoch mit unglaublicher Präzision gemessen worden – und zwar über den gesamten Himmel! Mit Radioteleskopen gelang dies zwischen 1980 und 1990 einer Gruppe amerikanischer Forscher, welche die Positionen von insgesamt 74 Radiogalaxien am Himmel vermaßen. [...]

In der 1991 veröffentlichten Arbeit konnten die Forscher die Voraussagen der allgemeinen Relativitätstheorie bis auf zwei Promille genau bestätigen.[509]

Weltweit zusammengeschaltete Radioteleskope können selbst den nur 0,004 Bogensekunden betragenden Ablenkwinkel 90 Grad von der Sonne entfernt messen und haben anhand von über 500 Radioquellen die allgemeine Relativitätstheorie auf 0,002 Prozent genau bestätigt.[510]

Der Nachweis der Raumkrümmung durch die allgemeine Relativitätstheorie mittels der Ablenkung von Lichtstrahlen wird noch deutlicher durch folgende Überlegungen, die astronomisch tatsächlich beobachtet werden: Ist die krümmende Masse groß ge-

Abb. 67b: Nachweis der Raumkrümmung durch die allgemeine Relativitätstheorie anhand der Ablenkung von Lichtstrahlen: Ist die krümmende Masse groß genug und verläuft der Lichtstrahl dicht an der Masse vorbei, so können Lichtstrahlen rechts und links von der krümmenden Masse so stark gekrümmt werden, dass sie sich sogar überkreuzen.

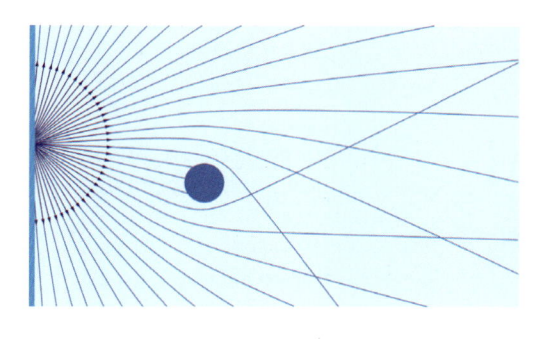

508. Während in der populären Presse vorschnelle Akzeptanz vorherrschte, gab es in der Fachwelt durchaus noch berechtigte Zweifel an dem Experiment. Die Richtigkeit des Effektes der allgemeinen Relativitätstheorie wurde erst bei späteren (genaueren) Beobachtungen 1922 und 1923 zweifelsfrei bestätigt (https://en.wikipedia.org/wiki/Eddington_experiment).
509. Bührke, S. 89–90.
510. Vaas, S. 66.

nug und verläuft der Lichtstrahl dicht an der Masse vorbei, so können Lichtstrahlen rechts und links von der krümmenden Masse so stark gebeugt (bzw. gekrümmt) werden, dass sie sich sogar überkreuzen **[Abb. 67b]**.

> Einen Beobachter, der sich an einem Kreuzungspunkt in der Abbildung befindet, erreicht das Licht der Quelle aus zwei verschiedenen Richtungen. Er sieht dadurch zwei verschiedene Bilder desselben Objekts am Himmel. Nimmt man die dritte Raumdimension hinzu, können bestimmte Bobachter sogar noch mehr Abbildungen sehen; im Extremfall [...] unendlich viele Bilder [...]
> [...]
> Bündelungseffekte, bei denen die Lichtablenkung Mehrfachbilder produziert, sind Beispiele für Gravitationslinseneffekte, ein Begriff, der in Anlehnung an die herkömmlichere Lichtbündelung mit Linsen aus Glas oder anderem durchsichtigem Material entstanden ist.[511]

So wirken

> massereiche Objekte wie [...] Galaxien oder ganze Galaxienhaufen [...] als Gravitationslinsen: Sie können das Licht von Sternen oder Galaxien im Hintergrund regelrecht aufspalten, sodass von diesen Mehrfachbilder oder sogar Ringe im Teleskop zu sehen sind **[Abb. 67c]**.[512]

> Nachgewiesen wurde die erste Gravitationslinse allerdings erst 1979 in Form des so genannten Doppel-Quasars QSO 0957+561 – der entpuppte sich nämlich als ein per Gravitationslinse verdoppeltes Bild von ein und demselben Quasar! Seitdem haben die Astronomen Dutzende und Aberdutzende weiterer Gravitationslinsen entdeckt – Einstein-Ringe, Einstein-Bögen und viele weitere Mehrfachbilder.[513]

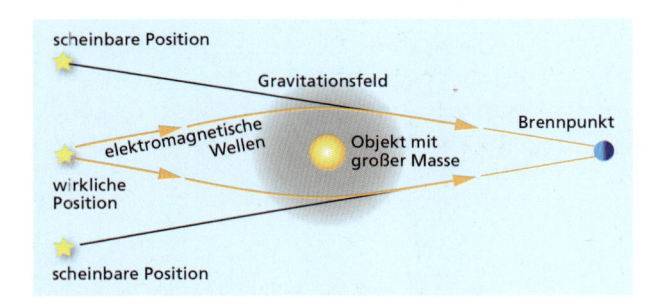

Abb. 67c: Massereiche Objekte wie Galaxien oder ganze Galaxienhaufen als Gravitationslinsen können das Licht von Sternen oder Galaxien im Hintergrund regelrecht aufspalten, sodass von diesen im Teleskop Mehrfachbilder oder sogar Ringe zu sehen sind.

---

511. Pössel, S. 160–161.
512. Vaas, S. 68.
513. Pössel, S. 161.

4.1.4.2 Die Bahn des Merkurs (Perihel-Drehung) und anderer astronomischer Systeme

In Kapitel 3 haben wir gesehen, dass wir bei der speziellen Relativitätstheorie mit messbaren Abweichungen von der bisher üblichen Mechanik nach Galilei und Newton nur in den Fällen rechnen können, wo die Geschwindigkeit nahe Lichtgeschwindigkeit ist. Analog können wir bei der allgemeinen Relativitätstheorie nur in solchen Fällen mit messbaren Abweichungen zur Mechanik rechnen, wo die Gravitation besonders groß ist:

> Nehmen wir einmal unser Sonnensystem. Die Planeten bewegen sich gleich unserer Erde auf elliptischen Bahnen um die Sonne. Merkur ist der Sonne am nächsten, und die Massenanziehung muss zwischen diesen beiden Himmelskörpern daher stärker sein als zwischen allen anderen Planeten und der Sonne.[514] Wenn es überhaupt eine Hoffnung gibt, Abweichungen von Newtonschen Gesetz irgendwo bestätigt zu finden, dann hier beim Merkur.[515]

Nun muss man wissen, dass die Bahn eines Planeten nach den Gesetzen der Mechanik stets eine in sich geschlossene Ellipse ist.[516] Beim Durchlaufen dieser elliptischen Bahn eines Planeten um die Sonne gibt es einen Punkt, an dem jener der Sonne am nächsten ist. Dieser Punkt heißt Perihel.

Nun ist aber beim Merkur

> diese Ellipse nicht geschlossen, sondern der sonnennächste Punkt (das Perihel) wandert um eineinhalb Grad pro Jahrhundert um unser Zentralgestirn herum **[Abb. 68]**. Dieses Phänomen war bereits seit etwa 1860 bekannt. Teilweise ließ es sich damit erklären, dass nicht nur die Sonne mit ihrer Schwerkraft auf Merkur einwirkt, sondern auch die anderen Planeten.[517] Doch selbst, wenn man dies berücksichtigte, blieb immer noch ein kleiner, unerklärlicher Rest von 43 Bogensekunden (etwa 1/80 Grad) pro Jahrhundert übrig. Als Einstein die Merkur-Bahn mit den Gleichungen der allgemeinen Relativitätstheorie berechnete, kam er genau auf diesen Wert. Kein Wunder, dass Einstein „einige Tage fassungslos vor Glück" war, als er entdeckte, dass seine Gravitationstheorie die Perihel-Drehung restlos erklären konnte.[518]

---

514. Denn die Gravitationskraft nimmt mit zunehmenden Abstand immer mehr ab (und zwar sogar mit dem Quadrat des Abstandes: Gravitationskraft ~ 1/Abstand2).
515. Einstein & Infeld, S. 260.
516. Dabei wird vorausgesetzt, dass man nur diesen einen Planeten um die Sonne betrachtet und Störungen durch andere Planeten vernachlässigt werden können.
517. Damit dürfen die Störungen durch andere Planeten nicht vernachlässigt werden. Doch zeigt die Berechnung, dass selbst diese Störungen die Abweichung beim Merkur nicht hinreichend erklären können.
518. Bührke, S. 83–84.

Denn wenn nun die beobachtete Abweichung, selbst unter Berücksichtigung aller denkbaren Störungen, in der klassischen Mechanik keine Lösung hat, durch die allgemeine Relativitätstheorie aber gelöst wird, dann haben wir einen sehr starken Beleg für die Richtigkeit des relativistischen Ansatzes.

> Als sonnennächster Planet durchläuft Merkur das stärkste Schwerkraftfeld, die relativistische Korrektur ist hier also am größten. Deshalb wurde sie beim Merkur als erstes entdeckt. In neuerer Zeit konnte sie jedoch auch für die Planeten Venus, Erde und sogar für den Mars nachgewiesen werden.[519]

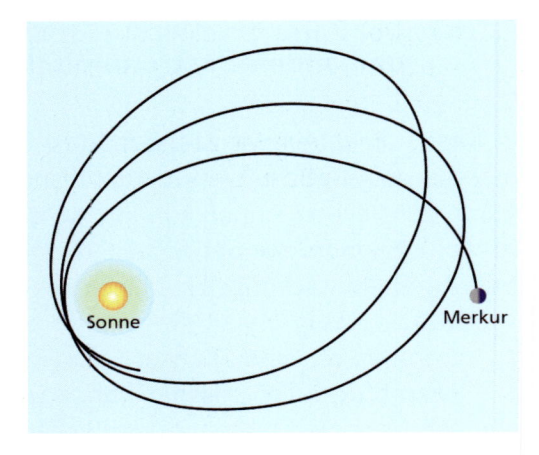

Abb. 68: Das Perihel ist der sonnennächste Punkt der elliptischen Umlaufbahn um die Sonne. Beim Merkur ist diese Ellipse nicht geschlossen, sondern das Perihel wandert um eineinhalb Grad pro Jahrhundert um die Sonne.

Der Effekt der allgemeinen Relativitätstheorie müsste nun noch ausgeprägter sein, könnten wir eine vergleichbare astronomische Beobachtung machen an noch viel massereicheren Sternen als der Sonne, die entsprechend größere Gravitationsfelder haben.

> Vom kosmischen Standpunkt aus betrachtet sind alle Gravitationsfelder innerhalb des Sonnensystems sehr schwach [...] verglichen mit anderen starken Feldern im Universum ist das jedoch geradezu lächerlich wenig. So herrschen an der Oberfläche eines Neutronensterns bis zu mehrere Milliarden Mal stärkere Gravitationsfelder.
> [...]
> Pulsare sind schnell rotierende Neutronensterne, die intensive Radiosignale emittieren. Die Aussendung der Radiowellen erfolgt jedoch stark gebündelt [...] Durch die Rotation des Objektes streift dieser gebündelte Radiostrahl durch das All, ähnlich wie der fokussierte Lichtstrahl eines Leuchtturms [...]
> Aufgrund des hoch genauen Zeitabstandes der Impulse können Pulsare als äußerst präzise kosmische Uhren verwendet werden. Die Pulse erlauben so auch eine sehr genaue Überprüfung der Bewegungsdaten des Pulsars. Durch Beobach-

---

519. Spanner, S. 25.

tung von Pulsaren, die sich im Orbit um Sterne oder andere Pulsare befinden, wurden ausnahmslos Bahndrehungen nachgewiesen, die nicht auf klassischem Weg erklärt werden können[, d. h. nicht mithilfe der Gesetze der Newton'schen Mechanik]. Alle Messergebnisse stimmten jedoch stets präzise mit den Berechnungen auf Basis der allgemeinen Relativitätstheorie überein.[520]

Im Jahr 2003 wurde der

Doppelpulsar PSR J0737-3039 in etwa 4000 Lichtjahren Entfernung von der Erde [...] entdeckt. [...] Der erste allgemein-relativistische Effekt in diesem Doppelpulsar System, die Bahn-Drehung von 16,9 Grad pro Jahr, wurde innerhalb kürzester Zeit nachgewiesen. Dieser Wert bedeutet, dass die Bahnachse des Systems in nur 21,3 Jahren einen vollen Kreis durchläuft. Die Perihel-Wanderung der Merkur-Bahn benötigt dazu drei Millionen Jahre.[521]

4.1.4.3 Rotverschiebung (durch Gravitation)

Wir sahen, dass die Zeit am Meeresspiegel der Erde langsamer vergeht als in größerer Höhe über dem Meeresspiegel bzw. weit weg von der Erde, da sie dort durch die stärkere Gravitation mehr gedehnt wird als weiter oben. Die Zeit kann über die Frequenz (Schwingungen pro Sekunde) einer Lichtquelle gemessen werden. Rotes Licht hat eine niedrigere Frequenz als blaues Licht.

Licht, das einen in konstanter Höhe über der Erdoberfläche weilenden Beobachter von unten erreicht, erscheint ihm als zum roten Ende des Spektrums hin verschoben [d. h. zum Ende des Spektrums mit niedrigerer Frequenz]. Mit anderen Worten: Der obere Beobachter misst für ein und dasselbe Licht eine niedrigere Frequenz [also eine gedehnte Zeit] als ein Beobachter, der weiter unten neben der Lichtquelle steht.[522]

Das gilt noch sehr viel mehr für die Sonne. Da die Sonne mehr als das Dreihunderttausendfache an Masse hat als die Erde, kann man die Masse der Erde sogar vernachlässigen. So

sagte Einstein voraus, dass die Lichtfrequenzen von Atomen an der Oberfläche der Sonne dem Beobachter auf der Erde niedriger erscheinen als die Frequenzen gleicher Atome, die sich weit weg von der Sonne befinden. Niedrigere Frequenz

---

520. Spanner, S. 33–35.
521. Spanner, S. 35–36.
522. Pössel, S. 156.

bedeutet eine Verschiebung der Lichtfarbe zum roten Ende des Spektrums. Die Spektrallinien des Sonnenlichts sollten also zum Roten hin verschoben sein, wenn man sie mit den auf der Erde gemessenen atomaren Spektren vergleicht. Dieser Effekt wird als Gravitations-Rotverschiebung oder relativistische Rotverschiebung bezeichnet **[Abb. 69]**. Sie macht bei den Spektrallinien der Sonne etwa 2 Millionstel der jeweiligen Frequenz aus.

[...]

Der experimentelle Nachweis wurde durch die Turbulenzen der Sonnenoberfläche erschwert, aber nach einiger Zeit gelang es, die relativistische Rotverschiebung des Sonnenlichts nachzuweisen. In den sechziger Jahren führte schließlich der amerikanische Physiker R. V. Pound mit seinen Studenten G. A. Rebka und J. L. Snider eine viel genauere Messung zur Rotverschiebung im Gravitationsfeld der Erde durch. Sie bestimmten die relativistische Rotverschiebung zwischen Spitze und Sockel des 22,5 Meter hohen Turmes der Harvard-Universität und erhielten als experimentelles Resultat einen Wert von ungefähr 1/400.000.000.000.000 [eins zu vierhundert Billionen; oder, nach der Ausführung von Hubert Goenner: $2,5 \cdot 10^{-15}$].[523]

Auch hier (wie schon beim Michelson-Morley-Experiment) mag die unglaublich hohe Präzision verwundern; in diesem Fall beruht sie auf einem von Rudolf Mößbauer entdeckten Effekt. Ohne den Mößbauer-Effekt erklären zu wollen, sei hier nur mitgeteilt, dass man mit diesem Effekt „eine extrem empfindliche Messmethode für die Energieänderung der Gammaquanten"[524] erhält.

Abb. 69: Gravitations-Rotverschiebung, auch relativistische Rotverschiebung: Die Lichtfrequenzen von Atomen an der Oberfläche der Sonne erscheinen dem Beobachter auf der Erde niedriger als die Frequenzen gleicher Atome, die sich weit weg von der Sonne befinden. Niedrigere Frequenz bedeutet eine Verschiebung der Lichtfarbe zum roten Ende des Spektrums. Diese erwartete relativistische Rotverschiebung ist nachgewiesen.

523. Hoffmann, S. 171–172; vgl. Goenner, Einführung in die spezielle und allgemeine Relativitätstheorie, S. 186. Der Vergleich von Banesh Hoffmann und Hubert Goenner zeigt, dass in der von mir benutzten Ausgabe von 1983 von Hoffmann offensichtlich ein Druckfehler vorliegt (um einen Faktor 100); er wurde von mir entsprechend korrigiert. Der Wert von Goenner stimmt auch mit der Angabe von Wikipedia überein (Wikipedia gibt einen noch genaueren Wert an: $2,46 \cdot 10^{-15}$ statt $2,5 \cdot 10^{-15}$) (https://de.wikipedia.org/wiki/Pound-Rebka- Experiment).
524. https://de.wikipedia.org/wiki/Mößbauer-Effekt .

4.1.4.4 Relativistische Zeitverzögerung von Radarsignalen (Shapiro-Effekt)

Aber es gibt noch mehr Nachweise:

> Funksignale können die Gravitationsmulde der Sonne ausloten, wenn sie knapp am Sonnenrand vorbeiziehen. Sie sind dann etwas länger unterwegs als in der nicht gekrümmten *Raumzeit.[525]
>
> Von Irwin Shapiro stammt die Idee [Shapiro-Effekt] [...] Seine Messungen wurden zu einer der genauesten Bestätigungen für die allgemeine Relativitätstheorie in den 1960er Jahren. Shapiro berechnete die relativistische Zeitverzögerung von Radarsignalen, die von sonnennahen Planeten reflektiert werden **[Abb. 70]**. Die Relativitätstheorie liefert eine Signalverzögerung, die umso größer wird, je näher die Radarwellen an der Sonne vorbei laufen.
>
> Die Beobachtung der Radarreflexionen von Merkur und Venus unmittelbar vor und nach der Bedeckung durch die Sonne zeigte eine ausgezeichnete Übereinstimmung mit der allgemeinen Relativitätstheorie. Bereits die ersten Messdaten bestätigten die Einsteinschen Gleichungen mit einer maximalen Abweichung von 5 %/. Spätere Messungen mit Hilfe von Raumsonden wie Mariner oder Viking verbesserten die Messgenauigkeit auf 0,1 %. Schließlich konnten mit der Cassini-Sonde die Voraussagen der allgemeinen Relativitätstheorie sogar bis auf 0,001 % genau bestätigt werden.[526]

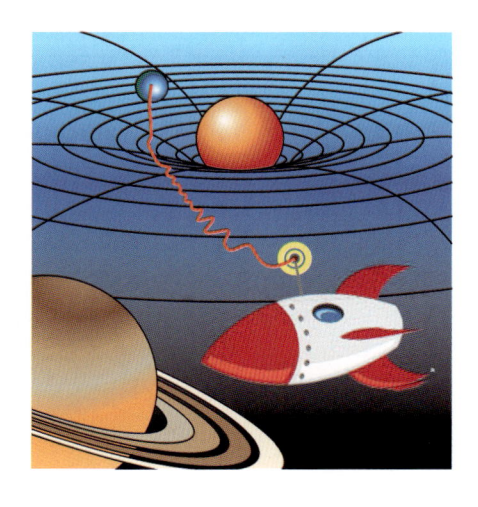

Abb. 70: Shapiro-Effekt: Funksignale können die Gravitationsmulde der Sonne ausloten, wenn sie knapp am Sonnenrand vorbeiziehen. Sie sind dann etwas länger unterwegs als in der nicht gekrümmten Raumzeit.

---

525. Vaas, S. 67.

526. Spanner, S. 30–31.

4.1.4.5 Atomuhren-Vergleich wird durch die allgemeine Relativitätstheorie genauer (Gravity Probe A)

Bei der speziellen Relativitätstheorie sahen wir bereits zum Nachweis der Zeitdehnung das Experiment 1971 von Hafele und Keating mit vier Atomuhren. Dieses Experiment hatte nicht exakt den von der speziellen Relativitätstheorie vorhergesagten Wert geliefert, denn dabei spielt auch die Einwirkung des Schwerefeldes der Erde eine Rolle. Berücksichtigen wir also auch diesen Effekt und nehmen wir die Ergebnisse eines verbesserten Experiments fünf Jahre später:

> 1976 verbesserte der Satellit Gravity Probe A, der mit einer Atomuhr in eine bis zu 10.000 Kilometer hohe, stark elliptische Erdumlaufbahn geschossen wurde, die Präzision beträchtlich (0,007 Prozent Ungenauigkeit).[527]
>
> Die genaue Bahn der Rakete wurde über Radar verfolgt und der Gang der Borduhr über Signale ständig mit Uhren der Bodenstation verglichen. Die Messdaten entsprachen genau der Einsteinschen Vorhersage.[528]

4.1.4.6 Genaue Positionierung durch Satelliten (GPS)

Eine alltagstaugliche experimentelle Bestätigung der allgemeinen Relativitätstheorie verdanken wir dem GPS (Global Positioning System):

> Die GPS-Satelliten sind in der Welt allgegenwärtig und ihr Funktionieren hängt von der Genauigkeit ab, die Einsteins Theorien liefern. Ein 24 Satelliten starkes Netzwerk umkreist die Erde in einer Höhe von 20.000 Kilometern, jeder Satellit vollendet täglich zwei Bahnumläufe. Mit Hilfe der sehr genauen Borduhren der Satelliten lassen sich Positionen auf der Erde per Triangulation[529] bestimmen. Auf ihren hohen Umlaufbahnen spüren die Uhren ein schwächeres Gravitationsfeld – die *Raumzeit ist also anders gekrümmt als bei den gleichen Uhren auf der Erde. Die Uhren auf den Satelliten gehen dadurch täglich um 45 Mikrosekunden vor. Zusätzlich zur Wirkung der Schwerkraft bewegen sich die Satelliten auch mit ziemlich hoher Geschwindigkeit (mit ungefähr 14.000 Kilometer pro Stunde); die aus Einsteins spezieller Relativitätstheorie folgende Zeitdehnung summiert sich dadurch auf sieben Mikrosekunden pro Tag. Zusammengenommen führen die

---

527. Vaas, S. 74.
528. Pössel, S. 155.
529. Triangulation ist eine geometrische Methode der optischen Abstandsmessung durch genaue Winkelmessung innerhalb von Dreiecken. Die Berechnung erfolgt mittels trigonometrischer Funktionen. Vereinfacht könnte man auch sagen, dass von zwei Punkten, deren Abstand bekannt ist, Winkelmessungen zu beliebig anderen Punkten im Raum erfolgen, um deren Lage eindeutig zu bezeichnen. (https://de.wikipedia.org/wiki/Triangulation_(Messtechnik).)

beiden Effekte unterm Strich zu 38 Mikrosekunden, die die Uhren pro Tag vorgehen. Das klingt nach nicht viel, aber würde man es ignorieren, würde das GPS innerhalb von ein paar Stunden versagen. Das Licht legt in einer Nanosekunde, dem Tausendmillionstel Teil einer Sekunde, etwa 30 Zentimeter zurück. 38 Mikrosekunden entsprechen daher einem Positionsfehler von mehr als zehn Kilometern pro Tag, so wäre keine genaue Navigation mehr möglich. Die Lösung ist ganz einfach: Die Uhren auf den Satelliten sind so gebaut, dass sie täglich um 38 Mikrosekunden langsamer gehen, wodurch das System eine Genauigkeit von Metern statt von Kilometern erreicht.[530]

In kommerziellen GPS-Empfängern ist natürlich keine eigene Atomuhr eingebaut. Zeit und Ort werden vielmehr aus direktem Vergleich von mindestens vier Satellitensignalen bestimmt. Da aber alle Satelliten im Orbit in ähnlicher Weise von den Effekten der allgemeinen Relativitätstheorie beeinflusst werden, bliebe der tatsächliche Positionsfehler deutlich geringer. Allgemein-relativistische Effekte sind im GPS-System also eindeutig nachzuweisen. Allerdings würde das System auch ohne detaillierte Kenntnis der allgemeinen Relativitätstheorie funktionieren.[531]

4.2 Die allgemeine Relativitätstheorie als Gleichnis

4.2.1 Jesu Anleitung zur Deutung von Gleichnissen, hier der allgemeinen Relativitätstheorie

Von Jesus Christus, dem Schöpfer des ganzen Universums, ist gesagt: „In ihm ist alles in den Himmeln und auf der Erde geschaffen worden, das Sichtbare und das Unsichtbare"[532], also auch die Relativitätstheorie. Diese war zur Zeit des NT noch nicht bekannt, wohl aber die Landwirtschaft bzw. Botanik – und Jesus erklärte, wie die Landwirtschaft als Gleichnis zu deuten sei, z. B. am Gleichnis vom Sämann:

„Der Sämann ging hinaus, seinen Samen zu säen; und indem er säte, fiel einiges an den Weg, und es wurde zertreten, und die Vögel des Himmels fraßen es auf. Und anderes fiel auf den Felsen; und als es aufging, verdorrte es, weil es keine Feuchtigkeit hatte. Und anderes fiel mitten unter die Dornen; und indem die Dornen mit aufwuchsen, erstickten sie es. Und anderes fiel in die gute Erde und ging auf und brachte hundertfache Frucht."[533]

---

530. Cox & Forshaw, S. 233–234.
531. Spanner, S. 32.
532. Kolosser 1,16.
533. Lukas 8,5–8.

Und dann deutete Jesus dieses Gleichnis (wie auch andere Gleichnisse) für seine Jünger: „Dies aber ist die Bedeutung des Gleichnisses: Der Same ist das Wort Gottes. Die aber an dem Weg sind die, welche hören; dann kommt der Teufel und nimmt das Wort von ihren Herzen weg, damit sie nicht glauben und errettet werden. Die aber auf dem Felsen sind die, welche, wenn sie hören, das Wort mit Freuden aufnehmen; und diese haben keine Wurzel; für eine Zeit glauben sie, und in der Zeit der Versuchung fallen sie ab. Das aber unter die Dornen fiel, sind die, welche gehört haben und hingehen und durch Sorgen und Reichtum und Vergnügungen des Lebens erstickt werden und nichts zur Reife bringen. Das in der guten Erde aber sind die, welche in einem redlichen und guten Herzen das Wort, nachdem sie es gehört haben, bewahren und Frucht bringen mit Ausharren."[534]

An diesem biblischen Muster können wir nun auch für die Relativitätstheorie lernen: Jesus hat hier genau festgelegt, was der Same im Gleichnis zu bedeuten hat, weiter, was es bedeutet, wenn Samenkörner „an dem Weg sind" oder „auf dem Felsen" oder „unter die Dornen" fallen oder aber „in die gute Erde". Dann sollten wir das auch bei der Relativitätstheorie angeben können

Konkret also stellt sich die Frage: Was bedeutet im Gleichnis der Relativitätstheorie die Masse? Was bedeutet es weiter, dass Masse die *Raumzeit krümmt? Und was bedeutet in diesem Gleichnis das *Relativitätsprinzip (ART)? Welchen Ansatz dazu finden wir in der Bibel?

4.2.2 Der Zusammenhang von räumlicher und „moralischer" Krümmung in der Bibel

Im Zentrum der allgemeinen Relativitätstheorie steht die veränderte Geometrie, die Krümmung der *Raumzeit. Was bedeutet das, als Gleichnis betrachtet? Finden wir dazu in der Bibel einen direkten Hinweis? In der Tat gibt es in der Schrift einen Zusammenhang zwischen einer räumlichen (geografischen) Krümmung und einer übertragenen „Krümmung" im Sinne von Moral und Sünde.

Das Thema „Krümmung" ist verknüpft mit einem Bibelvers, der sowohl im Alten wie im NT vorkommt und sich auf die beiden Brennpunkte der Bibel bezieht, das erste und das zweite Kommen Jesu: „Jedes Tal wird ausgefüllt und jeder Berg und Hügel erniedrigt werden, und das Krumme wird zum geraden Weg und die holprigen zu ebenen Wegen werden."[535]

---

534. Lukas 8,11–15.

535. Lukas 3,5 als Zitat aus Jesaja 40,4.

Um den Zusammenhang zu verstehen zwischen der Krümmung im physikalischen bzw. geografischen Sinne einerseits und der „Krümmung" im moralischen Sinne andererseits, also der Krümmung durch die Sünde, müssen wir die unterschiedlichen Bedeutungen dieses Verses kennen, die verschiedenen Phasen im Heilsplan Gottes zugehören, dem ersten Kommen Jesu als Mensch und seinem zweiten Kommen, seiner Wiederkunft in Macht und Herrlichkeit.

Vor etwa 2000 Jahren kam Jesus zum ersten Mal auf die Erde – er wurde Mensch, gezeugt im Leib einer Frau. Damals wurde er dem Volk Israel angekündigt von Johannes dem Täufer und der berief sich ausdrücklich auf diesen Vers aus Jesaja 40; auf der Grundlage dieses Verses mahnte Johannes zur Umkehr von sündigen Wegen.[536] „Das Krumme wird zum geraden Weg", das bedeutete in der Predigt Johannes' des Täufers eine moralisch-geistliche Umkehr der Juden zur Vorbereitung auf die Begegnung mit dem Messias, mit Jesus Christus.

Das erste Kommen Jesu vor 2000 Jahren war verborgen; seine Herrschaft geschieht seitdem bei der Minderheit der wahren (wiedergeborenen) Christen, also bei jenen, in deren Herzen Jesus regiert. Seit seinem ersten Kommen macht Jesus im moralisch-geistlichen Sinne das Krumme wieder gerade, nämlich in den Herzen der Christen.

Jesaja 40 spricht aber auch vom zweiten Kommen Jesu und das liegt noch vor uns: die Wiederkunft Jesu Christi vom Himmel her, dann kommt er „auf den Wolken des Himmels".

Schon vor dem ersten Kommen Jesu hatten mehrere Propheten seine Wiederkunft in Macht und Herrlichkeit vorhergesagt, besonders deutlich der Prophet Daniel;[537] und auch Jesus selbst prophezeite es in seiner Endzeitrede:[538] Dann würde er das verheißene 1000-jährige Reich aufrichten. Dieses zweite Kommen wird einhergehen mit einer geografischen Veränderung, bei der Krummes bzw. Hügeliges wieder[539] gerade wird: Im letzten Buch der Bibel ist die Rede von einem Erdbeben noch nie dagewesenen Ausmaßes kurz vor (oder während) der Wiederkunft Christi, bei dem alle Inseln und Berge verschwinden.[540] John MacArthur kommentiert diese Situation (im Zusammenhang mit Jesaja 40,4) so:

---

536. So in Lukas 3,7–14; siehe auch die Parallelstellen Matthäus 3,3.7–10//Markus 1,4–5.
537. Daniels Vorhersage über Jesu zweites Kommen: Daniel 7,13–14.
538. Jesu Endzeitrede ist in den ersten drei Evangelien in drei Variationen vorhanden: Matthäus 24,1–25,46// Markus 13//Lukas 21,5–36. Jesus spricht dabei von seiner Wiederkunft auf den Wolken des Himmels (dann also für alle sichtbar als der allmächtige Gott): Matthäus 24,30//Markus 13,26//Lukas 21,27.
539. „Wieder", weil es früher, vor der Sintflut so war, und weil für die Zeit, wenn Jesus wiederkommt, die „Wiederherstellung aller Dinge" (Apostelgeschichte 3,21) vorhergesagt ist (Henry M. Morris, *The Revelation Record*, S. 321).
540. Offenbarung 16,18–20: „und ein großes Erdbeben geschah, desgleichen nicht geschehen ist, seitdem ein Mensch auf der Erde war, ein so gewaltiges, so großes Erdbeben. Und die große Stadt wurde in drei Teile gespalten, und die Städte der Nationen fielen, und der großen Stadt Babylon wurde vor Gott gedacht, ihr den Kelch des Weines des Grimmes seines Zornes zu geben. Und jede Insel verschwand, und Berge wurden nicht gefunden."

> Die endgültigen Auswirkungen des Erdbebens [...] dienen dazu, die Erde für die 1000-jährige Herrschaft des Herrn Jesus Christus vorzubereiten. Für dieses Ziel wird die Topographie der Erde drastisch geändert. Jede Insel und alle Berge werden nicht mehr gefunden. Inseln, die Berge unter Wasser sind, werden verschwinden und Berge auf dem Land werden eingeebnet [...] Die sanft ansteigende Topographie der Erde, wie sie ursprünglich [vor der Sintflut] war, wird wiederhergestellt. Es wird keine unerreichbar großen, unbewohnten Berge mehr geben noch Wüsten oder Eiskappen. Die Geographie im 1000-jährigen Reich wird im großen Maßstab eine Wiederherstellung der vorsintflutlichen Umgebung sein.[541]

Von dieser geografischen Nivellierung bei der Wiederkunft Christi sprechen auch andere Stellen: So spricht z. B. Psalm 97 von der Zeit, wenn Jesus im 1000-jährigen Reich hier auf der Erde in Gerechtigkeit regieret, nachdem er gekommen ist in Macht und Herrlichkeit (mit Feuer und Blitzen). Über dieses Kommen heißt es: „Die Berge zerschmolzen wie Wachs vor dem HERRN, vor dem Herrn der ganzen Erde."[542]

Dieses Zerschmelzen der Berge bei der Wiederkunft Christi hat auch der Prophet Micha vorhergesagt: „Denn siehe, der HERR geht aus von seiner Stätte, er steigt herab und schreitet auf den Höhen der Erde. Und die Berge zerschmelzen unter ihm"; und der Prophet Habakuk sagte dazu: „Er tritt auf und erschüttert die Erde, er schaut hin und lässt Nationen auffahren. Es bersten die ewigen Berge, es senken sich die ewigen Hügel. Das sind von jeher seine Bahnen."[543]

Zusammenfassend gibt es also eine doppelte Deutung des oben zitierten Verses „Das Krumme wird zum geraden Weg und die holprigen zu ebenen Wegen werden": Bei Jesu erstem Kommen wurde im übertragenen, moralischen Sinn das Krumme gerade – aufgrund der Predigt Johannes' des Täufers (sowie der Jünger Jesu und der Predigt Jesu selbst) taten die Menschen damals Buße. Aber für seine Wiederkunft kündigt der Vers eine geografische und damit räumliche Veränderung an dahingehend, dass im 1000-jährigen Reich Berge und Täler eingeebnet sein werden.

Vielleicht ist nicht jeder mit John MacArthurs Deutung einverstanden; doch ist unumstritten, dass Johannes der Täufer Jesajas geografische Aussage („Jedes Tal soll erhöht und jeder Berg und Hügel erniedrigt werden! Und das Höckerige soll zur Ebene werden und das Hügelige zur Talebene!"[544]) moralisch-geistlich verstanden hat. Damit stellt er

---

541. MacArthur, …Revelation 12–22; S. 153 (Übersetzung durch den Autor).; vgl. dazu auch Offenbarung 16,20.
542. Psalm 97,5.
543. Micha 1,3–4; Habakuk 3,6. Der bei Habakuk mit „sich senken" übersetzte hebräische Begriff (schachach: חחש) ist einer der 11 Begriffe, (H10) die in der systematischen Analyse in der PDF-Datei unter dem Link www.ursprachen-statistik.de untersucht wurden, und bedeutet auch „niederbeugen", „gebeugt werden".
544. Jesaja 40,4.

einen Zusammenhang her zwischen der räumlichen und der moralischen Krümmung.

Doch gibt es noch viele andere Stellen, die diesen Zusammenhang nahelegen; das regt an zu einer systematischen Analyse der Bibel, wo sonst noch im übertragenen, moralischen Sinn die Rede ist von Krümmen, Beugen, Neigen und dergleichen als Symbol für die Sünde.

4.2.3 Ursprachen-Statistik (systematische Analyse) zu „krümmen, beugen, neigen ..."

Um die gekrümmte Geometrie der allgemeinen Relativitätstheorie als Gleichnis zu deuten, wurde untersucht, wo und in welchem Zusammenhang die Bibel von „krümmen" spricht oder von „beugen, neigen" usw. Dazu wurde eine umfangreiche sprachliche Analyse dieser Begriffe in den Ursprachen der Bibel durchgeführt.

Eine exakte Darlegung aller Schritte würde hier zu weit führen und viele langweilen; deshalb wird die Analyse hier nur kurz erläutert und als Statistik zusammengefasst [siehe Abb. 71a–c]. Danach wird sie an konkreten Beispielen so erklärt und gedeutet, dass der große Zusammenhang zur Relativitätstheorie und zur Gesamtaussage der Schrift erhalten bleibt.

Zunächst zur kurzen Erläuterung der Analyse und der Zusammenfassung: Im AT wurden 13 Verben ausgewählt, die am ehesten passen zum Bedeutungsspektrum „krümmen, beugen, neigen ...". Zur Beurteilung dieses Bedeutungsspektrums wurden die Bedeutungsnuancen gemäß der hebräischen Grammatik[545] berücksichtigt.

Die Analyse ist abgelegt in der PDF-Datei unter dem Link www.ursprachen-statistik. de. Diese PDF-Datei listet alle Verse auf, in denen 11 dieser 13 hebräischen Verben[546] vorkommen[547]. Eine Statistik über diese 11 hebräischen Verben (H1–H11) ergibt, drei verschiedene Aspekte der Sünde, die in der Tabelle **[Abb. 71a]**.mit dem Nummerierungs-Zeichen # gekennzeichnet sind.

1) über die „Tat der Sünde" (# 1)
2) über die „Folgen der Sünde" (# 2)
3) über die „angemessenen Reaktion" auf die Sünde (# 3) (im Sinne von „sich bekehren, sich demütigen, anbeten")

---

545. Mit „Bedeutungsnuancen gemäß der hebräischen Grammatik" sind die verschiedenen hebräischen Verb-Stämme gemeint, die in der PDF-Datei erklärt werden (www.ursprachen-statistik.de).

546. Das 12. und das 13. Verb kommen zu häufig vor für eine vollständige Auflistung; deshalb wurden sie in der Statistik nicht berücksichtigt.

547. Obwohl 13 hebräische Verben betrachtet wurden, wurde die Statistik nur über 11 dieser 13 Verben durchgeführt

Abb. 71a: Statistik-AT: Über 80 % der Verse, die eines dieser 11 Verben enthalten, machen eine Aussage entweder über die „Tat der Sünde" (# 1) oder die „Folgen der Sünde" (# 2) oder die „angemessenen Reaktion" im Sinne von „sich bekehren, sich demütigen, anbeten" (# 3).

Die Analyse zeigt, dass über 80 % der Verse (171 von 210 Versen) in einer dieser drei Kategorien fällt, während die übrigen (18,6%) schwer sind, einer Kategorie zuzuordnen.

Dasselbe Vorgehen für das NT führte zu fünf griechischen Verben (G1–G5).

Zudem wurde in der griechischen Übersetzung des AT (der Septuaginta, abgekürzt LXX) ermittelt, wie diese 13 hebräischen Verben ins Griechische übersetzt sind und wo sie im NT vorkommen (in diesem Buch als *LXX-Methode bezeichnet). Eine Übersicht, wie man von den 13 hebräischen Verben (H1–H13) zu 7 weiteren griechischen Verben kommt (G6–G12)[548], ist in einer Matrix zusammengefasst[549] **[Abb. 71b]**.

Auf diese Weise erhält man im NT insgesamt 12 griechische Verben (G1–G12); auch hier decken über 80 % (169 von 200 Versen) dieser griechischen Verben dieselben Themenbereiche ab: „Tat der Sünde" (# 1), „Folgen der Sünde" wie Gericht gemäß Gottes Gerechtigkeit (# 2) und „angemessene Reaktion" wie „sich bekehren, sich demütigen, anbeten" (# 3) **[Abb. 71c]**.

Um nun mithilfe des Ergebnisses dieser Analyse das Gleichnis der allgemeinen Relativitätstheorie zu deuten, werden von den gefundenen Versen nur einige Beispiele zitiert. Die untersuchten Begriffe werden dabei in **_kursivem Fettdruck_** hervorgehoben und geben damit einen Eindruck von der Aussage der Statistik. Wem auch diese begrenzte Vers-Auswahl der Analyse noch zu detailliert und verwirrend erscheint, der findet die gleichnishafte Deutung der *Raumzeit-Krümmung durch Masse in den Überschriften zusammengefasst (und auch jeweils am Schluss im Fazit).

---

548. Genau genommen sind es nicht 7, sondern 11 griechische Begriffe, die so gefunden wurden. Begriffe, die zu einer Wortfamilie gehören, sind bei der Nummerierung G6–G12 zu einem Begriff zusammengefasst (z. B. G7), werden aber unterschieden durch a, b, c …

Die LXX-Methode 7 relevante griechische Begriffe (G6–12) anhand der griechischen Übersetzung des Alten Testaments (LXX)													
	H1	H2	H3	H4	H5	H6	H7	H8	H9	H10	H11	H12	H13
G6					18x					1x			
G6a	1x												
G7	10x	2x											
G7a	1x												1x
G7b		1x											
G7c			1x										
G8					1x						11x		
G9					48x				1x	10x	12x		
G10				1x									45x
G11	3x										1x		
G12						5x	8x					166x	

12 griechische Begriffe abgeleitet von „krümmen …" Statistische Auswertung von 200 Versen im Neuen Testament (LXX)												
Strong's Nummer Thema	G1 4646	G2 1294	G3 4794	G4 4781	G5 2576	G6a 2559 2554	G7 a.a. 91;93 94; 2613	G8 1788	G9 5013	G10 1578	G11 1994	G12 4352	Summe
#1	4	6	0	0	1	5 4 =9	11+9 +1+2 =23	0	0	1	2	10	56 28 %
#2	0	0	1	1	0	0	10+7 +6+2 =25	7	5 (2)	0	0	5	44 (41) 22 % (20,5 %)
#3	0	0	0	0	3	0	1+2 =2	0	6 (9)	2	19	38	71 (74) 35,5 % (37 %)
#0	0	0	0	0	0	0	1+6 +4 =11	2	0	0	15	1	29 14,5 %
Summe	4	6	1	1	4	9	62	9	11	3	36	54	200 100 %

#1: Tat der Sünde: 28 %; #2: Folgen der Sünde (Gericht, Gerechtigkeit): 22 %
#3: Angemessene Reaktion (s. bekehren, s. demütigen, anbeten): 34,5 % #0: Nicht relevant: 15,5 %

Abb. 71b: Matrix AT/NT: In der griechischen Übersetzung des Alten Testaments (LXX) wurde nachgesehen, wie diese 13 hebräischen Verben ins Griechische übersetzt sind und wo sie im Neuen Testament vorkommen (in diesem Buch als *LXX-Methode bezeichnet). Die Matrix zeigt, wie man von den 13 hebräischen Verben (H1–H13) zu 7 weiteren griechischen Verben kommt (G6–G12).

Abb. 71c: Statistik NT: Die durch die Matrix (Abb. 71b) gewonnenen 12 griechischen Verben (G1–G12) im NT machen zu über 80 % eine Aussage entweder über die „Tat der Sünde" (#1) oder die „Folgen der Sünde" (#2) oder die „angemessene Reaktion" (#3).

4.2.4 Die „Masse" ist der Mensch mit seiner sündigen Natur

Als Gleichnis genommen, also auf unser persönliches Leben bezogen, ist „Masse" ein Bild für den Menschen. Das war der Ansatz schon zu Anfang dieses Buches: Die relativen Geschwindigkeiten von Objekten erkannten wir als Gleichnis für unterschiedliche Meinungen der Menschen.

Für den Menschen, für unsere menschliche Natur, gebraucht das NT häufig den Begriff „Fleisch". So heißt es z. B.: „Darum: aus Gesetzeswerken wird kein Fleisch vor ihm gerechtfertigt werden"[550]; einige Bibel-Ausgaben übersetzen „Fleisch" freier mit „Mensch".
  Eine der grundlegendsten Aussagen der Schrift nun zeigt, dass der Mensch seit dem Sündenfall von Adam und Eva völlig unter der Macht der Sünde steht, völlig verdorben ist unter der Macht des Bösen,[551] unter der Macht Satans; der Begriff „Fleisch" steht damit meist für die sündige Natur des Menschen. Typische Aussagen der Bibel dazu sind z. B.:

---

549. Es gibt verschiedene Versionen der LXX. In der genannten Untersuchung wurde die elektronische Version verwendet von Alfred Rahlfs, 1935.

550. Römer 3,20; die Neuie Luther Bibel von 2009 oder die Zürcher Bibel von 2007 z. B. übersetzen hier „Fleisch" mit „Mensch".
551. 1. Johannes 5,19.

Denn als wir im Fleisch waren, wirkten die Leidenschaften der Sünden [...]
ich aber bin fleischlich, unter die Sünde verkauft [...]
Also diene ich nun selbst mit dem Sinn dem Gesetz Gottes, mit dem Fleisch aber dem Gesetz der Sünde
[...]
weil die Gesinnung des Fleisches Feindschaft gegen Gott ist, denn sie ist dem Gesetz Gottes nicht untertan, denn sie kann das auch nicht. Die aber, die im Fleisch sind, können Gott nicht gefallen.[552]

Wer die Bibel kennt, weiß, dass dies der rote Faden der Bibel ist; er zieht sich vom dritten Kapitel des ersten Buches der Bibel (1. Mose 3) durch bis zum drittletzten Kapitel des letzten Buches der Bibel, der Offenbarung (Kapitel 20). So wird z. B. schon im ersten Buch der Bibel gesagt: „Und der HERR sah, dass die Bosheit des Menschen auf der Erde groß war und alles Sinnen der Gedanken seines Herzens nur böse den ganzen Tag. ... denn das Sinnen des menschlichen Herzens ist böse von seiner Jugend an."[553]

Fazit: Die Masse ist ein Gleichnis für den Menschen mit seiner sündigen Natur.

4.2.5 Die Krümmung der *Raumzeit ist die „Tat der Sünde", also sündigen

Masse krümmt die *Raumzeit – das ist ein Gleichnis dafür, dass unsere menschliche, sündige Natur diese Welt krümmt. Im Gesetz des Mose wird an vielen Stellen gefordert, das Recht dürfe nicht gekrümmt, nicht gebeugt werden: „Du sollst das Recht eines Armen deines Volkes in seinem Rechtsstreit nicht **beugen**[554]." „Du sollst das Recht nicht **beugen**, du sollst die Person nicht ansehen und kein Bestechungsgeschenk nehmen." „Du sollst das Recht eines Fremden und einer Waise nicht **beugen**; und das Kleid einer Witwe sollst du nicht pfänden."[555]

Das Buch der Sprüche ermahnt, solche Sünden nicht zu begehen: „Wer in Lauterkeit lebt, lebt sicher, wer aber krumme Wege wählt, muss schwitzen." „Bestechung aus dem Gewandbausch nimmt der Gottlose an, um die Pfade des Rechts zu **beugen**." „Wer redlich lebt, findet Hilfe; wer aber **krumme** Wege geht, wird auf einem davon fallen."[556]

Entsprechend wird auch in den Psalmen gebetet: „Die aber auf ihre **krummen** Wege **abbiegen**, die wird der HERR dahinfahren lassen samt den Übeltätern." „Lass mein

---

552. Römer 7,5.14.25; 8,7–8.
553. 1. Mose 6,5; 8,21.
554. Alle kursiv-fettgedruckten Begriffe gehören ab hier (bis Ende von 4.2) zu den in der Ursprache untersuchten Begriffen.
555. 2. Mose 23,6; 5. Mose 16,19; 24,17.
556. Sprüche 10,9; 17,23; 28,18.

Herz sich nicht **neigen** zur bösen Sache, gottlos Taten zu begehen mit Männern, die Übeltäter sind."557

Wo durch „krümmen, **beugen**, neigen ..." gesündigt wird („Tat der Sünde"), kommt in den Psalmgebeten das Verlangen nach Gerechtigkeit durch Gottes Vergeltung zum Ausdruck: „Lass beschämt werden die Übermütigen! Denn sie haben mich **gebeugt** ohne Grund", oder, nach einer anderen Übersetzung: „Zuschanden sollen die Vermessenen werden, die mit Lügen mich **krümmten**."558

Die Propheten prangerten solche krummen, gebeugten Wege der Sünde bzw. Ungerechtigkeit an: „Den Weg des Friedens kennen sie nicht, und kein Recht ist in ihren Spuren. Ihre Pfade machen sie sich **krumm**: jeder, der sie betritt, kennt keinen Frieden." „Die Schuld des Hauses Israel und Juda ist über die Maßen groß, und das Land ist mit Gewalttat erfüllt, und die Stadt ist voller **Beugung** des Rechts." „Sie treten nach dem Kopf der Geringen wie auf den Staub der Erde, und den Rechtsweg der Elenden **beugen** sie." „Hört doch dies, ihr Häupter des Hauses Jakob und ihr Anführer des Hauses Israel, die das Recht verabscheuen und alles Gerade **krümmen** ..."559

Als Anschauungsmaterial finden wir Einzelfälle, vorbildliche und abschreckende. So brachte Hiob zum Ausdruck, solche Taten der Sünde habe er stets verabscheut: „Wenn mein Schritt vom Weg **abgebogen** und mein Herz meinen Augen gefolgt ist und an meinen Händen ein Makel klebt ..." (für den Eventualfall folgte eine Selbstverfluchung); umgekehrt musste über Samuels missratene Söhne gesagt werden: „Aber seine Söhne wandelten nicht in seinen Wegen und sie suchten ihren Vorteil und nahmen Bestechungsgeschenke und **beugten** das Recht."560

Die Sünde Salomos führte zur Teilung Israels: „Und es geschah zur Zeit, als Salomo alt geworden war, da neigten seine Frauen sein Herz anderen Göttern zu. So war sein Herz nicht ungeteilt mit dem HERRN, seinem Gott, wie das Herz seines Vaters David."561

Um den Stellenwert der Sünde Salomos richtig einzuordnen, müssen wir bedenken: Der Kern der biblischen Botschaft (und damit auch der Kern des Evangeliums) ist eine persönliche Beziehung zwischen dem Schöpfer und seinen Geschöpfen; die Schrift vergleicht das mit einer Ehebeziehung.562

Umgekehrt ist klar, dass die Anbetung anderer Götter ein völliger Bruch der Beziehung ist, der Gipfel der Sünde, vergleichbar dem Ehebruch. Schon in den Zehn Geboten steht das an erster und zweiter Stelle: Das erste Gebot besagt, dass wir neben Gott keine anderen Götter haben sollten; das wird im zweiten Gebot vertieft, wo es heißt, wir sollten uns keine Götterbilder machen: „Du sollst dich nicht vor ihnen **niederbeugen** und ihnen nicht dienen."563

---

557. Psalm 125,5; 141,4.
558. Psalm 119,78 (Elberfelder 1905 und in der Übersetzung von Herbert Jantzen).
559. Jesaja 59,8; Hesekiel 9,9; Amos 2,7; Micha 3,9.
560. Hiob 31,7; 1. Samuel 8,3.
561. 1. Könige 11,4.
562. Z. B. Jesaja 54,5; Hosea 2,18.21; Epheser 5,31–32.
563. 2. Mose 20,5 (Elberfelder 1905).

Die Propheten haben den Götzendienst immer wieder angeprangert, so z. B. Jesaja: „Teils verarbeitet er es zu einem Gott und wirft sich davor nieder, macht ein Götzenbild daraus und **beugt** sich vor ihm ... Sie, die Gold aus dem Beutel schütten und Silber auf der Waage abwiegen, dingen einen Goldschmied, dass er einen Gott daraus macht. Sie **beugen** sich, ja, sie werfen sich nieder."[564]

Während es im AT zu den Stichwörtern „krümmen, beugen, neigen ..." viele Stellen gibt, finden wir im NT nur wenige; das hängt damit zusammen, dass das AT viel mehr in Bildern und gleichnishafter Form spricht. So drückt es die Ungerechtigkeit und Sünde im Bild des Krümmens und Beugens aus und deutet damit das physikalische Gleichnis der *Raumzeit-Krümmung.

Das NT dagegen spricht mehr in direkter, abstrakter Form, es gebraucht Begriffe wie „Ungerechtigkeit", „Unrecht tun" oder „schlecht behandeln". So ist das NT im wörtlichen und im übertragenen Sinne in einer anderen Sprache geschrieben: wörtlich, weil die Ursprache Griechisch ist, die des AT dagegen (im Wesentlichen) Hebräisch; in einer anderen Sprache im übertragenen Sinn, weil das NT abstrakter ist.

Die Brücke zwischen diesen beiden Teilen mit ihren verschiedenen Sprachen und Ausdrucksweisen ist die griechische Übersetzung des AT, die sogenannte „Septuaginta" (abgekürzt LXX). Im Wesentlichen lag die LXX um 130 v. Chr. vor..[565] „Die meisten atl.. Zitate im NT stammen aus ihr, nur ein kleiner Teil ist selbstständig aus dem Hebräischen übertragen."[566] (Es spricht manches dafür, dass die LXX – mindestens an einigen Stellen – die geistliche, neutestamentliche Sicht des AT enthält.[567])

Fragt man nun, wie die LXX die hebräischen Begriffe für „krümmen", „beugen", „neigen" in den bereits genannten Zitaten des AT übersetzt, so ergeben sich gerade jene abstrakten Begriffe wie „Ungerechtigkeit" „Unrecht tun", „schlecht behandeln" und dergleichen, die im NT gebraucht werden. Durch einen solchen Zitatvergleich kommt man zu vielen einschlägigen Stellen im NT.

---

564. Jesaja 44,15; 46,6: Dabei wird im Hebräischen für „wirft sich ... nieder" derselbe Begriff (schagad: דגס) gebraucht, der in 2. Mose 20,5 (Elberfelder 1905) mit „sich niederbeugen" übersetzt wird.

565. Rienecker/Maier/Schick/Wendel, S. 1072 (Stichwort: „Septuaginta"): „Aus der Sirachvorrede kann man schließen, dass um 130 v. Chr. die Übersetzung der LXX vollständig vorlag." Wikipedia schreibt dazu: „Die Übersetzungsdaten lassen sich nur aus einigen griechischen Zitaten des LXX-Textes in anderen Quellen oder zeitgeschichtlichen Bezügen darin eingrenzen: Jesaja und die Chronikbücher waren demnach bis etwa 150 v. Chr., das Buch Job [Hiob] bis 100 v. Chr. fertiggestellt. Das um 132 v. Chr. verfasste griechische Vorwort zu Jesus Sirach setzte bereits eine griechische Übersetzung ‚des Gesetzes, der Propheten und der übrigen Bücher' voraus, so dass damals vermutlich nur noch einige der bis 100 n. Chr. umstrittenen Ketubim (Schriften) fehlten. Nur die Bücher Rut, Ester, Hoheslied und Klagelieder wurden in Jerusalem übersetzt, wahrscheinlich im 1. Jahrhundert nach der Tempelzerstörung (70). Als letztes Buch wurde um 100 n. Chr. der ‚2. Esdras' (Esra und Nehemia) übersetzt." (https://de.wikipedia.org/wiki/Septuaginta).

566. Rienecker/Maier/Schick/Wendel, S. 1072 (Stichwort: „Septuaginta").

567. Das lässt sich z. B. direkt nachvollziehen am Zitat von Amos 9,11–12 in Apostelgeschichte 15,16–17, geht aber auch aus noch anderen Stellen in der LXX hervor.

Was aufgrund der LXX-Methode in der „Ursprachen-Statistik" [568] [siehe Abb.71b] detailliert gezeigt wird, sei hier an einem Beispiel erläutert.

In Jesaja 21,3 steht: „Ich **krümme** mich, dass ich nicht höre." Die LXX übersetzt hier den hebräischen Begriff für „krümmen"[569] mit dem griechischen Begriff für „unrecht tun"[570]. Die LXX-Version von Jesaja 21,3 ins Deutsche übersetzt lautet demnach: „Ich **tat unrecht**, dass ich nicht höre ..."[571]

Unter diesem griechischen Begriff für „unrecht tun" findet man im NT z. B. Aussagen wie „Der aber dem Nächsten **unrecht tat**, stieß ihn weg und sprach: Wer hat dich als Obersten und Richter über uns eingesetzt?", oder: „Aber ihr selbst **tut unrecht** und übervorteilt, und das Brüdern gegenüber!", oder: „Denn wer **unrecht tut**, wird das Unrecht empfangen, das er getan hat; und da ist kein Ansehen der Person", oder: „Wer **unrecht tut**, **tue** noch **unrecht**, und der Unreine verunreinige sich noch, und der Gerechte übe noch Gerechtigkeit, und der Heilige heilige sich noch."[572]

Schaut man sich das Wortfeld des hebräischen Begriffs genau an, das in Jesaja 21,3 mit „krümmen" übersetzt ist, so zeigt sich, dass darin auch die Bedeutung von Unrecht bzw. die Sünde des „verkehrt handeln" steckt. Denn derselbe hebräische Begriff, der in Jesaja 21,3 mit „ich **krümme** mich" übersetzt ist, wird in 2. Samuel 7,14 wiedergegeben mit „Wenn er **verkehrt handelt** ..."; die griechische LXX-Version von 2. Samuel 7,14 lautet (bei wörtlicher Übersetzung): „wenn seine **Ungerechtigkeit kommt**".[573]

Der Begriff für „Unrecht, Ungerechtigkeit" entspricht also laut der LXX im Hebräischen der Krümmung oder Beugung und zeigt sich im NT z. B. bei der Charakterisierung der gottlosen Heidenwelt: „Denn es wird offenbart Gottes Zorn vom Himmel her über alle Gottlosigkeit und **Ungerechtigkeit** der Menschen, welche die Wahrheit durch **Ungerechtigkeit** niederhalten, ... erfüllt mit aller **Ungerechtigkeit**, Bosheit, Habsucht, Schlechtigkeit, voll von Neid, Mord, Streit, List, Tücke."[574]

Diese Ungerechtigkeit sieht Petrus z. B. bei dem Zauberer Simon, der aus falschen Motiven die Segnungen des Evangeliums haben will: „Denn ich sehe, dass du voll bitterer Galle und in Banden der **Ungerechtigkeit** bist." Über das, was Menschen so gedankenlos an Ungerechtigkeit daherreden, wird gesagt: „Auch die Zunge ist ein Feuer; als die Welt der **Ungerechtigkeit** erweist sich die Zunge unter unseren Glie-

---

568. www.ursprachen-statistik.de .
569. Also den hebräischen Begriff awa : הוא
   (in www.ursprachen-statistik.de mit H1 bezeichnet)
570. Also den griechischen Begriff adikeo::ἀδικέω.
571. Jesaja 21,3 ist hier und auch in den folgenden Versen vom Autor ins Deutsche übersetzt worden. Zur Überprüfung auf Englisch kann man diese Stelle in der englischen Übersetzung der LXX nachlesen (in *The English Translation of The Septuagint Version of the Old Testament by Sir Lancelot C. L. Brenton):* „*... I dealt wrongfully that I might not hear*" (Wer das internationale Bibelprogramm „BibleWorks" hat, findet das dort unter der Abkürzung LXE). Der griechische Begriff in der LXX ist hier also *adikeo*::ἀδικέω.
572. Apostelgeschichte 7,27; 1. Korinther 6,8; Kolosser 3,25; Offenbarung 22,11. Die fett und kursiv gedruckten Wörter (im Griechischen: *adikeo*::ἀδικέω) sind dabei Begriffe, die im hebräischen Text des AT auch „krümmen, beugen, neigen" bedeuten, so auch in den nun folgenden Zitaten aus dem NT.
573. 2. Samuel 7,14 wird in der englischen Übersetzung (LXE) der LXX wiedergegeben mit „*when he happens to transgress*" (entsprechend dem griechischen Begriff adikia : ἀδικία).

dern"; oder, wenn Jesus über die Scheinchristen bzw. falschen Propheten urteilt: „Und er wird sagen: Ich sage euch, ich kenne euch nicht und weiß nicht, woher ihr seid. Weicht von mir, alle ihr **Übeltäter**" (für „ihr Übeltäter" steht da wörtlich: „ihr Arbeiter der **Ungerechtigkeit**").[575]

Sowohl das Wortfeld der hebräischen Sprache als auch die Brücke der griechischen Übersetzung des AT, der Septuaginta (LXX) zeigen also, dass „krümmen" untrennbar verknüpft ist mit Ungerechtigkeit. – Das ist nur eines von vielen weiteren Beispielen, einzusehen in der PDF-Datei unter dem Link www.ursprachen-statistik.de.

Fazit: Ursache für die *Raumzeitkrümmung ist die Masse; denn es liegt in der Natur der Masse, die *Raumzeit zu krümmen. So ist in der Übertragung die *Ursache* für das Sündigen („Tat der Sünde) die sündige Natur des Menschen.

4.2.6 Das *Relativitätsprinzip (ART) zeigt die Folge der Sünde und die angemessene Reaktion darauf

Gemäß der Forderung des *Relativitätsprinzips (ART) gelten in jedem *Bezugssystem dieselben physikalischen Gesetze, also auch in *Bezugssystemen mit gekrümmter *Raumzeit. Das ist ein Gleichnis dafür, dass auch die geistlichen Gesetze von Gottes Wort in jedem *Bezugssystem gelten.

Um den geistlichen Gesetzen auch da Geltung zu verschaffen, wo die Welt durch Sünde gekrümmt ist, gibt es das Gericht Gottes; im Gericht geht Gott der Sünde nach und stellt seine Gerechtigkeit wieder her: Er sorgt dafür, dass die Konsequenzen der krummen Wege offenbar werden und die dafür Verantwortlichen ihre Strafe bekommen, auf dass Gerechtigkeit herrscht.

Dabei wird jede Sünde gerecht gerichtet, das heißt: unter Berücksichtigung des individuellen *Bezugssystems, so dass für alle *Bezugssysteme Gottes absolute Gerechtigkeit wiederhergestellt ist. So hat Jesus z. B. gesagt:

> Jener Knecht aber, der den Willen seines Herrn wusste und sich nicht bereitet, noch nach seinem Willen getan hat, wird mit vielen Schlägen geschlagen werden; wer ihn aber nicht wusste, aber getan hat, was der Schläge wert ist, wird mit wenigen geschlagen werden. Jedem aber, dem viel gegeben ist – viel wird von ihm verlangt werden; und wem man viel anvertraut hat, von dem wird man desto mehr fordern.[576]

---

574. Römer 1,18.29.
575. Apostelgeschichte 8,23; Jakobus 3,6; Lukas 13,27.
576. Lukas 12,47–48.

Es gibt Menschen, die haben nur wenig oder gar keinen Zugang zu Gottes Wort, andere dagegen sehr viel. Entsprechend unterschiedlich fällt das Gericht aus. Durch Gottes Gericht wird also die Gültigkeit von Gottes Wort (die Gültigkeit der geistlichen Gesetze) in jedem beliebigen *Bezugssystem wiederhergestellt.

Dieses Gericht als Folge der Sünde ist gleichnishaft zu erkennen im *Relativitätsprinzip (ART).

Doch ist das *Relativitätsprinzip (ART) nicht nur Gleichnis für Gottes Gerechtigkeit; Gottes geistliche Gesetze zeigen mehr als nur seine Gerechtigkeit – sie zeigen auch seine Liebe und seine Gnade. Nun widersprechen sich Gerechtigkeit und Gnade: Durch Gerechtigkeit bekommt man, was man verdient; durch Gnade bekommt man, was man nicht verdient, man wird verschont vor dem, was man verdient hätte.

Mit seiner Liebe und Gnade kann Gott seine Gerechtigkeit nicht einfach durchstreichen; jede Sünde, jede Schuld muss beglichen werden. Bei aller Liebe und Gnade: Die krummen Wege samt ihren schrecklichen Konsequenzen müssen aufgedeckt und gesühnt werden! Unverdiente Gnade – ja, aber die Sünde muss gesühnt, die Schuld bezahlt werden. Denn Gottes Gerechtigkeit und Liebe (und damit auch seine Gnade) müssen in Harmonie miteinander sein.

Um beides (Gerechtigkeit und Liebe bzw. Gnade) miteinander in Einklang zu bringen, kann einer stellvertretend für den anderen die Gerechtigkeit erfüllen. Auch der Bank gegenüber z. B. kann jemand stellvertretend für einen anderen die Schulden begleichen.

Genau das ist das Evangelium: Gott tritt an die Stelle der Sünder und bezahlt für ihre Sünde – in den Genuss dieses „Rollentauschs" kommt, wer sich ihm anvertraut.

Um das zu tun, wurde Gott Mensch und bereinigte das sündige Verhalten der Sünder, indem er selbst die Strafe trug. Jesus selbst war ganz ohne Sünde, bekam aber die Konsequenzen der Sünde und Ungerechtigkeit in ihrer ganzen Hässlichkeit zu spüren: Er ging den Weg der Sünder, wurde behandelt wie der größte Verbrecher, verspottet, geschlagen, gekreuzigt – als Gott, der Sohn, bekam er den ganzen gerechten Zorn Gottes, des Vaters, zu spüren, stellvertretend für die ganze Menschheit.

Jesus ist „das Licht der Welt", im Gleichnis der Physik also der Lichtstrahl, der im Gravitationsfeld gekrümmt wird: Die Laufbahn seines Lebens läuft entlang dem gekrümmten Weg der Sünder. Sein Werdegang zeigt, dass dieser Weg der Sünder den einzig Gerechten ans Kreuz bringt, den, der voller Gnade und Barmherzigkeit ist: „Den, der Sünde nicht kannte, hat er für uns zur Sünde gemacht, damit wir Gottes Gerechtigkeit würden in ihm."[577]

Weil Jesus Sünde nicht kannte, also ohne Sünde war, hätte sein Werdegang, seine Laufbahn völlig geradlinig sein müssen, ohne jede Anklage, ohne Gericht, ohne irgend-

---

577. Johannes 8,12; 2. Korinther 5,21.

eine Verurteilung. Er hatte ja nie ein krummes Ding gedreht! Aber weil er in unsere *sehr* ggekrümmte Welt kam und *für uns zur Sünde gemacht* wurde, war seine Laufbahn – stellvertretend für uns – *sehr* gekrümmt. Sein irdisches Leben beschloss er am Kreuz. Er, das Licht der Welt, endete in der Finsternis – in den letzten drei Stunden seines Lebens, während er am Kreuz hing, „kam eine Finsternis über das ganze Land", vielleicht sogar über die ganze Erde.[578]

Vorher sahen wir, dass die „Krümmung" des Raumes Gleichnis ist dafür ist, dass wir sündigen („Tat der Sünde"); wieso steht die Krümmung dann auch für die stellvertretende Sühne? Weil „stellvertretende Sühne" genau das bedeutet: Jesus Christus wurde stellvertretend für uns zur „Tat der Sünde", zur Sünde schlechthin. Die Bibel bezeugt das explizit: „Den, der Sünde nicht kannte, hat er für uns zur Sünde gemacht, damit wir Gottes Gerechtigkeit würden in ihm."[579]

Luther soll das ungefähr so ausgedrückt haben: „Jesus wurde zum größten Verbrecher aller Zeiten." Jesus Christus wurde also zur Sünde, und das, obwohl er der einzige Mensch war, der keine Sünde hatte.[580]

Entsprechend ist im Gleichnis der Physik der Weg des Lichts normalerweise zwar völlig geradlinig, eben die kürzeste Verbindung zwischen zwei Punkten; aber wo das Licht sich mit Masse einlässt, in ihr Gravitationsfeld gerät, wird die Bahn des Lichts, die *Geodäte, gekrümmt, wie z. B. das Eddington-Experiment vom gekrümmten Lichtstrahl beweist: Die gekrümmte Lichtbahn zeigt die Wirkung der Masse an.

Diese Lichtbahn ist ein Gleichnis für die „gekrümmte" Laufbahn Jesu, weil er sich mit den sündigen Menschen eingelassen hat: Sie endete zwischen den beiden Verbrechern an den drei Kreuzen auf Golgatha und zeigt so die Konsequenzen der Sünde der Menschheit. Indem Jesus so das Gericht (die Folge der Sünde) getragen hat, die Konsequenzen der Sünde, die Strafe am eigenen Leib zu spüren bekommen hat, ist die Gerechtigkeit Gottes wiederhergestellt: „Er hat den Schuldschein gegen uns gelöscht, den in Satzungen bestehenden, der gegen uns war, und ihn auch aus unserer Mitte fortgeschafft, indem er ihn ans Kreuz nagelte."[581]

Entsprechend dem Gleichnis des *Relativitätsprinzips (ART) handelte Gott, „indem er seinen eigenen Sohn in Gleichgestalt des Fleisches der Sünde und für die Sünde sandte und die Sünde im Fleisch verurteilte"[582].

Die geistlichen Gesetze von Gottes Wort gelten damit auch in den „krummen" *Bezugssystemen der Sünde, wie gemäß dem *Relativitätsprinzip (ART) die Gesetze der Physik auch in gekrümmten *Bezugssystemen gelten.

---

578. Matthäus 27,45//Markus 15,33//Lukas 23,44. Der griechische Begriff für Land (gä : γῆ) bedeutet gleichzeitig auch Erde.
579. 2. Korinther 5,21.
580. Das wird nicht nur in diesem Vers gesagt (2. Korinther 5,21), sondern z. B. auch in Hebräer 4,15; 7,26.
581. Kolosser 2,14.
582. Römer 8,3.

Das Gleichnis des *Relativitätsprinzips bedeutet also in jedem Fall Gericht und Strafe zum Zwecke der Wiederherstellung von Gottes Gerechtigkeit. Das Gericht ist notwendig, in jedem Fall, ob mit oder ohne Evangelium; die Frage ist nur, wer die Strafe trägt. Diese Notwendigkeit des Gerichts wird bestätigt in der Statistik der Analyse von „krümmen, beugen, neigen" und zwar sowohl im AT [siehe Abb. 71a: # 2 mit 42,4 %] als auch im NT [siehe Abb. 71c: # 2 mit 22 %]. Dazu folgen aus der Statistik nun konkrete Beispiele.

4.2.6.1 Gericht als Folge der Sünde

Über Gottes Gericht heißt es ganz allgemein: „Der HERR … **krümmt** den Weg der Gottlosen." Wer ohne Gott lebt und auf die eigene Kraft baut, kommt unter das „Gericht der Krümmung" – im Gegensatz zu den Gottesfürchtigen, die auf Gott vertrauen: „Jene **krümmen** sich und fallen, wir aber stehen und bleiben aufrecht." „Die Bösen müssen sich **niederbeugen** vor den Guten und die Gottlosen an den Türen des Gerechten."[583]

Zur Zeit der Richter verfiel Israel immer wieder in Götzendienst und betete die Götter der im Land Kanaan übrig gebliebenen Völker an – dann gab Gott sie in die Hand jener Völker, deren Götter sie anbeteten. Gottes züchtigendes Gericht über Israel bestand darin, dass sie z. B. von den Moabitern und Midianitern unterdrückt bzw. gebeugt wurden. Wenn Israel so gedemütigt wurde und daraufhin umkehrte und zu Gott schrie, erweckte Gott ihnen Richter; und die befreiten sie aus der Hand ihrer Feinde.

Gerecht, wie Gott ist, beugte er dann auch ihre Feinde, die ja noch gottloser waren als Israel: „So musste sich Moab an jenem Tag unter die Hand Israels beugen. Und das Land hatte achtzig Jahre Ruhe", oder: „So musste sich Midian vor den Söhnen Israel **beugen** und konnte sein Haupt nicht mehr erheben. Und das Land hatte in den Tagen Gideons vierzig Jahre Ruhe."[584]

Immer wieder musste Israel im Gericht gebeugt und gekrümmt werden. Das ganze AT hindurch zeigt sich am Modell von Israel (stellvertretend für die ganze Menschheit), dass es nur wenige waren – eine Auswahl –, die eine persönliche Beziehung zum Schöpfer hatten und auf ihn vertrauten. So sagt Gott rückblickend im NT über die wenigen in Israel zur Zeit Ahabs, die beim Sündigen („Tat der Sünde") widerstanden hatten: „Ich habe mir siebentausend Mann übrigbleiben lassen, die vor Baal das Knie nicht gebeugt haben." Über die Vielen aber wurde das Gericht ausgesprochen: „Verfinstert seien ihre Augen, um nicht zu sehen, und ihren Rücken **beuge** allezeit!"[585]

---

583. Psalm 146,9; 20,9; Sprüche 14,19.
584. Richter 3,30; 8,28.

585. Römer 11,10.

Auch durch ein anderes hebräisches Verb[586] für „krümmen" kommt man mit der *LXX-Methode zum griechischen Begriff für „ungerecht"[587] (als Nomen: „Ungerechte"); das führt zu weiteren Stellen im NT, die uns Gottes Gericht als Folge der Sünde aufzeigen, z. B.: „Oder wisst ihr nicht, dass Ungerechte das Reich Gottes nicht erben werden?", oder: „Der Herr weiß die Gottseligen aus der Versuchung zu retten, die Ungerechten aber aufzubewahren für den Tag des Gerichts, wenn sie bestraft werden."[588]

Am zentralsten ist hier freilich Gottes Gericht bei der Auferstehung mit der ewigen Strafe in der Gottesferne. Da spricht Paulus davon, dass er „die Hoffnung zu Gott habe, die auch selbst diese hegen, dass eine Auferstehung der Gerechten wie der **Ungerechten** sein wird"[589].

Gericht und Demütigung sind nur schwer oder gar nicht voneinander zu trennen und gehen ineinander über. (Daher kann man häufig die mit # 2 bewerteten Verse auch mit # 3 bewerten, siehe Angabe in Klammern in Abb. 71a).

Ursprung der Sünde (sowohl bei Satan wie auch bei Adam und Eva) sowie Kern und Quelle vieler anderer Sünden ist der eigene Stolz und Hochmut. Ist es nun Gericht oder ist es Demütigung, wenn diese zentrale Sünde gebeugt wird? Jesaja wiederholt es mehrfach, wie im Refrain: „Die stolzen Augen des Menschen werden erniedrigt, und der Hochmut des Mannes wird **gebeugt** werden. Aber der HERR wird hoch erhaben sein, er allein, an jenem Tag. … Und der Stolz des Menschen wird **gebeugt** und der Hochmut des Mannes erniedrigt werden. Und der HERR wird hoch erhaben sein, er allein, an jenem Tag. … Da wird der Mensch **gebeugt** und der Mann erniedrigt, und die Augen der Hochmütigen werden erniedrigt."[590]

Der Mensch wird gebeugt bzw. gedemütigt, ob er will oder nicht. Bleibt er widerspenstig, hadert er mit Gott und grollt ihm oder folgert er aus Gottes Demütigung, Gott gäbe es gar nicht, dann ist diese Demütigung pures (Straf-)Gericht; wenn an dieser Haltung sich nichts ändert, mündet das in das endgültige Gericht vor dem großen leuchtenden Thron mit ewiger Strafe in der Gottesferne.[591]

---

586. Dieses hebräische Verb (awat: תוע) ist in der PDF-Datei (www.ursprachen-statistik.de) mit H2 abgekürzt und im Strong's-Konkordanz-System mit 5791
587. Wir hatten bereits Psalm 146,9: „Der HERR … **krümmt** den Weg der Gottlosen." Diese in der PDF-Datei (www.ursprachen-statistik.de) als H2 bezeichnete hebräische Verb wird z. B. in der Elberfelder auch in Hiob 8,3; 34,12 und Prediger 1,15; 7,13 mit „**krümmen**" übersetzt, in Amos 8,5 dagegen mit „die Waage zum Betrug zu **fälschen**". Die LXX übersetzt bei Amos 8,5 mit „ungerechte Waage machen" (LXE: „*make the balance unfair*") und gebraucht dabei den in Abb. 71b mit G7b bezeichneten griechischen Begriff *adikia*::ἀδικία – „ungerecht".
588. 1. Korinther 6,9; 2. Petrus 2,9.
589. Apostelgeschichte 24,15. Ewige Strafe in der Gottesferne siehe z. B. Matthäus 25,46; 8,12; 22,13; 25,30; Judas 1,13; Offenbarung 20,11–15.
590. Jesaja 2,11.17; 5,15.
591. Offenbarung 20,11–15; Matthäus 25,46; 13,41–42.

4.2.6.2 Das Evangelium: Sich demütigen, bekehren und anbeten als angemessene Reaktion auf Sünde und Gericht

Bisher haben wir Beugung nur als etwas Negatives kennengelernt, etwas, das von Gott weg zur Finsternis führt. Sehr treffend stellt Johannes Steffens dazu fest:

> Aber Krümmung und Beugung sind etwas zu allgemeine Bergriffe, um für sich genommen eine Analogie darzustellen. Die Bibel gebraucht diese Begriffe auch nicht ausschließlich in dieser negativen Bedeutung; sie finden auch Verwendung, wenn der Mensch in sich gekehrt wird, zur Sündenerkenntnis, zum Sündenbekenntnis und letztlich zur Korrektur durch Gott mit dem Ziel, zu Gott zu finden [Jeremia 27,12; Philipper 2,10]
>
> So wurde z. B. Hiob schuldlos vom Satan gebeugt, blieb dabei Gott treu und hat ihn damit verherrlicht. Hiobs Freunde mussten sich wegen ihres falschen Rates letztlich Gott und auch Hiob unterwerfen bzw. beugen: eine Korrektur zum Besseren, zur Hoffnung und Gnade, zum Zentrum der ganzen Schrift. Denn das Zentrum der Schrift ist Jesu großes Erlösungswerk aus Liebe zu allen Menschen.[592]

Diese bessere, von Gott gewollte und beabsichtigte Reaktion auf sein Richten beginnt mit Sündenerkenntnis und Sündenbekenntnis; beides führt dazu, in den Gerichten das Handeln Gottes zur Demütigung zu sehen und die Demütigung bewusst anzunehmen – wie in diesem Psalmgebet: „Erfreue uns so viele Tage, wie du uns **gebeugt** hast, so viele Jahre, wie wir Übles gesehen haben!"[593]

Nimmt man die Demütigung also bewusst von Gott an, geht man damit ins Gebet, dann bewirkt sie Korrektur. Vermutlich ist das der Grund, warum David trotz großer Sünden ein Mann nach dem Herzen Gottes war: Er ließ sich von Gott korrigieren.[594] So ging David ins Gebet mit dem Leid, das über ihn kam: „HERR, strafe mich nicht in deinem Zorn, und züchtige mich nicht in deinem Grimm! … Ich bin **gekrümmt**, sehr **gebeugt**; den ganzen Tag gehe ich trauernd einher."[595]

Nimmt jemand also die Demütigung von Herzen an als von Gott kommend, im Idealfall sogar noch mit Dank für Gottes Erziehung,[596] dann bewirkt eine solche „Krümmung" in einem gottesfürchtigen Herzen den Segen, mit Gottes Willen übereinzustimmen. Damit werden im Herzen die Weichen gestellt und man erkennt auch die andere Seite

---

592. Diese Worte hat Johannes Steffens nicht in einem Buch veröffentlicht; sie sind ein Beispiel aus seinen vielen hilfreichen Anmerkungen zu meinem ersten Entwurf, mit denen er als Christ und Physiker seinen Beitrag zu diesem Buch geleistet hat.
593. Psalm 90,15.
594. Nach dem Herzen Gottes: 1. Samuel 13,14. Trotz großer Sünde (Ehebruch und Mord): 2. Samuel 11,1–5.15–25. Denn David bekannte seine Sünde: 2. Samuel 12,13. Nahm Gottes Gericht/Strafe bereitwillig an: 2. Samuel 16,10–12.
595. Psalm 38,2.7.
596. 1. Thessalonicher 5,18; Hebräer 12,5–11.

von Gottes geistlichen Gesetzen, nämlich Gottes Liebe und Gnade; und das führt zur Umkehr bzw. dazu, diesem Gott nach Beendigung des irdischen Lebens einst als dem Retter zu begegnen statt als dem Richter.

Von einer solchen dankbar angenommenen Demütigung bzw. Beugung ist die Rede z. B. in Psalm 119: „Bevor ich **gedemütigt** wurde, irrte ich. Jetzt aber halte ich dein Wort. ... Es war gut für mich, dass ich **gedemütigt** wurde, damit ich deine Ordnungen lernte. ... Ich habe erkannt, HERR, dass deine Gerichte Gerechtigkeit sind und dass du mich in Treue **gedemütigt** hast."[597]

Die Demütigung ist dabei nichts anderes als eine Krümmung bzw. Beugung. Das sehen wir auch, wenn wir verschiedene Übersetzungen vergleichen. So lauten dieselben drei Verse in der Zürcher Bibel: „Ehe ich mich **beugte**, ging ich in die Irre, nun aber halte ich dein Wort. ... Es war gut für mich, dass ich **gebeugt** wurde, damit ich deine Satzungen lerne. ... Ich habe erkannt, HERR, dass deine Gesetze gerecht sind und du mich aus Treue **gebeugt** hast."

Gleichzeitig macht die Aussage dieser Verse deutlich, dass die Beugung Gottes Gesetzen zumindest insoweit Gültigkeit verschafft, dass diese geistlichen Gesetze trotz der Übertretung anerkannt werden als richtig und wahr.

In der Übertragung aus dem Gleichnis der Physik wird so die Forderung des *Relativitätsprinzips (ART) erfüllt – in der allgemeinen Relativitätstheorie stellen die Einstein'schen Feldgleichungen auch für eine gekrümmte (nicht-*euklidische) Geometrie die allgemein gültigen Gesetze der Physik wieder her.

Ein solches Anerkennen der Sünde, also Sündenbekenntnis, nach einem züchtigenden Gericht zur Umkehr kann zwar die rechte Gesinnung in der Beziehung zu Gott wiederherstellen; doch damit sind die Sünden noch nicht gesühnt, die Schuld nicht getilgt und damit ist die absolute Gerechtigkeit Gottes noch nicht befriedigt. Das ist nur möglich, weil Gott den wahren, viel tiefer gehenden Schrecken dieses Gerichts der Beugung und Demütigung selber auf sich genommen und getragen hat – von unserem Bezugssystem aus gesehen: weggetragen, weggenommen[598].

Eben diese Sühnung hatte Jesaja ca. 700 Jahre vor Jesu Kommen[599] vorhergesagt: „Jedoch *unsere* Leiden – *er* hat sie getragen, und *unsere* Schmerzen – *er* hat sie auf sich geladen. Wir aber, wir hielten *ihn* für bestraft, von Gott geschlagen und **niedergebeugt** ... Er wurde misshandelt, aber er **beugte** sich und tat seinen Mund nicht auf wie das Lamm, das zur Schlachtung geführt wird und wie ein Schaf, das stumm ist vor seinen Scherern; und er tat seinen Mund nicht auf."[600]

---

597. Psalm 119,67.71.75.: „gedemütigt" in der Elberfelder von 1994; „gebeugt" in der Zürcher 2007
598. Johannes 1,29.
599. Jesaja diente mindestens 58 Jahre, von 739-681 (Walvoord & Zuck, S. 1029); Er regierte während der Könige Usija, Jotam, Ahas,, Hiskia (Jesaja 1,1).
600. Jesaja 53,4.7.

Jesus Christus hat sich gebeugt und sich gedemütigt, hat gelitten – stellvertretend für alle, die ihr Leben ihm anvertrauen. Damit hat er, im Gleichnis gesprochen, das *Relativitätsprinzip (ART) erfüllt, hat als Licht die gekrümmte Bahn (*Geodäte) durchlaufen: „Denn es hat auch Christus einmal für Sünden gelitten, der Gerechte für die **Ungerechten**, damit er uns zu Gott führe, zwar getötet nach dem Fleisch, aber lebendig gemacht nach dem Geist."[601]

Weil Gott gerecht ist, führt (der Krümmung durch Sünde halber) am Gericht zwar kein Weg vorbei; die Frage ist nur, wer für die Krümmung geradesteht, wir selbst oder Jesus Christus. Wir in unserer fleischlichen Sündhaftigkeit können Gottes Gesetz nie und nimmer erfüllen: „Darum: aus Gesetzeswerken wird kein Fleisch vor ihm gerechtfertigt werden"; doch das, was wir in unserer fleischlichen Sündhaftigkeit (im Gleichnis der Physik: als Masse) nicht tun können, genau das hat Jesus Christus für uns getan: „Denn das dem Gesetz Unmögliche, weil es durch das Fleisch kraftlos war, tat Gott, indem er seinen eigenen Sohn in Gleichgestalt des Fleisches der Sünde und für die Sünde sandte und die Sünde im Fleisch verurteilte."[602]

Insgesamt wird also durch Sündenbekenntnis, Buße und Jesu stellvertretenden Tod der universal gültigen Gerechtigkeit unseres Gottes volle Genüge getan. Anders als zuvor, wo „Krümmung" und „Beugung" bedrohlich klingen und im Gericht zur Strafe und Vergeltung dienen, strahlt hier das helle Licht des Evangeliums auf. Denn hier sehen wir beides kombiniert: Gottes absolute Gerechtigkeit einerseits und seine unendliche Liebe von unvorstellbarer Tiefe andererseits.

Vier verschiedene hebräische Verben, die auch „krümmen, beugen" bedeuten,[603] führen mit der *LXX-Methode zu einem griechischen Verb, das mit „erniedrigen" (oder „demütigen") übersetzt wird. So hat Jesus bei mehreren Gelegenheiten gesagt: „Wer sich aber selbst erhöhen wird, wird **erniedrigt** werden; und wer sich selbst **erniedrigen** wird, wird erhöht werden", oder: „Denn jeder, der sich selbst erhöht, wird **erniedrigt** werden, und wer sich selbst **erniedrigt**, wird erhöht werden."[604]

Jesus selbst hat das Gericht über die Sünde auf sich genommen und sich damit erniedrigt stellvertretend für alle, die an ihn glauben: „…. **erniedrigte** er sich selbst und wurde gehorsam bis zum Tod, ja, zum Tod am Kreuz."[605] Hier im Weg des Kreuzes ist das wahre Christseins verborgen, nämlich: in seiner, Christi, Erniedrigung mit Christus völlig eins zu werden.

---

601. 1. Petrus 3,18.
602. Römer 3,20; 8,3.
603. H5; H9; H10; H11; Abb. 71b ist zu entnehmen, dass diese vier hebräischen Verben insgesamt 71 Mal mit dem als G9 abgekürzten griechischen Verb übersetzt ist. Siehe in der PDF-Datei (www.ursprachenstatistik.de) unter G9, an welchen Stellen die LXX diese vier Verben übersetzt mit tapeino::ταπεινόω – „niedrig machen, erniedrigen, demütigen ".
604. Matthäus 23,12; Lukas 14,11.
605. Philipper 2,8.

Auf diese Weise lebt Christus durch seinen Heiligen Geist in den Christen; diese Einheit der Christen mit Christus ist ein großes Geheimnis des Christseins.[606] Auch hierin leuchtet den Christen das Licht des Evangeliums sehr hell; jenen, die sich nicht Christus anvertrauen, also ungläubig sind, ist es gleichwohl verborgen.

Über den einst völlig gottlosen König Manasse wird rückblickend gesagt: „Sein Gebet aber, und wie Gott sich von ihm erbitten ließ, und all seine Sünde und seine Untreue und die Orte, an denen er Höhen gebaut und die Ascherim und die Götterbilder aufgestellt hatte, bevor er **sich demütigte**, siehe, das ist geschrieben in der Geschichte der Seher." Der hier gebrauchte hebräische Begriff für „sich demütigen" wird an anderen Stellen übersetzt mit „sich beugen".[607]

Der Zusammenhang zeigt eindeutig, dass mit „sich demütigen" die Bekehrung des Manasse[608] gemeint ist; dieser von der LXX verwendete griechische Begriff hat also auch die Bedeutung von „bekehren". Im NT wird er z. B. an folgenden Stellen gebraucht: „Und viele der Söhne Israels wird er zu dem Herrn, ihrem Gott, **bekehren**", oder: „Und es sahen ihn alle, die zu Lydda und Scharon wohnten; die **bekehrten** sich zum Herrn", oder: „Und des Herrn Hand war mit ihnen, und eine große Zahl, die gläubig wurde, **bekehrte** sich zum Herrn", oder: „Denn sie selbst erzählen von uns, welchen Eingang wir bei euch hatten und wie ihr euch von den Götzen zu Gott **bekehrt** habt, dem lebendigen und wahren Gott zu dienen."[609] Diese paar Stellen stehen hier stellvertretend für viele andere.[610]

Hält man sich dabei die schlimmen Freveltaten des Manasse vor Augen und sieht, dass es selbst für ihn durch Demütigung, Beugung bzw. Bekehrung noch Errettung gab, wird das helle Licht der Gnade Gottes sehr deutlich – denn das zeigt, dass Gott selbst die schlimmsten Sünder aus der tiefsten Finsternis rettet, wenn sie die Beugung und Demütigung aus Gottes Hand annehmen und sich bekehren.

Für den Zusammenhang zwischen Demütigung und Bekehrung müssen wir uns klar machen, dass Bekehrung gemäß neutestamentlichem Muster bedeutet, Jesus Christus

---

606. Das Geheimnis des Christus in den Christen: Galater 2,20; Kolosser 1,26–27. Jeder Christ, der sich nach biblischem Muster taufen lässt, bringt damit diese Einheit zum Ausdruck (Römer 6,3–11). In der Schrift wird dieses Geheimnis der Einheit mit Christus bildlich z. B. dadurch zum Ausdruck gebracht, dass Christus das Haupt (der Kopf) ist und die Gemeinde sein Leib (Epheser 1,22–23; Kolosser 1,18) oder dass Christus und die Christen eins sind, wie Mann und Frau in der Ehe ein Fleisch werden (Epheser 5,31–32).

607. Z. B. laut der revidierten Elberfelder Bibel in Richter 3,30; 8,28; 11,33; Hiob 40,12; Psalm 81,15; 106,42; 107,12.

608. 2. Chronik 33,19. Dabei steht hier für „sich demütigen" im Hebräischen das Verb kana :עָנַב, also H11 [bzw. nach der Strong's-Konkordanz Nr. 3665], siehe PDF-Datei unter dem Link (www.ursprachen-statistik.de). Die LXX gibt diesen Begriff wieder mit epistrepho::ἐπιστρέφω, also G11 [nach der Strong's-Konkordanz Nr. 1994] – „bekehren".

609. Lukas 1,16; Apostelgeschichte 9,35; 11,21; 1. Thessalonicher 1,9.

610. Z. B. Matthäus 13,15; Lukas 17,4; 22,32; Apostelgeschichte 14,15; 15,19; 26,20, 2. Korinther 3,16; Jakobus 5,19–20. Weitere Stellen dazu in der PDF-Datei (www.ursprachen-statistik.de).

als Herrn und Retter anzunehmen.[611] Für unsere menschliche (fleischliche) Natur ist es eine Demütigung, nicht mehr selbst Herr des eigenen Lebens zu sein, sondern Jesus als Herrn zu haben. Es ist für unser Ego eine freiwillige Selbst-Demütigung, nicht mehr selbst unser Leben zu bestimmen, sondern es vertrauensvoll in Jesu Hände zu legen und unter die bewusste Führung dessen zu stellen, der Himmel und Erde gemacht hat.

Die Wende von Gericht und Demütigung zur Bekehrung geschieht an genau dem Punkt, wo die Demütigung dankbar angenommen und zur freiwilligen Selbst-Demütigung wird, zur echten Demut. Die Demut kommt (häufig nach vorangegangener Demütigung) schließlich zu der Erkenntnis, dass der allwissende Schöpfer besser weiß, was für einen gut ist, als man selbst. Die Demut dringt durch zu der Erkenntnis, dass der ewige, allmächtige Schöpfer des ganzen Universums mit seinen ewigen Plänen für seine Geschöpfe einen größeren, weiteren und viel herrlicheren Horizont hat als unser maximal auf 120 Jahre begrenzter, auf Vergänglichkeit ausgerichteter Lebenshorizont.

Nun ist die Bekehrung aber nicht die Endstation in dem nahtlos übergehenden Prozess von Gericht, Demütigung und Bekehrung; sie ist erst der Anfang einer persönlichen Beziehung zwischen einem Christen, also einem Geschöpf, und Christus, dem Schöpfer.

Wie sieht eine solche Beziehung aus? Zu einem Kumpel ist eine Beziehung kumpelhaft und zwischen Freunden findet sie statt auf Augenhöhe, auf gleicher Ebene; doch die Beziehung des heiligen[612] Schöpfers zu uns sündigen, oft egoistischen Geschöpfen bedarf auf unserer Seite noch weiteren Wachsens in der Demut. Dieses Wachstum durch Demütigung, Sich-Demütigen und Demut führt dann mehr und mehr dazu, dass der Schöpfer alles ist und ich als Geschöpf nichts bin, damit ich nicht mehr mir selbst lebe, sondern der Schöpfer ganz in mir lebt.[613]

Diese Haltung, das Sich-Beugen des Geschöpfs vor dem Schöpfer, bezeichnet die Bibel als „Anbetung". Die Bekehrung ist demnach der Anfang davon, Gott anzubeten; diese Haltung nimmt z. B. der Prophet Micha ein: „Womit soll ich vor den HERRN treten, mich **beugen** vor dem Gott der Höhe?"[614] Wäre das das erste Mal gewesen, dass Micha sich vor Gott beugte, dann wäre dies seine Bekehrung gewesen.

Diese Haltung der Beugung des Geschöpfs vor dem Schöpfer nahm auch Salomo ein, als er mit Anbetung den Tempel einweihte: „Und es geschah, als Salomo geendet hatte,

---

611. Dass zur Errettung Jesus Christus der Herr des Lebens sein muss, wurde bereits an Römer 10,9–10 gezeigt. Dass Jesus Herr und Retter zugleich ist, macht Petrus in seinem zweiten Brief an mehreren Stellen deutlich: 2. Petrus 1,11; 2,20; 3,2.18.

612. Erklärung zu „heilig": Heiligung ist die Absonderung von der Sünde (Zielverfehlung), insbesondere dort, wo das Ziel der Gerechtigkeit und wo das Ziel der Liebe verfehlt wird. Der heilige Gott ist der Gott, der seine absolute Gerechtigkeit in Übereinstimmung bringt mit seiner absoluten Liebe, indem er selbst – stellvertretend für seine Geschöpfe – deren Sünde trägt. In diesem Sinne ist „heilig" also die Kombination von Gottes Wesenszügen „Gerechtigkeit" und „Liebe", eine Kombination, die nur möglich ist durch das, was Jesus am Kreuz getan hat.

613. Galater 2,20; Kolosser 1,27–28.

614. Micha 6,6.

dieses ganze Gebet und Flehen an den HERRN zu richten, stand er auf vor dem Altar des HERRN vom **Beugen** seiner Knie, indem seine Hände gen Himmel ausgebreitet waren." Diese Haltung sehen wir auch bei Esra: „Und beim Abend-Speiseopfer stand ich auf von meiner Demütigung, nachdem ich mein Kleid und mein Obergewand zerrissen hatte, und ich **beugte** mich auf meine Knie **nieder** und breitete meine Hände aus zu dem HERRN, meinem Gott."[615]

Diese Haltung des Sich-Beugens, Sich-Neigens und damit der Anbetung hat jemand, der in der engen Abhängigkeit vom Herrn lebt und alle seine Pläne mit dem Allmächtigen bespricht, so z. B. Elieser, der Knecht Abrahams, als er für Abrahams Sohn Isaak eine Frau finden sollte: Nachdem Gott ihm das erbetene Zeichen gegeben hatte, „da **neigte** sich der Mann und **betete an** vor dem HERRN". Als Gott dem in Ägypten versklavten Volk Israel durch Mose und Aaron mitteilte, er würde sie jetzt aus der Sklaverei Ägyptens befreien, reagierten auch sie mit Anbetung: „Da glaubte das Volk. Und als sie hörten, dass der HERR sich der Kinder Israels angenommen und ihr Elend angesehen habe, da **neigten** sie sich und **beteten an**."[616]

Auch der in diesem Vers mit „anbeten" übersetzte Begriff[617] wird in der hier vorrangig zitierten revidierten Elberfelder Bibel in 37 Versen 41 Mal wiedergegeben mit „sich beugen, sich niederbeugen, sich neigen, sich verneigen".[618] Diese Haltung der Beugung zur Anbetung nimmt auch Paulus ein, nachdem er der Gemeinde in Ephesus vor Augen geführt hat, was ihnen mit Christus geschenkt ist: „Deshalb **beuge** ich meine Knie vor dem Vater ..."[619]

Beim Sündigen („Tat der Sünde") haben wir gesehen, dass die Anbetung anderer Götter der Gipfel der Sünde ist, vergleichbar dem Ehebruch in der Ehe. Umgekehrt ist die Anbetung des Schöpfers der Höhepunkt jeder Gottesbeziehung; im Vergleich entspricht das der tiefsten Erfüllung in der Ehe, der Faszination in der Liebesbeziehung.

Das ist letztlich auch das Ziel aller Demütigung, wenn wir sie uns zu Herzen nehmen: die Umkehr zu Gott mit wahrer Beugung vor dem Schöpfer, mit der Anbetung des Schöpfers als dem Herrn und Erretter. Denn die Liebe zum Schöpfer ist das größte und erste Gebot;[620] Jesus Christus als Herrn und Retter anzuerkennen und ihn anzubeten ist eine Folge davon, dass er – wie von Jesaja vorhergesagt – stellvertretend für uns die Beugung, das Gericht Gottes auf sich genommen hat.

---

615. 1. Könige 8,54; Esra 9,5 (Elberfelder 1905).
616. 1. Mose 24,26; 2. Mose 4,31 (Schlachter 2000).
617. Im Anhang mit „&H12" bezeichnet.
618. Diese 34 Stellen sind in der PDF-Datei (www.ursprachen-statistik.de) gelistet unter „&H12".
619. Epheser 3,14. (Epheser 1–3 führt aus, was uns alles von Gott geschenkt ist; in Epheser 1,3 heißt es z. B.: „Er hat uns gesegnet mit jeder geistlichen Segnung in der Himmelswelt in Christus.")
620. 5. Mose 6,4–5; Matthäus 22,36–38.

Im AT war die Erkenntnis über das stellvertretende Opfer des Messias nur als Verheißung vorhanden und bildlich in Gestalt der Tieropfer; so sagt der Prophet Micha: „Womit soll ich vor den HERRN treten, mich **beugen** vor dem Gott der Höhe? Soll ich vor ihn treten mit Brandopfern, mit einjährigen Kälbern?"[621] Die Brandopfer waren im jüdischen Gottesdienst nur ein Schatten, eine Vorschattung, ein Symbol für den verheißenen Messias und seine Heilstat,[622] wie auch die Befreiung aus der Sklaverei in Ägypten ein Schatten oder Bild war für die Erlösung aus der Sklaverei der Sünde durch Jesu Opfer am Kreuz auf Golgatha (ein Bild ist es noch immer).

Schon innerhalb dieses Schattenregimes reagierte Israel mit Sich-Beugen und Anbetung, als ihm Gottes Plan zur Befreiung aus Ägypten offenbart wurde: „Und das Volk glaubte; und als sie hörten, dass der HERR sich den Kindern Israel zugewandt und dass er ihr Elend gesehen habe, da **neigten** sie sich und beteten an." Beim Auszug aus Ägypten sollten sie das Passah feiern: „Es ist ein Passahopfer dem HERRN, der an den Häusern der Kinder Israel in Ägypten vorüberging, als er die Ägypter schlug und unsere Häuser rettete. Und das Volk **neigte** sich und betete an."[623]

Damit kommen wir vom Schatten zur geistlichen Realität, zum Zentrum der ganzen Schrift: Gottes Gnade durch Jesu Opfer auf Golgatha. Jesus feierte mit seinen Jüngern das Passah-Fest (zum Gedenken an jene Befreiung aus Ägypten) und am selben Tag (nach jüdisch-biblischer Einteilung) wurde er gekreuzigt: am Tag des Passah-Festes.[624]

Besonders oft schildert das letzte Buch der Bibel die Anbetung im Himmel; dabei hebt es zwei Gründe zur Anbetung hervor: Erstens ist Gott der Schöpfer, wir dagegen nur seine Geschöpfe: „So werden die vierundzwanzig Ältesten niederfallen vor dem, der auf dem Thron sitzt, und den **anbeten**, der von Ewigkeit zu Ewigkeit lebt, und werden ihre Siegeskränze niederwerfen vor dem Thron und sagen: Du bist würdig, unser Herr und Gott, die Herrlichkeit und die Ehre und die Macht zu nehmen, denn du hast alle Dinge erschaffen, und deines Willens wegen waren sie und sind sie erschaffen worden". Zweitens kam Gott als Mensch und wurde wie ein Lamm für unsere Sünden geschlachtet: „Und sie singen ein neues Lied und sagen: Du bist würdig, das Buch zu nehmen und seine Siegel zu öffnen; denn du bist geschlachtet worden und hast durch dein Blut für Gott erkauft aus jedem Stamm und jeder Sprache und jedem Volk und jeder Nation … Und die vier lebendigen Wesen sprachen: Amen! Und die Ältesten fielen nieder und **beteten an**."[625]

---

621. Micha 6,6.
622. Hebräer 10,1–10.
623. 2. Mose 4,31; 12,27 (Elberfelder 1905).
624. Der jüdische Tag und damit auch der Tag des Passahfestes währte von einem Abend bis zum nächsten Abend („zwischen den zwei Abenden", 3. Mose 23,5). So konnte Jesus am Abend mit seinen Jüngern das Passah feiern, in der Nacht gefangen genommen und vor Mittag gekreuzigt werden, er starb am Nachmittag und wurde bestattet vor Sonnenuntergang – nach jüdisch-biblischer Einteilung alles an ein und demselben Tag.
625. Offenbarung 4,10–11; 5,9.14.

Diese Art der Reaktion auf die Folgen der Sünde, auf das Gericht, durch Sich-Demütigen, Umkehr und Anbetung ist allerdings nur eine von zwei Möglichkeiten und zwar die seltenere; die andere Möglichkeit ist eine zunehmende Verbitterung und Verhärtung des Herzens und ein Verwerfen Gottes, sei es durch Atheismus oder sogar durch direkte Rebellion (Auflehnung, Sich-Aufbäumen) gegen Gott. Diese zweite Variante ist sogar die häufigere, im nächsten Kapitel wird sie ausführlich behandelt und auch gegen Schluss des Buches. Aber dazu ist es zunächst nötig, noch einiges zu erfahren über weitere physikalische Folgerungen aus der *Raumzeit-Krümmung.

Fazit: Das *Relativitätsprinzip (ART) ist ein Gleichnis für die Folge der Sünde und die angemessene, von Gott beabsichtigte, dem Menschen heilsame Reaktion darauf.

4.3   Die durch Masse hinreichend gekrümmte *Raumzeit führt zum Schwarzen Loch

4.3.1   Theoretische Überlegungen und Vorstellungen der Physiker über das Schwarze Loch

Eine Rakete, die das Schwerefeld der Erde verlassen oder ganz allgemein aus dem Gravitationsfeld eines Planeten flüchten will, braucht dazu eine bestimmte Mindestgeschwindigkeit, die „Fluchtgeschwindigkeit". (Anders, als man bei diesem Begriff intuitiv annehmen möchte, ist die Fluchtgeschwindigkeit nicht Fakt zur Schilderung eines Vorgangs, sondern Mindestanforderung, um den Planeten zu verlassen.)

Je größer die Masse des Planeten, und auch je dichter die Masse des Planeten gepackt ist (je größer seine Dichte), desto höher muss die Fluchtgeschwindigkeit sein, will man seiner Anziehungskraft entkommen. Die Fluchtgeschwindigkeit errechnet sich damit aus der Masse und der Größe (Radius oder Durchmesser) des Planeten – treffender könnte man sagen: aus der Masse und der Kleinheit.

Wenn wir die Masse hinreichend groß wählen und dabei den Radius hinreichend klein, kommen wir in dieser Rechnung irgendwann auf eine (nur errechnete) Fluchtgeschwindigkeit, die die Lichtgeschwindigkeit übersteigt. Aber eine Geschwindigkeit größer als Lichtgeschwindigkeit gibt es aber nicht. Was bedeutet das? Kein Körper, auch kein Lichtstrahl, kann diesen Planeten verlassen.

Was bedeutet das für die Geometrie des gekrümmten Raumes, genauer gesagt der gekrümmten *Raumzeit? Masse krümmt die *Raumzeit; diese gekrümmte Geometrie wird erkennbar an den *Geodäten von Lichtstrahlen **[Abb. 72a]**. Je größer die Masse innerhalb eines vorgegebenen Radius, desto stärker die Krümmung der *Raumzeit.

> **Ist die *Raumzeit so sehr gekrümmt, dass weder Masse noch Licht den Planeten verlassen kann, dann ist dieser Raum bzw. diese *Raumzeit in sich selbst geschlossen [Abb. 72b]: Keine Masse und auch kein Licht kann daraus entweichen. Eine solche Massenansammlung nennt man ein „Schwarzes Loch".**

Abb. 72a: Gekrümmte Geometrie durch Masse: Denn Masse krümmt die Raumzeit. Die Geodäten (kürzesten Wege) von Lichtstrahlen zeigen diese gekrümmte Geometrie.

Abb. 72b: Wenn die Raumzeit so sehr gekrümmt ist, dass weder Masse noch Licht den Planeten verlassen kann, dann ist dieser Raum bzw. diese Raumzeit in sich selbst geschlossen. Weder Masse noch Licht kann daraus entweichen. Eine solche Massenansammlung nennt man „Schwarzes Loch".

Aus den Einstein'schen Feldgleichungen kann man nun berechnen, wie klein der Radius bei vorgegebener Masse mindestens sein muss (bzw. wie groß er höchstens sein darf), damit diese Masse zum Schwarzen Loch wird. Diesen kritischen[626] Radius nennt man **Schwarzschild-Radius** nach seinem Entdecker Karl Schwarzschild.

Masse wird also zum Schwarzen Loch, wenn sie so stark komprimiert ist, dass sie innerhalb des Schwarzschild-Radius liegt.

---

626. „Kritisch" bedeutet in diesem Sinne nicht „kritisierend", sondern weist auf den Punkt hin, an dem etwas „kippt".

Je größer die Masse, desto größer der Schwarzschild-Radius des Schwarzen Lochs – es gibt dafür sogar eine sehr einfache, handliche Formel, um aus der Masse den Schwarzschild-Radius zu berechnen: Wenn man die Masse angibt in Einheiten von Sonnenmassen und den Schwarzschild-Radius in Kilometern, so braucht man nur die Masse mit drei zu multiplizieren, um den Schwarzschild-Radius zu bekommen.

Aus dieser Berechnung ergibt sich: Würde die Masse unserer Sonne auf drei Kilometer komprimiert, dann könnte innerhalb dieser drei Kilometer kein Licht mehr entweichen:

> Das heißt, für die Sonne beträgt der Schwarzschild-Radius drei Kilometer.[627]

> Die Erde, komprimiert zu einem Schwarzen Loch, hätte das Format einer Murmel.[628]

Wird der Raum durch Masse so sehr gekrümmt, dass er in sich geschlossen ist, dann handelt es sich um ein Schwarzes Loch. Was aber geschieht dabei mit der Zeit? Wie muss die Zeit „gekrümmt" bzw. verzerrt werden, damit es sich um ein Schwarzes Loch handelt?

Je näher man dem Schwarzen Loch kommt, desto langsamer vergeht die Zeit **[Abb. 73]**; hat man den Rand des Schwarzen Lochs (also den Schwarzschild-Radius) erreicht, bleibt die Zeit stehen – freilich nur vom *Bezugssystem des Außenbeobachters aus gesehen.

> Diese Grenze des Schwarzschild-Radius nennt man auch **Ereignishorizont**.

Der Astrophysiker Norbert Pailer zieht daraus drei Schlussfolgerungen:

1. Schlussfolgerung:
Wenn sich eine Uhr diesem Ereignishorizont nähert, wird die Zeit immer langsamer laufen, um dann bei Erreichen des Ereignishorizontes schließlich stillzustehen. Zeit, wie wir sie kennen, hört am Ereignishorizont also auf. Hier liegt folglich eine Grenze unseres Raum-Zeit-Kontinuums. Wir haben die Grenze der empirisch zugänglichen Realität erreicht.

2. Schlussfolgerung:
Jenseits des Ereignishorizontes [also innerhalb des Schwarzschild-Radius] können wir keine Aussage mehr über die Gesetzmäßigkeiten der Materie treffen. Die physikalischen und die chemischen Gesetzmäßigkeiten hören im Zentrum des

---

627. Bührke, S. 106. Die Formel lautet also RS (km) = 3M (MSonne), wobei RS der Schwarzschild-Radius ist und MSonne die Sonnenmasse.

628. Breuer, S. 219.

Schwarzen Loches auf. Materie, wie wir sie kennen, hört dort auf. Hier endet Materie, denn hier enden Zeit und materielle Wirklichkeit, die wir kennen.

3. Schlussfolgerung:

Am Ereignishorizont fängt eine sog. „kosmische Zensur" an. Das bedeutet, dass wir von unserer Realität aus nie erfahren können, was jenseits dieser Grenze geschieht. Wir können also prinzipiell nie sehen noch erfahren, welche Ereignisse jenseits dieser Grenze stattfinden. Sie können von uns aus nie beobachtet noch erforscht werden. Alles, was jenseits des Ereignishorizontes liegt, ist kosmisch zensiert. Jenseits dieser kosmischen Grenze gibt es also eine neue Dimension, die wir von unserem *Raumzeit-Kontinuum aus nie erforschen können. Dieses „Jenseits" bleibt für immer verschlossen.[629]

Markus Pössel, Physiker am Max-Planck-Institut für Gravitationsphysik, ergänzt:

Einen exakten Beweis für diese Hypothese der kosmischen Zensur, die einmal mehr auf Roger Penrose zurückgeht, gibt es allerdings bislang nicht – dieser Eckstein der klassischen Theorie der Schwarzen Löcher fehlt den Physikern noch.[630]

Gibt es solche Schwarzen Löcher nur in den Köpfen von Physikern oder existieren sie in unserem Weltall auch real? Zzunächst wollten die Schwarzen Löcher gar nicht in die Köpfe der Physiker hinein, nicht einmal in Einsteins Kopf. Bei seiner Schilderung stützt sich Kip Thorne auf einen wissenschaftlichen Artikel von Albert Einstein aus dem Jahr 1939 und schreibt, dieser habe unmissverständlich klargemacht,

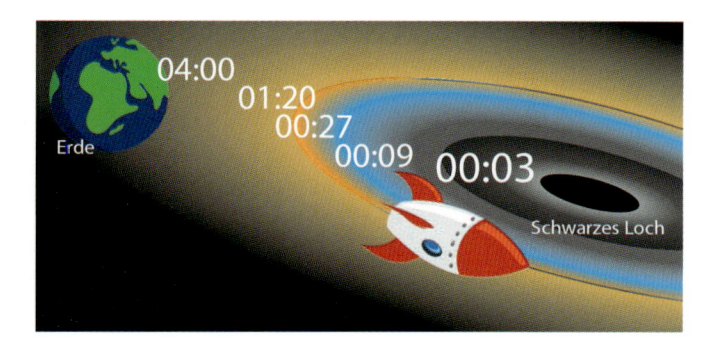

Abb. 73: Ereignishorizont: Je näher man dem Schwarzen Loch kommt, desto langsamer vergeht die Zeit. Hat man den Rand des Schwarzen Lochs (Schwarzschild-Radius) erreicht, so bleibt die Zeit stehen (alles vom Bezugssystem des Außenbeobachters aus gesehen).

---

629. Pailer, S. 63.

630. Pössel, S. 228.

dass er die Schlussfolgerungen aus seinem eigenen Schaffen ablehnte, jene Schwarzen Löcher nämlich, die aus den Gravitationsgesetzen seiner allgemeinen Relativitätstheorie zu folgen schienen.

[…]

Allerdings war bereits offenkundig, dass nichts von dem, was in ein Schwarzes Loch fällt, jemals wieder nach außen gelangen kann, Licht und sonstige Strahlung eingeschlossen. Dies genügte bereits, um Einstein und die meisten anderen Physiker davon zu überzeugen, dass solche bizarren Gebilde in unserem Universum nicht existierten.

[…]

In den zwanziger und frühen dreißiger Jahren waren Albert Einstein und der britische Astrophysiker Arthur Eddington die unbestrittenen Experten auf dem Gebiet der allgemeinen Relativität. Andere mochten die Relativitätstheorie verstehen, doch Einstein und Eddington gaben den Ton an. Und während einige Wissenschaftler durchaus bereit waren, Schwarze Löcher ernst zu nehmen, lehnten Einstein und Eddington eine solche Vorstellung rundweg ab. Schwarze Löcher mit ihren unerhörten Eigenschaften erschienen ihnen dubios. Sie verletzten Einsteins und Eddingtons intuitive Vorstellung von der Beschaffenheit des Universums.[631]

Kip Thorne berichtet sogar weiter, dass Einsteins damalige Ablehnung so groß war „dass er – wie auch die meisten seiner Kollegen – eine unüberwindliche geistige Barriere gegen die Wahrheit errichtete"[632].

Arthur Eddington war der Erste gewesen, dem die Modellierung des inneren Aufbaus von Sternen gelang[633]; aber über die Möglichkeit, dass aus einem Stern ein Schwarzes Loch werden könnte, sagte er: „Ich bin der Ansicht, dass es ein Naturgesetz geben muss, das ein solch absurdes Verhalten des Sterns verhindert!"[634]

---

631. Thorne, S. 137; 150.
632. Thorne, S. 154.
633. Wikipedia (https://de.wikipedia.org/wiki/Arthur_Stanley_Eddington#Sternphysik .
634. Thorne, S 181–182

4.3.2 Beobachtungen zum Nachweis von Schwarzen Löchern

Aber mit der Zeit fand man immer mehr Möglichkeiten zum Nachweis solcher Schwarzen Löcher:

> Den Röntgenstrahlen[635] verdanken wir die Entdeckung von Neutronensternen,[636] von möglichen Kandidaten für Schwarze Löcher, die Entdeckung heißer Gase in Überresten von Supernovae[637]
>
> [...]
>
> Unter den von Röntgendetektoren und Röntgenteleskopen entdeckten potentiellen Schwarzen Löchern war Cygnus X-1 (kurz Cyg X-1) einer der vielversprechendsten Kandidaten.
>
> [...]
>
> Cyg X-1 ist ein Doppelsternsystem, das aus einem optisch sichtbaren, aber röntgen-astronomisch unsichtbaren Stern und einem optisch unsichtbaren, aber röntgen-astronomisch nachweisbaren Begleiter besteht. Schätzungen haben ergeben, dass die Masse des Begleiters deutlich über der Massenobergrenze für Neutronensterne liegt. [...] Das Schwarze Loch in der Mitte von Cyg X-1 besitzt eine Masse, die definitiv größer als drei Sonnenmassen ist und vermutlich zwischen 7 und 16 Sonnenmassen liegt. [...] Das Doppelsternsystem liegt ungefähr 6000 Lichtjahre von der Erde entfernt.[638]

Noch 1974 schloss Stephen Hawkins mit Kip Thorne eine Wette ab, dass es sich hierbei nicht um ein Schwarzes Loch handelte. Seitdem erhärteten sich die Fakten für ein Schwarzes Loch immer mehr, so dass Stephen Hawkins 1990 sich geschlagen gab.[639]

Markus Pössel berichtet von Untersuchungen zwischen 1992 und 2004 durch das Max-Planck-Institut für Extraterrestrische Physik in München mit gesicherten Hinweisen auf ein supermassives Schwarzes Loch. Es liegt im Zentrum unserer Milchstraße, rund 25.000 Lichtjahre von uns entfernt, von der Erde aus gesehen im Sternbild Schütze (Sagittarius).

---

635. Für uns unsichtbares Licht (elektromagnetische Wellen) mit extrem kurzen Wellen (Wellenlängen unter 10 nm, also unter 10-8 m).
636. Sterne mit extrem hoher Massendichte. Bei typischen Neutronensternen sind 1–2 Sonnenmassen verdichtet auf einen Radius von etwa 10 km. Das ist ungefähr das Anderthalb- bis Dreifache des Schwarzschild-Radius.
637. „Eine Supernova ist das kurzzeitige, helle Aufleuchten eines massereichen Sterns am Ende seiner Lebenszeit durch eine Explosion, bei der der ursprüngliche Stern selbst vernichtet wird. Die Leuchtkraft des Sterns nimmt dabei millionen- bis milliardenfach zu, er wird für kurze Zeit so hell wie eine ganze Galaxie." (https://de.wikipedia.org/wiki/Supernova).
638. Thorne, S. 359–360
639. Thorne, S. 359.

An der Beobachtung mehrerer Dutzend Sterne ringsherum lässt sich konstruieren, dass das Zentralobjekt die Masse von 3,6 Mio. Sonnen in sich vereinigt. Der Radius dieses Objekts muss kleiner als 17 Lichtstunden sein, möglicherweise beträgt er sogar nur 20 Licht*minuten*.

> Masse und Ausdehnung führen zu einer mittleren Dichte des Objekts, die nur auf eine Art zu erklären ist: Es handelt sich um ein Schwarzes Loch im Zentrum unserer eigenen Galaxis.
> [...]
> Diese und weitere Messungen zeichnen ein Bild, in dem Schwarze Löcher in Galaxien-Kernen die Regel und nicht die Ausnahme sind – sowohl in aktiven Galaxien als auch in solchen, die wie unsere Milchstraße eher ruhig sind. Anscheinend kommt es bei der Entstehung von Galaxien ganz generell zur Bildung eines zentralen, supermassiven Schwarzen Lochs.[640]

2016 attestieren die Astrophysiker und Astronomen Norbert Pailer und Alfred Krabbe den indirekten Nachweis Schwarzer Löcher:

> Obwohl sie ursprünglich eine Erfindung der Science-Fiction-Literatur waren, sind sie heute Gegenstand aktueller astrophysikalischer Forschung. Sie werden im Zentrum sämtlicher Galaxien vermutet und ihr (indirekter) Nachweis ist bereits in vielen Fällen gelungen. Auch unsere Galaxie besitzt in ihrem Zentrum ein Schwarzes Loch; es gibt sogar Hinweise, dass das Schwarze Loch im Zentrum unserer Milchstraße wahrscheinlich von weiteren kleineren umgeben wird.[641]

Das bestätigt auch Günter Spanner zwei Jahre später und sieht sie als Endstadium von sehr massereichen Sternen:

> Aktuelle Beobachtungen belegen aber zweifelsfrei, dass Schwarze Löcher im Universum tatsächlich existieren. Sie sind das Endstadium in der Entwicklung sehr massereicher Sterne. Aber auch in den Zentren von Galaxien werden supermassive Schwarze Löcher vermutet, deren Ursprung bislang nicht geklärt ist.[642]

Heute sind wir von indirekten Nachweisen fortgeschritten zu direkteren Nachweisen. Um das nachzuvollziehen, müssen wir weiter ausholen und zunächst ***Gravitationswellen** verstehen. Markus Pössel erklärt diese mit einer Analogie zu elektromagnetischen Wellen:

---

640. Pössel, S 234–235; Zitat aus S. 235.
641. Pailer & Krabbe, S. 43.
642. Spanner, S. 40.

In der Maxwellschen Theorie folgt aus den elektrischen Ladungen und ihrer Bewegung, welche Magnet- und elektrischen Felder den Raum erfüllen. Bei Einstein beeinflusst die anwesende Materie „geometrische Felder", nämlich diejenigen Größen, die die Geometrie der *Raumzeit bestimmen. [...]

Verkürzt können wir sagen: Masse ist Gravitationsladung.[643]

Günter Spanner ergänzt die Analogie:

Eine unbewegte elektrische Ladung oder eine ruhende Masse sendet keine Wellen aus. Wird eine Ladung, beispielsweise ein Elektron oder ein Proton, hingegen beschleunigt, dann führt das zur Ausstrahlung von elektromagnetischen Wellen. In analoger Weise strahlen beschleunigte Massen *Gravitationswellen ab.[644]

Bei aller Analogie zwischen elektromagnetischen Wellen und *Gravitationswellen gibt es freilich auch wichtige Unterschiede:

Es gibt beispielsweise zwei Arten von elektrischer Ladung, die je nach Konfiguration zu Anziehung und Abstoßung führen können. Die Gravitation kennt nur eine Art von Ladung, und alle Materie zieht sich gegenseitig an. Das führt dazu, dass sich die Gravitation nicht so abschirmen lässt, wie es beim Elektromagnetismus gang und gäbe ist. [...]

Zur Gravitationsladung gibt es keine solche Abschirmung, keine Aufhebung durch elementare Gegenladungen, und die Gravitationskräfte der Atome summieren sich zur beträchtlichen Gravitation des Erdballs.[645]

So kommt es, dass Spanner trotz aller Analogie schreibt:

*Gravitationswellen sind vollkommen anders als alle anderen bekannten Wellen [...]

Im Gegensatz zu Lichtwellen können sie auch feste Materie praktisch ungehindert durchdringen. Planeten, Sterne oder sogar ganze Galaxien stellen für sie nicht das geringste Hindernis dar. Die Wellen sind eine Verformung der *Raumzeit-Geometrie und werden als solche von gewöhnlicher Materie weder absorbiert noch sonst irgendwie wesentlich beeinflusst.[646]

Allerdings ist die Verformung der *Raumzeit-Geometrie extrem gering und daher sehr schwer zu messen.

---

643. Pössel, S. 172.
644. Spanner, S. 48.

645. Pössel, S. 173.
646. Spanner, S. 46.

Für ein typisches *Gravitationswellenereignis liegt die erwartete relative Längenänderung der Messstrecke in der Größenordnung von 10-21, also ein Verhältnis von 1 : 1.000.000.000.000.000.000.000 [eins zu einem Trilliardstel]. Man muss bis auf ein Trilliardstel genau messen, um den Effekt einer *Gravitationswelle nachweisen zu können.[647]

Um diese kleinsten Unterschiede messen zu können, hat sich als Messinstrument das „Riesen-Interferometer" durchgesetzt. Das Prinzip des Interferometers (mit seiner extrem präzisen Messgenauigkeit) zur Messung von *Gravitationswellen ist dasselbe wie das, das wir vom Michelson-Morley-Experiment kennen:

Ein Laserstrahl trifft auf einen Strahlteiler, der im einfachsten Fall aus einem halbdurchlässigen Spiegel besteht. Dadurch wird der Strahl in zwei Teilstrahlen aufgespalten. Ein Laserstrahl läuft geradlinig weiter, der andere wird im rechten Winkel abgelenkt. Am Ende der beiden so erzeugten Lichtstrecken befindet sich jeweils ein Spiegel, der das Licht auf den Strahlteiler zurück reflektiert. Dieser lenkt die Strahlen wieder so um, dass sie sich überlagern **[Abb. 74a]**. Bei entsprechender Justierung kann man erreichen, dass die ankommenden Lichtwellen nicht im Gleich-, sondern im Gegentakt schwingen. Ein Wellenberg des Laserlichts trifft auf ein Wellental. Die Lichtwellen löschen sich somit gegenseitig aus **[Abb. 74b]**. Man spricht in diesem Zusammenhang von destruktiver Interferenz.

Läuft eine *Gravitationswelle durch das Interferometer, wird der

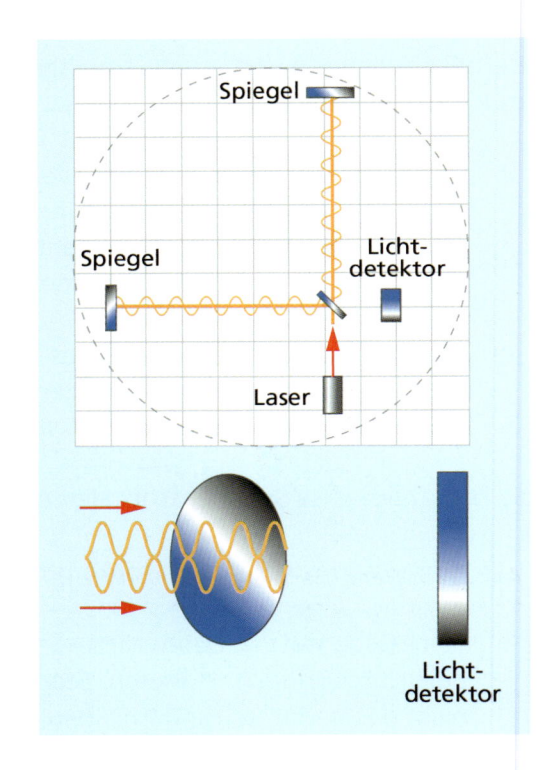

Abb. 74a: Prinzip des Interferometers zur Messung von Gravitationswellen: Ein Laserstrahl wird aufgespalten und durchläuft zwei Lichtstrecken, die wieder zusammengeführt werden zur Interferenz (Überlagerung).

---

647. Spanner, S. 75.

Raum gestaucht und gedehnt. Dadurch verändern sich die Längen der Messstrecken. Die Lichtwellen löschen sich in der Folge nicht mehr exakt aus **[Abb. 74c]**. Der an geeigneter Stelle angebrachte Empfänger bleibt nicht länger dunkel, sondern ein schwaches Lichtsignal zeugt vom Durchlauf der *Gravitationswelle.[648] **[Abb. 74d]**

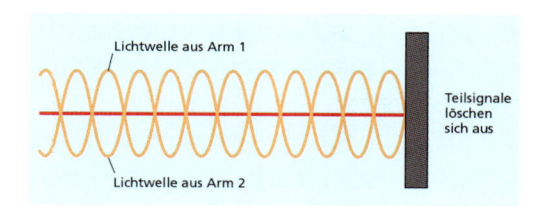

Abb. 74b: Bei entsprechender Justierung sind die beiden ankommenden Lichtwellen gerade um eine halbe Wellenlänge verschoben (Gegentakt statt Gleichtakt), so dass Wellenberge und Wellentäler des Laserlichts sich gegenseitig auslöschen.

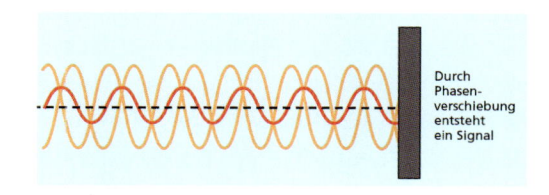

Abb. 74d: Wenn die beiden Lichtwellen im Gegentakt sich wegen einer Gravitationswelle nicht mehr gegenseitig auslöschen, bleibt der Empfänger nicht länger dunkel, sondern erzeugt ein schwaches Lichtsignal.

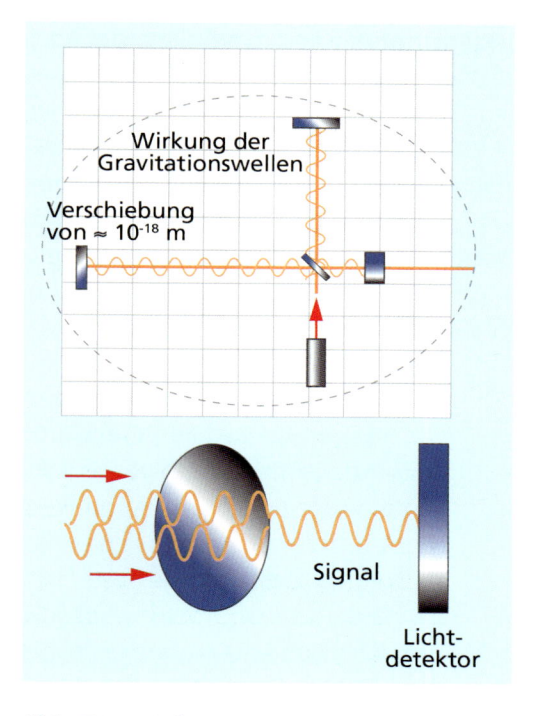

Abb. 74c: Läuft eine Gravitationswelle durch das Interferometer, wird der Raum gestaucht und gedehnt. Dadurch verändern sich die Längen der Messstrecken. Die Lichtwellen löschen sich folglich nicht mehr exakt aus.

Mit dem LIGO-Projekt („Laser Interferometer Gravitational-Wave Observatory") bei Livingston in Louisiana (USA), einem Interferometer „mit vier Kilometer Armlänge"[649], kam man der Messgenauigkeit schon ziemlich nahe; dank dem verbesserten „Advanced LIGO" der Interferometer bei Livingston und Hanford konnte man melden: „Ab September 2015 erzielten beide Interferometer eine Messempfindlichkeit von $7 \cdot 10^{-23}$."[650]

---

648. Spanner, S. 87–88.
649. Pössel, S. 308.
650. Spanner S. 94–96; Zitat auf S. 96.

Um nun mit *Gravitationswellen Schwarze Löcher nachzuweisen, braucht es zwei Schwarze Löcher, die einander umkreisen. „Selbst rotierende Schwarze Löcher emittieren keine Gravitationsstrahlung [...] Daher sind mindestens zwei Schwarze Löcher erforderlich, um *Gravitationswellen zu erzeugen."[651]

Innerhalb von nicht einmal zwei Jahren (14.09.2015–14.08.2017) konnte mit den gemessenen *Gravitationswellen fünfmal die Verschmelzung Schwarzer Löcher nachgewiesen werden; die dabei bestimmten Massen der Schwarzen Löcher vor und nach der Verschmelzung lagen (bei allen fünf Messungen) zwischen 7 und 63 Sonnenmassen und die Schwarzen Löcher waren zwischen 1,3 und 3 Mrd. Lichtjahre von der Erde entfernt.[652]

Das LIGO-Experiment hat erstmals die Existenz von *Gravitationswellen direkt nachgewiesen. Die Existenz Schwarzer Löcher ist eine Schlussfolgerung durch Ausschluss aller bekannten alternativen massereicher Objekte.[653] Günter Spanner stellt dazu fest: „Erstmals wurde klar bestätigt, dass gravitativ gebundene Paare aus Schwarzen Löchern tatsächlich existieren."[654] Zum ersten direkten Nachweis am 19.09.2015 (zu GW150914) erklärt er:

> Die maximale Umlauffrequenz der Partner lag bei 75 Hz, entsprechend der Hälfte der *Gravitationswellen-Frequenz. Die Objekte müssen sich also vor dem Verschmelzen sehr nahe gewesen sein. Dies ist nur möglich, wenn sie sehr massereich und gleichzeitig extrem kompakt sind. Für Punktmassen, die sich mit dieser Frequenz umkreisen, würde sich ein Abstand von weniger als 400 Kilometern ergeben. Ein Neutronensternpaar hätte nicht die erforderliche Masse. Ein Paar bestehend aus einem Schwarzen Loch und einem Neutronenstern könnte zwar eine sehr große Gesamtmasse erreichen, würde aber bereits bei einer deutlich niedrigeren Umlauffrequenz verschmelzen. Beschränkt man sich auf bekannte astrophysikalische Objekte, bleiben nur zwei Schwarze Löcher als mögliche Quelle für das beobachtete Signal. Nur diese sind kompakt und massiv genug, um eine Umlauffrequenz von 75 Hz erreichen zu können ohne sich zu „berühren".[655]

---

651. Spanner, S. 60.
652. Spanner, S. 181 (Tabelle); konkret waren das die Messungen am 14.09.2015, am 26.12.2015, am 04.01.2017, am 08.06.2017 und am 14.08.2017
653. Denn die Signatur der aufgezeichneten Wellen gleicht der eines rotierenden und fusionierenden Massedipols; bisher ist kein ähnlich wahrscheinliches Phänomen gleicher Signatur bekannt. Unter der Annahme, dass tatsächlich ein solcher Dipol vorlag, mussten die Massen der Objekte entsprechend groß gewesen sein. Für Neutronensterne waren sie zu groß; wären es noch Sterne (vor dem Kollaps) gewesen, so hätte sich der Dipol schon viel früher aufgelöst, ohne dass eine *Gravitationswelle der gemessenen Stärke und Frequenz hätte entstehen können. Gemäß heutigem Stand der Erkenntnis bleiben dann nur zwei Schwarze Löcher.
654. Spanner, S. 162.
655. Spanner, S. 174.

Diese Ergebnisse über den Nachweis Schwarzer Löcher lassen sich vervollständigen durch aktuellere Nachrichten aus der Presse. So berichtet die Tageszeitung „Die Glocke" am 11.04.2019 in einem Artikel mit der Überschrift „Astronomen geraten ins Schwärmen über Foto aus dem Weltall":

> Zum ersten Mal ist Astronomen die Aufnahme eines Schwarzen Lochs gelungen. Das Bild des „Event Horizon"-Teleskopnetzwerks, das einen dunklen Fleck vor einem verschwommenen leuchtenden Ring zeigt, wurde gestern zeitgleich auf sechs Pressekonferenzen rund um den Globus präsentiert. Bislang gab es von Schwarzen Löchern nur Illustrationen.
>
> Bei dem aufgenommenen Exemplar handelt es sich um das extrem massereiche Schwarze Loch im Zentrum der 55 Millionen Lichtjahre entfernten Galaxie Messier 87. Um in dieser gigantischen Entfernung noch ausreichende Details erkennen zu können, hatten die Forscher acht Einzelobservatorien auf vier Kontinenten rechnerisch zu einem Superteleskop zusammengeschlossen. „Die Ergebnisse geben uns zum ersten Mal einen klaren Blick auf ein supermassives Schwarzes Loch", betonte Anton Zensus, Direktor am Bonner Max-Planck-Institut für Radioastronomie. Dort wurden die Daten der beteiligten Radioteleskopie kombiniert.
>
> Durch ihre extreme Masse lassen Schwarze Löcher noch nicht einmal das Licht entkommen, dadurch sind sie praktisch unsichtbar. Jedoch heizt sich Materie, bevor sie in ein Schwarzes Loch gezogen wird, extrem stark auf und strahlt dann hell. Dieses charakteristische Leuchten ist rot in der vorgelegten Aufnahme zu sehen.
>
> Das Bild sei eine Bestätigung von Albert Einsteins allgemeiner Relativitätstheorie unter den extremsten Bedingungen des Universums, berichtete Karl Schuster, Direktor des Instituts für Radioastronomie im Millimeterbereich, das an der Beobachtungskampagne beteiligt war. Um ein Schwarzes Loch bildet sich eine Gas- und Staubscheibe, auf der neue Materie in den Raum-Zeit-Schlund strudelt. Diese Materie dreht sich immer schneller, wird dabei durch Reibung extrem heiß und leuchtet hell auf. Die Teleskope fotografierten das Schwarze Loch vor dieser sogenannten Akkretionsscheibe, „wie eine schwarze Katze auf einem weißen Sofa", erläuterte die Max-Planck-Gesellschaft.
>
> Mit den Beobachtungen hoffen die Forscher zahlreiche grundlegende Fragen zu beantworten, darunter: Sehen Schwarze Löcher so aus wie von der Theorie erwartet? „Wir waren ehrlich gesagt überrascht, wie gut der beobachtete dunkle Fleck mit der aus unseren Computersimulationen vorhergesagten Struktur übereinstimmt", sagt Astronom Zensus. [...][656]

---

656. „Die Glocke", 11.04.2019; weitere Informationen: https://edition.cnn.com/2019/04/10/world/black-hole-photo-scn/index.html.

Wikipedia fasst diese neueren Beispiele für die Auswirkungen Schwarzer Löcher zusammen. So gab es

> z. B. ab 1992 die Untersuchungen des supermassereichen Schwarzen Lochs Sagittarius A+ im Zentrum der Milchstraße im Infrarotbereich. 2016 wurde die Fusion zweier Schwarzer Löcher über die dabei erzeugten *Gravitationswellen durch LIGO beobachtet und 2019 gelang eine radioteleskopische Aufnahme eines Bildes des supermassereichen Schwarzen Lochs im Zentrum der Galaxie M87.[657]

Noch aktueller ist ein Artikel im Internet mit dem Titel „Astronomen entdecken erdnächstes Schwarzes Loch". Dort wird berichtet:

> Astronomen haben am Südhimmel das bislang erdnächste Schwarze Loch entdeckt. Das unsichtbare Schwerkraftmonster ist nur rund 1.000 Lichtjahre von uns entfernt und kreist mit zwei Sternen in einem Dreifachsystem.
> Die beiden Begleitsterne sind bereits mit bloßem Auge zu sehen – allerdings nur von der Südhalbkugel der Erde aus, wie die Entdecker um Thomas Rivinius von der Europäischen Südsternwarte Eso im Fachblatt „Astronomy & Astrophysics" berichten. Zum Vergleich: Unsere Heimatgalaxie, die Milchstraße, hat einen Durchmesser von ungefähr 120.000 Lichtjahren. Ein Lichtjahr ist die Strecke, die das Licht in einem Jahr zurücklegt.
> Das Team hatte ursprünglich Doppelsterne untersucht. Die Analyse des Systems mit der Katalognummer HR 6819 im südlichen Sternbild Telescopium ergab jedoch überraschenderweise, dass sich dort ein dritter Himmelskörper befinden muss: Einer der beiden sichtbaren Sterne umkreist alle 40 Tage ein unsichtbares Objekt mit wenigstens der vierfachen Masse unserer Sonne.
> „Ein unsichtbares Objekt mit einer Masse, die mindestens viermal so groß ist wie die der Sonne, kann nur ein Schwarzes Loch sein", betonte Rivinius in einer Eso-Mitteilung. „Dieses System enthält das der Erde nächstgelegene Schwarze Loch, von dem wir wissen."
> Dank der vergleichsweise geringen Entfernung des Systems seien die beiden Begleitsterne in dunklen, klaren Nächten von der Südhalbkugel ohne Hilfsmittel sichtbar, erläuterte die Eso. „Wir waren völlig überrascht, als wir feststellten, dass dies das erste Sternsystem mit einem Schwarzen Loch ist, das man mit bloßem Auge sehen kann", berichtete Co-Autor Petr Hadrava, emeritierter Wissenschaftler an der tschechischen Akademie der Wissenschaften.

---

657. https://de.wikipedia.org/wiki/Schwarzes_Loch#Temporaler_Nachweis ..

Anders als die meisten anderen bekannten Exemplare dieser Größenordnung ist das Schwarze Loch in dem Dreifachsystem tatsächlich schwarz und unsichtbar. Das liegt daran, dass es sich momentan keine Materie aus der Umgebung einverleibt.

Die meisten solcher sogenannten stellaren, Stern-großen Schwarzen Löcher haben in Aufnahmen durch die helle Röntgenstrahlung auf sich aufmerksam gemacht, die von der Materie ausgeht, bevor sie auf Nimmerwiedersehen in ihnen verschwindet. Inaktive, stille Schwarze Löcher verraten sich dagegen nur durch ihre Schwerkraftwirkung, etwa indem ein sichtbarer Stern sie umkreist, wie in diesem Fall.

In der Milchstraße sind laut Eso bislang nur einige Dutzend Schwarze Löcher entdeckt worden. Die Astronomen hoffen, dass die aktuelle Entdeckung hilft, weitere stille Schwarze Löcher in unserer Heimatgalaxie aufzuspüren. „Es muss Hunderte von Millionen Schwarzer Löcher geben, aber wir wissen nur von sehr wenigen", erläuterte Rivinius. „Wenn wir wissen, wonach wir suchen müssen, sollten wir besser in der Lage sein, sie zu finden. (mgb/dpa)"[658]

4.3.3 Klassifikation von Schwarzen Löchern

Markus Pössel spricht von drei Varianten bei Schwarzen Löchern:

> Mit stellarer und supermassiver Variante habe ich die beiden „klassischen" Grundformen der Schwarzen Löcher beschrieben, die nach heutigem Wissen die große Mehrheit der Schwarzlochbevölkerung unseres Universums ausmachen. Darüber hinaus gibt es Anzeichen für mittelschwere Schwarze Löcher mit einigen hundert bis einigen hunderttausend Sonnenmassen, die so etwas wie eine Zwischenstufe auf dem Weg zur Entstehung supermassiver Löcher darstellen könnten.[659]

Aus den Angaben von Wikipedia ergibt sich folgende Klasseneinteilung: Es gibt Schwarze Löcher, die als Endzustand eines massereichen Sternes entstehen (am Ende des Lebenszyklus kollabieren) und daher „Stellare[660] Schwarze Löcher" heißen. Die Größenordnung Stellarer Schwarzer Löcher wird mit 10 Sonnenmassen angegeben. Ein Stern muss aber laut Wikipedia im Anfangszustand mindestens 3 Sonnenmassen und im Endzustand mehr als 2,5 Sonnenmassen besitzen, um zum Schwarzen Loch zu werden.

---

658. https://www.gmx.net/magazine/wissen/weltraum/astronomen-entdecken-erdnaechstes-schwarzes-loch-34677302 .
659. Pössel, S. 235.
660. Stella: lateinisch, „Stern".

Eine theoretische Arbeit von 1996 kam als Masselimit auf 1,5–3 Sonnenmassen [Endzustand], entsprechend der ursprünglichen Sternmasse von 15–20 Sonnenmassen [Anfangszustand]. Weitere Arbeit im selben Jahr kam auf den genaueren Bereich von 2,2–2,9 Sonnenmassen.[661]

Mittelschwere Schwarze Löcher von einigen hundert bis wenigen tausend Sonnenmassen entstehen möglicherweise infolge von Sternenkollisionen und -verschmelzungen.[662]

Sie haben also ein Gewicht der Größenordnung von ca. tausend Sonnenmassen und eine Größe (Schwarzschild-Radius) von 3000 km.

Supermassereiche (supermassive) Schwarze Löcher können die millionen- bis milliardenfache Sonnenmasse haben (ca. 105–1010 Sonnenmassen). [...] So ist die starke Radioquelle Sagittarius A+ im Zentrum der Milchstraße ein supermassereiches Schwarzes Loch von 4,3 Millionen Sonnenmassen.[663]

Die Größe dieser Schwarzen Löcher, also der Radius, ab dem selbst Licht nicht mehr entweichen kann (Schwarzschild-Radius), ist so groß, dass er in Astronomischen Einheiten (AE) angegeben wird. Eine Astronomische Einheit ist der mittlere Abstand zwischen Sonne und Erde (149,6 Mio km,[664] also ca. 8,3 Lichtminuten).
Supermassive Schwarze Löcher haben eine Größe zwischen einem Promille des Abstandes zwischen Sonne und Erde (AE) und dem zweihundertfachen Abstand zwischen Sonne und Erde (AE).

Die Klassifikation begrenzt sich bewusst auf die Effekte der allgemeinen Relativitätstheorie und damit auf Schwarze Löcher, die in unserem heutigen Universum astrophysikalisch relevant sind. Im Anhang wird unter dem Titel „Hawking-Strahlung und die Verdampfung Schwarzer Löcher" kurz erläutert, warum eine hypothetische „Verdampfung" aufgrund der Quantentheorie für das heutige Universum nicht relevant ist.

---

661. https://en.wikipedia.org/wiki/Tolman%E2%80%93 Oppenheimer %E2%80%93Volkoff_limit#cite_note-2 , https://arxiv.org/abs/astro-ph/9608059v1; Übersetzung durch den Autor.
662. https://de.wikipedia.org/wiki/Schwarzes_Loch .
663. https://de.wikipedia.org/wiki/Schwarzes_Loch .
664. Brockhaus, elektronische Version; Stichwort: „Erde".

4.3.4 Das Schwarze Loch als Gleichnis

Wir hatten festgestellt: Die Masse ist Gleichnis für die sündige Natur des Menschen. Die *Raumzeit-Krümmung ist Gleichnis für das Sündigen („Tat der Sünde"). Das *Relativitätsprinzip (ART) ist Gleichnis für die Folge der Sünde.

Für diese Folgen der Sünde gibt es zwei Möglichkeiten – die eine Möglichkeit ist die Errettung aus der Macht der Sünde, die Errettung vor den Folgen, vor der ewigen Strafe durch Gottes Gericht. Diese Errettung durch das Gericht, das Jesus am Kreuz stellvertretend für uns über sich ergehen ließ, haben wir bereits ausgeführt.

Die andere Möglichkeit ist, jede Warnung vor dem Gericht zu ignorieren und weiter die eigenen Wege zu gehen, also den Weg, wo der Mensch im Mittelpunkt ist. Diesen Weg beschreibt die Bibel so:

> Indem sie sich für Weise ausgaben, sind sie zu Narren geworden und haben die Herrlichkeit des unvergänglichen Gottes verwandelt in das Gleichnis eines Bildes vom vergänglichen Menschen [...] sie, welche die Wahrheit Gottes in die Lüge verwandelt und dem Geschöpf Verehrung und Dienst dargebracht haben statt dem Schöpfer ...[665]

Über solche wird weiter gesagt: „Nach deiner Störrigkeit und deinem unbußfertigen Herzen aber häufst du dir selbst Zorn auf für den Tag des Zorns und der Offenbarung des gerechten Gerichtes Gottes."[666]

„Eigener Weg" bedeutet nicht unbedingt, dass nur das eigene Ego im Mittelpunkt stehen müsste; aber im Mittelpunkt ist eben der Mensch, das Geschöpf in seiner Vergänglichkeit, statt des ewigen Schöpfers.

Beim Schwarzen Loch sind die geodätischen Linien (also die Wege des Lichts) so gekrümmt, dass sie zurückkommen zu sich selbst [siehe Abb. 72b]. Diese auf sich selbst bezogenen bzw. in sich selbst gekrümmten geodätischen Linien eines Schwarzen Lochs sind Gleichnis für das Unheil einer auf sich selbst bezogenen Menschheit: Statt des Schöpfers steht das Geschöpf im Mittelpunkt, der Mensch.

Laut Gottes Wort schwimmt die Mehrheit der Menschen in diesem Strom des Unheils und der wird je länger, je schlimmer und gottloser; am Ende (d. h. vor der Wiederkunft Christi) werden Trübsal und Bedrängnis überhandnehmen. Die auf sich selbst bezogene Menschheit wird versuchen, sich daraus selber zu erlösen; dieser vergebliche Versuch des völligen Abfalls von Gott gipfelt schließlich im „Mensch der Gesetzlosigkeit ... der

---

665. Römer 1,23.25.   666. Römer 2,5.

sich widersetzt und sich überhebt über alles, was Gott heißt oder Gegenstand der Verehrung ist, so dass er sich in den Tempel Gottes setzt und sich ausweist, dass er Gott sei"[667].

Der Prophet Jeremia beschreibt dieses Unheil so: „Höre es, Erde! Siehe, ich bringe Unheil über dieses Volk, die Frucht ihrer Gedanken. Denn auf meine Worte haben sie nicht geachtet, und mein Gesetz – sie haben es verworfen."[668]

Diese Muster (biblischen Prinzipien) gelten im Kleinen wie im Großen:[669] Was für die Mehrheit der Menschen als Ganzes gilt, das gilt ebenso für den Einzelnen: Auch der Einzelne, wenn er nicht anerkennt, dass Gottes Gericht gerecht ist, wenn er nicht seine Sünden bekennt und nicht umkehrt von den eigenen Wegen, häuft bis zum Lebensende immer mehr Sünde auf und damit Gottes Zorn.

Solche stehen unter der gnadenlosen Gerechtigkeit Gottes. Sie werden vor dem ewigen Gott stehen als ihrem Richter, dessen ewige Pläne sie mit ihrer Sünde durcheinander gebracht haben – entsprechend wird es ewige Konsequenzen geben, das ist nichts weiter als gerecht: Am Ende werden sie vor dem großen leuchtenden Thron gerecht gerichtet nach ihren Werken mit ewiger Strafe als Folge.[670]

Gott ist Licht; die völlige Abwesenheit von Gott, von Licht, ist Finsternis. Der Gottlose, also jeder, der Gott aus seinem Leben völlig ausgeklammert hat, bekommt für alle Ewigkeit, was er in diesem Leben gelebt hat: ewige Gottesferne in der Finsternis, in der Abwesenheit von Gott. Das ist Gerechtigkeit pur!

Somit ist also das Schwarze Loch ein sehr treffendes Gleichnis für den Schrecken der ewigen Gottesferne.

Matthias Klaus schreibt dazu:

> Weiterhin beschreibt Jesus die Hölle als den Ort der „äußersten Finsternis" (Matthäus 22,13). Finsternis ist in der Bibel ein Bild für Isolation, Einsamkeit und Gottesferne. Gott ist Licht, und Jesus kommt als das Licht in diese dunkle Welt (vgl. Johannes 1,4–5.9). In der Hölle gibt es jedoch keine Möglichkeit mehr, Kontakt zum Licht zu

---

667. 2. Thessalonicher 2,3–4. Im engeren Sinne bezieht sich dieser Vers auf den Antichristen. Im weiteren Sinne aber geht es um die Gesinnung des überwiegenden Teils der Menschheit, der diesem Antichristen die Macht einräumen, ja, ihn sogar anbeten wird (vgl. Offenbarung 13,4.8).
668. Jeremia 6,19. Im engeren Sinne beziehen sich diese Verse auf die Juden damals vor der babylonischen Gefangenschaft; im weiteren Sinne bzw. im Gesamtzusammenhang der Bibel aber sprechen sie von der ganzen Menschheit, denn die Geschichte Israels ist Modell und Anschauungsmaterial für alle heute (vgl. Römer 15,4; 1. Korinther 10,6.11).
669. Denn die Bibel ist geschrieben nach dem Prinzip der skalaren Invarianz, wie wir sie in der fraktalen Geometrie (Chaos-Theorie) finden. „Skalare Invarianz" bedeutet, dass im kleinen Maßstab dasselbe Muster zu finden ist wie im großen Maßstab.
670. Römer 2,4–5; Offenbarung 20,11–15.

bekommen. Hier ist der Ort, der für immer den Menschen vom Lebensspender und von der Quelle aller guten Dinge trennt – nämlich von Gott, von dem „jede gute Gabe und jedes vollkommene Geschenk" (Jakobus 1,17) kommt.[671]

Die Schrift zeigt uns also eindeutig, dass es solch einen Weg in die Finsternis gibt, ins „Schwarze Loch"; die Relativitätstheorie und Astrophysik bestätigen das gleichnishaft. Mehr dazu gegen Ende dieses Buches.

---

[671] Klaus, S. 64.

5 Verwandelt zum Licht – oder in tiefster Finsternis

5.1 Die Masse bzw. der Mensch kann das Licht nicht erreichen

5.1.1 Die Masse kann das Licht nicht erreichen, weder in der Relativitätstheorie noch im Gleichnis

Die Verdichtung der Masse zum Schwarzen Loch ist ein Gleichnis für den Weg zur ewigen Finsternis. Die Heilige Schrift zeigt aber auch, dass es eine Möglichkeit gibt, daraus gerettet zu werden; dabei warnt sie allerdings vor falschen Wegen und Irrlehren,[672] die nicht wirklich aus der Finsternis herausführen, besonders vor der Irrlehre der Selbsterlösung. Sie macht sehr deutlich, dass es nur einen richtigen Weg zur Errettung aus der Finsternis zum Licht gibt und zwar durch den stellvertretenden Tod Jesu Christi.[673]

Wo finden wir im Gleichnis der Physik diese falsche Lehre der Selbsterlösung aus eigener Kraft – und wo den richtigen Weg durch Jesu stellvertretendes Opfer? Bis hierher ist im Gleichnis der Physik bereits klar geworden: Unsere menschliche Natur, in der Bibel auch als „Fleisch" (bzw. „fleischlich") bezeichnet, ist die Masse; und Gott ist das Licht.

Die Heilige Schrift klärt die Frage, ob wir Menschen von uns aus, also aus eigener Kraft bzw. durch genügend Anstrengung unserer fleischlichen Natur zu Gott kommen können oder nicht. Diese Frage in der Sprache der Physik lautet: Kann Masse das Licht erreichen?

Das ist immer noch etwas laienhaft formuliert. Was soll in der Physik mit „das Licht erreichen" gemeint sein? Masse kann ruhen oder sich (relativ zu anderen Masseteilchen) mit einer bestimmten Geschwindigkeit bewegen. Auch Licht hat eine Geschwindigkeit, aber nicht irgendeine, sondern die höchste Geschwindigkeit überhaupt und die einzig absolute Geschwindigkeit obendrein.

Hier sehen wir in der Physik die Eigenschaften Gottes abgebildet: Gott ist der Höchste und der einzig Absolute. Die Frage, ob der Mensch Gott erreichen kann, können wir in der Sprache der Physik präzise formulieren: Kann Masse die Lichtgeschwindigkeit erreichen?

---

672. Sprüche 14,12//Sprüche 16,25; Apostelgeschichte 20,30; 1. Timotheus 4,1; 1. Johannes 2,18–19; 4,1; 2. Petrus 2,1; Judas 4.

673. Johannes 14,6; Apostelgeschichte 4,12; Römer 3,20.23–24; Galater 2,16; Epheser 2,8–9.

Mit dieser Frage haben wir uns bereits beschäftigt (im Abschnitt „Die relativierte Masse"[674]) und festgestellt:

> Wenn die Geschwindigkeit eines Objekts relativ zu uns zunimmt, nimmt auch die von uns gemessene Masse zu. Die Masse wächst extrem an, wenn sich die – relative – Geschwindigkeit der Lichtgeschwindigkeit nähert, und im Grenzwert würde sie bei Lichtgeschwindigkeit unendlich.[675]

Anders ausgedrückt: Die Energie, die in die Masse hineingesteckt wird, um sie zu einer immer höheren Geschwindigkeit zu bewegen, diese Energie „gerinnt" mehr und mehr zu Masse.[676] Das Maß, wie stark diese Energie zu Masse gerinnt, ist wieder im Lorentzfaktor gegeben. Der Lorentzfaktor gibt das Verhältnis der Massen zueinander an, nämlich das Verhältnis der bewegten zur ruhenden Masse. Je mehr wir uns der Lichtgeschwindigkeit nähern, desto größer wird die bewegte Masse im Vergleich zur ruhenden Masse, desto größer also auch das Verhältnis.

> Je dichter die Geschwindigkeit an die des Lichtes herankommt, desto schwerer lässt sie sich steigern. [...]
> Keine endliche Kraft, so groß sie auch sein mag, ist imstande, eine Geschwindigkeitssteigerung über dieses Maß hinaus zu bewirken. [...]
> Wir wissen aus der Mechanik, dass jeder Körper sich einer Geschwindigkeitsänderung widersetzt. Je größer die Masse, um so stärker der Widerstand, und umgekehrt. In der Relativitätstheorie kommt aber noch etwas hinzu: hier widersetzt sich der Körper nicht nur dann stärker, wenn seine Ruhmasse, sondern auch, wenn seine Geschwindigkeit größer ist.[677] Körper, die sich mit Geschwindigkeiten fortbewegen, die der des Lichtes angenähert sind, müssen äußeren Kräften also einen beträchtlich zäheren Widerstand entgegensetzen. In der klassischen Mechanik ist der Widerstand eines bestimmten Körpers etwas Unveränderliches, da er ja von der Masse allein bestimmt wird. In der Relativitätstheorie hängt er nun aber von zwei Faktoren, Ruhmasse und Geschwindigkeit, ab. [>] **Nähert sich die Geschwindigkeit der des Lichtes, so wird der Widerstand unendlich groß.**[678]

---

674. Eine ergänzende Erklärung zur Masse in der Relativitätstheorie – konkret die absolute (*invariante) Definition von Masse und Energie – befindet sich im 5. Teil.
675. Hoffmann, S. 142.
676. Warum das so ist, wird erst im nächsten Kapitel behandelt, wenn wir die bekannte Formel $E = mc^2$ betrachten.
677. Wer auch quantitativ wissen will, wie man auf mathematisch leichtem Weg (nur Schulmathematik) – ausgehend von Verhältnis der Massen (Lorentzfaktor) – zur Geschwindigkeitsabhängigkeit der Masse kommt, sei verwiesen auf Vermeulen, S. 268–269.
678. Einstein & Infeld, S. 214.

Man bräuchte dann unendlich viel Energie, um eine (ins Unendliche wachsende) Masse auf Lichtgeschwindigkeit zu bringen. In einem endlich großen Weltall aber gibt es nur endlich viel Masse und endlich viel Energie. Also ist es für die Masse unmöglich, Lichtgeschwindigkeit zu erreichen.

5.1.2 Im Gleichnis der Relativitätstheorie hat der Mensch keine Chance, von sich aus zu Gott zu kommen

Die Masse kann also die Lichtgeschwindigkeit nicht erreichen. Das ist ein Gleichnis dafür, dass der Mensch den heiligen, absoluten Gott von sich aus nie erreichen kann, egal wie sehr er sich anstrengt. Solche eigene Anstrengung hin zu Gott oder zu etwas Höherem, das ist der Weg aller Religionen – und leider hat so manche Kirche und so manche Sekte, die sich „christlich" nennt, einen solchen Weg der Selbsterlösung mit christlichem Vorzeichen versehen.

Aber das ist nicht der Weg, von dem Jesus Christus gesprochen hat, nicht der Weg, den die Bibel uns zeigt. Der Weg des echten Christen nach Gottes Wort ist eine Absage an jede Selbsterlösung: „Denn aus Gnade seid ihr errettet durch Glauben, und das nicht aus euch, Gottes Gabe ist es; nicht aus Werken, damit niemand sich rühme"[679]. Insbesondere die Juden waren eifrig in religiösen Werken zur Erfüllung des Gesetzes.

Die Heilige Schrift aber macht deutlich, dass keiner dazu in der Lage ist, und teilt uns mit, wozu Gott die Gesetze der Schrift gegeben hat: „Wir wissen aber, dass alles, was das Gesetz sagt, es denen sagt, die unter dem Gesetz sind, damit jeder Mund verstopft werde und die ganze Welt dem Gericht Gottes verfallen sei. Darum: aus Gesetzeswerken wird kein Fleisch vor ihm gerechtfertigt werden; denn durch Gesetz kommt Erkenntnis der Sünde"; und: „Denn alle, die aus Gesetzeswerken sind, die sind unter dem Fluch; denn es steht geschrieben: ‚Verflucht ist jeder, der nicht bleibt in allem, was im Buch des Gesetzes geschrieben ist, um es zu tun!'; dass aber durch Gesetz niemand vor Gott gerechtfertigt wird, ist offenbar, denn ‚der Gerechte wird aus Glauben leben'."[680]

In diesem Sinne ist das Christentum, so wie die Bibel es lehrt, keine Religion, sondern genau das Gegenteil davon! In seinem Buch „Christsein ist keine Religion" drückt Albrecht Kellner das so aus:

> Alle Religionen kreisen letztlich um den Versuch, Schuld auszulöschen und zu einem von Schuld unbefleckten Zustand zu gelangen. Da ist der Hindu, der sich

---

679. Epheser 2,8–9.   680. Römer 3,19–20; Galater 3,10–11.

im Ganges wäscht, um seine Schuld loszuwerden, der Buddhist, der durch Askese und Meditation allem Anhaften an Vergänglichem, allem, was Leid und Schuld bewirken könnte, zu entkommen versucht. Da ist der Moslem, der sich durch das Gebot der Verschleierung der Frauen vor schuldhaften Blicken bewahren will, der fünfmal am Tag beten, Almosen geben, den Fasten-Monat einhalten und mindestens einmal in seinem Leben nach Mekka pilgern muss. Da ist der Jude, der durch eisernes Einhalten strengster Gesetze versucht, von vornherein keine Schuld auf sich zu laden. Da gibt es Kulte wie die der Azteken, die durch schreckliche Menschenopfer versuchten, die Götter trotz des menschlichen Fehlverhaltens milde zu stimmen. Und da gibt es leider auch immer wieder ein falsch verstandenes Christentum, in dem lediglich ein soziales Verhalten, Zugehörigkeit zu einer Kirche oder manchmal noch Askese und Bußübungen gefordert werden. Während sich in der Erkenntnis, dass Sünde und Schuld getilgt werden müssen, die Religionen aller Couleur einerseits und das Christentum andererseits entsprechen, widersprechen sie sich hinsichtlich der Lösung dieses Problems.

Die Bibel sagt eindeutig: Wie es die Religionen versuchen, geht es nicht! Diese Aussage ist eine unübersehbare, kategorische Feststellung der Bibel. Unter anderem an diesem Punkt ist das Christsein etwas völlig anderes als alle Religionen. Die Bibel ist die einzige Informationsquelle auf diesem Planeten, die tatsächlich behauptet, kein Mensch sei in der Lage, durch noch so viel Anstrengung, Einhalten religiöser Rituale, Zugehörigkeit zu einer Kirche, durch Meditationsmethoden, Askese und Darbringung von Opfern seine Schuld in der erforderlichen Gänze loszuwerden. Der Grund: Der Maßstab Gottes ist viel zu hoch.[681]

Siegfried Buchholz, Generaldirektor i. R. der BASF Österreich, fasst das eben Gesagte und die Alternative dazu prägnant in einem Satz zusammen: „Religionen sind Bottom-up-Versuche des Menschen, Gott zu suchen. Dagegen entdeckte ich beim Christsein das genaue Gegenteil: sozusagen den Top-down-Versuch Gottes, den Menschen zu erreichen."[682]

Diesen Unterschied zwischen den Bottom-up-Versuchen der Menschen und der Top-down-Tatsache Gottes hat Arno Backhaus so ausgedrückt: „Schon viele Menschen wollten Gott sein, aber nur ein Gott wollte Mensch sein."

Wie sieht dieser Top-down-Versuch Gottes nun aus? Im nächsten Kapitel wollen wir zunächst danach fragen, wie Gott, der Schöpfer der Naturgesetze, diesen Top-down-Versuch im Gleichnis der Physik beschreibt.

---

681. Kellner, S. 88–89.

682. Zitiert bei Kellner, S. 126.

5.2 E = mc² in der Relativitätstheorie

5.2.1 Die Äquivalenz zwischen Energie und Masse

Betrachten wir nun zum dritten Mal die Massenzunahme, um damit zumindest qualitativ die wichtigste Formel der Relativitätstheorie und berühmteste Formel der Physik zu verstehen. Die Massenzunahme bei zunehmender Geschwindigkeit haben wir uns anhand eines Steins veranschaulicht:

> Wenn die Geschwindigkeit eines Objekts relativ zu uns zunimmt, nimmt auch die von uns gemessene Masse zu. Die Masse wächst extrem an, wenn sich die – relative – Geschwindigkeit der Lichtgeschwindigkeit nähert, und im Grenzwert würde sie bei Lichtgeschwindigkeit unendlich. [...]
> Wir sehen nun, warum eine konstante Kraft unseren Stein niemals auf Lichtgeschwindigkeit beschleunigen wird. Solange der Stein ruht, ist seine Masse klein. Die Kraft kann ihn also mit Leichtigkeit beschleunigen. Je höher aber seine Beschleunigung wird, desto schneller ist er relativ zu uns – und desto größer ist also auch seine Masse, das heißt, sein Widerstand gegen jede weitere Beschleunigung. Hat der Stein erst einmal soviel Masse, wie – sagen wir – ein Berg, dann beschleunigt die Kraft ihn nur noch sehr schwach. Da der Körper bei ständig anwachsender Masse einer weiteren Beschleunigung zunehmend Widerstand entgegensetzt, würde es unendlich lange dauern, bis er auf Lichtgeschwindigkeit gebracht wäre. [...]
> Was geschieht mit all der Energie, die die Kraft auf den Stein überträgt? Durch die Krafteinwirkung erhöht sich die Energie des Steins, während seine relative Geschwindigkeit und damit auch seine relative Masse zunehmen. Mit dem Wert der Ruhemasse können wir die relative Masse bei jeder Geschwindigkeit anhand der relativistischen Formel leicht berechnen.[683] Wir können nun einen Zusammenhang zwischen dem Energiezuwachs des beschleunigten Körpers und der erhöhten relativen Masse herstellen: Die relative Masse und die zur Beschleunigung verliehene Energie sind zwei verschiedene Maße derselben Größe. Die relative Masse eines Körpers ist ein Maß für seine Energie, und genau das besagt Einsteins berühmte Gleichung E = mc².[684]

---

[683]. Diese Berechnung geschieht mit dem Lorentzfaktor, siehe Abb. 42; Beispiele siehe Abb. 39.
[684]. Hoffmann, S. 142–143. Zur Erinnerung: Der quantitative Zusammenhang zwischen der Geschwindigkeit v und der Massenzunahme bzw. der beschleunigten Masse mb ist: mb = γ · m0, wobei die Ruhemasse m0 ist und γ (= $1/\sqrt{1-v^2/c^2}$) der Lorentzfaktor.

Das erklärt, warum die Energie, die zur Beschleunigung in Masse hineingesteckt wird, stattdessen mehr und mehr zu Masse gerinnt. Unter geeigneten physikalischen Umständen ist das auch in umgekehrter Richtung möglich. **> Die berühmte Formel E = mc² sagt aus, dass Energie zu Masse werden kann, und umgekehrt: dass Masse zu Energie werden kann.**

Um uns nach $E = mc^2$ die Menge an Energie in Masse zu veranschaulichen, fragen wir: Wie viel Energie, z. B. welche Wärmemenge, ist in einem Gramm Masse enthalten? „Die Wärmemenge, die benötigt wird, um 30.000 Tonnen Wasser in Dampf umzuwandeln, wiegt nur etwa ein Gramm!"[685] „Ein Gramm Masse entspricht 25 Millionen Kilowattstunden oder die chemisch freisetzbare Energie von 2,15 Millionen Liter Benzin."[686] Oder fragen wir: Wie viel Energie enthält die Masse eines Menschen? „Für die Masse eines typischerweise 75 Kilogramm schweren Menschen sagt die Formel [$E = mc^2$] eine Explosionsenergie von 7 > 10^18 Joule voraus, eine Energiemenge, die dreißigmal größer ist als die Energie der stärksten jemals gezündeten Wasserstoffbombe."[687] Auf der Äquivalenz von Energie und Masse nach $E = mc^2$ beruht die Kernspaltung, die wir von Atomreaktoren und der Atombombe kennen.

Viel wichtiger als die Kern*spaltung* und für das Leben entscheidend ist die Kernfusion. Der Astrophysiker Thomas Bührke, der über ein Thema aus dem Gebiet der Sternentstehung promovierte, fasst als Wissenschaftsjournalist die Prozesse im Innern der Sterne bzw. Sonne populärwissenschaftlich sehr schön zusammen:

> Im Zentralbereich der Sonne sind bei Temperaturen um 15 Millionen Grad Atome ionisiert, d. h., sie besitzen keine Elektronen mehr in der Hülle. Da das Sonnengas überwiegend aus Wasserstoff besteht, fliegen im Zentralbereich Protonen umher. [...]
>
> Hierbei werden in mehreren Schritten jeweils vier Wasserstoffkerne (Protonen) zu einem Heliumkern verschweißt. Im Innern der Sonne endet die Fusionskette bei diesem Element. Bei noch höheren Temperaturen geht der Vorgang jedoch weiter, so dass immer schwerere Kerne entstehen.
>
> Nun ist ein Heliumkern aber leichter als die Summe von vier Protonen, die Massendifferenz wird bei jedem Reaktionsschritt in Form von Strahlungsenergie abgegeben. In jeder Sekunde verwandelt der Sonnenfusionsreaktor auf diese Weise über 500 Millionen Tonnen Wasserstoff in Helium. Etwa 0,7 Prozent hiervon, entsprechend über vier Millionen Tonnen Materie, werden zu Energie.[688]

685. Einstein & Infeld, S. 218.
686. Vaas, S. 27.
687. Thorne, S. 196.
688. Bührke, S. 63–64.

Schon diese Beispiele zeigen „die Äquivalenz von Masse und Energie: Einsteins Gesetzen der speziellen Relativität zufolge ist Masse nichts anderes als eine sehr kompakte Form der Energie."[689] Entsprechend dieser Äquivalenz von Masse und Energie

> ist es die Masse der Energie, die an Elementarteilchen wie z. B. Elektronen im Inneren eines Linearbeschleunigers abgegeben wird. [...]
>
> Zugeführte Energie erhöht normalerweise sowohl die Geschwindigkeit als auch die Masse des Objekts, dem sie zugeführt wird. Wenn sich dieses jedoch bereits beinahe so schnell bewegt, wie es ihm überhaupt möglich ist, dann lässt sich seine Geschwindigkeit kaum mehr steigern, nur noch seine Masse.
>
> Der Beschleuniger an der Universität Stanford wird gelegentlich nicht als Beschleuniger (accelerator), sondern als „masserator" bezeichnet, da 99 Prozent der Energie, die er einem Partikel zuführt, der Masse und nicht der Geschwindigkeit des Teilchens zugute kommen. Manche Elektronen verlassen diesen Beschleuniger mit dem zwanzigfachen Gewicht eines Protons.[690]

Auch hieran sehen wir wieder, wie Energie zu Masse gerinnt.

Aber wir brauchen gar nicht unbedingt in die Kernphysik zu gehen, um uns die Äquivalenz und damit die Ununterscheidbarkeit bzw. Identität von Energie und Masse zu veranschaulichen. Lewis Epstein benutzt ein einfaches Spielzeug-Auto zum Aufziehen, um zu zeigen, „dass die Masse eines Gegenstandes zunehmen kann, obgleich dessen Geschwindigkeit sich nicht ändert, wenn wir z. B. eine Feder aufziehen"[691]. Bisher dachten wir, wir würden in ein solches Spielzeug-Auto Energie hineinpumpen, was nach wie vor stimmt. Aber wegen der Äquivalenz (bzw. Identität) von Energie und Masse kann Epstein mit Recht sagen, dass wir durch Aufziehen der Feder dem Spielzeug-Auto Masse hinzufügen.

Wegen der Äquivalenz von Energie und Masse können wir also überall da, wo wir bisher von Energie sprachen, jetzt auch von Masse sprechen; nur sollten wir dann unterscheiden zwischen der Ruhemasse und der bewegten Masse, wie Lewis Epstein es tut: In einem Diagramm **[Abb. 75]**, illustriert durch das Spielzeug-Auto, ist die Ruhemasse der eine Extremfall; der andere Extremfall ist die Lichtmasse, weil da alle Masse an die Bewegung abgegeben wird.

Wie kommt Epstein auf den Begriff „Lichtmasse"? Zwar hat Licht, als Teilchen (Photon) betrachtet, keine Ruhemasse; aber „ein ruhendes physikalisches System erfährt wegen der Äquivalenz von Masse und Energie einen Massezuwachs ($\Delta m = E/c^2$), wenn es ein Photon der Energie E aufnimmt"[692].

---

689. Thorne, S. 196.
690. Epstein, S. 150.
691. Epstein, S. 155.
692. https://de.wikipedia.org/wiki/Photon#Masse .

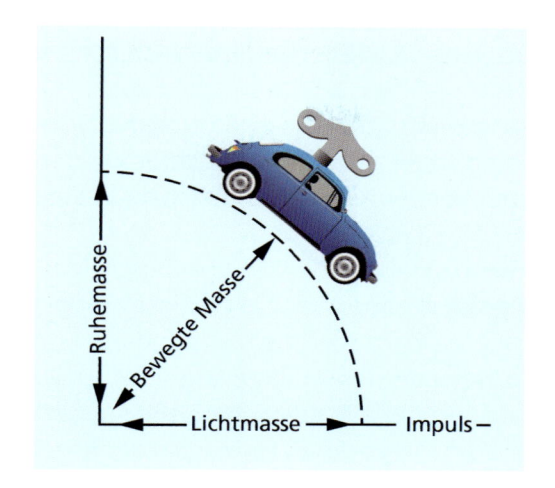

Abb. 75: Die Äquivalenz von Energie und Masse bedeutet: Was wir bisher Energie nannten, können wir jetzt auch Masse nennen. Dabei ist zu unterscheiden zwischen Ruhemasse und bewegter Masse. Die Abbildung illustriert durch das Spielzeug-Auto die beiden Extremfälle, die Ruhemasse (Masse ohne Bewegung) und die Lichtmasse (wo alle Masse an die Bewegung abgegeben wird).

Während Epstein aufgrund der Äquivalenz von Energie und Masse auch das als Masse bezeichnet, was wir bisher als Energie betrachtet haben, kann man auch das Gegenteil tun. In folgender Darstellung aus dem Internet über Licht geschieht beides:

> Im Grunde genommen ist damit die bewegte Masse nur eine andere Maßeinheit für Energie. [...]
> Da Photonen ja mit Lichtgeschwindigkeit extrem schnell sind, haben sie also doch etwas bewegte Masse, die allerdings sehr klein ist: Etwa 300 Millionen Photonen (je nach Farbe des Lichts) haben zusammen gerade mal die gleiche Masse wie ein einziges Proton oder Neutron, den elementaren Bestandteilen der Atomkerne. Die Gesamtmasse des Lichts, das pro Tag die Erde erreicht, ist damit aber immerhin 168 Tonnen.[693]

Da man aufgrund der Äquivalenz von Energie und Masse denselben Zustand sowohl als Masse auffassen kann als auch als Energie, könnte man hier von Massenenergie sprechen (oder von Energiemasse). Masse ist also verborgene Energie und umgekehrt.

---

693. https://uol.de/physik/studium/physik-studieren-in-oldenburg/was-sie-schon-immer/wie-schwer-ist-licht .

5.2.2 Die Verwandlung von Energie und Masse nach E = mc²

Was für Energie ganz allgemein gilt, das gilt auch für Licht; Licht ist ja elektromagnetische Energie. Dass Licht auch als Teilchen bzw. Photon (oder γ-Quant) betrachtet werden kann, wurde bereits gesagt.[694] Und nach E = mc² können elektromagnetische Wellen bzw. Photonen (γ-Quanten) zu Masse werden.

5.2.2.1 Paarerzeugung: Licht kann zu Masse werden

Ein historischer Experimental-Nachweis der Vorhersage „E = mc²" gelang 1934. Dazu muss man wissen: In der Masse gibt es nicht nur das negativ geladene Elektron, sondern auch ein dazu in der Masse identisches Teilchen mit positiver Ladung, in der Regel als „Positron" bezeichnet, gelegentlich auch als „Anti-Elektron".

> Die Existenz von Antimaterie sagte 1929 der britische Physiker Paul Dirac voraus. Nach seiner Theorie müsste es zu jedem Elementarteilchen ein Antiteilchen geben. […] Schon zwei Jahre später kam die Bestätigung der Hypothese durch den amerikanischen Physiker Carl Anderson.[695]

Carl Anderson entdeckte 1932 das Antiteilchen zum Elektron.

> [Er] benutzte bei seinen Experimenten eine Nebelkammer, die die Spuren hochenergetischer elektrisch geladener Teilchen durch kleine Wassertropfen sichtbar macht. Diese Tropfen bilden sich entlang der Teilchen-Bahn und sind ein Zeichen für elektrisch geladene Atomfragmente, die das schnelle geladene Teilchen auf seinem Weg erzeugt.
>   […]
> Anderson arbeitete mit einer Nebelkammer, die sich in einem starken Magnetfeld befand. Bewegte geladene Teilchen werden in einem Magnetfeld abgelenkt, und zwar senkrecht zur Bewegungsrichtung und senkrecht zur Feldrichtung [Lorentzkraft]. Dadurch bewegen sie sich auf schraubenförmigen Bahnen um die Feldrichtung, wobei entgegengesetzt geladene Teilchen Schrauben mit entgegengesetztem Umlaufsinn beschreiben. An der Spur sind entgegengesetzte Vorzeichen der Ladung also eindeutig zu erkennen. Am 2. August 1932 tauchte ein positiv geladenes Teilchen auf

---

694. Beide Modelle – das Wellen-Modell wie das Teilchen-Modell – sind experimentell bestätigt. Ein tieferes Verständnis für diese beiden komplementären, sich (klassisch) widersprechenden Sichtweisen von Licht wird erst durch die Quantentheorie gegeben (das ist allerdings nicht Gegenstand dieses Buches).
695. Bührke, S. 64–65.

[...]
Das Positron war entdeckt. Die Erzeugung eines Positrons in der kosmischen Strahlung geht stets mit der Entstehung eines Elektrons einher. Sie werden als Teilchenpaar erzeugt – entsprechend dem Erhaltungssatz für die Ladung: Die Ladung des Elektrons gleicht exakt die des Positrons aus.[696] **[Abb. 76.]**

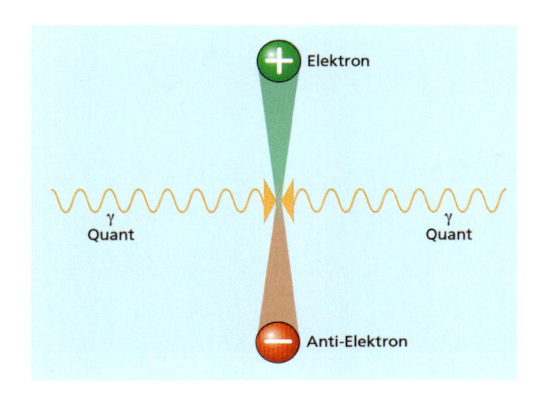

Abb. 76: Paarerzeugung: Wegen der Ladungserhaltung werden Positron und Elektron jeweils als Teilchenpaar erzeugt.

Durch die Erzeugung eines solchen Teilchenpaares aus Licht (d. h. aus Photonen bzw. γ-Quanten) wurde experimentell nachgewiesen, dass Licht zu Masse wird. Bei dieser Erzeugung wechselwirkt das Licht (bzw. die γ-Quanten/Photonen) mit Materie (z. B. dem Wasserdampf in der Nebelkammer) und dabei auch mit den elektrischen Feldern eines Atomkerns oder Elektrons.

Wir sehen also: > **„Ein energiereiches Photon verwandelt sich im elektrischen Feld eines Atomkerns oder eines Elektrons in ein negatives und ein positives Elektron."**[697] Da gleichzeitig ein Positron (bzw. ein Antielektron) und ein Elektron entsteht, also ein Elektronen-Paar, spricht man von **Paarerzeugung**.

Die Entdeckung der Paarerzeugung ist von grundsätzlicher Bedeutung, *zumal hier zum erstenmal die aus der Relativitätstheorie als Möglichkeit folgende Erzeugung eines materiellen Teilchens aus Energie als wirklich in der Natur* vorkommend nachgewiesen wurde.[698]

Der Nebelkammeraufnahme **[Abb. 77]** ist zu entnehmen: „Der Röntgenstrahl, der keine Spur hinterlässt, ist von unten her eingedrungen. Die Elektronenbahnen sind gekrümmt, und zwar im entgegengesetzten Sinne, weil man die Kammer in ein Magnet-

---

696. Schwinger, S. 96.
697. Finkelstein, S. 315.

698. Finkelstein, S. 315.

feld gestellt hat."⁶⁹⁹ Diese Krümmung in entgegengesetzte Richtungen zeigt, dass hier ein Paar mit gegensätzlicher Ladung entstanden ist.

Beim oben beschriebenen Experiment wurde aus Röntgenstrahlen Masse erzeugt. Kann Masse auch durch Laser-Licht entstehen? „Im Jahre 1997 gelang es einem Team amerikanischer Physiker am Standford Linear Accelerator Center erstmals, Elektronen-Positronen-Paare in einem Laserlichtfeld zu erzeugen."⁷⁰⁰ Die Verwandlung von Licht zu Masse ist folglich nach $E = mc^2$ nicht nur theoretisch vorhergesagt, sondern auch reichlich experimentell gesichert.

Was 1932 mit dem Antielektron (Positron) glückte, gelang später auch mit dem Antiproton:

> 1955 entstand in einem Teilchenbeschleuniger im kalifornischen Berkeley das erste Antiproton. Heute werden in den großen Beschleunigern täglich zahllose Antiteilchen verschiedenster Art produziert. In der Natur gibt es jedoch keine Antiteilchen, und wenn sie irgendwo entstehen, so leben sie nicht lange. Denn wenn ein Antiteilchen mit dem entsprechenden Teilchen zusammentrifft, vernichten sich beide und werden zu zwei Lichtblitzen.⁷⁰¹

Abb. 77: Die Paarerzeugung durch Röntgenstrahlen ist hier in der Nebelkammeraufnahme nachgewiesen: Der von unten eingedrungene Röntgenstrahl ist unsichtbar. Aber die beiden sich aufspaltenden Spuren der Positronen- und Elektronenbahn sind entgegengesetzt gekrümmt, weil die Kammer in ein Magnetfeld gestellt ist.

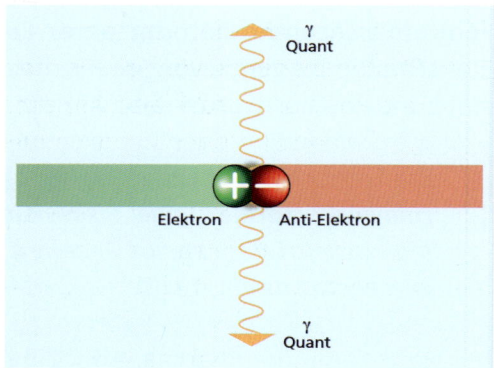

Abb. 78: Umkehrung der Paarerzeugung: Wenn Teilchen und Antiteilchen zusammentreffen, vernichten sich beide, indem die Energie durch zwei Lichtblitze abgeführt wird.

---

699. Gerthsen, S. 841.
700. Bührke, S. 66.
701. Bührke, S. 65.

Und mit diesem letzten Satz von Thomas Bührke sind wir bereits beim entgegengesetzten Prozess, bei der Paarvernichtung.

5.2.2.2 Masse kann Licht werden durch Paarvernichtung (Annihilation)

Um sich klarzumachen, dass umgekehrt auch Masse wieder zu Licht (oder, allgemein: Energie) werden kann, braucht man die Formel $E = mc^2$ nur in die andere Richtung zu lesen, also von rechts nach links; experimentell zeigen kann man das an der Umkehrung der Paarerzeugung. Dies geschieht, wenn man in der Nebelkammer das Ergebnis der Paarerzeugung weiterverfolgt. Nach der Paarerzeugung wird die Spur des Elektrons

> durch das Magnetfeld zu immer engeren Spiralen gebogen, während das Elektron seine Energie verliert und schließlich zur Ruhe kommt. Die Spur des Positrons endet oft abrupt. Dann ist das Positron im Wasserdampf einem Elektron begegnet und hat sich mit ihm gemeinsam vernichtet. Statt des Teilchenpaares tauchen im allgemeinen zwei Photonen auf.[702] **[Abb. 78.]**

Hier passiert, was wir eben schon von Bührke lasen: „Wenn ein Antiteilchen mit dem entsprechenden Teilchen zusammentrifft, vernichten sich beide und werden zu zwei Lichtblitzen." Die Energie für die beiden Photonen steckte vor dem Stoß (also vor dem Zusammenprall von Elektron und Positron) nach $E = mc^2$ in der Masse des Elektron-Positron-Paares.

> Die Photonen teilen sich die Gesamtenergie vor dem Stoß [...]
>   Tatsächlich beobachtet man unter diesen Umständen [nach dem Stoß] eine Photonenenergie von jeweils $m_e c^2$ [nach $E = mc^2$]. Die Ruhemassen von Elektron und Positron wurden also vollständig in die kinetische Energie [Bewegungsenergie] der beiden Photonen umgewandelt.[703]

Zusammengefasst heißt das: > **„Der umgekehrte Prozess (Paarvernichtung) findet statt, wenn ein Positron mit einem gewöhnlichen Elektron von nicht zu hoher Energie zusammentrifft. Dann entstehen zwei γ-Quanten.**[704]

Dieser Prozess, bei dem ganz allgemein ein Elementarteilchen und sein Antiteilchen sich in elektromagnetische Strahlungsenergie verwandeln, heißt „Annihilation".

---

702. Schwinger, S. 97.
703. Schwinger, S. 97.
704. Gerthsen, S. 841.

5.2.2.3 Die große Bestätigung von E = mc² durch Teilchen-Beschleuniger

Bei Teilchen-Beschleunigern ist die Bestätigung längst Alltag geworden. So berichtet Markus Pössel:

> Ihre größten Erfolge feiert die spezielle Relativitätstheorie[705] bei der Beschreibung der Mikrowelt. Wenn die heutigen Elementarteilchenphysiker in ihren Beschleunigeranlagen hochenergetische Teilchen kollidieren lassen – sei es bei DESY in Hamburg, sei es bei CERN in Genf: Grundlage der Theorien, die sie dabei testen, ist die Vereinigung von spezieller Relativitätstheorie und Quantentheorie. [...]
> Trifft Teilchen auf Antiteilchen, kann es heiß hergehen: Kollidieren beispielsweise ein Elektron und ein Positron, so können sich die beiden Teilchen gegenseitig zu Strahlung vernichten; umgekehrt können aber auch aus hochenergetischer elektromagnetischer Strahlung Elektron-Positron-Paare entstehen – eine vollständige Umwandlung von Ruhemasse in Strahlungsenergie und umgekehrt, die ultimative Bestätigung von E = mc².[706]

Und Thomas Bührke:

> Die Äquivalenz von Energie und Materie wird täglich in großen Teilchenbeschleunigern praktiziert. In großen Anlagen wie dem LEP in CERN[707] werden Elektronen und Positronen aufeinander geschossen. In der Kollisionszone entstehen dann zwei Lichtblitze, deren Energie sich aus der kinetischen Bewegungsenergie der Teilchen und dem Energieinhalt (mc²) der Masse von Elektron und Positron zusammensetzt. Ist diese Gesamtenergie hoch genug, bilden sich aus diesem Lichtblitz neue Teilchen. Erhöht man nun sukzessive die Geschwindigkeit und damit auch die Bewegungsenergie der Partikel, so wird auch die Energie der Lichtblitze immer größer, was zur Folge hat, dass darin immer schwerere Teilchen entstehen können. Mit diesem Verfahren arbeiten Physiker heute, um noch unbekannte Partikel zu entdecken.[708]

---

705. Die Erkenntnis von E = mc² gehört noch zur speziellen Relativitätstheorie. Dass diese Formel erst jetzt eingeführt wird, hängt mit der interdisziplinären Aussage dieses Buches zusammen.
706. Pössel, S. 94.
707. Inzwischen gibt es den LED nicht mehr, da er durch LHC ersetzt wurde: https://home.cern/science/accelerators/large-electron-positron-collider. „LEP was commissioned in July 1989 and the first beam circulated in the collider on 14 July. [...] During 11 years of research, LEPs' experiments provided a detailed study of the electroweak interaction. Measurements performed at LEP also proved that there are three – and only three – generations of particles of matter. LEP was closed down on 2 November 2000 to make way for the construction of the Large Hadron Collider in the same tunnel."
708. Bührke, S. 66.

Das zeigt, dass in Teilchenbeschleunigern nach E = mc² Masse in Energie und wieder zurück in Masse verwandelt wird.

5.2.2.4 Das meiste Licht bei der Verwandlung der Masse entsteht in Sternen

Teilchenbeschleuniger gibt es erst seit dem letzten Jahrhundert; doch in der Natur gibt es sehr reichlich Licht durch Umwandlung von Masse in Energie. Das meiste Licht bekommen wir durch unsere Sonne, den Stern unseres Sonnensystems, nachts bekommen wir Licht durch viele andere Sterne. Ihr Licht entsteht aus Masse nach E = mc²; im Stern haben wir einen „durch Gravitation zusammengehaltenen Fusionsreaktor"[709]:

> „Die Kernfusion ist eine Kernreaktion, bei der zwei Atomkerne zu einem neuen Kern verschmelzen. Die Kernfusion ist Ursache dafür, dass die Sonne und alle leuchtenden Sterne Energie abstrahlen."[710]

Am Anfang steht ein Stadium, „wo das sogenannte Wasserstoffbrennen einsetzt, das heißt die stellare Kernfusion von Wasserstoff zu Helium"[711].

> In dieser Weise verschmelzen jeweils vier Wasserstoffkerne zu einem Helium-4-Kern. [...]
> Hat die Kernfusion einmal eingesetzt, dann folgt eine Art pubertärer Phase der Sternentwicklung – der junge Stern durchläuft temperamentvolle Energieausbrüche und stößt Materie in gewaltigen Fontänen von sich, während andererseits weitere ungebundene Materie nach innen fällt.[712]

5.2.3 E = mc² in der absoluten (*invarianten) Definition von Masse bzw. Energie

Wie in Kapitel 4 ausgeführt, galten die Grundgrößen Raum (bzw. Länge), Zeit und Masse zur Zeit von Newton als absolute Größen; durch die Relativitätstheorie wurden sie zu relativen Größen. Weiter wurde dort gezeigt, dass zwei dieser drei Grundgrößen, nämlich Raum und Zeit, zur *Invariante werden, wenn man sie zur Einheit der 4-D-*Raumzeit zusammenfügt. Wir haben gesehen, dass jeder Abstand in der *Raumzeit (und damit auch die *Raumzeit als Ganzes) unveränderlich (*invariant) bleibt, wenn das

---

709. Pössel, S. 188.
710. https://de.wikipedia.org/wiki/Kernfusion#Stellare_Kernfusion.
711. https://de.wikipedia.org/wiki/Stern#Sternentwicklung.
712. Pössel, S. 189.

*Bezugssystem gewechselt wird – „*invariant" heißt ja: unabhängig vom *Bezugssystem. Während also Raum und Zeit für sich betrachtet relativ sind, wird die aus Raum und Zeit zusammengesetzte *Raumzeit absolut.

Da es nun zusätzlich zu Raum und Zeit eine dritte Grundgröße gibt, die Masse, provoziert das die Frage, ob entsprechendes auch mit der Masse möglich ist: Kann man auch die Masse mit einer anderen Größe kombinieren, so dass diese Kombination zu einer *Invarianten wird und damit absoluten Charakter bekommt?

Nun haben wir in diesem Kapitel festgestellt, dass, aufgrund von $E = mc^2$, Masse und Energie eine untrennbare Einheit bilden: Die Masse wird auch als Energie ausgedrückt und umgekehrt die Energie auch als Masse; beide sind einander äquivalent, d. h. gleichwertig. Entsprechend dieser Einheit definiert man in der Relativitätstheorie die Masse als eine *invariante (und damit absolute) Größe. Dabei geht man aus von der Ruheenergie eines Körpers oder Systems; „Ruheenergie" ist eine Eigenschaft des Systems, die nicht von seinem Bewegungszustand abhängt.

Nach $E = mc^2$ unterscheidet sich die Ruhemasse von der Ruheenergie nur durch einen konstanten Faktor, den Faktor c^2. Da die Ruheenergie vom Bewegungszustand nicht abhängig ist, ist auch die Ruhemasse nicht abhängig vom Bewegungszustand, also *invariant. Diese Ruhemasse wird dann allgemein als „Masse" (m) definiert.[713] „Damit ist die Ruheenergie durch die Masse des Systems eindeutig bestimmt und umgekehrt."[714] Nach dieser Darstellung (durch die Verbindung von Masse und Energie) ist die Masse *invariant, also absolut. Diese Definition (Bezeichnung) der „Masse" ist an die Stelle der früheren Bezeichnung „Ruhemasse" getreten.

Das mag zunächst verwirren. Denn damit haben wir zwei verschiedene Definitionen bzw. Bezeichnungen für „Masse": eine von früher (die auch bisher in diesem Buch gebraucht wurde) und eine, die sich heute in der Fachwelt durchgesetzt hat. Wikipedia schreibt dazu:

> In der ersten Hälfte des 20. Jahrhunderts existierten die verschiedenen Bezeichnungen in der Fachwelt nebeneinander, bis sich dort die moderne, heute gültige Definition durchsetzte: Mit Masse wird eine vom *Bezugssystem unabhängige Systemeigenschaft bezeichnet. Es handelt sich dabei um die zur Ruheenergie gehörende Masse, gleichbedeutend zur früheren „Ruhemasse".
>
> [...]

---

713. Diese neue Definition der Masse geschieht z. B. mithilfe der Impulserhaltung. Oder man geht von der Energie-Impuls-Relation eines Systems aus, woraus für die Ruheenergie $E0 = mc2$ folgt (https://de.wikipedia.org/wiki/Masse_(Physik)). Bei dieser neuen Definition der Masse wird rein mathematisch der Lorentzfaktor bei der relativistischen Masse in den Impuls geschoben (siehe z. B.: https://www.youtube.com/watch?v=MSu9t47GOBk).
714. https://de.wikipedia.org/wiki/Masse_(Physik).

Die nun historische Definition der Masse in Form der relativistischen Masse hält sich hingegen in der populärwissenschaftlichen Literatur und Lehrbüchern.[715]

Der Wikipedia-Artikel weist ausdrücklich darauf hin, dass nach $E = mc^2$ die Energie auch dann schon in der Masse verborgen vorhanden ist, wenn das Ereignis der Verwandlung von Masse zu Energie nicht (oder noch nicht) stattgefunden hat. Konkret wird dort erklärt:

> Die Äquivalenz von Masse und Energie gilt immer. Einem in Ruhe befindlichen Körper muss man entsprechend seiner Masse eine Ruheenergie zuschreiben (Einsteinsche Gleichung). Umgekehrt muss man nach derselben Gleichung einem System immer auch eine Masse zuschreiben, wenn es Ruheenergie besitzt, d. h. wenn es beim Gesamtimpuls null noch Energie hat. Dies bleibt im Alltag meist verborgen, wird aber besonders deutlich bei der gegenseitigen Vernichtung (Annihilation) von zwei massebehafteten Elementarteilchen, wenn man den Prozess in deren Schwerpunktsystem betrachtet, also im Ruhesystem des Zweiteilchensystems.[716]

Im Alltag bleibt also die Energie der Masse verborgen; trotzdem enthält die Masse diese Energie. Eine solche Sicht der Masse als verborgene Energie gibt es freilich erst durch die Relativitätstheorie; vorher und zur Zeit von Newton war sie noch völlig unbekannt. Auch gibt es diese Sicht erst, nachdem sich die Fachwelt der Physiker entschieden hatte, die Masse und die Energie zu einer untrennbaren Einheit zu verbinden und damit die Masse zu einer *Invarianten zu machen. Wie bereits gesagt, wird diese Entscheidung (laut Wikipedia) von der populärwissenschaftlichen Literatur und von Lehrbüchern bis heute nicht mitgetragen.

---

715. https://de.wikipedia.org/wiki/Masse_(Physik).   716. https://de.wikipedia.org/wiki/Masse_(Physik).

5.3 E = mc² als Gleichnis

5.3.1 Licht ist Masse geworden: Gott ist Mensch geworden in Jesus Christus

5.3.1.1 Identifikation im Verborgenen: Christus und die Christen

Wo die Relativitätstheorie von der Äquivalenz von Energie und Masse spricht, ist es bei der Betrachtung des Gleichnisses rein sprachlich passender, von Identifikation zu sprechen, ja, von Identität. „Identität" bedeutet hier, dass Christus und die Christen wirklich eins werden, wie Jesus noch kurz vor seiner Kreuzigung gebetet hat: „damit sie alle eins seien, wie du, Vater, in mir und ich in dir, dass auch sie in uns eins seien."[717]

5.3.1.1.1 Christus identifiziert sich mit der sündigen Menschheit

Wir sahen im Gleichnis der Physik: Gott ist Licht, aber die sündige Natur des Menschen ist Masse. Doch nach $E = mc^2$ kann Licht zu Masse werden. Was bedeutet das im Gleichnis? Gott hat sich mit den Sündern identifiziert; zunächst, indem er Mensch wurde: Jesus Christus hat mit Sündern gelebt, ja sogar mit Huren und Zöllnern (zuletzt, am Kreuz, wurde er sogar zur Sünde, aber er selber hatte nie gesündigt).

Weil Gott in Jesus Christus Mensch geworden ist, feiern wir Weihnachten. Jesaja hatte ca. 700 Jahre vorher angekündigt: „Denn ein Kind ist uns geboren, ein Sohn uns gegeben, und die Herrschaft ruht auf seiner Schulter; und man nennt seinen Namen: Wunderbarer Ratgeber, starker Gott, Vater der Ewigkeit, Fürst des Friedens." Mit diesem Vers sagte Jesaja voraus, dass der Messias gleichzeitig sowohl Mensch ist („ein Kind ist uns geboren") als auch Gott („starker Gott, Vater der Ewigkeit").[718]

Die Evangelien berichten, wie sich das erfüllte. Matthäus und Lukas beschreiben es aus menschlicher Sicht (vor allem Lukas, er malt die Geburtsszene mit Jesus in der Krippe); Johannes fasst es in abstrakter Formulierung zusammen: „Und das Wort wurde Fleisch und wohnte unter uns, und wir haben seine Herrlichkeit angeschaut, eine Herrlichkeit als eines Eingeborenen vom Vater, voller Gnade und Wahrheit." Das „Wort" wird einige Verse weiter unten als „Licht" bezeichnet: „In ihm [dem Wort] war Leben, und das Leben war das Licht der Menschen. Und das Licht scheint in der Finsternis."[719]

---

[717] Johannes 17,21.
[718] Jesaja 9,5.
[719] Lukas 2,7.12; Johannes 1,14. Dieses „Wort" als „Licht bezeichnet: Johannes 1,4–5.

Der Hebräerbrief formuliert die Menschwerdung Gottes so: „Weil nun die Kinder Blutes und Fleisches teilhaftig sind, hat auch er in gleicher Weise daran Anteil gehabt."[720] Das war das erste Kommen Jesu.

Jesus Christus hat sich mit den Menschen samt seiner sündigen Natur so sehr identifiziert, dass er – obwohl er Gott war – ganz Mensch geworden ist (nur gesündigt hat er nie; am Kreuz nahm er die „sündige Natur" des Menschen auf sich, er „hat sie getragen" und unsere Schuld gesühnt).

5.3.1.1.2 Die Identifikation der Christen mit Christus

Christi Identifikation mit den sündigen Menschen ist Gottes Angebot an jeden Menschen, ein Angebot zur Versöhnung, was seit dem Sündenfall nötig ist. Aber damit ein Angebot wirksam wird, muss es angenommen werden. Denn für eine persönliche Beziehung zu dem ewigen Schöpfer – einschließlich dem ewigen Leben in der Herrlichkeit Gottes – reicht es nicht, dass Christus sich mit den Sündern identifiziert – der Sünder muss sich auch mit Christus identifizieren (d. h. seine stellvertretende Sühne annehmen und ihm gleichwerden).

Diese Identifikation zeigt sich in einer Vertrauensbeziehung zu Christus einschließlich des freiwilligen Gehorsams ihm gegenüber. Jesus vertrauen bzw. glauben[721] und ihm gehorchen, das gehört untrennbar zusammen: „Wer an den Sohn glaubt, hat ewiges Leben; wer aber dem Sohn nicht gehorcht, wird das Leben nicht sehen, sondern der Zorn Gottes bleibt auf ihm." Deshalb wird am Anfang und Ende des Römerbriefes „glauben" und „gehorchen" zum Begriff „Glaubensgehorsam" zusammengefügt.[722]

Die Identifikation des Christen mit Christus geht so weit, dass der Christ bereit ist, um Christi willen sich selbst zu verleugnen; Jesus hat das genannt als Kriterium für echte Nachfolge: „Wenn jemand mir nachkommen will, der verleugne sich selbst und nehme sein Kreuz auf und folge mir nach! Denn wenn jemand sein Leben erretten will, wird er es verlieren; wenn aber jemand sein Leben verliert um meinetwillen, wird er es finden."[723]

Dieses Eins-Sein mit Christus bringt ein Christ bei der Taufe zum Ausdruck, nachdem er sein Leben Jesus anvertraut hat:

> Oder wisst ihr nicht, dass wir, so viele auf Christus Jesus getauft wurden, auf seinen Tod getauft worden sind? So sind wir nun mit ihm begraben worden durch die

---

720. Hebräer 2,14.
721. Der griechische Begriff pisteuo::πιστεύω bedeutet sowohl „vertrauen" als auch „glauben" (vgl. z. B. Menge, S. 556, mit Bauer, S. 1330).
722. Johannes 3,36; Römer 1,5; 16,26.
723. Matthäus 16,24–25.

Taufe in den Tod, damit, wie Christus aus den Toten auferweckt worden ist durch die Herrlichkeit des Vaters, so auch wir in Neuheit des Lebens wandeln. Denn wenn wir verwachsen sind mit der Gleichheit seines Todes, so werden wir es auch mit der seiner Auferstehung sein, da wir dies erkennen, dass unser alter Mensch mitgekreuzigt worden ist, damit der Leib der Sünde abgetan sei, dass wir der Sünde nicht mehr dienen."[724]

Identität wird hier beschrieben als „Verwachsensein mit Christi Tod und Auferstehung". Christen leben dann nicht mehr für sich, sondern für Christus: „Und für alle ist er gestorben, damit die, welche leben, nicht mehr sich selbst leben, sondern dem, der für sie gestorben und auferweckt worden ist."[725]

Dieses Verwachsensein, dieses Eins-Sein mit Christus, dem Schöpfer des ganzen Universums, enthält die Verheißung, für alle Ewigkeit die Herrlichkeit Gottes zu erleben, ja, sie selbst zu haben. Das ist das größte und wunderbarste Geheimnis: „Ihnen wollte Gott zu erkennen geben, was der Reichtum der Herrlichkeit dieses Geheimnisses unter den Nationen sei, und das ist: Christus in euch, die Hoffnung der Herrlichkeit." Auf den Punkt gebracht bedeutet diese Äquivalenz Identität bzw. Identifikation mit Christus: „Nicht mehr lebe ich, sondern Christus lebt in mir."[726]

Für dieses Eins-Sein aller Christen mit Gott hat Christus noch kurz vor seiner Kreuzigung gebetet: „Aber nicht für diese allein bitte ich, sondern auch für die, welche durch ihr Wort an mich glauben, damit sie alle eins seien, wie du, Vater, in mir und ich in dir, dass auch sie in uns eins seien, damit die Welt glaube, dass du mich gesandt hast. Und die Herrlichkeit, die du mir gegeben hast, habe ich ihnen gegeben, dass sie eins seien, wie wir eins sind – ich in ihnen und du in mir." Diese Einheit mit Christus ist für alle, die ihm anhängen: „Wer aber dem Herrn anhängt, ist ein Geist mit ihm."[727]

Ein diesseitiges Abbild für diese intime Einheit zwischen Christus und allen Christen, der weltweiten Gemeinde Jesu, ist die Ehe: „Deswegen wird ein Mensch Vater und Mutter verlassen und seiner Frau anhängen, und die zwei werden ein Fleisch sein.' Dieses Geheimnis ist groß, ich aber deute es auf Christus und die Gemeinde."[728]

Das also ist das Ziel. Aber wie kommt man dahin, wenn man noch auf der Suche ist? Wie kommt man zu Christus, dem Licht? Was ist dazu nötig, dass ein Mensch ein echter Christ wird, so wie Christus bzw. Gottes Wort es sagt? Wie kann man diese Identifikation erfahren?

---

724. Römer 6,3–6.
725. 2. Korinther 5,15.
726. Kolosser 1,27; Galater 2,20.
727. Johannes 17,20–23; 1. Korinther 6,17.
728. Epheser 5,31–32.

5.3.1.1.2.1 Die Identifikation der Christen mit Christus beginnt mit Sündenerkenntnis

Damit die eben beschriebene. Identifikation mit Christus, „Wiedergeburt" genannt, überhaupt „gezündet" werden kann, bedarf es hinreichend großer Erkenntnis der Sünden – analog zur Kernfusion in den Sternen: Der Gravitationsdruck muss hinreichend groß sein. Markus Pössel schreibt über das Zünden der Kernfusion im Stern: „Kommt dagegen nicht genügend Masse zusammen, um den gewaltigen Fusionsreaktor zu zünden, entsteht lediglich ein verhinderter Stern, ein so genannter Brauner Zwerg."[729]

Quelle bzw. Ursache der Gravitation ist die Masse. Wir haben festgestellt, dass Masse den Raum krümmt und deshalb Gleichnis ist für die Sünde samt ihren Folgen. Wie in der Astrophysik ein hinreichend großer Gravitationsdruck nötig ist, damit die Kernfusion gezündet wird, so bedarf es auch im Gleichnis einer hinreichend überzeugenden Konfrontation mit der eigenen Sünde, damit ein Mensch sich selbst verabscheut und verleugnet und mit seiner Sünde zu Jesus kommt. Die Kernreaktion entsteht erst, wenn der Druck der Gravitation durch Masse immer größer wird; nur dann kann es (nach $E = mc^2$) dazu kommen, dass die Masse sich selbst aufgibt und zu Energie wird, zu Licht. Als Gleichnis genommen, zeigt das: Erst wenn die Sünde mit ihren Folgen in den Augen des Menschen so groß wird, dass er sie als sein größtes Problem erkennt, erst dann kann ein neuer Christ entstehen, der Mensch wird „von oben geboren", wiedergeboren.

Im Vokabular der Christen ausgedrückt, spricht man hier von Sündenerkenntnis. Sünde ist Zielverfehlung. Erst wenn jemand erkannt hat, dass er als Geschöpf ohne Beziehung zum ewigen Schöpfer sein vergängliches Leben verfehlt hat, erst dann wird er ein ganz neues Leben mit Christus anfangen. Erst wenn er seine eigene Verderbtheit erkennt, indem er sich aus der Sicht Gottes sieht, wird er die Notwendigkeit begreifen, dass er ein ganz neuer Mensch werden muss, um zum Licht zu kommen – genauer gesagt: zum Licht zu werden. Zum Licht werden heißt, in der Gemeinschaft mit Gott selber die Natur Gottes anzunehmen.[730]

Den Petrus musste Jesus mehrfach zur Sündenerkenntnis führen, bevor er ihn in der Nachfolge gebrauchen konnte. Das geschah z. B. beim Fischfang, bei dem Petrus sich seiner Sünden bewusst wurde und zu Jesus sagte: „Geh von mir hinaus! Denn ich bin ein sündiger Mensch, Herr."[731]

---

729. Pössel, S. 188.
730. Selber die Natur Gottes annehmen:
　　2. Petrus 1,4; Philipper 3,21.
　　In der Gemeinschaft mit Gott:
　　Johannes 17,21–22; 1. Johannes 1,2–3.
731. Lukas 5,8.

Oder als er Jesus gemäß dessen Vorhersage verleugnete und behauptete, Jesus gar nicht zu kennen: „Petrus aber sprach: Mensch, ich weiß nicht, was du sagst. Und sogleich, während er noch redete, krähte ein Hahn. Und der Herr wandte sich um und blickte Petrus an; und Petrus gedachte an das Wort des Herrn, wie er zu ihm sagte: Bevor ein Hahn heute kräht, wirst du mich dreimal verleugnen. Und Petrus ging hinaus und weinte bitterlich."[732]

Das war Sündenerkenntnis, das ging mitten durchs Herz! Die musste vorangehen; daraufhin konnte der Heilige Geist zu Pfingsten aus Petrus einen ganz neuen Menschen machen. Petrus steht dabei stellvertretend auch für die anderen Jünger, er war ja deren Sprecher.

Hier ist auch der Grund, warum Jesus gerade mit den besonders sündigen Menschen zusammen war: Sie waren sich ihrer Sünde bewusst und erkannten, was ihnen durch Jesus mit der Sündenvergebung überhaupt geschenkt war – und entsprechend größer war auch ihre Liebe.

So sagte Jesus über eine Sünderin, die seine Füße gesalbt und geküsst hatte: „Ihre vielen Sünden sind vergeben, denn sie hat viel geliebt; wem aber wenig vergeben wird, der liebt wenig"; und über die Zöllner (die als besonders große Sünder galten) und Huren urteilte er: „Wahrlich, ich sage euch, dass die Zöllner und die Huren euch vorangehen in das Reich Gottes."[733]

Als Petrus Pfingsten vor einer großen Menge seine erste Predigt hielt, machte er ihnen ihre Sünden deutlich – den angekündigten Messias hatten sie, statt ihn anzubeten, ans Kreuz geschlagen: „Diesen Mann, der nach dem bestimmten Ratschluss und nach Vorkenntnis Gottes hingegeben worden ist, habt ihr durch die Hand von Gesetzlosen an das Kreuz geschlagen und umgebracht. [...] diesen Jesus, den ihr gekreuzigt habt."[734]

Die Menge war wirklich getroffen: „Als sie aber das hörten, drang es ihnen durchs Herz, und sie sprachen zu Petrus und den anderen Aposteln: Was sollen wir tun, ihr Brüder?" Petrus sprach daraufhin weiter von der Sündhaftigkeit der Menschen, aus der sie errettet werden mussten. Und tatsächlich: So entstanden etwa 3000 „Sterne" bzw. Christen, die Urgemeinde, nachdem Petrus gerufen hatte: „Lasst euch retten aus diesem verkehrten Geschlecht! Die nun sein Wort aufnahmen, ließen sich taufen; und es wurden an jenem Tag etwa dreitausend Seelen hinzugetan."[735]

Von allen Briefen im NT ist der Römerbrief am ehesten eine systematische Abhandlung über den christlichen Glauben. In den ersten acht Kapiteln geht es um die Grundlagen des Glaubens; von diesen acht Kapiteln drehen sich die ersten drei (genauer: 2 ⅔) um

---

732. Lukas 22,60–62.
733. Lukas 7,47; Matthäus 21,31.
734. Apostelgeschichte 2,23.30.
735. Apostelgeschichte 2,36–37.40–41.

die Sündhaftigkeit der Menschen, zusammengefasst in der Aussage, „dass sie alle unter der Sünde seien [...] denn alle haben gesündigt und erlangen nicht die Herrlichkeit Gottes"[736].

Nun, da Paulus seinen Lesern die Sündhaftigkeit der Menschen reichlich vor Augen geführt hat, legt er im selben Atemzug das Evangelium dar:

> und werden umsonst gerechtfertigt durch seine Gnade, durch die Erlösung, die in Christus Jesus ist. Ihn hat Gott hingestellt als einen Sühneort durch den Glauben an sein Blut zum Erweis seiner Gerechtigkeit wegen des Hingehenlassens der vorher geschehenen Sünden unter der Nachsicht Gottes; zum Erweis seiner Gerechtigkeit in der jetzigen Zeit, dass er gerecht sei und den rechtfertige, der des Glaubens an Jesus ist.[737]

Paulus schreibt vom „Sühneort" und vom Blut Jesu. Welche Bedeutung hat der Sühneort, welche das Blut Jesu, welche Bedeutung hat Jesu Sterben am Kreuz auf Golgatha *für den, der keine Sündenerkenntnis hat?* Keine! Wer keine Sündenerkenntnis hat, den wird das Evangelium nicht interessieren.

Wer keine Sündenerkenntnis hat, der hält es auch nicht für nötig, in Christus ein neuer Mensch zu werden. Der wird nichts damit anfangen können, dass Jesus für unsere Sünden am Kreuz gestorben ist. Der wird nichts damit anfangen können, dass uns Gottes Wort sagt: „Daher, wenn jemand in Christus ist, so ist er eine neue Schöpfung; das Alte ist vergangen, siehe, Neues ist geworden."[738]

Im Gleichnis der Relativitätstheorie bzw. Astrophysik wird es zur Kernreaktion nach $E = mc^2$ dann nicht kommen. Die Gravitation als Wirkung der Masse hat noch nicht genügend Druck ausgeübt; die Kernreaktion, das Wasserstoffbrennen, hat noch nicht gezündet. Im Gleichnis der Physik ist nicht genügend Masse vorhanden, um die Wasserstofffusion zu zünden. Bei kleineren Massen (7,5 % der Sonnenmasse) kommt – wenn überhaupt – nur ein Brauner Zwerg zustande.

Wer aber die nötige Sündenerkenntnis hat, wem klar geworden ist, dass er vor einem heiligen Gott so niemals bestehen kann, dem hat das Evangelium viel zu sagen. Er sieht, wie dringend nötig er es hat, den alten Menschen abzulegen und den neuen Menschen in Christus anzuziehen. So begreift er, dass er wiedergeboren werden muss (und Gottes Wort gibt zu dem neuen Leben die Gebrauchsanweisung[739]). Dieses Neu-Geboren-Werden bzw. diese Wiedergeburt ist also im Gleichnis der Physik der Zeitpunkt, an dem nach $E = mc^2$ die Kernfusion beginnt.

---

736. Römer 3,9.23.
737. Römer 3,24–26.
738. 2. Korinther 5,17.
739. 1. Petrus 1,23.

5.3.1.1.2.2 Die Identifikation der Christen mit Christus zeigt sich durch Verwandlung (Wiedergeburt)

Eines Nachts kam ein Pharisäer namens Nikodemus zu Jesus, um ihn wegen seiner unerklärlichen Wunder zu interviewen; und Jesus sagte ihm ganz direkt: „Wenn jemand nicht von Neuem geboren wird, kann er das Reich Gottes nicht sehen."[740]

Hätte Nikodemus die Relativitätstheorie gekannt, hätte Jesus ihm im Gleichnis der Physik auch antworten können: „Du weißt doch, Nikodemus, dass die Masse nach $E = mc^2$ sich selbst aufgeben muss, um zu Licht zu werden. Du musst also, entsprechend dieser Formel, deine sündige Natur aufgeben und die reine Natur des Lichts annehmen, um ins Reich Gottes zu kommen."

Genauso wenig, wie die Masse Lichtgeschwindigkeit erreichen kann, kann der Mensch mit seiner sündigen Natur zu Gott kommen – er kann also, salopp ausgedrückt, nicht zum Licht kommen. Will die Masse Lichtgeschwindigkeit erreichen, kann sie nicht Masse bleiben, sondern muss ihre Masse-Natur aufgeben, muss also „sterben", um sich zu Licht zerstrahlen.

So ist es auch mit der neuen Geburt, von der Jesus hier zu Nikodemus spricht. Diese neue Geburt (oder Geburt von oben, Wiedergeburt) zeigt sich sehr passend gleichnishaft in der Relativitätstheorie z. B. durch die Möglichkeit der Paarvernichtung von Teilchen und Antiteilchen (Elektron und Antielektron) gemäß $E = mc^2$.

Aber Einstein und seine Relativitätstheorie waren zur Zeit Jesu noch nicht bekannt; deshalb gebrauchte Jesus anstelle der Paarvernichtung in der Physik das Gleichnis vom sterbenden Weizenkorn aus der Botanik: „Wenn das Weizenkorn nicht in die Erde fällt und stirbt, bleibt es allein; wenn es aber stirbt, bringt es viel Frucht."[741] So wie die Masse „sterben" muss, um zu Licht zu werden, so muss auch das Weizenkorn sterben, um viel Frucht zu bringen.

Bleibt noch vom Zusammenhang her zu untersuchen, auf wen Jesus dieses Gleichnis vom sterbenden Weizenkorn bezieht: Auf sich selbst, um seinen Kreuzestod samt Auferstehung vorherzusagen? Oder auf seine Jünger bzw. alle, die an Jesus glauben, um damit ein Bild für die Wiedergeburt zu geben?

Der Vers vorher zeigt eindeutig, dass Jesus es auf sich selbst bezogen hat; die beiden Verse hinterher zeigen ebenso eindeutig, dass er auch jeden meint, der ernsthaft an ihn glaubt – so ernsthaft, dass er bereit ist, für Jesus seine alte Natur aufzugeben. Denn Jesus erläutert weiter: „Wer sein Leben liebt, verliert es; und wer sein Leben in dieser Welt hasst, wird es zum ewigen Leben bewahren. Wenn mir jemand dient, so folge er mir nach! Und wo ich bin, da wird auch mein Diener sein."[742]

---

740. Johannes 3,3.
741. Johannes 12,24.
742. Johannes 12,25–26.

Damit bestätigt die Bibel im Gleichnis der Botanik, dass das Gleichnis von der Umwandlung der Masse in Licht nicht nur auf Jesus und seine Auferstehung zu beziehen ist, sondern auch auf seine Jünger, also auf alle, die ernsthaft Jesus nachfolgen.

Das also ist die Wahrheit, die „Alternative" zur Irrlehre der Selbsterlösung.

Diese Verwandlung – die neue Geburt (Wiedergeburt) – geschieht durch eine völlig neue Ausrichtung des Lebens aufgrund von Gottes Wort, der Bibel: „Denn ihr seid wiedergeboren nicht aus vergänglichem Samen, sondern aus unvergänglichem durch das lebendige und bleibende Wort Gottes." Zu dieser Wiedergeburt gehört, die alte Natur, den alten Menschen abzulegen und den neuen Menschen anzuziehen: „dass ihr, was den früheren Lebenswandel angeht, den alten Menschen abgelegt habt, der sich durch die betrügerischen Begierden zugrunde richtet, dagegen erneuert werdet in dem Geist eurer Gesinnung und den neuen Menschen angezogen habt, der nach Gott geschaffen ist in wahrhaftiger Gerechtigkeit und Heiligkeit."[743]

Die Zeit zwischen der Wiedergeburt bis zum Ende des irdischen Lebens steht in der Bibel unter der Überschrift „Glauben": „denn wir wandeln durch Glauben, nicht durch Schauen"; und um diese Glaubenszeit der Prüfung durchzuhalten, gibt Gott uns die Anweisung: „Sinnt auf das, was droben ist, nicht auf das, was auf der Erde ist! Denn ihr seid gestorben, und euer Leben ist verborgen mit dem Christus in Gott. Wenn der Christus, euer Leben, offenbart werden wird, dann werdet auch ihr mit ihm offenbart werden in Herrlichkeit."[744]

5.3.1.1.2.3 Die Identifikation der Christen mit Christus durch die Wiedergeburt ist verborgen

Schaut man nach dem Anteil der Christen an der Weltbevölkerung (z. B. im Internet), so kommt man ungefähr auf ein Drittel. Wären das alles wirklich wiedergeborene Christen nach dem Maßstab der Bibel und wie oben beschrieben, würde die Welt anders aussehen; daher die Unterscheidung zwischen Christen und wiedergeborenen Christen. Doch wer wirklich wiedergeborener Christ ist, das ist der Mehrheit offensichtlich verborgen – erst recht, wenn sie diese Unterscheidung nicht einmal kennen. Der Insider erahnt, wer echt ist und wer nicht, aber wirklich sicher sein kann er nicht, oder wenn überhaupt, dann erst am Ende des Lebens[745].

---

743. 1. Petrus 1,23; Epheser 4,22–24.
744. 2. Korinther 5,7; Kolosser 3,2–4.
745. Matthäus 10,22; 24,13; 1. Korinther 15,2; Kolosser 1,21-23; Hebräer 3,14; 10,35-36; 1. Johannes 2,19. Aber der wirklich wiedergeborene Christ kann selbst wissen, dass er wiedergeboren ist (1. Johannes 5,13). Denn er hat dann das Zeugnis des Geistes, dass er wirklich ein Kind Gottes ist (Römer 8,14-16). Als Kriterium dafür nennt Jesus, solche, die ihn hören und folgen (Johannes 10,27). Das griechische Präsens bei diesem „hören" und „folgen" bedeutet, dass es ein dauerhaftes Hören und Folgen ist; damit bestätigt Jesus die hier in der Fußnote genannten Verse. Wer dauerhaft (also bis zum Lebensende) das Wort hört und ihm folgt (gehorcht), der kann nicht verloren gehen (Johannes 10,28-29).

Auch gebraucht die Bibel verschiedene Begriffe dafür; sie spricht auch von Jüngern, Gläubigen und solchen, die sich zu Jesus bekennen. Doch dabei sollten wir genauer hinschauen, was die Bibel jeweils dazu sagt.

Als nach der Speisung der Fünftausend eine große Volksmenge Jesus folgte, hielt er eine Rede, die selbst seine Jünger als hart empfanden. Daraufhin wurde Jesus noch deutlicher, und weiter heißt es:

> Von da an gingen viele seiner Jünger zurück und gingen nicht mehr mit ihm. Da sprach Jesus zu den Zwölfen: Wollt ihr etwa auch weggehen? Simon Petrus antwortete ihm: Herr, zu wem sollten wir gehen? Du hast Worte ewigen Lebens; und wir haben geglaubt und erkannt, dass du der Heilige Gottes bist. Jesus antwortete ihnen: Habe ich nicht euch, die Zwölf, erwählt? Und von euch ist einer ein Teufel. Er sprach aber von Judas, dem Sohn des Simon Iskariot; denn dieser sollte ihn überliefern, einer von den Zwölfen.[746]

Diese Szene zeigt, dass es viele Jünger Jesu gab, die nicht bei ihm geblieben sind, nicht einmal innerhalb des engsten Kreises der Zwölf; denn gemäß Jesu Vorhersage im letzten Satz des Zitats hat Judas Iskariot ihn sogar verraten. Aber jene – wie Petrus –, denen es um die Ewigkeit ging und nicht um das Leben hier auf der Erde, sondern um das ewige Leben im Himmel, jene werden in alle Ewigkeit mit Jesus eins sein.

Gegen Ende der Bergpredigt macht Jesus deutlich, dass auch nicht alle Jesus-Bekenner mit ihm eins geworden sind:

> Nicht jeder, der zu mir sagt: Herr, Herr! wird in das Reich der Himmel hineinkommen, sondern wer den Willen meines Vaters tut, der in den Himmeln ist. Viele werden an jenem Tage zu mir sagen: Herr, Herr! Haben wir nicht durch *deinen* Namen geweissagt und durch *deinen* Namen Dämonen ausgetrieben und durch *deinen* Namen viele Wunderwerke getan? Und dann werde ich ihnen bekennen: Ich habe euch niemals gekannt. Weicht von mir, ihr Übeltäter![747]

Weiter hat Jesus gezeigt, dass nicht alle zu ihm gehören, die an ihn glauben, etwa solche, die nur oberflächlich oder aus falschen Motiven glauben:

> Als er aber zu Jerusalem war, am Passa, auf dem Fest, glaubten viele an seinen Namen, als sie seine Zeichen sahen, die er tat. Jesus selbst aber vertraute sich ihnen nicht an, weil er alle kannte und nicht nötig hatte, dass jemand Zeugnis gebe von dem Menschen; denn er selbst wusste, was in dem Menschen war.[748]

---

746. Johannes 6,66–71.
747. Matthäus 7,21–23.
748. Johannes 2,23–25.

Als entscheidendes Kriterium, um sein wahrhaftiger Jünger zu sein, nennt Jesus die Einstellung, ob man wirklich bei ihm bleibt, genauer gesagt, im Wort Jesu bleibt: „Jesus sprach nun zu den Juden, die ihm geglaubt hatten: Wenn ihr in meinem Wort bleibt, so seid ihr *wahrhaft* meine Jünger." Die also, die für alle Ewigkeit mit Jesus einsgeworden sind und demzufolge ewiges Leben haben werden, ewige Gemeinschaft mit ihm im Himmel, die nennt Jesus hier *wahrhaftige* Jünger („wahrhaft meine Jünger"); an anderer Stelle nennt er sie *„meine Schafe"*. Alle wahrhaftigen Jünger oder Schafe Jesu werden auch als „Braut Jesu" bezeichnet.[749]

Was das Verhältnis zu Jesus betrifft, so gibt es die verschiedensten Schattierungen:

In der Zeit des AT hatte nur Israel die Verheißungen auf den Christus (hebräisch: Messias), während die anderen Völker größtenteils nichts davon wussten.

In der Zeit des NT sorgte die Mehrheit der jüdischen Leiter dafür, Jesus zu beseitigen, sie ließen ihn kreuzigen. Andere hatten ein verzerrtes Bild von ihm; manche hielten Jesus für den auferstandenen Johannes den Täufer oder für einen anderen Propheten wie Elia oder Jeremia. Weiter gab es solche, wie Pilatus, die gerne neutral bleiben wollten; das war ihnen aber unmöglich. Und schließlich gab es auch unter denen welche die Heilige Schrift als „Jünger" Jesu bezeichnet, verschiedene Schattierungen: Mitläufer (die ihn später verließen), den Verräter Judas Iskariot und die wahrhaftigen Jünger, die erkannten, dass Jesus als Sohn Gottes und Christus Worte ewigen Lebens hatte.[750]

Auch nach der Zeit des NT gab es – und gibt es bis heute – im Blick auf Jesus die unterschiedlichsten Meinungen und Schattierungen (insbesondere im Blick darauf, dass etwa jeder dritte Mensch der Welt als Christ gezählt wird): solche, die nie etwas von Jesus gehört haben; solche, die vom Hörensagen das Übliche wissen, zuweilen aber durch Falschdarstellung auch ein recht verzerrtes Bild haben; weiter sind da die Gegner des Christentums; dann die große Zahl derer, die laut Kirchenbuch oder Standesamt einer der christlichen Konfessionen angehören. Wieder andere wurden von klein auf im Elternhaus täglich mit der Bibel vertraut gemacht und wissen alles Wesentliche über das Christsein, sind aber trotzdem keine wahrhaftigen Jünger Jesu, sind nicht wirklich mit Jesus für alle Ewigkeit eins geworden. Denn das Wissen allein macht noch nicht zum wahren Jünger.

---

749. Johannes 8,31 (Kursive Hervorhebung durch den Autor); zum Bleiben in Jesus siehe auch 1. Johannes 2,27–28. Meine Schafe: Johannes 10,27.
Jesu Braut: Johannes 3,29; Offenbaren 21,2.9–10; vgl. auch Epheser 5,31–32.

750. Jesus wurde auch für Johannes den Täufer gehalten, für Elia, Jeremia oder einen der Propheten: Matthäus 16,14. Haltung des Pilatus: Matthäus 27,17–18.23–26; Johannes 19,6.12.16. Jünger (wie Petrus), die Jesus als Sohn Gottes (den Christus, den Heiligen Gottes) erkannten und wussten, dass er Worte ewigen Lebens hatte: Matthäus 16,16; Johannes 6,68–69.

Allen vordergründigen Schattierungen von Christen, Jüngern, Gläubigen und Jesus-Bekennern zum Trotz hat Jesus gesagt, dass es letztlich nur zwei Seiten gibt: „Wer nicht mit mir ist, ist gegen mich". Auch bestätigen die Aussagen der Bibel über das Ende aller Dinge, dass es in der Ewigkeit nur zwei Seiten gibt: die ewige Gemeinschaft mit Gott im Himmel oder die ewige Gottesferne. Umgekehrt zeigt Jesu Antwort an Nikodemus „Wenn jemand nicht von Neuem geboren wird, kann er das Reich Gottes nicht sehen", dass ein von Neuem Geborener, also ein Wiedergeborener, im Reich Gottes dabei sein wird.[751]

Wo finden wir diese Schattierungen im Gleichnis der Physik? Und wo, dass es letztlich nur zwei Seiten gibt?

Wer vor der Entdeckung der Relativitätstheorie lebte, vor dem Michelson-Morley-Experiment, der wusste von der absoluten Lichtgeschwindigkeit noch nichts; damals kannte man nur die Gesetze der Mechanik über die Masse. Das entspricht jenen, die noch nichts von Jesus Christus und dem Evangelium wussten – sei es, dass sie vor Christi erstem Kommen lebten, oder sei es, dass sie danach nichts von ihm hörten oder noch nichts gehört haben.

Die Entdeckung der Relativitätstheorie zeigte aber, dass die Mechanik nur den Spezialfall behandelt für Geschwindigkeiten sehr viel kleiner als die Lichtgeschwindigkeit [Abb. 43]. So könnte man alle Bewegungen ganz grob einteilen in Geschwindigkeiten, die der Lichtgeschwindigkeit entweder weit entfernt oder aber nahe sind. Auf unser Leben übertragen hieße das, zu unterscheiden zwischen den Gottlosen und den Gottesfürchtigen.

Diese grobe Vereinfachung entspricht aber nicht wirklich der Realität; gibt es doch alle Schattierungen an Objekten, was ihre Geschwindigkeit angeht: Zwischen Objekten, die sich mit Geschwindigkeiten sehr viel kleiner als die Lichtgeschwindigkeit bewegen, und solchen, die fast Lichtgeschwindigkeit erreicht haben, gibt es einen nahtlosen Übergang – viele sind im mittleren Bereich zwischen diesen beiden Extremen.

In der Übertragung begegnen die einen Jesus Christus mit völliger Ablehnung, andere mit Gleichgültigkeit; dann finden wir solche, die (wie Pilatus) versuchen, sich eher neutral zu verhalten; viele sind der Abstammung nach Christen, manche davon haben durchaus Sympathie für wahre Christen; wieder andere versuchen mit großem religiösen Eifer, Christ zu sein, und mögen damit Geschwindigkeiten entsprechen, die der Lichtgeschwindigkeit schon relativ nahe sind.

---

751. Für mich gegen mich: Matthäus 12,30. Aussagen über das Ende aller Dinge: z. B. in den Endzeitreden Jesu, u. a. Matthäus 25,46; oder im letzten Buch der Bibel, siehe z. B. Offenbarung 20,15; 21,3–8.
Jesu Antwort an Nikodemus: Johannes 3,3.

Doch bei diesen Schattierungen wird kein Objekt aus Masse jemals zu 100 % die Lichtgeschwindigkeit erreichen. Wir haben bereits festgestellt, dass selbst alle Energie im ganzen Universum dazu nicht ausreichen würde. Weiter sahen wir: Für Objekte aus Masse gibt es nur zwei Möglichkeiten – entweder sie bleiben Masse, ohne die Lichtgeschwindigkeit zu erreichen, oder sie geben ihre Existenz als Masse auf, um Licht zu werden.

So gibt es trotz aller Schattierungen letztlich nur diese beiden Seiten – für oder gegen Jesus: ewiges Leben im Reich des Lichts oder ewige Finsternis. Alles Mühen aus eigener Kraft führt nicht zum ewigen Leben im Licht. Und nur, dass jemand von klein auf im Elternhaus alles Wissen über das Christsein mitbekommen und christlichen Versammlungen beigewohnt hat, auch das macht ihn noch nicht zum wahrhaftigen Jünger: Es bedarf einer persönlichen Entscheidung zur Umkehr vom eigenen Leben dahin, dass Jesus Herr und Retter des Lebens wird, um mit Christus wirklich eins zu werden.

Spiegelt sich nun diese persönliche Entscheidung (Umkehr) zum Einssein mit Jesus im Gleichnis der Physik irgendwo wider?

Nach der *neuen* Definition der Masse, wie sie heute die Fachwelt vertritt, ist gemäß $E = mc^2$ die Masse im Verborgenen eins mit dem Licht, bereits *vor* dem Zeitpunkt der sichtbaren Verwandlung (z. B. Paarvernichtung im Lichtblitz), denn bei dieser neuen Definition werden die Masse und die Energie zu einer Invarianten zusammengezogen und damit zu einer absoluten Einheit (ähnlich wie Raum und Zeit zur invarianten *Raumzeit).

Es wird nicht mehr unterschieden zwischen Licht (Energie) und Masse, beides ist *jetzt schon* eine untrennbare Einheit; sichtbar wird diese freilich erst bei der Verwandlung. Somit ist die untrennbare Einheit von Masse und Energie jetzt noch verborgen – in der Formulierung von Wikipedia: „Dies bleibt im Alltag meist verborgen."[752]

Diese verborgene, untrennbare Einheit von Energie und Masse entspricht – als Gleichnis betrachtet – der Wiedergeburt zum neuen Menschen und damit zur Errettung aus der Gottesferne ins Reich Gottes. Weiter oben haben wir festgestellt, dass wiedergeborene Christen ihr Einssein mit Christus symbolisch zum Ausdruck bringen durch die Taufe: Im Verborgenen sind sie schon Kinder Gottes und haben die Zusage, einmal selbst die Natur Gottes zu bekommen und dann Lichtwesen zu sein.[753]

Dies bleibt verborgen während ihres ganzen irdischen Lebens; erst bei der Auferstehung der Toten wird die Verwandlung zum Licht sichtbar (dazu später mehr).

Das Gleichnis der Relativitätstheorie mit der *früheren, obsoleten* Definition der Masse

---

752. https://de.wikipedia.or g/wiki/Masse_(Physik).
753. Christen werden die Natur Gottes bekommen: 2. Petrus 1,4; 1. Johannes 3,2; Philipper 3,21.

Die Natur Gottes hat sich als Lichtwesen offenbart: Matthäus 17,2; Apostelgeschichte 9,3–5; Psalm 104,1–2.

zeigt noch nicht, wie jemand schon in diesem Leben im Verborgenen mit Christus eins sein kann. Denn solange man die Masse betrachtet getrennt von der Energie, getrennt vom Licht, solange ist sie nur eine relative Größe, die dem Licht niemals auch nur nahekommen kann. An dieser Stelle sei nochmals wiederholt, dass (laut Wikipedia) die historische Definition der Masse als relativistisch sich immer noch hält in populärwissenschaftlicher Literatur und Lehrbüchern;[754] die genannte Entscheidung der Fachwelt wird also offensichtlich bis heute von vielen nicht geteilt.

Später entschieden sich die Physiker für die moderne, heute in der Fachwelt gültige Definition der *Ruhemasse* als einer untrennbaren Einheit von Masse und Energie – und jetzt können wir auch im Gleichnis der Relativitätstheorie sehen, wie man bereits als irdischer Mensch im Verborgenen mit Christus eins sein kann.

5.3.1.1.2.4 Die Identifikation der Christen mit Christus zeigt sich nach der Wiedergeburt im neuen Leben

Die von Markus Pössel beschriebene „pubertäre Phase" der Sternentwicklung mit temperamentvollen Energieausbrüchen und der Abstoßung von Materie schreitet weiter fort.[755] Als Gleichnis betrachtet, entsprechen solche temperamentvollen Energieausbrüche dem Zeugnis eines völlig veränderten Lebens, das vorgelebt und anderen erzählt wird, nachdem jemand wiedergeboren, von oben geboren wurde.

Als Jesus z. B. einen Menschen sehend gemacht hatte, der von Geburt an blind gewesen war, trauten sich selbst dessen Eltern nicht, diese Tatsache vor den Juden zu bekennen, „weil sie die Juden fürchteten; denn die Juden waren schon übereingekommen, dass, wenn jemand ihn als Christus bekennen würde, er aus der Synagoge ausgeschlossen werden sollte. Deswegen sagten seine Eltern: Er ist mündig, fragt ihn!"[756]

Der Blinde aber, der durch Jesus bereits zum Glauben gekommen war, legte sogar vor den Pharisäern ein mutiges Zeugnis davon ab. Als die Pharisäer ihn nochmals fragten, weil das in ihren Augen nicht wahr sein durfte, sagte der sehend Gewordene furchtlos: „Ich habe es euch schon gesagt, und ihr habt nicht gehört. Warum wollt ihr es nochmals hören? Wollt ihr etwa auch seine Jünger werden?"[757]

Als sie ihn daraufhin schmähten und abwertend sagten, sie wüssten nicht, woher Jesus sei, wurde das Zeugnis des sehend Gewordenen über Jesus noch temperamentvoller: „Hierbei ist es doch erstaunlich, dass ihr nicht wisst, woher er ist, und er hat doch meine Augen geöffnet. Wir wissen, dass Gott Sünder nicht hört, sondern wenn jemand gottesfürchtig ist und seinen Willen tut, den hört er. Von Anbeginn hat man

---

754. https://de.wikipedia.org/wiki/Masse_(Physik).
755. Pössel, S. 189.
756. Johannes 9,22–23.
757. Johannes 9,27.

nicht gehört, dass jemand die Augen eines Blindgeborenen geöffnet habe. Wenn dieser nicht von Gott wäre, so könnte er nichts tun."[758]

Ein weiteres Beispiel für solche „temperamentvollen Energieausbrüche" nach der Wiedergeburt sind die Jünger Jesu seit Pfingsten. In den drei Jahren vorher, während sie Jesus folgten, waren sie noch nicht mit neuem Geist geboren, waren noch nicht wiedergeboren. Nach Jesu Kreuzigung schlossen sie sich vor lauter Angst hinter Türen ein und mindestens einige meinten, sich in Jesus geirrt zu haben.[759]

Aber zu Pfingsten, fünfzig Tage nach Jesu Auferstehung, waren die Jünger wie verwandelt und legten temperamentvoll Zeugnis ab vom Absolutheitsanspruch Jesu, so dass die jüdischen Leiter sich nur so wunderten: „‚Das ist der Stein, der von euch, den Bauleuten, verachtet, der zum Eckstein geworden ist. Und es ist in keinem anderen das Heil; denn auch kein anderer Name unter dem Himmel ist den Menschen gegeben, in dem wir gerettet werden müssen.' Als sie aber die Freimütigkeit des Petrus und Johannes sahen und bemerkten, dass es ungelehrte und ungebildete Leute seien, verwunderten sie sich; und sie erkannten sie, dass sie mit Jesus gewesen waren."[760]

Weiter ist da z. B. das temperamentvolle Zeugnis der Thessalonicher, nachdem Paulus in Thessaloniki einige Menschen zum Glauben an Jesus geführt und dort eine Gemeinde gegründet hatte. Über die Wirkung ihrer geistlichen Energieausbrüche bezeugt Paulus in seinem ersten Brief an sie:

> Und ihr seid unsere Nachahmer geworden und die des Herrn, indem ihr das Wort in viel Bedrängnis mit Freude des Heiligen Geistes aufgenommen habt, so dass ihr allen Gläubigen in Mazedonien und in Achaja zu Vorbildern geworden seid. Denn von euch aus ist das Wort des Herrn erschollen, nicht allein in Mazedonien und in Achaja, sondern an jeden Ort ist euer Glaube an Gott hinausgedrungen, so dass wir nicht nötig haben, etwas zu sagen. Denn sie selbst erzählen von uns, welchen Eingang wir bei euch hatten und wie ihr euch von den Götzen zu Gott bekehrt habt, dem lebendigen und wahren Gott zu dienen und seinen Sohn aus den Himmeln zu erwarten, den er aus den Toten auferweckt hat – Jesus, der uns errettet von dem kommenden Zorn.[761]

Dann schreibt Markus Pössel von dieser pubertären Phase der Sternentwicklung, dass die Sterne in gewaltigen Fontänen Materie von sich stoßen.[762] Der Stern gibt Masse ab, die er vorher, vor der Kernreaktion, niemals abgegeben hätte; im Gegenteil, durch Gravitation hätte er nur noch mehr Masse an sich gezogen.

---

758. Johannes 9,30–33.
759. Verschlossene Türen: Johannes 20,19. Meinten, sich in Jesus geirrt zu haben: Lukas 24,21.
760. Apostelgeschichte 4,11–13.
761. 1. Thessalonicher 1,6–10.
762. Pössel, S. 189.

In der gleichnishaften Übertragung können wir hierzu z. B. das Leben der Urgemeinde der Christen betrachten:

> Alle gläubig Gewordenen aber waren beisammen und hatten alles gemeinsam; und sie verkauften die Güter und die Habe und verteilten sie an alle, je nachdem einer bedürftig war.
> [...] so viele Besitzer von Äckern oder Häusern waren, verkauften sie und brachten den Preis des Verkauften und legten ihn nieder zu den Füßen der Apostel; es wurde aber jedem zugeteilt, so wie einer Bedürfnis hatte. Josef aber [...], der einen Acker besaß, verkaufte ihn, brachte das Geld und legte es zu den Füßen der Apostel nieder.[763]

Dieses Abstoßen von Masse in gewaltigen Fontänen erfuhren – im Gleichnis betrachtet – auch Juden, die Christen wurden und dann schlimm verfolgt wurden. Über sie wird uns berichtet: „Denn ihr habt [...] auch den Raub eurer Güter mit Freuden aufgenommen, da ihr wisst, dass ihr für euch selbst einen besseren und bleibenden Besitz habt."[764]

Jesus hat dieses „Abstoßen überschüssiger Materie" seinen Jüngern vor einem Missionseinsatz sehr konkret eingeschärft: „Verschafft euch nicht Gold noch Silber noch Kupfer in eure Gürtel, keine Tasche auf den Weg, noch zwei Unterkleider, noch Sandalen, noch einen Stab!" Weiter sagte er ganz grundsätzlich: „Sammelt euch nicht Schätze auf der Erde, wo Motte und Fraß zerstören und wo Diebe durchgraben und stehlen; sammelt euch aber Schätze im Himmel, wo weder Motte noch Fraß zerstören und wo Diebe nicht durchgraben noch stehlen! Denn wo dein Schatz ist, da wird auch dein Herz sein", oder auch: „So kann nun keiner von euch, der nicht allem entsagt, was er hat, mein Jünger sein."[765]

Um dem zu folgen, muss man bereits Jesu Jünger sein, muss wiedergeboren sein. Im Gleichnis der Physik gesprochen, muss vorher eine Entscheidung stattgefunden haben, die Masse nicht mehr als eine von Licht/Energie getrennte Größe zu sehen, sondern als Einheit mit dem Licht – jene bereits mehrfach genannte Entscheidung, die in der Physik von der Fachwelt erst später getroffen wurde, aber nicht mitgetragen wird von den Lehrbüchern und populärwissenschaftlichen Werken.

Diese Einheit von Masse und Licht (allgemein: Masse und Energie) ist als geistlicher Entschluss noch verborgen – aber noch haben Annihilation bzw. Paarvernichtung nach $E = mc^2$ nicht stattgefunden. Im Gleichnis der Physik ist die Wiedergeburt der noch verborgene Entschluss, als Masse völlig zu sterben, um ganz in Licht aufzugehen.

---

763. Apostelgeschichte 2,44–45; 4,34–37.
764. Hebräer 10,34.
765. Matthäus 10,9–10; 6,19–21; Lukas 14,33.

Man muss also erst gestorben sein, um Jesus nachzufolgen: „Denn ihr seid gestorben, und euer Leben ist verborgen mit dem Christus in Gott"[766]; andernfalls könnte das Missverständnis entstehen, man müsse erst aus eigener Kraft besser werden, um für Gott oder Jesus akzeptabel zu sein. Wir können unser eigenes Leben nicht verbessern; so, wie es ist, müssen wir es Jesus ganz hingeben (potenzielle bzw. verborgene Annihilation).

Die der Wiedergeburt folgende Phase des Glaubens bis zur Entrückung zeigt sich im Ablegen „überschüssiger Masse"; aber vorher, ohne Wiedergeburt, ohne den Dingen dieser Welt gestorben zu sein, vorher also ist die Nachfolge Jesu nicht möglich.

Das zeigt das Beispiel jenes Reichen, den Jesus dazu aufgefordert hatte, „überschüssige Masse" abzugeben; der hatte „zu viel Masse", so viel, dass sie ihn daran hinderte, ins Reich Gottes einzugehen. So sagte Jesus dem Reichen, der ewiges Leben haben wollte: „Verkaufe deine Habe und gib den Erlös den Armen! Und du wirst einen Schatz im Himmel haben. Und komm, folge mir nach!"[767] Aber dazu war dieser nicht bereit. Im Gleichnis der Gravitation ausgedrückt, sehen wir hier seine Habsucht, und die war ihm wichtiger als Jesus. Er war kein wiedergeborener Christ.

5.3.1.2 Christus im Verborgenen als Licht für seine Jünger

Wie schon gesagt: Gemäß $E = mc^2$ ist Masse verborgene Energie und umgekehrt; besonders deutlich wird das bei der Definition der Masse als *Invariante. Es ist ein Gleichnis dafür, dass Jesus zuvor in der Herrlichkeit Gottes war und dann als Gott (Licht) Mensch (Masse) geworden ist. So, wie die Masse verborgene Energie, verborgenes Licht ist, so war Jesus als Mensch verborgener Gott.

Denn dass Jesus Christus Licht ist, Gott ist, das war der Mehrheit der Juden verborgen. Die Juden als ganzes Volk, insbesondere die jüdischen Leiter, verurteilten und kreuzigten ihn ja gerade deshalb, weil sie ihn nicht als Messias erkannten[768] (oder: nicht erkennen wollten).

Aber die Jünger glaubten Jesus. Während die Mehrheit des Volkes Jesus nicht einordnen konnte, hatten die Jünger erkannt, dass Jesus der im AT vorhergesagte Messias ist, der Christus.

> Als aber Jesus in die Gegenden von Cäsarea Philippi gekommen war, fragte er seine Jünger und sprach: Was sagen die Menschen, wer der Sohn des Menschen ist? Sie aber sagten: Einige: Johannes der Täufer; andere aber: Elia; und andere wieder: Jeremia oder einer der Propheten. Er spricht zu ihnen: Ihr aber, was sagt ihr, wer ich bin? Simon Petrus aber antwortete und sprach: Du bist der Christus, der Sohn des lebendigen Gottes.[769]

---

766. Kolosser 3,3.
767. Matthäus 19,21.
768. Matthäus 26,63-66
769. Matthäus 16,13-16

Aber das sollte zunächst verborgen bleiben, das schärfte Jesus bei dieser Gelegenheit seinen Jüngern ein: „Dann gebot er den Jüngern, dass sie niemand sagten, dass er der Christus sei." Nachdem er sich seinen drei engsten Jüngern auf einem Berg in Lichtgestalt als Gott gezeigt (und damit für einen Moment den Schleier der Verhüllung abgelegt) hatte, wiederholte er sein Verbot: „Und als sie von dem Berg herabstiegen, gebot ihnen Jesus und sprach: Sagt niemandem die Erscheinung weiter, bis der Sohn des Menschen aus den Toten auferstanden ist!"[770] Es sollte noch ein Geheimnis bleiben, dass der allmächtige Schöpfer, der Himmel und Erde gemacht hat,[771] als Mensch unter ihnen war.

Die Umstände von Gottes Offenbarung zeigen, dass die Identität, das Einssein, ein Geheimnis blieb. So hatte der Prophet Micha im AT vorhergesagt, dass der Christus aus Judäa im Süden Israels kommen sollte, konkret aus Bethlehem: „Und du, Bethlehem Efrata, das du klein unter den Tausendschaften von Juda bist, aus dir wird mir der hervorgehen, der Herrscher über Israel sein soll; und seine Ursprünge sind von der Urzeit, von den Tagen der Ewigkeit her."[772] Aber in den Augen der Mehrheit traf das offensichtlich auf Jesus nicht zu, ihrer Meinung nach kam er doch aus Galiläa und das liegt im Norden Israels. Den größten Teil seiner Kindheit und seines Erwachsenenlebens hatte Jesus in der galiläischen Stadt Nazareth verbracht.

Mit diesem Argument wurde damals die Möglichkeit, Jesus könnte der im AT vorhergesagte Christus sein, im Keim erstickt: „Einige nun aus der Volksmenge sagten [...]: Dieser ist wahrhaftig der Prophet. Andere sagten: Dieser ist der Christus. Andere aber sagten: Der Christus kommt doch nicht aus Galiläa? Hat nicht die Schrift gesagt: Aus der Nachkommenschaft Davids und aus Bethlehem, dem Dorf, wo David war, kommt der Christus?"[773]

Dass Josef mit der hochschwangeren Maria damals wegen der Volkszählung von Kaiser Augustus von Nazareth im Norden nach Bethlehem in Judäa, im Süden, gezogen war und Jesus dort geboren wurde, hätte man nur herausgefunden, wenn man genau nachgeforscht, den richtigen Leuten die richtigen Fragen gestellt hätte (damals noch ohne Telefon, E-Mail und Internet). Den Geburtsort zu verschleiern half auch die Tatsache, dass Josef und Maria nach der Geburt Jesu in Bethlehem nicht direkt nach Nazareth zurückgekehrt, sondern auf Anweisung Gottes zunächst nach Ägypten geflohen waren.[774]

---

770. Matthäus 16,20; 17,9.
771. Allmächtig: Nach seiner Auferstehung sagt Jesus seinen Jüngern, ihm sei alle Macht gegeben im Himmel und auf Erden (Matthäus 28,18). Schöpfer: Hebräer 1,8–12 besagt, dass Jesus Gott ist und Himmel und Erde gemacht hat. Denn Jesus ist als Sohn eins mit dem Vater (Johannes 10,30).
772. Micha 5,1.
773. Johannes 7,40–42.
774. Lukas 2,1–7; Matthäus 2,13–15.19–23.

Die „Kirche" der damaligen Zeit, „die Synagoge" (also das Judentum und seine Leiter), tat zusätzlich alles, um das Licht des Christus auszulöschen. An die Stelle von Gottes Wort (damals nur das Alte Testament) hatten sie ihre menschlichen Überlieferungen, ihre Tradition gesetzt; Jesus warf ihnen vor: „Trefflich hebt ihr das Gebot Gottes auf, damit ihr eure Überlieferung haltet. [...] indem ihr das Wort Gottes ungültig macht durch eure Überlieferung, die ihr überliefert habt."[775]

Wer sich damals zu Jesus bekannte als zu dem vorhergesagten Christus, wurde aus der Synagoge ausgeschlossen. So erging es z. B. dem Blindgeborenen, von dem wir eben gelesen haben, dass Jesus ihn sehend gemacht und er sich dann zu Jesus bekannt hatte. Der Druck der damaligen Kirche war so groß, dass die von den Obersten, die an Jesus glaubten, nicht wagten, sich zu ihm zu bekennen: „Dennoch aber glaubten auch von den Obersten viele an ihn; doch wegen der Pharisäer bekannten sie ihn nicht, damit sie nicht aus der Synagoge ausgeschlossen würden."[776]

Jesus fasste ihre Situation so zusammen: „Wehe aber euch, Schriftgelehrte und Pharisäer, Heuchler! Denn ihr verschließt das Reich der Himmel vor den Menschen; denn ihr geht nicht hinein, und die, die hineingehen wollen, lasst ihr auch nicht hineingehen."[777] Hätten die Jünger damals ihrer Kirche mehr vertraut als Jesus, wären sie sicher nicht seine Jünger geblieben. Heute steht die allgemein übliche Theologie (Bibelkritik) samt ihren Vertretern nicht viel besser da; möge der Leser selber prüfen, wer bzw. was seines Vertrauens würdig ist.

Dass es ausdrücklich Gottes Plan war, vor der Mehrheit sich zu verbergen, aber den Jüngern sich zu offenbaren, hatte Jesaja sieben Jahrhunderte zuvor prophezeit: „Binde die Offenbarung zusammen, versiegele die Weisung unter meinen Jüngern! – Und ich will auf den HERRN harren, der sein Angesicht vor dem Haus Jakob [also dem Volk Israel] verbirgt, und will auf ihn hoffen." Und weiter sagt Jesaja: „Wahrlich, du bist ein Gott, der sich verborgen hält, Gott Israels, ein Retter!"[778]

Als die Jünger Jesus fragten, warum er denn in Gleichnissen spreche (und das könnte man auch auf die Relativitätstheorie beziehen, ja sogar auf die ganze Schöpfung, denn auch sie spricht im Gleichnis zu uns Menschen), auf diese Frage nach den Gleichnisreden antwortete Jesus entsprechend diesem Prinzip von Jesaja: „Weil euch gegeben ist, die Geheimnisse des Reiches der Himmel zu wissen, jenen aber ist es nicht gegeben."[779]

---

775. Markus 7,8.13.
776. Johannes 12,42.
777. Matthäus 23,13.
778. Jesaja 8,16–17; 45,15.
779. Matthäus 13,11.

5.3.2 Masse ist Licht geworden: Von der Auferstehung bis in alle Ewigkeit

Im bereits zitierten Gleichnis vom sterbenden Weizenkorn sagt Jesus genau das, was wir uns an konkreten Beispielen für E = mc² bereits veranschaulicht haben. So haben wir bei der Äquivalenz von Energie und Masse festgestellt: Wenn die Masse eines Menschen „stirbt" bzw. vollständig in Energie umgesetzt wird, so ist diese Energie größer als die stärksten jemals gezündeten Wasserstoffbomben. (Zur Erinnerung: Mit $7 \cdot 10^{18}$ Joule ist die freigesetzte Energie der Masse dreißigmal größer als die Energie der stärksten jemals gezündeten Wasserstoffbombe.)

Wenn man sich diese Energie (der „gestorbenen" Masse) als Licht vorstellt, ist das ein unvorstellbar großes Lichtmeer – ein Gleichnis dafür, dass Jesus bis in alle Ewigkeit für die Menschen unvorstellbar viel Licht bereitgestellt hat, als er für Sünder am Kreuz starb.

5.3.2.1 Durch den stellvertretenden Tod am Kreuz wurde Christus für alle Christen zum Licht

Davon, dass das Licht zur Masse wurde, berichten die vier Evangelien des NT in der gleichnishaften Übertragung nur bis zu einem bestimmten Zeitpunkt, bis zu Jesu Tod.

Mit seinem Tod aber wurde die Situation umgekehrt: Im Gleichnis wurde Masse zu Licht; und genau das ist der Kern des Evangeliums. Mit seinem Tod wurde Jesu Licht auch zum Licht für andere: „Der hat uns errettet [...] durch die Erscheinung unseres Retters Jesus Christus, der den Tod zunichte gemacht, aber Leben und Unvergänglichkeit ans Licht gebracht hat durch das Evangelium." Mit seinem Tod wurde Jesus auch zum Licht für alle, die ihm nachfolgen: „Ich bin das Licht der Welt; wer mir nachfolgt, wird nicht in der Finsternis wandeln, sondern wird das Licht des Lebens haben."[780]

Selbst hatte er keine Sünde; doch stellvertretend ist er zur Sünde geworden für all die Menschen, die an ihn glauben: „Den, der Sünde nicht kannte, hat er für uns zur Sünde gemacht, damit wir Gottes Gerechtigkeit würden in ihm." Auch den Fluch der Sünde, der auf dem Sünder lag, hat er auf sich genommen: „Christus hat uns losgekauft von dem Fluch des Gesetzes, indem er ein Fluch für uns geworden ist – denn es steht geschrieben: ‚Verflucht ist jeder, der am Holz hängt!'"[781]

Dafür ist Jesus bis ans Kreuz gegangen:

> Christus Jesus [...], der in Gestalt Gottes war und es nicht für einen Raub hielt, Gott gleich zu sein. Aber er machte sich selbst zu nichts und nahm Knechtsgestalt

---

[780] 2. Timotheus 1,9-10; Johannes 8,12

[781] 2. Korinther 5,21; Galater 3,13

an, indem er den Menschen gleich geworden ist, und der Gestalt nach wie ein Mensch befunden, erniedrigte er sich selbst und wurde gehorsam bis zum Tod, ja, zum Tod am Kreuz. Darum hat Gott ihn auch hoch erhoben und ihm den Namen verliehen, der über jeden Namen ist."[782]

Jesus Christus hat sich so sehr identifiziert mit den Menschen samt ihrer sündigen Natur, dass er ihre Sünden stellvertretend für sie getragen hat, also mit den sündigen Menschen getauscht hat, an ihre Stelle getreten ist. Das „tat Gott, indem er seinen eigenen Sohn in Gleichgestalt des Fleisches der Sünde und für die Sünde sandte und die Sünde im Fleisch verurteilte"[783].

Das tat Gott, um den von Natur aus sündigen Menschen Zugang zum Himmel zu verschaffen. – Dies ist die zentrale Botschaft der Bibel, das Evangelium.

5.3.2.2 Durch die Auferstehung hat Christus bestätigt, dass er zum Licht der Christen geworden ist

Nun wäre das Evangelium nicht wirklich eine gute Nachricht, wenn Gott nur als Mensch gekreuzigt worden wäre und damit „Ende der Vorstellung". Dann hätten selbst die Jünger schließlich nicht mehr an Jesus geglaubt. Denn die beiden Jünger sagten auf dem Weg nach Emmaus (bevor sie Jesus als Auferstandenen erkannt hatten): „Wir aber hofften, dass er der sei, der Israel erlösen solle" – „hofften": in der Vergangenheitsform. Also hatten die Jünger aufgehört zu hoffen. Ohne die Auferstehung Jesu ist der Glaube an Christus Unsinn: „Wenn aber Christus nicht auferweckt ist, so ist euer Glaube nichtig."[784]

Es ist also wichtig, dass Gott in Jesus Christus nicht nur Mensch wurde, sondern dass dieser von den Sündern gekreuzigte Mensch dann wieder Gott wurde und dass dies durch die Auferstehung offenbar wurde. Im Gleichnis von $E = mc^2$ bedeutet das: Die Gleichung wurde zunächst von links nach rechts erfüllt: Gott wurde Mensch; und dann von rechts nach links: der für Sünder gestorbene Mensch wurde wieder Gott.

Die Schrift bezeugt in aller Deutlichkeit, dass Jesus auferstanden ist, seinen Jüngern nach der Auferstehung 40 Tage lang begegnete und schließlich sichtbar in den Himmel auffuhr.[785] Nach seiner Auferstehung erschien er seinen Jüngern, auch verschlossene Türen hielten ihn nicht ab; mit seinem Auferstehungsleib ging er einfach hindurch.[786]

---

782. Philipper 2,5–9
783. Römer 8,3.
784. Lukas 24,21; 1. Korinther 15,17.
785. Auferstehungsberichte: Matthäus 27,62–28,20; Markus 16; Lukas 24; Johannes 20–21;
1. Korinther 15,4–8.20. Erscheinungen über 40 Tage: Apostelgeschichte 1,3.
Himmelfahrt: Apostelgeschichte 1,9–12.
786. Johannes 20,19–20.26–28.

Wie zentral wichtig die Auferstehung ist, zeigt sich schon darin, dass die Jünger bzw. Apostel ab Pfingsten bei der Verkündigung sich immer wieder auf Jesu Auferstehung beriefen. In seiner ersten Predigt zu Pfingsten sprach Petrus fast zur Hälfte nur über Jesu Auferstehung und Himmelfahrt. Auch in den weiteren Predigten betonten die Jünger dieses Thema[787] sowie Paulus, nachdem Jesus ihn berufen hatte, das Evangelium in die Welt hinauszutragen.[788]

Das Zeugnis der Auferstehung Jesu Christi in der Schrift ist so deutlich, dass es nicht einfach wegerklärt werden kann. So schreibt Paulus an die Korinther:

> und dass er begraben wurde und dass er auferweckt worden ist am dritten Tag nach den Schriften; und dass er Kephas erschienen ist, dann den Zwölfen. Danach erschien er mehr als fünfhundert Brüdern auf einmal, von denen die meisten bis jetzt übriggeblieben, einige aber auch entschlafen sind. Danach erschien er Jakobus, dann den Aposteln allen; zuletzt aber von allen, gleichsam der unzeitigen Geburt, erschien er auch mir.[789]

Die Glaubwürdigkeit der Auferstehung nach den Kriterien der Geschichtsforschung und der Rechtsprechung wurde bereits am Schluss von Kapitel 3 dargelegt.

5.3.2.3 Auch für wiedergeborene Christen heute ist Christus noch das verborgene Licht

Grundsätzlich ist die Situation für die Christen heute ähnlich wie einst für die Jünger: Damals wie heute gilt die grundlegende biblische Aussage „über alle Gottlosigkeit und Ungerechtigkeit der Menschen, welche die Wahrheit durch Ungerechtigkeit niederhalten"[790].

Zur Zeit des NT sorgten die bereits genannten Umstände dafür, dass Christus verborgen blieb; heute verdunkeln oder vernebeln ihn Bibelkritik, menschliche Tradition und einseitige Interpretation wissenschaftlicher Fakten.

Zur Verdunkelung durch Bibelkritik siehe in Kapitel 3 die Ähnlichkeit von Jesus Christus und dem Wort Gottes [Abb. 25]: Wie Christus damals zerrissen wurde durch die Mehrheit der jüdischen Leiter, so heute die Bibel, Gottes Wort, durch die Bibelkritik.

---

787. Predigt des Petrus zu Pfingsten: Apostelgeschichte 2,14–36; davon fast die Hälfte der Predigt nur über Jesu Auferstehung und Himmelfahrt: Apostelgeschichte 2,24–34. Betonung der Auferstehung in der weiteren Verkündigung der Jünger: Apostelgeschichte 3,13.15; 4,1–2.10.33; 5,30; 10,40–41.

788. Bei Paulus Predigt in Antiochia (Pisidien) (Apostelgeschichte 13, 16–41) handelt ein wesentlicher Teil (V. 30–37) von Jesu Auferstehung; ähnlich hielt er es auch an anderen Orten (Apostelgeschichte 17,3.18.31–32; 23,6; 24,15.21; 26,6–8).

789. 1. Korinther 15,4–8.

790. Römer 1,18.

Die Theologin und frühere Bibelkritikerin Prof. Dr. Eta Linnemann schreibt, dass „die historisch-kritische Theologie einen anderen Jesus hat als die Bibel. Ihr Jesus ist ein bloßer Mensch, der zwar ein Vorbild war, aber über die Grenzen des Menschseins nicht hinausreichte."[791]

Was die Verdunkelung durch Überlieferung betrifft, so warf Jesus – wie schon erwähnt – der jüdischen „Kirche" damals vor: „Ihr gebt das Gebot Gottes preis und haltet die Überlieferung der Menschen fest. [...] indem ihr das Wort Gottes ungültig macht durch eure Überlieferung, die ihr überliefert habt." Auch heute warnt uns die Bibel, nicht menschliche Tradition als Offenbarung Gottes zu nehmen und uns damit auf die gleiche Stufe zu stellen wie die Bibel: „nicht über das hinaus zu denken, was geschrieben ist."[792]

Die Bibel ist gemäß ihrem Selbstanspruch Gottesoffenbarung: „Alle Schrift ist von Gott eingegeben", „Von Gott her redeten Menschen, getrieben vom Heiligen Geist". So warnt die Bibel an mehreren Stellen vor Textänderung, besonders eindringlich ganz am Schluss: „Ich bezeuge jedem, der die Worte der Weissagung dieses Buches hört: Wenn jemand zu diesen Dingen hinzufügt, so wird Gott ihm die Plagen hinzufügen, die in diesem Buch geschrieben sind."[793]

Dabei regt die Bibel durchaus zum Nachdenken an. Andere Bücher helfen zur Erklärung, dürfen aber nicht über die Bibel hinausgehen, nicht vorgeben, zusätzliche Offenbarung Gottes zu sein. Daher gilt Jesu Vorwurf an die jüdischen Leiter auch heute noch. Denn obwohl die Bibel sagt, wir sollten „nicht über das hinaus [...] denken, was geschrieben ist",[794] sagt z. B. der Katechismus der katholischen Kirche [795], der die offizielle Lehrmeinung der katholischen Kirche wiedergibt:

> Artikel 2,97: Die Heilige Überlieferung und die Heilige Schrift bilden die eine der Kirche anvertraute heilige Hinterlassenschaft des Wortes Gottes.
> Artikel 5,182: Wir glauben alles, was im geschriebenen oder überlieferten Wort Gottes enthalten ist und was die Kirche als von Gott geoffenbarte Wahrheit zu glauben vorlegt.[796]

Hier werden Gottes Wort und menschliche Tradition (Überlieferung) auf eine Stufe gestellt, was Jesus längst entschieden verurteilt hat.

---

791. Linnemann, Bibel oder Bibelkritik, S. 51–53.
792. Markus 7,8.13; 1. Korinther 4,6
793. 2. Timotheus 3,16; 2. Petrus 1,21. An mehreren Stellen: z. B. 5. Mose 4,2; Sprüche 30,6. Eindringliche Warnung: Offenbarung 22,18.
794. 1. Korinther 4,6.
795. siehe Literaturverzeichnis
796. http://www.vatican.va/archive/DEU0035/_INDEX.HTM Katechismus der Katholischen Kirche von 1997: Artikel 2-Kurztexte: (Nr.) 97; Artikel 5-Kurztexte: (Nr.) 182. (Diese Zitate sind identisch mit dem „Katechismus der katholischen Kirche" von 1993; S. 63 Artikel 2 (Nr.) 97; S. 81 Artikel 5 (Nr.) 182.) Kursive Hervorhebung hinzugefügt.

Hätten die Jünger damals nicht sorgfältig unterschieden zwischen dem, was Jesus lehrte, und dem, was ihre damalige Kirche, die Synagoge der Juden, behauptete, hätten sie in Jesus nicht den Messias erkannt. Auch heute hat kaum jemand eine Chance, den wahren Christus zu erkennen, wenn er nicht sorgfältig unterscheidet zwischen dem, was die Kirche (oder irgendeine Sekte) sagt, und dem, was die Bibel sagt.

Zudem konnte man damals nur dann recht an Jesus als den vorhergesagten Messias glauben, wenn man gewisse Fakten – wie z. B. über seinen Geburtsort – genau erforschte, statt sich der gängigen (oberflächlich gesehen: plausiblen) Meinung anzuschließen.

Entsprechend gilt es auch heute sorgfältig zu unterscheiden zwischen wissenschaftlichen Fakten einerseits und (einseitiger) Interpretation dieser Fakten andererseits.[797]

In der Regel wird z. B. nicht sauber unterschieden zwischen den wissenschaftlich bewiesenen Tatsachen der Mikroevolution einerseits (die in keinerlei Widerspruch zur Bibel stehen) und der reinen Hypothese der Makroevolution andererseits (Letztere hat ihren Ursprung in der Philosophie und einer sehr einseitigen Interpretation von Fakten, insbesondere seit Charles Darwin).

Wer deshalb Schwierigkeiten hat, die Bibel als Gottes Wort anzunehmen, der hat Jesu Verheißung: „Sucht, und ihr werdet finden; […] der Suchende findet." So ist auch in der Diskussion um „die Entstehung der Arten" mithilfe entsprechender Fachliteratur gründlich nachzuforschen und zu unterscheiden zwischen Fakten und deren (evtl. einseitiger) Interpretation.[798]

5.3.2.4 Bei der Entrückung wird die wiedergeborene Natur der Christen offenbar im Herrlichkeitsleib (Licht)

Bis jetzt haben Christen über Christus „nur" die in der Schrift übermittelten historischen Fakten im Rückblick und die Verheißung für die Zukunft im Vorausblick: „Denn wir wandeln durch Glauben, nicht durch Schauen."[799]

---

797. Solchen einseitigen Deutungen unterliegen z. B. naturwissenschaftliche Fakten zum Thema „Ursprung des Lebens". Pailer und Krabbe schreiben dazu: „Auf die Frage nach der Entstehung des Lebens hat die Naturwissenschaft keine verifizierbare empirische Antwort. Im Gegenteil. Unser Wissen über die Chemie der Lebewesen legt hier eine grundsätzliche Grenze von Naturprozessen nahe: Ein natürlicher, prozesshafter, ungesteuerter Weg vom Nichtleben zum Leben scheint verbaut zu sein. Der Übergang von Materie zum Leben und Geist ist für die Laborchemie und -biologie trotz großer Anstrengungen bis auf den heutigen Tag ein großes Geheimnis. Es ist das am wenigsten verstandene Kapitel in den Abhandlungen von Ursprungsfragen. Wir wissen nicht wie es zum ‚big jump' [großer Sprung nach vorn] kam, der aus (organischem) Rohmaterial zum biologischen Material als Lebensbaustein führte" (Pailer & Krabbe, S. 150).

798. Matthäus 7,7–8. Wer hier wissenschaftlich-gründlich suchen will, dem sei das Buch Evolution – Ein kritisches Lehrbuch von Prof. Siegfried Scherer und Dr. Reinhard Junker empfohlen. Wem dieses Niveau zu hoch ist, kann z. B. zurückgreifen auf Leben – woher? oder Schöpfung oder Evolution – Ein klarer Fall?, beide von Reinhard Junker.

799. 2. Korinther 5,7.

Aber eines Tages werden die Christen vom Glauben zum Schauen kommen: Sie werden Jesus Christus schauen als den wahrhaftigen Gott.

Dieses Ereignis ist bis jetzt noch ein verborgenes Geheimnis, wir haben es als Verheißung in der Heiligen Schrift:

> Siehe, ich sage euch ein Geheimnis: Wir werden nicht alle entschlafen, wir werden aber alle verwandelt werden, in einem Nu, in einem Augenblick, bei der letzten Posaune; denn posaunen wird es, und die Toten werden auferweckt werden, unvergänglich sein, und wir werden verwandelt werden.[800]

Denn dies sagen wir euch in einem Wort des Herrn, dass wir, die Lebenden, die übrigbleiben bis zur Ankunft des Herrn, den Entschlafenen keineswegs zuvorkommen werden. Denn der Herr selbst wird beim Befehlsruf, bei der Stimme eines Erzengels und bei dem Schall der Posaune Gottes herabkommen vom Himmel, und die Toten in Christus werden zuerst auferstehen; danach werden wir, die Lebenden, die übrigbleiben, zugleich mit ihnen entrückt werden in Wolken dem Herrn entgegen in die Luft; und so werden wir allezeit beim Herrn sein.[801]

Dann wird das Gleichnis von $E = mc^2$ nicht mehr verborgen sein, sondern sichtbar in Erfüllung gehen. Das Licht (die Energie) ist dann nicht mehr nur in der Masse verborgen (entsprechend der absoluten Definition der Masse als *Invariante), sondern wird sichtbar – konkret bei der Paarvernichtung (Annihilation, z. B. von Elektronen und Antielektronen).

Mit der Wiedergeburt begann die Zeit des Glaubens, die schließt ab mit der Entrückung; und der Zeitpunkt der Entrückung könnte jederzeit sein, auch jetzt sofort.: Dann kommen die Christen vom Glauben zum Schauen, denn bei der Entrückung wird Christus offenbart: „Wenn der Christus, euer Leben, offenbart werden wird, dann werdet auch ihr mit ihm offenbart werden in Herrlichkeit."[802]

Wie z. B. Elektron und Antielektron bei der Paarvernichtung zu purem Licht verwandelt werden, so werden die sterblichen (zum größten Teil bereits gestorbenen) Leiber (oder: Staub) der Christen zum Auferstehungsleib werden und sofort bei Christus sein, beim Licht.

In dieser Analogie ist Jesus (als Mensch) die „Antimaterie": Er war dem Menschen gleich, wie die Antimaterie der Materie gleicht (bis auf spezielle Symmetrie-Eigenschaften, z. B. die Ladung). Jesus war Mensch und dennoch sündlos, d. h. ein Gegenpol oder eine Gegenladung (im gleichnishaft-übertragenen Sinne) zu unserer sündigen Natur. Durch ihn (in Verbindung mit ihm) werden wir vor Gott gerechtfertigt und geheiligt. Entsprechend wird Materie in Verbindung mit Antimaterie zu Licht.

---

800. 1. Korinther 15,51-52
801. 1. Thessalonicher 4,15–17.
802. Kolosser 3,4.

5.3.2.5 Bei seiner Wiederkunft wird Christus zum Licht der Welt

Bei seinem ersten Kommen erschien Jesus als Mensch. Nur seine Jünger und nach ihnen die Christen erkannten ihn als den Christus; für die Mehrheit ist Jesus damals wie heute verborgen, was seine wahre Identität als Schöpfer der Welt anbelangt.

Aber bei seinem zweiten Kommen, seiner Wiederkunft, kommt Jesus in Macht und Herrlichkeit. Das ist sowohl im AT vorhergesagt als auch von Jesus selbst bestätigt worden: „Und dann wird das Zeichen des Sohnes des Menschen am Himmel erscheinen; und dann werden wehklagen alle Stämme des Landes, und sie werden den Sohn des Menschen kommen sehen auf den Wolken des Himmels mit großer Macht und Herrlichkeit."[803]

Gemäß der Heiligen Schrift hat die Menschheit zuvor noch eine wichtige Lektion zu lernen. Einerseits wird sich vorher das Evangelium weltweit verbreiten, wie Jesus vorhergesagt hat: „Und dieses Evangelium des Reiches wird gepredigt werden auf dem ganzen Erdkreis, allen Nationen zu einem Zeugnis, und dann wird das Ende kommen."[804]

Andererseits wird aber bei der Mehrheit der Menschen auch die Gottlosigkeit immer weiter um sich greifen, die Ablehnung Gottes und damit auch die Verführung und Gesetzlosigkeit, wie Jesus kurz vorher warnte: „und viele falsche Propheten werden aufstehen und werden viele verführen; und weil die Gesetzlosigkeit überhandnimmt, wird die Liebe der meisten erkalten."[805]

Irrlehre, Unglaube und Gesetzlosigkeit gehen Hand in Hand; und der Unglaube wird um sich greifen: „Doch wird wohl der Sohn des Menschen, wenn er kommt, den Glauben finden auf der Erde?"[806]

Nun zu der Lektion, die die Menschheit noch zu lernen hat: Bevor der große Tag kommt, das zweite Kommen Christi, wird die Gesetzlosigkeit der Menschheit allen offenbar. Es wird deutlich, wie verdorben und hoffnungslos verloren die Menschheit ohne Gott ist: „Denn dieser Tag kommt nicht, es sei denn, dass zuerst der Abfall gekommen und der Mensch der Gesetzlosigkeit offenbart worden ist, der Sohn des Verderbens."[807] Wer diesen Vers im Zusammenhang liest, merkt sofort, dass es sich hierbei um eine Einzelperson handelt, von Christen meist als „Antichrist" bezeichnet.

Wie so oft in der Bibel finden wir auch hier das Phänomen der skalaren Invarianz; dieses Prinzip besagt, dass Strukturen im großen Maßstab (Skala) sich oft im Kleinen wiederholen: Nicht nur der noch kommende Antichrist ist gesetzlos, sondern der Mensch bzw. die Menschheit als Ganzes ist gesetzlos und verdorben – und die Sünde ist das Hauptproblem der Menschheit.

---

803. Matthäus 24,30.
804. Matthäus 24,14.
805. Matthäus 24,11-12.
806. Lukas 18,8.
807. 2. Thessalonicher 2,3.

Diese Erkenntnis, auch „Sündenerkenntnis" genannt, das ist die Lektion, die die Menschheit noch zu lernen hat.

Die einzige Rettung aus diesem Grundproblem eines jeden Menschen und damit der Menschheit insgesamt ist der im AT verheißene Messias, der Christus der Bibel. Doch wie im Kleinen der Einzelne, bevor er zu Christus findet, erst zur echten Sündenerkenntnis kommen muss, also erkennen muss, dass er das Ziel verfehlt hat, so auch die Menschheit als Ganzes (großer Maßstab).

Dieselben Prinzipien in unterschiedlichem Maßstab (skalare Invarianz) – das finden wir in der Heiligen Schrift immer wieder. Dass kurz vor der Wiederkunft Christi der „Sohn des Verderbens" (Antichrist) auftritt und die große Mehrheit der Menschen verführt, das zeigt nur, was im Herzen der Allgemeinheit steckt; daher ist diese Verführung ein gerechtes Gericht über die Menschheit.

Die Weltdiktatur (Antichrist) – und schon das, was dem vorangeht – wird eine schreckliche Zeit sein, so schrecklich, dass Jesus vorhergesagt hat: „Denn dann wird große Bedrängnis sein, wie sie von Anfang der Welt bis jetzt nicht gewesen ist und auch nie sein wird."[808] An dieser sehr schmerzhaften Erfahrung wird der Mensch erkennen, wo Unglaube und die eigenen Wege hinführen; die Folgen davon, dass die Menschheit den Retter Jesus Christus von sich weist, wird sie schon hier auf der Erde erleben als Vorgeschmack der ewigen Finsternis.

Unter den übrig Gebliebenen, die nicht umgekommen sind in den zuvor immer schwerer gewordenen Plagen und Gerichten über die Menschheit – unter ihnen werden manche umso mehr mit großer Freude das helle Licht von Jesus Christus bei seinem zweiten Kommen erwarten. Das wird geschehen auf dem Höhepunkt jener schlimmsten Zeit, die Jesaja vor Jahrtausenden geschildert hat: „Siehe, der HERR entleert die Erde und verheert sie und kehrt ihre Oberfläche um und zerstreut ihre Bewohner. [...] Jene werden ihre Stimme erheben, werden jubeln. Über die Hoheit des HERRN jauchzen sie vom Meer her: [...] Vom Ende der Erde her hören wir Gesänge: Herrlichkeit dem Gerechten!"[809]

So wird inmitten größter Trübsal auch besonderer Jubel sein, wenn Christus vom Himmel her wiederkommen wird: „Und ich hörte etwas wie eine Stimme einer großen Volksmenge und wie ein Rauschen vieler Wasser und wie ein Rollen starker Donner, die sprachen: Halleluja! Denn der Herr, unser Gott, der Allmächtige, hat die Herrschaft angetreten."[810]

Jesu zweites Kommen, seine Wiederkunft, kann – anders als sein erstes Kommen – keiner verpassen: „Denn wie der Blitz ausfährt von Osten und bis nach Westen leuchtet, so wird die Ankunft des Sohnes des Menschen sein."[811] Im Gleichnis entfaltet hier E =

---

808. Matthäus 24,21.
809. Jesaja 24,1.14.16.
810. Offenbarung 19,6.
811. Matthäus 24,27.

mc² sein ganzes Licht. (Hier sei die Frage erlaubt: Ob, im Gleichnis der Physik, der Blitz einer Atombombe oder Wasserstoffbombe nach E = mc² – „heller als tausend Sonnen" – diesem Blitz noch überlegen sein wird?) Wenn Christus kommt „wie ein Blitz", werden alle ihn sehen: „Siehe, er kommt mit den Wolken, und jedes Auge wird ihn sehen, auch die, welche ihn durchstochen haben, und wehklagen werden seinetwegen alle Stämme der Erde/des Landes."[812]

Bei seinem ersten Kommen haben die Juden Jesus durchbohrt: zunächst an Händen und Füßen; und nach seinem Tod, noch am Kreuz, auch an seiner Seite. Bei Jesu Wiederkunft werden sie den sehen, den sie damals als Gotteslästerer gekreuzigt haben und bis heute als den Messias/Christus mehrheitlich ablehnen.

Zu dem Zeitpunkt, wenn Jesus wiederkommen wird, werden alle anderen Länder in der größten antisemitischen Aktion aller Zeiten damit beschäftigt sein, Israel und die Juden endgültig auszurotten. Aber das wird ihnen nicht vollständig gelingen:

> Siehe, ich mache Jerusalem zu einer Taumelschale für alle Völker ringsum. Und auch über Juda: Es wird in Bedrängnis geraten zusammen mit Jerusalem. Und es wird geschehen an jenem Tag, da mache ich Jerusalem zu einem Stemmstein für alle Völker: alle, die ihn hochstemmen wollen, werden sich wund reißen. Und alle Nationen der Erde werden sich gegen es versammeln.[813]

Genau dann, wenn alle Nationen kurz davorstehen, „Jerusalem" auszurotten, gerade in diesem Augenblick wird Jesus Christus wiederkommen:

> Siehe, ein Tag kommt für den HERRN, da verteilt man in deiner Mitte dein Plündergut. Und ich versammle alle Nationen nach Jerusalem zum Krieg; und die Stadt wird eingenommen und die Häuser werden geplündert. Und die Frauen werden geschändet. Und die Hälfte der Stadt wird in die Gefangenschaft ausziehen, aber der Rest des Volkes wird nicht aus der Stadt ausgerottet werden. Dann wird der HERR ausziehen und gegen jene Nationen kämpfen [...] Und seine Füße werden an jenem Tag auf dem Ölberg stehen, der vor Jerusalem im Osten liegt; und der Ölberg wird sich von seiner Mitte aus nach Osten und nach Westen spalten zu einem sehr großen Tal, und die eine Hälfte des Berges wird nach Norden und seine andere Hälfte nach Süden weichen.[814]

---

812. Offenbarung 1,7: Revidierte Elberfelder Übersetzung: „alle Stämme der Erde"; Nicht revidierte Elberfelder Übersetzung: „alle Stämme des Landes". Im Griechischen sind beide Übersetzungen gleichermaßen möglich, da der griechische Begriff ge::γῆ sowohl „Erde" als auch „Land" bedeutet, genauso wie der entsprechende hebräische Begriff erez:: אָרֶץ.
813. Sacharja 12,2–3.
814. Sacharja 14,1–4.

In ebendem Augenblick, wenn Israel bzw. die Juden hoffnungslos verloren scheinen, wird Jesus als Retter wiederkommen – dann auch als der politische Retter der Juden, er, den sie vor 2000 Jahren ans Kreuz geschlagen, durchbohrt und bis dahin als Christus abgelehnt haben. Und „wehklagen werden seinetwegen alle Stämme des Landes", wie Sacharja bereits ca. 500 Jahre vor dem ersten Kommen Jesu vorhergesagt hatte:

> Und sie werden auf mich blicken, den sie durchbohrt haben, und werden über ihn wehklagen, wie man über den einzigen Sohn wehklagt, und werden bitter über ihn weinen, wie man bitter über den Erstgeborenen weint. [...] Und wehklagen wird das Land, Sippe um Sippe für sich.[815]

Dann endlich wird ganz Israel und alle Juden Jesus Christus, den sie einst gekreuzigt haben, annehmen als den im AT angekündigten Messias, als Retter bzw. Erlöser; das ist auch im NT prophezeit:

> Verstockung ist Israel zum Teil widerfahren, bis die Vollzahl der Nationen hineingekommen sein wird; und so wird ganz Israel errettet werden, wie geschrieben steht: „Es wird aus Zion der Erretter kommen, er wird die Gottlosigkeiten von Jakob [Israel] abwenden."[816]

Während die Stämme des Landes Israel seinetwegen in Sündenerkenntnis wehklagen, werden andere mit Schrecken erkennen, dass Jesus Christus, der einst wie ein Lamm als Retter ans Kreuz ging, für sie jetzt als Richter kommt:

> Und die Könige der Erde und die Großen und die Obersten und die Reichen und die Mächtigen und jeder Sklave und Freie verbargen sich in die Höhlen und in die Felsen der Berge; und sie sagen zu den Bergen und zu den Felsen: Fallt auf uns und verbergt uns vor dem Angesicht dessen, der auf dem Thron sitzt, und vor dem Zorn des Lammes! Denn gekommen ist der große Tag ihres Zorns. Und wer vermag zu bestehen?[817]

An den Übriggebliebenen wird Christus dann auf dieser Erde Gericht halten mit folgendem Ergebnis: „Und diese werden hingehen zur ewigen Strafe, die Gerechten aber in das ewige Leben."[818] Bei diesem Gericht sind auch jene, die zuvor als Märtyrer um Jesu willen gestorben sind, von den Toten auferstanden. Christus wird zusammen mit ihnen das Gericht ausführen und sie werden für tausend Jahre mit ihm herrschen:

---

815. Sacharja 12,10–12.
816. Römer 11,25–26.
817. Offenbarung 6,15–17;
818. Matthäus 25,46.

> Und ich sah Throne, und sie setzten sich darauf, und das Gericht wurde ihnen übergeben; und ich sah die Seelen derer, die um des Zeugnisses Jesu und um des Wortes Gottes willen enthauptet worden waren, und die, welche das Tier [den Antichrist] und sein Bild nicht angebetet und das Malzeichen nicht an ihre Stirn und an ihre Hand angenommen hatten, und sie wurden lebendig und herrschten mit dem Christus tausend Jahre. Die übrigen der Toten wurden nicht lebendig, bis die tausend Jahre vollendet waren. Dies ist die erste Auferstehung.[819]

Der weltweite Antisemitismus wird sich nach dem zweiten Kommen Christi für Israel ins Gegenteil verwandeln. Christus wird dann hier auf der Erde ein 1000-jähriges Friedensreich aufrichten und von Jerusalem aus regieren. Denn wie der HERR in der Wüste damals zur Zeit von Mose in einer Wolke erschien und so das Volk durch die Wüste führte, so wird Christi Herrlichkeit im 1000-jährigen Reich erscheinen und in Jerusalem in den Tempel („das Haus") einziehen:

> Und siehe, die Herrlichkeit des Gottes Israels kam von Osten her […] und die Erde [das Land] leuchtete von seiner Herrlichkeit. Und die Erscheinung, die ich sah, war wie […] die Erscheinung, die ich am Fluss Kebar gesehen hatte. […] Und die Herrlichkeit des HERRN ging in das Haus hinein […] und […] erfüllte das Haus [den Tempel].[820]

So wird Christus weiter zum Licht werden, zum Licht für das Land Israel wie auch zum Licht für die ganze Erde. Jesaja hat für diese Zeit über Israel vorausgesagt:

> Steh auf, werde licht! Denn dein Licht ist gekommen, und die Herrlichkeit des HERRN ist über dir aufgegangen. Denn siehe, Finsternis bedeckt die Erde und Dunkel die Völkerschaften; aber über dir strahlt der HERR auf, und seine Herrlichkeit erscheint über dir. Und es ziehen Nationen zu deinem Licht hin und Könige zum Lichtglanz deines Aufgangs. Erhebe ringsum deine Augen und sieh! Sie alle versammeln sich, kommen zu dir: deine Söhne kommen von fern her, und deine Töchter werden auf den Armen herbeigetragen. – Dann wirst du es sehen und vor

---

[819] Offenbarung 20,4–5. Dass es 1000 Jahre sind, wird in Offenbarung 20,2–7 gleich sechs Mal gesagt, also in fast jedem Vers!

[820] Hesekiel 43,2–5. Dass diese Herrlichkeit Christi eine Wolke ist, wird deutlich, wenn man diese Erscheinung – wie in Vers 3 gesagt – vergleicht mit der Erscheinung, die Hesekiel am Fluss Kebar gehabt hatte; diese Wolke am Fluss Kebar (Hesekiel 1,4) ist ausführlich beschrieben in Hesekiel 1. Dort in der Wolke wird Jesus Christus thronen (Hesekiel 1,26). – Der hebräische Begriff erez:: אֶרֶץ für „Erde" kann auch übersetzt werden mit „Land", so die Zürcher Bibel. – Der Zusammenhang zeigt: Mit „Haus" ist der zukünftige Tempel im 1000-jährigen Friedensreich gemeint, ausführlich beschrieben in Hesekiel 40–48.

Freude strahlen, und dein Herz wird beben und weit werden; denn die Fülle des Meeres wird sich zu dir wenden, der Reichtum der Nationen zu dir kommen.[821]

Die 180-Grad-Wende der Völker vom Antisemitismus ins Gegenteil wird so extrem sein, dass sie den Juden hinterherlaufen werden: „In jenen Tagen, da werden zehn Männer aus Nationen mit ganz verschiedenen Sprachen zugreifen, ja, sie werden den Rockzipfel eines jüdischen Mannes ergreifen und sagen: Wir wollen mit euch gehen, denn wir haben gehört, dass Gott mit euch ist."[822] So wird von Israel Licht, Erkenntnis und Friede ausgehen und zum Segen und Frieden für alle Völker werden. Sie werden nach Israel kommen, um von diesem Volk zu lernen:

> Und es wird geschehen am Ende der Tage, da wird der Berg des Hauses des HERRN feststehen als Haupt der Berge und erhaben sein über die Hügel; und alle Nationen werden zu ihm strömen. Und viele Völker werden hingehen und sagen: Kommt, lasst uns hinaufziehen zum Berg des HERRN, zum Haus des Gottes Jakobs [Volk Israel], dass er uns aufgrund seiner Wege belehre und wir auf seinen Pfaden gehen! Denn von Zion wird Weisung ausgehen und das Wort des HERRN von Jerusalem. Und er wird richten zwischen den Nationen und für viele Völker Recht sprechen. Dann werden sie ihre Schwerter zu Pflugscharen umschmieden und ihre Speere zu Winzermessern. Nicht mehr wird Nation gegen Nation das Schwert erheben, und sie werden den Krieg nicht mehr lernen. Haus Jakob [Israel], kommt, lasst uns im Licht des HERRN leben![823]

Regiert Jesus heute im Verborgenen in den Herzen der wiedergeborenen Christen, wird er im 1000-jährigen Reich sichtbar für alle regieren in einer geografisch und biologisch völlig veränderten Situation: Selbst die Tiere werden untereinander Frieden halten und die Menschen werden sehr viel älter als heute.[824]

5.3.2.6 Christus leuchtet als Richter auf dem großen leuchtenden Thron mit ewiger Gerechtigkeit

Ein Jahrtausend ist eine lange Zeit, aber auch 1000 Jahre sind irgendwann vorüber. Wie wird es danach weitergehen? Wird dieser Kosmos noch viele Jahrtausende, Jahrmillionen oder noch länger weiterexistieren? Und die Erde? Darüber ließe sich trefflich spekulieren …

---

821. Jesaja 60,1–5.
822. Sacharja 8,23.
823. Jesaja 2,2–5.

Die bessere Alternative ist, die Bibel zu befragen, die Offenbarung, die Gott uns gegeben hat. Hier erfahren wir, dass der Himmel vergeht, verschwindet, eingerollt wird wie ein alter Mantel:

> Es wird aber der Tag des Herrn kommen wie ein Dieb; an ihm werden die Himmel mit gewaltigem Geräusch vergehen, die Elemente aber werden im Brand aufgelöst.[825]

> Die Himmel sind Werke deiner Hände; sie werden untergehen, du aber bleibst; und sie alle werden veralten wie ein Kleid, und wie einen Mantel wirst du sie zusammenrollen, wie ein Kleid, und sie werden verwandelt werden.[826]

Nach dem, was wir über Paarvernichtung (bzw. allgemein über $E = mc^2$) erfahren haben, sollte es nicht schwerfallen, sich vorzustellen, dass „Elemente [...] in Brand aufgelöst" werden. Und wenn wir bedenken, dass mit zunehmender Nähe zum Schwarzen Loch die *Raumzeit mehr und mehr verzerrt wird, sollten wir auch keine Schwierigkeiten damit haben sich vorzustellen, dass Gott den Himmel – das ganze Universum – „wie einen Mantel" zusammenrollt.

Wann wird das sein? Was sagt die Bibel dazu?
Die Ankündigung des 1000-jährigen Reiches im letzten Buch der Bibel schließt damit ab, dass Feuer vom Himmel kommt: „Feuer kam aus dem Himmel herab und verschlang sie." Das nächste Kapitel schlägt eine neue Seite auf: „Und ich sah einen neuen Himmel und eine neue Erde; denn der erste Himmel und die erste Erde waren vergangen, und das Meer ist nicht mehr."[827]

Zwischen diesen beiden Versen – dem letzten Satz über das Ende des 1000-jährigen Reiches und dem ersten Satz des nächsten Kapitels über die neue Schöpfung – dazwischen findet ein Gericht statt; gerichtet wird die ganze gottlose Menschheit.

Abgehalten wird dieses Gericht offensichtlich außerhalb dessen, was wir heute als Raum und Zeit wahrnehmen: „Und ich sah einen großen leuchtenden[828] Thron und den, der darauf saß, vor dessen Angesicht die Erde entfloh und der Himmel, und keine Stätte wurde für sie gefunden."[829] Dass „vor dessen Angesicht die Erde floh und der Himmel" sowie die Tatsache, dass es die Seelen Verstorbener sind, die vor Gericht gezogen werden, lässt beides darauf schließen, dass das Gericht außerhalb unserer irdi-

---

824. Geografisch: Jesaja 35,1–2.6–7; 51,3; biologisch: Jesaja 11,6–8; Hosea 2,20; Alter der Menschen: Jesaja 65,20.
825. 2. Petrus 3,10.
826. Hebräer 1,10–12.
827. Offenbarung 20,9; 21,1.

828. An dieser Stelle schreibe ich statt „weiß" – wie sonst üblich – „leuchtend"; der griechische Begriff leukos::λευκός bedeutet auch „licht, leuchtend, glänzend, schimmernd" (siehe Bauer, S. 958, und Menge, S. 421); das scheint mir hierfür passender.
829. Offenbarung 20,11.

schen Sphäre stattfindet; das wird bestätigt durch den Zusatz „und keine Stätte wurde für sie gefunden".

Klammert man diese Stelle nun aus dem chronologischen Verlauf aus, so folgt die Aussage über den neuen Himmel und die neue Erde direkt auf die letzte Aussage über das 1000-jährige Reich: „und Feuer kam aus dem Himmel herab und verschlang sie."

Dass diese Schöpfung, in der wir leben, dass dieses Universum nur noch bis zum Ende des 1000-jährigen Reiches existiert, wird durch eine weitere Stelle bestätigt: Die bereits zitierte Aussage „an ihm werden die Himmel mit gewaltigem Geräusch vergehen" in 2. Petrus 3 spricht von der Wiederkunft Jesu und dem Tag des Herrn, von dem dort gesagt ist, „dass bei dem Herrn ein Tag ist wie tausend Jahre"[830].

Auch dieses Kapitel (2. Petrus 3) spricht vom Ende des 1000-jährigen Reiches und von der Auflösung des Himmels, bei der „die Himmel in Feuer geraten und aufgelöst und die Elemente im Brand zerschmelzen werden! Wir erwarten aber nach seiner Verheißung neue Himmel und eine neue Erde, in denen Gerechtigkeit wohnt."[831]

Somit wird auch hier gesagt, dass dieses Universum („der erste Himmel und die erste Erde") mit dem 1000-jährigen Reich endet, gefolgt vom neuen Himmel und einer neuen Erde.

Fazit: Mindestens[832] nach diesen beiden Aussagen der Bibel wird diese vergängliche Schöpfung mit dem Ende des 1000-jährigen Reiches enden und an ihre Stelle tritt eine neue, ewige Schöpfung.

Doch nun zurück zu den Versen, die wir eben ausgeklammert haben: Bevor das Buch der Offenbarung mit der Schilderung des neuen Himmels und der neuen Erde beginnt, wird die Szene dazwischengeschoben, in der Jesus als Richter auf dem großen leuchtenden Thron Gericht hält über Gottlose, die das Evangelium abgelehnt haben.

---

830. 2. Petrus 3,8.
831. 2. Petrus 3,12–13.
832. Ein weiteres Indiz dafür könnte folgende Überlegung sein: Wenn die Himmel eingerollt werden, so dass die Sterne miteinander verschmelzen und die Elemente sich nach $E = mc^2$ in Energie (Bibel: „in Brand") auflösen, dann wird sich auch ganz wörtlich erfüllen, was Jesus für seine Wiederkunft vorhergesagt hat: dass Sterne vom Himmel fallen (Matthäus 24,29). Bei dieser Auslegung ist zu berücksichtigen, dass es in der Bibel viele Beispiele von Prophetie gibt, die sich zunächst nur zum Teil erfüllen und in einer späteren Phase vollständig erfüllt werden. Auf das zweite Kommen Jesu bezogen bedeutet das: Am Anfang des 1000-jährigen Reiches, bei Jesu Wiederkunft, fallen Sterne vom Himmel im Sinne von Asteroiden – die fügen der Erde zwar Schaden zu, aber sie zerstören sie nicht. Dass der griechische Begriff für „Stern" (aster:ἀστήρ) im NT auch gebraucht wird im Sinne von Asteroiden oder vergleichbaren, sehr viel kleineren astronomischen Objekten, zeigt der Vergleich mit Offenbarung 8,10, wo derselbe Begriff auf der Erde nur einen begrenzten Schaden bewirkt. Aber am Ende des 1000-jährigen Reiches fallen dann wörtlich Sterne vom Himmel (bzw. die Erde verschmilzt im Feuer der Sterne), wenn der ganze Kosmos „eingeschmolzen" wird. (Ob der Kosmos im Strudel des Schwarzen Lochs oder auf andere Weise verschwindet, darüber soll hier nicht spekuliert werden.)

Damit keine Verwirrung entsteht: Wenn Jesus wiederkommt, wird es (mindestens[833]) zwei Gerichte geben, etwa tausend Jahre voneinander getrennt; die müssen wir klar auseinanderhalten:

Das erste Gericht findet statt am Anfang des 1000-jährigen Reiches und zwar auf der Erde – Jesus trennt die Schafe von den Böcken.[834] Das geschieht also kurze Zeit, nachdem Jesus wiedergekommen ist. Schon bei diesem ersten Gericht werden viele vor dem *Thron der Herrlichkeit* Jesu zum Gericht erscheinen – jene, die die vorangegangene Zeit der Großen Trübsal überlebt haben.

Nach dem Ende des 1000-jährigen Friedensreichs werden in einem sehr viel größeren Rahmen außerhalb dieser Schöpfung alle Menschen, die dann jemals gelebt haben, Jesus Christus begegnen als ihrem Richter, falls sie ihn vorher als Herrn und Retter abgelehnt haben. Jesus Christus wird in seiner Herrlichkeit auf dem *leuchtenden Thron* sitzen. „Denn der Vater richtet auch niemand, sondern das ganze Gericht hat er dem Sohn gegeben."[835]

Dann wird alles ans Licht kommen. Es wird sich erfüllen, was Jesus seinen Jüngern vorausgesagt hat: „Denn es ist nichts verborgen, was nicht offenbar werden wird, auch ist nichts geheim, was nicht bekannt wird und ans Licht kommt." Denn alles, was gewesen ist, das ist aufgezeichnet und festgehalten: „Und die Toten wurden gerichtet nach dem, was in den Büchern geschrieben war, nach ihren Werken."[836]

Wer den Weg der Gnade mit Jesus als dem Retter abgelehnt hat, bekommt nach purer, absoluter Gerechtigkeit, was er verdient hat – mit ewigen Konsequenzen. Gerechtigkeit ohne Gnade ist schrecklich! Das Ergebnis für diese Menschen lautet denn auch: „Und der Tod und der Hades wurden in den Feuersee geworfen. Dies ist der zweite Tod, der Feuersee. Und wenn jemand nicht geschrieben gefunden wurde in dem Buch des Lebens, so wurde er in den Feuersee geworfen."[837]

Im Buch des Lebens geschrieben sind jene, die Jesus als ihren Herrn und Retter angenommen haben und damit unter seiner Gnade stehen; die gerechte Strafe hat Jesus bereits am Kreuz auf Golgatha für sie bezahlt, für alle wiedergeborenen Christen.[838] Sie kommen also nicht in das Gericht vor dem großen leuchtenden Thron.

Nun haben jene Verlorenen, die vor dem großen leuchtenden Thron stehen werden, sehr unterschiedlich gelebt; und weil Gott gerecht richtet und jedem vergilt, was er getan hat, werden auch die Konsequenzen sehr unterschiedlich sein – aber sie alle werden im Feuersee landen. Wie man sich den vorzustellen hat, weiß keiner. Feuer wird in der

---

833. Rechnen wir z. B. auch das Gericht über wiedergeborene Christen (nach 1. Korinther 3,12–15 und 2. Korinther 5,10) dazu, sind es mehr als zwei.
834. Matthäus 25,31–46.
835. Johannes 5,22.
836. Lukas 8,17; Offenbarung 20,12.
837. Offenbarung 20,14–15.
838. 1. Timotheus 2,6 sagt aus, dass Jesu Opfer für alle ausreichend ist; aber nicht alle nehmen es an (Matthäus 7,13–14). Errettet sind diejenigen, die an Jesus glauben, die ihn als Herrn und Retter annehmen, die von Neuem geboren sind (Johannes 3,16; Römer 10,9–10; 2. Petrus 3,18; Johannes 3,3.5).

Schrift immer wieder als Zeichen oder Symbol für Gericht gebraucht; an anderer Stelle hat Jesus deutlich gemacht, dass es ewige Strafe bedeutet: „Und diese werden hingehen zur ewigen Strafe."[839]

Wer das nicht akzeptiert, der verbietet Gott, gerecht zu sein.

5.3.2.7 Christus leuchtet als Lamm im himmlischen Jerusalem mit ewiger Gnade

Das Licht, das im Gleichnis von $E = mc^2$ entfacht wird, zeigt sich aber nicht nur in seiner Gerechtigkeit mit den ewigen Konsequenzen, sondern es erweist sich vor allem in seiner Liebe und Gnade zum ewigen Leben.

Erst nach dem absolut gerechten Gericht vor dem großen, leuchtenden Thron wird geschildert, was umgekehrt jene erwartet, deren Namen im Buch des Lebens stehen, die also Jesus als ihren Herrn und Retter angenommen haben. Ausführlich dargestellt wird nun das himmlische Jerusalem;[840] der Hebräerbrief fasst es so zusammen:

Ihr seid gekommen zum Berg Zion und zur Stadt des lebendigen Gottes, dem himmlischen Jerusalem; und zu Myriaden von Engeln, einer Festversammlung; und zu der Gemeinde der Erstgeborenen, die in den Himmeln angeschrieben sind; und zu Gott, dem Richter aller; und zu den Geistern der vollendeten Gerechten; und zu Jesus, dem Mittler eines neuen Bundes; und zum Blut der Besprengung, das besser redet als das Blut Abels.[841]

Hier wird nun die volle Wirkung dessen sichtbar, was Jesus am Kreuz auf Golgatha getan hat: Jesus hat seinen Leib hingegeben und sein Blut vergossen, so wie im Gleichnis der Relativitätstheorie sich die Masse nach $E = mc^2$ völlig hingibt, aufgibt, zu Licht zerstrahlt.

Alle, die Jesus Christus als ihren Herrn und Retter angenommen haben, werden – statt in der ewigen Finsternis (im Gleichnis der Physik: dem Schwarzen Loch) – im ewigen Licht der Herrlichkeit Gottes sein. Die ewige Strafe des gerechten Gerichts (Feuersee) wird aufgrund von Jesu stellvertretendem Tod aus reiner Gnade ausgetauscht gegen die Gemeinschaft mit Gott und allen wiedergeborenen Christen im himmlischen Jerusalem.

Dieser himmlische Ort wird auch als „die Braut, die Frau des Lammes" bezeichnet; von ihr wird gesagt: „Und sie hatte die Herrlichkeit Gottes. Ihr Lichtglanz war gleich einem sehr kostbaren Edelstein, wie ein kristallheller Jaspisstein." Die Herkunft dieses Lichts ist Gott selbst, Jesus Christus; insbesondere im letzten Buch der Bibel wird er als „Lamm" bezeichnet: „Und die Stadt bedarf nicht der Sonne noch des Mondes, damit

---

839. Matthäus 25,46.
840. Offenbarung 21,1-22,5
841. Hebräer 12,22–24.

sie ihr scheinen; denn die Herrlichkeit Gottes hat sie erleuchtet, und ihre Lampe ist das Lamm."[842]

Das himmlische Jerusalem ist reines Licht, es ist die Herrlichkeit Gottes. Viele Verheißungen der Heiligen Schrift erfüllen sich hier, auch das, worum Jesus gebetet hat: „Und die Herrlichkeit, die du mir gegeben hast, habe ich ihnen gegeben, dass sie eins seien, wie wir eins sind."[843]

Hier geschieht die Erfüllung der großen Verheißungen, dass die Christen Teilhaber der göttlichen Natur werden: „Da seine göttliche Kraft uns [...] die kostbaren und größten Verheißungen geschenkt hat, damit ihr durch sie Teilhaber der göttlichen Natur werdet, die ihr dem Verderben, das durch die Begierde in der Welt ist, entflohen seid", und dass sie Jesus Christus nicht nur sehen werden, wie er ist, sondern dass sie sogar ihm gleich sein werden: „Wir wissen, dass wir, wenn es offenbar werden wird, ihm gleich sein werden, denn wir werden ihn sehen, wie er ist."[844]

Hier erfüllt sich auch die große Verheißung, dass der vergängliche Leib der Christen in den göttlichen, ewigen Leib verwandelt wird, und dass ihnen ein ewiges Bürgerrecht im himmlischen Jerusalem zugesichert ist: „Denn unser Bürgerrecht ist in den Himmeln, von woher wir auch den Herrn Jesus Christus als Retter erwarten, der unseren Leib der Niedrigkeit umgestalten wird zur Gleichgestalt mit seinem Leib der Herrlichkeit, nach der wirksamen Kraft, mit der er vermag, auch alle Dinge sich zu unterwerfen."[845]

---

842. Das neue, himmlische Jerusalem als die Braut, die Frau des Lammes (= Jesu Christi): Offenbarung 21,2.9. Zitate: Offenbarung 21,9.11.23.
843. Johannes 17,22.
844. 2. Petrus 1,3-4; 1. Johannes 3,2.
845. Philipper 3,20–21.

5.4 Die Masse auf dem Weg ins Schwarze Loch oder aber zur Zerstrahlung in Licht

5.4.1 Das Ende des Kräftespiels zwischen Gravitation und E = mc²

5.4.1.1 Das Ende der astrophysikalischen Entwicklung der Sterne

Alle Masse im ganzen Universum wird entweder zu Licht zerstrahlen oder bleibt in irgendeiner Form weiterhin Masse, wenn es nicht im Strudel des Schwarzen Lochs verschwindet. Die Zerstrahlung geschieht vor allem bei Sternen.

Die Sternentwicklung mit den Lebensphasen des Sterns lässt sich in wenigen Sätzen zusammenfassen: Ist die Kernfusion mit Wasserstoffbrennen (H-Brennen) im Stern gezündet, kommt der Stern in seine Hauptphase (Hauptreihenphase) – hier verweilt er zu etwa 90 % seiner „Lebenszeit", dabei verwandelt er sich kontinuierlich durch Kernfusion; nach E = mc2 wird dabei Masse zu Energie und damit auch zu Licht.

Wie genau er sich weiterentwickelt, das hängt vor allem von seiner Masse ab:[846] Bei höheren Massen folgen weitere Kernfusionen mit Elementen, die bereits fusioniert sind. So werden z. B. beim „Heliumbrennen" (He-Brennen) „im Inneren von Sternen drei Helium-Kerne (α-Teilchen) durch Kernfusionsreaktionen in Kohlenstoff umgewandelt und senden dabei Gammastrahlung aus"[847], also Licht (entsprechend der Definition in 1.4.4).

Uns interessiert dabei aber nur das Endergebnis: Die Masse der Sterne wird zu einem großen Teil entweder als Licht abgestrahlt (Gammastrahlung) oder als Masse nach außen geschleudert. Was übrig bleibt von einem ausgebrannten, „zerstrahlten" Stern, ist extrem komprimierte Materie in drei[848] Varianten:

1,) als Weißer (bzw. Schwarzer) Zwerg,
2.) als Neutronenstern,
3) als Schwarzes Loch.

Welche dieser drei Varianten als Endergebnis übrigbleibt, ist sehr wesentlich bestimmt durch die Anfangsmasse, durch die nach außen weggeschleuderte Sternmasse und die übrigbleibende Endmasse.

---

846. Mehr Hintergrundinformation dazu z. B. in https://de.wikipedia.org/wiki/Stern#Sternentwicklung.
847. https://de.wikipedia.org/wiki/Drei-Alpha-Prozess.
848. Der Quarkstern (vierte Variante) ist nur hypothetisch und wird deshalb hier nicht genannt.

Weiße Zwerge sind nach dem Ende jeglicher Kernfusion das Endstadium der Entwicklung der meisten Sterne, deren nuklearer Energievorrat versiegt ist.[849]

Ein Schwarzer Zwerg ist in der Astrophysik eine hypothetische Spätphase der Sternentwicklung. Ein Schwarzer Zwerg wäre das letzte Stadium eines Weißen Zwerges, wenn dessen Energie abgegeben oder die Oberflächentemperatur so weit gefallen ist, dass weder Wärme noch sichtbares Licht in nennenswertem Ausmaß abgestrahlt werden.[850]

Schon solche Weißen (bzw. Schwarzen) Zwerge haben eine unvorstellbar hohe Dichte: „Ein Teelöffel dieses Materials würde auf der Erde mehr als eine Tonne wiegen!"[851]

Massereichere Sterne, also Sterne, die im Endstadium eine bestimmte kritische Grenze von ca. 1,4 Sonnenmassen[852] überschreiten,

> können als Neutronenstern enden. Bei ihnen ist die Materie derart verdichtet, dass diese Objekte im Wesentlichen nur noch aus Neutronen bestehen. Neutronensterne haben einen Durchmesser von ungefähr 20 Kilometern, dabei aber etwa die 1,4-fache Masse unserer Sonne. Die Dichte eines Neutronensterns ist somit unvorstellbar groß – etwa eine Billiarde Mal höher als die von Wasser. Ein Klumpen in der Größe einer Erbse würde mehrere Millionen Tonnen wiegen. [853]

Liegt die Grenze der kritischen Masse für die übrig bleibende Masse im Endstadium des Sterns noch höher, ist das Ergebnis ein Schwarzes Loch. Die Grenze, oberhalb derer ein Schwarzes Loch entsteht, ist in Wikipedia mit drei Sonnenmassen angegeben.[854]

> Wenn also der Kernbrennstoff dieser Sterne erschöpft ist und sie zu erkalten beginnen, gewinnt die Gravitation die Oberhand über den Druck, so dass die Sterne zwangsläufig zu einem Schwarzen Loch kollabieren.[855]

---

849. https://de.wikipedia.org/wiki/Weißer_Zwerg.
850. https://de.wikipedia.org/wiki/Schwarzer_Zwerg.
851. Pailer & Krabbe, S. 41.
852. Die nach dem indischen Physiker benannte Chandrasekhar-Grenze.
853. Deiters; Pailer; Deyerler; S. 178
854. https://de.wikipedia.org/wiki/Stern#Sternentwicklung ; siehe Diagramm „Schematische Übersicht der Lebensphasen eines Sternes".
855. Thorne, S. 233.

5.4.1.2 Das Ende des kosmischen Werdegangs im Strudel des Schwarzen Lochs

Bisher haben wir nur das Ergebnis der Entwicklung einzelner Sterne betrachtet und damit auch nur die stellaren Schwarzen Löcher. Das sind die kleinsten Schwarzen Löcher, die für die heutige Moment-Aufnahme des Kosmos astrophysikalisch relevant sind. Wir betrachten nun die Situation aus übergeordneter Sicht. Dafür haben wir die supermassiven Schwarzen Löcher mit Millionen bis Milliarden von Sonnenmassen vor Augen. Welche Bedeutung haben sie für die Entwicklung im gesamten Kosmos?

Abb. 79a: Ein Schwarzes Loch im Zentrum einer Galaxie

Abb. 79b: Das Schwarze Loch wirkt auf die umgebende Masse wie ein Badewannenabfluss.

Schon 1990 kommentiert der Astrophysiker Reinhard Breuer aus seiner damaligen Sicht,

> dass in den Zentren sehr vieler, stark aktiver Galaxien sich besonders große „supermassive" Schwarze Löcher bilden könnten **[Abb. 79a]**. Schon unsere Milchstraße ist wahrscheinlich[856] davon betroffen: Im Sternbild Schütze – in Richtung des galaktischen Zentrums – stießen Astronomen während der siebziger Jahre auf extreme

Verdichtungen. Das „Biest", wie sie es nannten, sei eine ungewöhnliche Materie-Konzentration mit dem Viermillionenfachen der Sonnenmasse – vermutlich ein Schwarzes Loch.

Zwar sind alle Schwarzen Löcher vom Prinzip her gleich – sie sind nur unterschiedlich groß –, aber Riesenlöcher müssen anders entstehen als ihre stellaren Brüder. Ganze Sternhaufen müssen zusammenwirken, um solche Schwerkraftgiganten hervorzubringen: Millionen von Sternen, die miteinander kollidieren, ihre Hüllen abschleudern – um sich schließlich so zusammenzuballen, dass sie in einem Gravitationskollaps zusammenstürzen. Sterne, die sich dem nähern, zerbrechen unweigerlich. Das Loch wirkt auf sie wie ein Badewannenabfluss: Die Überreste der zerstörten Sterne rotieren wie ein Strudel um das Loch **[Abb. 79b]**, heizen sich durch Turbulenzen zu immer höheren Temperaturen auf und werden schließlich vom Zentrum aufgesogen.

[...]

Das „Biest" im Zentrum der Milchstraße wird ständig wachsen, während die anderen Sterne allmählich verglühen. Übrig bleibt am Ende ein überdimensionales Gebilde, ein schweres schwarzes Auge in einem sich verdunkelnden Kosmos.[857]

5.4.2 Das Gleichnis vom Ende der Zeit (bzw. der *Raumzeit): Die Ewigkeit

5.4.2.1 Der Übergang von dieser Welt zur Ewigkeit

Von der Relativitätstheorie haben wir gelernt, Zeit und Raum nicht mehr getrennt zu sehen, sondern vierdimensional zu denken. Das gilt auch für das Ende von Raum und Zeit.

So können wir zunächst im Rahmen der Relativitätstheorie, angewandt auf die Astrophysik, fragen: Wo ist hier, von unserem diesseitig-vergänglichen *Bezugssystem dieses Kosmos aus gesehen, ein Ende von Raum und Zeit? Wo verabschieden sich Raum und Zeit aus der Sicht dieses Kosmos? Wo konkret geschieht das im Kosmos, etwa im Drama der Sterne?

Zum einen verabschiedet sich die *Raumzeit aus unserer Sicht überall da, wo nach $E = mc^2$ die Masse ihre Natur als Masse aufgibt und zu Licht wird. Denn in Kapitel 4 haben wir gesehen: Je mehr sich ein Objekt der Lichtgeschwindigkeit nähert, desto mehr schrumpft der Raum und desto mehr wird die Zeit gedehnt. Da bei der Um-

---

856. Was Reinhard Breuer damals nur für „wahrscheinlich" hielt, ist inzwischen bewiesen: 2020 wurde der Nobelpreis vergeben für die Entdeckung eines Schwarzen Lochs in unserer Milchstraße.
857. Breuer, S. 221–223.

wandlung von Masse zu Licht die Lichtgeschwindigkeit erreicht wird, schrumpft der Raum zu einem Punkt zusammen, während die Zeit unendlich gedehnt wird, also steht. Anders ausgedrückt: Von unserem *Bezugssystem aus gesehen, verschwinden sowohl Raum als auch Zeit im Licht – die *Raumzeit verschwindet.

Zum anderen verabschiedet sich die *Raumzeit da, wo sich – wieder aus unserem *Bezugssystem betrachtet – jemand dem Schwarzen Loch nähert. Die Zeit dieser Person dehnt sich immer mehr, bis sie am Rand des Schwarzen Lochs (Ereignishorizont) stehen bleibt. Der Raum wird entsprechend verzerrt, so dass er für uns aufhört zu existieren; Norbert Pailer spricht hier von einer „kosmischen Zensur", bei der wir von unserer Realität aus nie erfahren können, was jenseits dieser Grenze geschieht – jene Seite ist uns für immer verschlossen. In diesem Sinne verschwindet auch die *Raumzeit am bzw. im Schwarzen Loch.

In beiden Fällen, ob beim Zerstrahlen zu Licht oder ob auf dem Weg zum Schwarzen Loch, steht die Zeit, von unserem *Bezugssystem aus betrachtet. Salopp ausgedrückt heißt das: Wo die Zeit aus unserer Sicht steht, geht es entweder zum Licht oder zur Finsternis **[Abb. 80a]**.

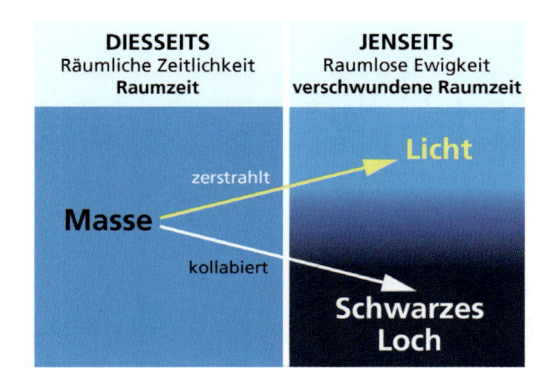

Abb. 80a: Das Ende der für uns zugänglichen Masse ist gekommen, wenn sie entweder zu Licht zerstrahlt oder zum Schwarzen Loch kollabiert. In beiden Fällen steht die Zeit und verschwindet der Raum; also verschwindet die Raumzeit. In der gleichnishaften Übertragung auf unser Leben bedeutet das: Wo die Masse (der Mensch) sich von dieser Welt verabschiedet, beginnt die Ewigkeit. Das ist der Übergang vom Diesseits zum Jenseits.

Als Gleichnis betrachtet bedeutet das: Irgendwann ist unsere Zeit hier abgelaufen; aus unserer diesseitig-vergänglichen Sicht hört die Zeit dann für uns auf. Atheisten meinen, dann würde alles aufhören; Gottes Wort aber sagt, dass es auch für die Seelen der Toten weitergeht – und das zeigt auch die Relativitätstheorie:

Im *Bezugssystem der Masse (bzw. der Person), die ins Schwarze Loch fällt, hört die Zeit nicht auf, sondern läuft ganz normal weiter; nur in unserem *Bezugssystem als Außenbeobachter bleibt die Zeit am Rand des Schwarzen Lochs stehen. Dasselbe gilt für die Masse, die zu Licht wird: Für dieses Licht geht die Zeit ganz normal weiter; nur in unserem *Bezugssystem als Außenbeobachter bleibt im Licht die Zeit stehen.

Die Masse des Universums, die nach $E = mc^2$ zu Licht wird, stellt im Gleichnis der Relativitätstheorie *die* Menschen dar, die für alle Ewigkeit bei Gott sein werden. Die

Masse des Universums hingegen, die übrigbleibt und schließlich vom Schwarzen Loch aufgesogen wird, das sind im Gleichnis *die* Menschen, die für alle Ewigkeit in der Gottesferne sein werden. Damit haben wir nicht nur in der Bibel, sondern auch im Gleichnis der Relativitätstheorie bzw. Astrophysik eine Aussage über das Ende aller Dinge.

Das sahen wir in Gottes Wort: Auf die einen wartet ewiges Leben in der Herrlichkeit Gottes, sie bekommen dann den „Anteil am Erbe der Heiligen im Licht"; denn sie sind „errettet aus der Macht der Finsternis und versetzt in das Reich des Sohnes seiner Liebe", haben sich also bekehrt „von der Finsternis zum Licht und von der Macht des Satans zu Gott, damit sie Vergebung der Sünden empfangen und ein Erbe".[858]

Auf die anderen wartet ewige Strafe in der Gottesferne, weil sie die Finsternis mehr geliebt haben als das Licht, wie Jesus gesagt hat: „Dies aber ist das Gericht, dass das Licht in die Welt gekommen ist, und die Menschen haben die Finsternis mehr geliebt als das Licht, denn ihre Werke waren böse." Sie werden „hinausgeworfen werden in die äußere Finsternis: da wird das Weinen und das Zähneknirschen sein".[859]

Dieses Endergebnis von Licht und Finsternis fasst Jesus am Schluss seiner Endzeitrede zusammen in dem einen Satz, den wir nun schon mehrfach gelesen haben: „Und diese werden hingehen zur ewigen Strafe, die Gerechten aber in das ewige Leben."[860] Diese zentrale Aussage Jesu bestimmt die Ewigkeit eines jeden Menschen.

Das provoziert sofort eine Frage, die auch jemand Jesus direkt gestellt hat: „Herr, sind es wenige, die errettet werden?"[861] Bevor wir lesen, wie Jesus dieser Person antwortete und was Gottes Wort insgesamt dazu sagt, schauen wir zunächst nach, was Jesus in seiner Schöpfung uns dazu sagt, nämlich im Gleichnis der Relativitätstheorie und in der Astrophysik.

5.4.2.2 Der schmale Weg zum Licht und der breite Weg ins supermassive Schwarze Loch

5.4.2.2.1 Das Verhältnis von Strahlung und Masse im heutigen Kosmos, auch als Gleichnis

Um zunächst im Gleichnis der Relativitätstheorie bzw. Astrophysik zu bleiben: Wie wird sich nach heutigem Kenntnisstand die Masse im ganzen Kosmos entwickeln? Wir fragen dabei nicht nach der Entwicklung einzelner Sterne, sondern nach der Entwicklung im ganzen Universum. Dabei interessiert uns nicht die Entstehung des Kosmos; von einer Betrachtung der Urknall-Hypothese bzw. dessen extrem frühe Epochen sehen wir ab; wir fragen nach dem heutigen Zustand.

---

858. Kolosser 1,12; 1,13; Apostelgeschichte 26,18.
859. Johannes 3,19; Matthäus 8,12.
860. Matthäus 25,46.
861. Lukas 13,23.

Konkret wollen wir von der Astrophysik wissen, ob im Universum mehr Masse so bleibt, wie sie ist, oder ob sich mehr Masse nach E = mc² in Licht zerstrahlt. Die Brockhaus-Bibliothek hat diese Frage für uns schon beantwortet:

> Die bestimmende Größe für die Entwicklung des Universums ist im Standardmodell die Gesamtenergiedichte, die in den Einsteinschen Feldgleichungen als Quelle der Gravitation die großräumige Dynamik bestimmt. Abgesehen von der extrem frühen Epoche direkt nach dem Urknall sind hier nur zwei Beiträge von Bedeutung: die Energiedichte der Materie und die Energiedichte der Strahlung.[862] Berechnungen zeigen, dass im heutigen Universum die Energiedichte der Strahlung um drei Größenordnungen kleiner ist als die Energiedichte der Materie. Daher spricht man von einem materiedominierten Universum.[863]

Für uns entscheidend ist die Aussage, dass die Energiedichte um drei Größenordnungen (also um den Faktor 1000) häufiger in Form von Materie vorliegt als in Form von Strahlung (Licht) – und die Materie verabschiedet sich von dem für uns zugänglichen Kosmos, wenn sie ein Schwarzes Loch aufgesogen wird.

In der Abbildung **[Abb. 80b]** ist die Aussage der Brockhaus-Bibliothek über die Energiedichte der Materie und die Energiedichte der Strahlung angedeutet durch einen dünnen Pfeil zum Licht und einen dicken Pfeil zum Schwarzen Loch; der dicke Pfeil müsste eigentlich 1000 Mal so dick sein wie der dünne.

Die Brockhaus-Bibliothek stammt noch aus dem letzten Jahrhundert und ist für viele Leser nicht zugänglich; aber jeder mit Internetzugang kann auf Wikipedia nachlesen. So wollen wir untersuchen, ob sich dieses Ergebnis auch heute (laut Wikipedia) bestätigt. Bei dem relevanten Artikel dürfen wir uns nicht verwirren lassen durch neuere For-

Abb. 80b: Der schmale Weg zum Licht und der breite Weg ins supermassive Schwarze Loch. Astronomische Abschätzungen zeigen, dass ganz grob abgeschätzt nur etwa ein Tausendstel der Masse zu Licht zerstrahlt.

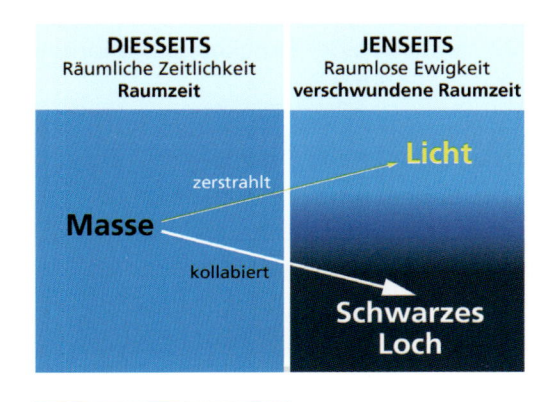

862. Seit dieser Brockhaus-Artikel geschrieben wurde, hat man entdeckt, dass das Universum sich beschleunigt ausdehnt; deshalb wird heute die dunkle Energie als entscheidender Faktor angesehen. Hier aber geht es nur um die uns bekannte „normale" Masse (Baryonische Materie, s. u.).
863. Brockhaus, Die Bibliothek, *Mensch · Natur · Technik · Band 1 Vom Urknall zum Menschen* (1999), S. 178.

schung über dunkle Energie und dunkle Materie; uns geht es im Zusammenhang mit $E = mc^2$ nur um die von Sternen abgegebene Strahlung, also die elektromagnetische Strahlung, und die vom Stern übrig bleibende Materie, und zwar um die uns längst bekannte, aus Atomen bestehende Materie.

Aufgrund neuerer astrophysikalischer Forschung ist beides, Sternstrahlung und -materie, zu unterscheiden von dunkler Energie und dunkler Materie. Um z. B. die uns bekannte „normale" Materie zu unterscheiden von der sog. dunklen Materie, spricht man in der Kosmologie und der Astrophysik bei ersterer (der „normalen") auch von Baryonischer Materie:

> Als Baryonische Materie bezeichnet man in der Kosmologie und der Astrophysik die aus Atomen aufgebaute Materie, um diese von dunkler Materie, dunkler Energie und elektromagnetischer Strahlung zu unterscheiden.[864]

Lassen wir die Energiedichte der dunklen Energie und der dunklen Masse beiseite, bleibt nach Wikipedia für die „gewöhnliche baryonische Materie" nur ein Beitrag von „0,0489" (bzw. $4,89 \cdot 10^{-2}$), während der heutige Beitrag der elektromagnetischen Strahlung $5,5 \cdot 10^{-5}$ beträgt.[865]

Damit bestätigt Wikipedia, dass der heutige Beitrag der Energiedichte durch elektromagnetische Strahlung im Verhältnis zur Energiedichte der „normalen" Materie etwa um drei Größenordnungen kleiner ist. Die nach $E = mc^2$ in elektromagnetische Strahlung umgesetzte Energie ist also etwa nur ein Tausendstel von dem, was an „normaler" Materie im Universum vorhanden ist.

In diesem Sinne (also unter Ausklammerung der dunklen Energie und dunklen Masse, über deren Natur bisher noch kaum etwas gesagt werden kann) – in diesem Sinne sind wir auch heute noch in einem materiedominierten Universum.[866] Damit bestätigt Wikipedia von heute (Stand: 15.05.2020/Mai 2020) das Zitat aus der Brockhaus-Bibliothek vom letzten Jahrhundert.

Auf dieselbe Größenordnung im Verhältnis von Masse zu Licht (bzw. Energie) kommt man auch, wenn man von der geschätzten Lebensdauer unserer Sonne ausgeht, das sind 5 Mrd. Jahre. Berechnet man, welcher Anteil der Masse während dieser 5 Mrd. Jahre in Energie umgesetzt wird, so kommt man auf 0,034 Prozent, also dieselbe Größenordnung (bzw. noch mehr als einen Faktor 1000).[867]

---

864. https://de.wikipedia.org/wiki/Baryon#Baryonische_Materie_in_der_Kosmologie.
865. https://de.wikipedia.org/wiki/Dichteparameter (Stand: 15.05.2020).
866. Deswegen brauchen uns also Aussagen über sehr ferne Galaxien mit Fluchtgeschwindigkeiten, die größer sind, als in einem materiedominierten Universum zu erwarten wäre, in keinster Weise zu irritieren – denn gerade aufgrund dieser Beobachtung hat man ja die (hypothetische!) dunkle Energie eingeführt.
867. Die Berechnung findet sich in http://solar-center.stanford.edu/FAQ/Qshrink.html.

Als Gleichnis betrachtet, bedeutet das: Nur wenige kommen zum Licht, also zur ewigen Herrlichkeit bei Gott; die Vielen dagegen bleiben in ihrer sündigen Natur, bis der Tod sie ereilt und zur ewigen Gottesferne in der Finsternis führt (im Gleichnis der Physik: bis die Masse vom Schwarzen Loch aufgesogen wird). Um Missverständnisse zu vermeiden, sei deutlich gesagt: Wie viele letztlich gerettet werden und wie viele verloren gehen, lässt sich daraus freilich nicht abschätzen, da es sich nur um ein Gleichnis handelt.

Von der allgemeinen Relativitätstheorie (ART) haben wir gelernt, dass die Struktur (Krümmung) der *Raumzeit bestimmt wird durch die Masse; beides ist untrennbar miteinander verbunden, also die *Raumzeit mit der in ihr vorhandenen Masse [Abb. 63]. Im Gleichnis ist das materiedominierte Universum die mehrheitlich materialistisch-diesseitig-vergängliche Ausrichtung der Menschen. Über solche Menschen hat Jesus gesagt: „Ihr seid von dieser Welt", und Paulus warnt die Philipper vor denen, „die auf das Irdische sinnen".[868]

Aber wenn Masse sich selbst aufgibt und zu Licht wird, verschwindet nicht nur die Masse (nach $E = mc^2$), sondern auch Raum und Zeit (aufgrund von Längenschrumpfung auf null und Zeitdehnung auf unendlich, also Zeitstillstand). Doch das ist, wie gesagt, nur etwa ein Tausendstel, rund ein Promille der Masse des Universums.

Im Gleichnis sind die sich selbst aufgebende Masse jene, die nicht von dieser Welt sind. Die Verwandlung zum Licht führt aus der materialistisch-diesseitig-vergänglichen Welt heraus „zum Anteil am Erbe der Heiligen im Licht"[869]. Jesus hat von sich selbst gesagt: „Ich bin nicht von dieser Welt", und zu seinen Jüngern sagte er: „Wenn ihr von der Welt wäret, würde die Welt das Ihre lieben; weil ihr aber nicht von der Welt seid, sondern ich euch aus der Welt erwählt habe, darum hasst euch die Welt." In ebendieser Gesinnung ermahnt Paulus die Christen: „Sinnt auf das, was droben ist, nicht auf das, was auf der Erde ist!"[870]

5.4.2.2.2 Der schmale Weg und der breite Weg

Das Gleichnis des materiedominierten Universums führt uns zurück zu der Frage, die jemand Jesus ganz direkt gestellt hat: „Herr, sind es wenige, die errettet werden?" Jesu Antwort darauf war: „Ringt danach, durch die enge Pforte hineinzugehen; denn viele, sage ich euch, werden hineinzugehen suchen und werden es nicht können."[871]

Jesus spricht hier von einer „engen Pforte" und davon, dass selbst viele von denen, die hineinzugehen suchen, davon ausgeschlossen sind. Wem das nicht deutlich genug ist, für den sagt Jesus es noch deutlicher im letzten Kapitel der Bergpredigt: „Geht hinein durch die enge Pforte! Denn weit ist die Pforte und breit der Weg, der zum Verderben

---

868. Johannes 8,23; Philipper 3,19.
869. Kolosser 1,12.
870. Johannes 8,23; 15,19; Kolosser 3,2.
871. Lukas 13,23–24.

führt, und viele sind, die auf ihm hineingehen. Denn eng ist die Pforte und schmal der Weg, der zum Leben führt, und wenige sind, die ihn finden."[872]

Ich schließe mich der Vermutung von Johannes Steffens an,

> dass die Bibel die Frage, wie viele gerettet werden, quantitativ gesehen vorsätzlich offenlässt. [...] Es ist ein schmaler Weg, weil er nicht menschlicher Intuition entspringt. Deshalb findet er sich kaum in den großen Lebensphilosophien der Menschheit wieder. Was Menschen sich ausdenken können, ist de facto Selbsterlösung; aber dieser Weg der Selbsterlösung ist nach der Aussage der Heiligen Schrift nicht möglich. Die Bibel umschreibt das Ziel als eine enge Pforte. Sie ist eng, weil all die Lösungswege, die den Religionen entspringen, die Pforte verfehlen.[873]

Aber auch wenn wir nicht abschätzen sollen, wie viele gerettet werden und wie viele verloren gehen, sollte jeder sich durch dieses Wort ernstlich warnen lassen und fragen, wo er selbst steht! Umkehr von den eigenen, gottlosen Wegen ist wichtig und auch notwendig; aber letztlich ist es die Erkenntnis der Liebe Gottes, die zur rechten Umkehr führt – und es ist reine Gnade, dahin zu gelangen.[874] Denn verdient hat das keiner!

Jesu zentrale Aussage über die ewige Zukunft der Menschen auf dem breiten und dem schmalen Weg ist die Zusammenfassung eines Themas, das die Bibel von Anfang bis Ende durchzieht.

Die oft wiederkehrende Warnung vor dem breiten Weg ins Verderben finden wir im AT im Wesentlichen nur als Schatten dieser vergänglichen Welt.[875] Mit „Schatten dieser vergänglichen Welt" möchte ich ausdrücken, dass das plötzliche Weggerafftwerden vieler Menschen einen Vorgeschmack gibt vom ewigen Verderben in der Gottesferne.

Solch einen Vorgeschmack gab Gott im AT überdeutlich durch das Gericht der Sintflut, nachdem „die Arche gebaut wurde, in die wenige, das sind acht Seelen, durchs Wasser hindurch gerettet wurden"[876]. Die Vielen auf dem breiten Weg ins Verderben waren damals alle übrigen Menschen außer jenen acht.

So schrecklich das Gericht der Sintflut auch war, es gab doch nur einen Vorgeschmack auf das ewige Verderben der vielen, die eines Tages vor Jesus stehen – und der ist dann nicht ihr Retter, sondern ihr Richter. So unterschiedlich, ja, individuell das Urteil vor dem großen leuchtenden Thron ausfallen wird: Für sie alle wird es lauten: „Ewige Strafe in der Gottesferne!"

---

872. Matthäus 7,13–14.
873. Die hier zitierte Aussage (sowie andere Anregungen) hat Johannes Steffens geschrieben als Kommentar zum Entwurf dieses Kapitels (sowie zum ganzen Buch).
874. Römer 2,4; Titus 2,11–12; Matthäus 19,25; Johannes 3,16; 6,37; Epheser 2,8–9.
875. Hebräer 10,1 besagt, das Gesetz (womit häufig das ganze AT gemeint ist) sei nur ein Schatten der zukünftigen Güter.
876. 1. Petrus 3,20.

Bald nach Noah verbreitete sich wieder Gottlosigkeit mit Götzendienst; aber Gott erwählte Abraham, Sara und Lot, um etwas Neues anzufangen. Als Lot später in Sodom wohnte, zeigte sich, dass jene Stadt nicht einmal zehn Gerechte vorweisen konnte; so verhängte Gott das Gericht über diese Stadt, er ließ Feuer und Schwefel auf sie regnen.[877]

Gott hatte Abraham erwählt, um mit seinen Nachfahren, den Israeliten, einen Bund zu schließen und sie als Volk Gottes anzunehmen. Sie sollten ein Zeugnis sein für die vielen anderen heidnischen, gottlosen Völker.

Im Vergleich zu den vielen gottlosen Völkern war dieses kleine, von Gott erwählte Volk Israel ein kleines Häuflein – und dennoch gingen auch innerhalb dieses Volkes nur wenige auf dem schmalen Weg, der Gott gefällt. Nachdem Gott Israel aus der Sklaverei in Ägypten befreit und in die Wüste geführt hatte, heißt es z. B. rückblickend: „Doch an den meisten von ihnen hatte Gott kein Wohlgefallen: Sie wurden in der Wüste niedergestreckt."[878] Ausdrücklich genannt werden zwei Ausnahmen: Josua und Kaleb waren die einzigen Überlebenden ihrer Generation,[879] sie wurden nicht „in der Wüste hinweggerafft".

Dieses Trauerspiel bei der Mehrheit des Volkes Israel zieht sich durch seine ganze Geschichte hindurch; immer wieder verfielen sie dem Götzendienst, so dass z. B. Jesaja von diesen Wenigen als vom „Überrest"[880] spricht. Die Propheten standen recht einsam da, von Elia und Jeremia wird das ausdrücklich gesagt. Auch unter den übrigen Völkern gab es nur wenige, Einzelne – Ausnahmen wie Rahab und Rut –, die aufgrund der Begegnung mit dem Volk Israel mit ihrem ganzen Herzen auf Gott reagierten.[881]

Als Jesus geboren wurde, zählten zu den Wenigen auf dem schmalen Weg – laut Matthäus 2 – jene Weisen (bzw. Sterndeuter, Magier) aus dem Morgenland, aus dem Osten; dagegen reagierten die Vielen, nämlich ganz Jerusalem (und Herodes sowieso), schon bei der Geburt des Messias mit Erschrecken – und die Schriftgelehrten gaben, als sie von der Ankunft des Messias hörten, nur gleichgültig Sachwissen kund.[882]

Nach der Darstellung des Lukas-Evangeliums gehörten Maria und Josef, Zacharias und Elisabeth, die Hirten sowie Simeon und Hanna zu den wenigen, die den so lange vorhergesagten Messias freudig begrüßten.[883]

Im ersten Kapitel des Johannes-Evangeliums wird das Gesamtbild der Vielen gleich zweimal zusammengefasst, zunächst mit den Worten „Und das Licht scheint in der Finsternis, und die Finsternis hat es nicht erfasst" und einige Verse später nochmals:

---

877. 1. Mose 18,27–19,24.
878. 5. Mose 4,6–8; Zitat (aus Züricher Bibel, 2. Auflage; 2007): 1. Korinther 10,5
879. 4. Mose 14,30.38; 26,65.
880. Jesaja 1,9; 10,20–22; 11,11.16; 14,22.30; 15,9; 16,14; 17,3; 28,5; 37,4.32; 46,3; vgl. Römer 9,27; 11,5.
881. Elia: 1. Könige 19,10//Römer 11,3. Jeremia: Jeremia 1,18–19; 15,17.20. Rahab: Josua 2. Rut: Rut 1.
882. Matthäus 2,1.10-11; 2,3; 2,4-6
883. Lukas 2,8.15–17; 2,25–38.

„Er kam in das Seine, und die Seinen nahmen ihn nicht an"; erst danach hört man von den Ausnahmen, die nicht in dieses Gesamtbild hineinpassen. Von ihnen heißt es: „So viele ihn aber aufnahmen, denen gab er das Recht, Kinder Gottes zu werden, denen, die an seinen Namen glauben; die [...] aus Gott geboren sind."[884]

In der weiteren Darstellung des Johannes-Evangeliums waren es dann zwar große Volksmengen, die Jesu Zeichen sehen wollten, aber aus fragwürdigen Motiven, so dass Jesus sich ihnen nicht anvertraute. Und wie wir schon gesehen haben, blieben nach der wundersamen Speisung von 5000 Männern nur wenige übrig, auch nur wenige Jünger – die, die ihn als Messias erkannt hatten und nach ewigem Leben suchten.[885]

Wenn Petrus in der Pfingstpredigt mahnt: „Lasst euch retten aus diesem verkehrten Geschlecht!", dann ist offensichtlich, dass das „verkehrte Geschlecht" die Vielen sind, während jene, die sich daraus retten lassen, zu den Wenigen auf dem schmalen Weg gehören. Dasselbe Bild ergibt sich im Brief des Paulus an die Philipper, wo er schreibt: „Tut alles ohne Murren und Zweifel, damit ihr tadellos und lauter seid, unbescholtene Kinder Gottes inmitten eines verdrehten und verkehrten Geschlechts, unter dem ihr leuchtet wie Himmels-Lichter in der Welt."[886]

Im Gleichnis der Relativitätstheorie bzw. Astrophysik ist dies das von den Sternen ausgestrahlte Licht – nur ca. ein Tausendstel im Vergleich zur zurückbleibenden Masse.

Werfen wir nun noch einen Blick in die Zukunft, wenn bisher noch nie dagewesenes Leid die Menschheit treffen wird als letzte Warnung, bevor Jesus in seiner Allmacht und Herrlichkeit vom Himmel wiederkommt.

Im letzten Buch der Bibel, der Offenbarung, wird zwar gesagt, dass dieses große Leid noch viele zur Umkehr führt:

> Nach diesem sah ich: und siehe, eine große Volksmenge, die niemand zählen konnte, aus jeder Nation und aus Stämmen und Völkern und Sprachen, stand vor dem Thron und vor dem Lamm, bekleidet mit weißen Gewändern [...] Diese sind es, die aus der großen Bedrängnis kommen, und sie haben ihre Gewänder gewaschen und sie weiß gemacht im Blut des Lammes.[887]

Das zeigt, dass dieses Leid mit Blick auf die Ewigkeit nicht vergeblich gewesen sein wird. Aber gemessen an der ganzen Menschheit sind auch das nur wenige; das Gesamtbild der Menschheit zu jener Zeit lautet:

---

884. Johannes 1,5.11.12-13
885. Johannes 2,18.23-25; 6,10.66-69.
886. Apostelgeschichte 2,40; Philipper 2,14-15.

Und die übrigen der Menschen, die durch diese Plagen nicht getötet wurden, taten auch nicht Buße von den Werken ihrer Hände, nicht mehr anzubeten die Dämonen und die goldenen und die silbernen und die bronzenen und die steinernen und die hölzernen Götzenbilder, die weder sehen noch hören noch wandeln können. Und sie taten nicht Buße von ihren Mordtaten, noch von ihren Zaubereien, noch von ihrer Unzucht [Hurerei], noch von ihren Diebstählen.[888]

5.4.3 Die Notwendigkeit der ewigen Trennung von Licht und Finsternis

5.4.3.1 Selbst Licht wird von Schwarzen Löchern aufgesogen und damit zur Finsternis

Die supermassiven Schwarzen Löcher mit millionen- oder gar milliardenfacher Sonnenmasse werden wie der Strudel am Abfluss der Badewanne immer mehr Masse an sich ziehen und verschlucken, seien es mittelschwere oder stellare Schwarze Löcher, seien es Neutronensterne, Weiße Zwerge, Sterne, Planeten und kosmischer Staub: Keine Masse ist dann noch davor sicher.

Das gilt nicht nur für Masse, sondern auch für Licht: Auch Licht, das dem Schwarzen Loch zu nahe kommt, wird eingefangen und verschluckt. Je länger dieser Prozess voranschreitet, je dominanter und „gefräßiger" würden die supermassiven Schwarzen Löcher und schließlich, wenn dieser Kosmos lange genug oder ewig bestände, hätte die Finsternis des Schwarzen Lochs das letzte Wort.

5.4.3.2 Das Gleichnis für die ewige Trennung von Licht und Finsternis durch die neue Schöpfung

Dieses Problem, dass das Böse bzw. die Finsternis in dieser Welt sich mehr und mehr ausbreitet und durchsetzt, kommt auch in der Bibel reichlich zur Sprache – das ergibt sich schon aus der Tatsache, dass es der breite Weg ist, der ins Verderben führt. Dieser breite Weg der Vielen würde zunehmend breiter werden und schließlich auch den schmalen Weg der Wenigen gänzlich auslöschen; aber Gott hat immer wieder eingegriffen und tut es noch.

In der Sintflut hat Gott die Gottlosigkeit ausgetilgt. Wie, wenn er mit Noah und seiner Familie keinen Neuanfang gemacht hätte? Es wäre doch nur eine Frage von einer oder

---

887. Offenbarung 7,9.14.

888. Offenbarung 9,20–21.

wenigen Generationen gewesen, bis auch diese eine gottesfürchtige Familie sich dem Strom der Gottlosigkeit ergeben hätte?[889]

Wie, wenn Gott nach der Sintflut nicht den Abraham erwählt hätte?[890] Dann hätte er kein Volk Gottes, kein Israel entstehen lassen, folglich wäre das letzte Zeugnis über den allmächtigen Schöpfer untergegangen.

Als dann dieses Volk Israel in Ägypten versklavt war und alle männlichen Säuglinge ertränkt wurden, wäre es nur eine Frage der Zeit gewesen, bis auch dieses Zeugnis verstummt wäre. Aber Gott hat auch hier eingegriffen: Er rettete Mose davor, ertränkt zu werden, und befreite durch seine Hand das Volk Israel – natürlich nicht ohne sein, Gottes, übernatürliches Eingreifen.[891]

In der Wüste, dem Trend zum Bösen folgend, wurden sie ein Volk des Unglaubens und murrten bei jeder größeren Schwierigkeit. Dann sandte Mose zwölf angesehene Leiter aus, um das Land Kanaan zu erkunden. Zehn der zwölf Kundschafter reagierten im Unglauben und verbreiteten ein „böses Gerücht" – und das ganze Volk übernahm es bereitwillig. Nur zwei Kundschafter, Josua und Kaleb, reagierten im Glauben und ermutigten die anderen, im festen Vertrauen auf Gott gegen Kanaan zu ziehen. Daraufhin wollte das Volk die beiden steinigen und das hätten sie auch getan, hätte Gott nicht wieder eingegriffen, ihr Vorhaben verhindert und bestimmt, dass umgekehrt von den wehrfähigen Männern nur Josua und Kaleb in das Land Kanaan kommen sollten, alle anderen sollten in der Wüste sterben.[892]

Dieses Muster, dass Gott eingreift und die Menschheit vor dem Abrutschen in die völlige Finsternis bewahrt, dieses Muster zieht sich durch die ganze Bibel.
In den Psalmen ist immer wieder die Rede von dieser Übermacht der Gottlosen mit der Bitte an Gott, daraus zu retten:

> In Hochmut verfolgt der Gottlose den Elenden. Sie werden erfasst von den Anschlägen, die jene ersonnen haben. Denn der Gottlose rühmt sich wegen des Begehrens seiner Seele; und der Habsüchtige lästert, er verachtet den HERRN [...] Er sitzt im Hinterhalt der Höfe, in Verstecken bringt er den Unschuldigen um; seine Augen spähen dem Armen nach. Er lauert im Versteck wie ein Löwe in seinem Dickicht; er lauert, um den Elenden zu fangen; er fängt den Elenden, indem er ihn in sein Netz zieht. Er zerschlägt, duckt sich nieder; und die Armen fallen durch seine gewaltigen Kräfte.[893]

---

889. 1. Mose 6,5-8.22; 7,21-24
890. 1. Mose 12,1-3
891. 2. Mose 1,22; 2,1-10; 14,28-30.
892. 4. Mose 13,1-2.31-33; 14,1-2.6-10.30
893. Psalm 10,2-3.8-10.

Oder:

> Rette, HERR! – denn der Fromme ist dahin, denn die Treuen sind verschwunden unter den Menschenkindern. Sie reden Lüge, ein jeder mit seinem Nächsten; mit glatter Lippe, mit doppeltem Herzen reden sie. […] Ringsum wandeln Gottlose, während Gemeinheit emporkommt bei den Menschenkindern.[894]

Und so schreiben auch die Propheten: „Der Gerechte kommt um, aber es gibt keinen, der es zu Herzen nimmt. Und die treuen Männer werden hinweggerafft, ohne dass jemand es beachtet. Ja, vor der Bosheit wird der Gerechte hinweggerafft." Die wenigen, die dennoch für Gerechtigkeit eintreten, werden von den anderen gehasst: „Sie hassen den, der im Tor Recht spricht, und den, der unsträflich redet, verabscheuen sie", so dass die anderen es nicht mehr wagen, Ungerechtigkeit anzuprangern: „Darum schweigt der Einsichtige in dieser Zeit, denn eine böse Zeit ist es."[895]

Im NT zeichnet Paulus am Anfang des Römerbriefes grundsätzlich dasselbe Bild:

> erfüllt mit aller Ungerechtigkeit, Bosheit, Habsucht, Schlechtigkeit, voll von Neid, Mord, Streit, List, Tücke; Ohrenbläser, Verleumder, Gotteshasser, Gewalttäter, Hochmütige, Prahler, Erfinder böser Dinge, den Eltern Ungehorsame, Unverständige, Treulose, ohne natürliche Liebe, Unbarmherzige. Obwohl sie Gottes Rechtsforderung erkennen, dass die, die so etwas tun, des Todes würdig sind, üben sie es nicht allein aus, sondern haben auch Wohlgefallen an denen, die es tun.[896]

Und über die letzte Zeit heißt es:

> Denn die Menschen werden selbstsüchtig sein, geldliebend, prahlerisch, hochmütig, Lästerer, den Eltern ungehorsam, undankbar, unheilig, lieblos, unversöhnlich, Verleumder, unenthaltsam, grausam, das Gute nicht liebend, Verräter, unbesonnen, aufgeblasen, mehr das Vergnügen liebend als Gott.[897]

Gottes Wort sagt voraus, dass dieser Strudel der Finsternis münden wird in eine Weltregierung mit dem Antichrist als Weltdiktator:

> Denn dieser Tag kommt nicht, es sei denn, dass zuerst der Abfall gekommen und der Mensch der Gesetzlosigkeit offenbart worden ist, der Sohn des Verderbens; der sich widersetzt und sich überhebt über alles, was Gott heißt oder Gegenstand der Verehrung ist, so dass er sich in den Tempel Gottes setzt und sich ausweist,

---

894. Psalm 12,2–3.9.
895. Jesaja 57,1; Amos 5,10.13.
896. Römer 1,29–32.
897. 2. Timotheus 3,2–4.

> dass er Gott sei. [...] und dann wird der Gesetzlose offenbart werden [...]; ihn, dessen Ankunft gemäß der Wirksamkeit des Satans erfolgt mit jeder Machttat und mit Zeichen und Wundern der Lüge und mit jedem Betrug der Ungerechtigkeit für die, welche verloren gehen, dafür, dass sie die Liebe der Wahrheit zu ihrer Errettung nicht angenommen haben. Und deshalb sendet ihnen Gott eine wirksame Kraft des Irrwahns, dass sie der Lüge glauben, damit alle gerichtet werden, die der Wahrheit nicht geglaubt, sondern Wohlgefallen gefunden haben an der Ungerechtigkeit.[898]

In diesem Strudel der Finsternis (im Gleichnis der Physik: im alles aufsaugenden supermassiven Schwarzen Loch) würde die ganze Menschheit untergehen, wenn Gott nicht auch in der Zukunft – und zwar gerade beim hier angekündigten Gipfel der Bosheit, dem Antichristen und der dann existierenden Weltregierung – wieder eingreifen würde.

Um zu sehen, wie Gott dann eingreift, müssen wir auch die eben ausgelassenen Worte zwischen den zitierten Bibelversen lesen:

> und dann wird der Gesetzlose offenbart werden, den der Herr Jesus beseitigen wird durch den Hauch seines Mundes und vernichten durch die Erscheinung seiner Ankunft; ihn, dessen Ankunft gemäß der Wirksamkeit des Satans erfolgt.[899]

Würde Gott nicht eingreifen, wie er es bei der Wiederkunft Christi tun wird, dann würde das Volk Israel[900] enden in diesem Sog der Finsternis. Würde Jesus nicht wiederkommen, dann würde die Menschheit – auch alle, die noch nach Gerechtigkeit und Liebe trachten, auch alle Christen – enden in diesem Sog des „Schwarzen Lochs". Realistisch betrachtet gäbe es ohne Gott, ohne die Zusagen von Gottes Wort, keine Hoffnung, weder im direkten Sinne der Physik noch im Gleichnis.

Aber Gott hat dem schon reichlich die Gottlosigkeit aufgehalten und auch in Zukunft wird er dieser Entwicklung entgegenwirken. So heißt es von Anfang an zunächst im Gleichnis der Schöpfung: „Gott schied das Licht von der Finsternis." Im Laufe der Bibel kristallisiert sich dann mehr und mehr heraus, dass Licht und Finsternis durchaus personal gemeint sind, etwa wenn es heißt: „Und das Licht scheint in der Finsternis, und die Finsternis hat es nicht erfasst", oder: „Geht nicht unter fremdartigem Joch mit Ungläubigen! Denn welche Verbindung haben Gerechtigkeit und Gesetzlosigkeit? Oder welche Gemeinschaft Licht mit Finsternis?"[901]

Entsprechend dem Plan Gottes zur Scheidung von Licht und Finsternis bzw. zur Scheidung der (durch Jesu Blut) Gerechten und der Gottlosen hat ein Psalm-Schreiber schon Jahrhunderte vor dem ersten Kommen Jesu gesagt: „Denn das Zepter der Gott-

---

[898] 2. Thessalonicher 2,3–4.8–12.
[899] 2. Thessalonicher 2,8–9.
[900] Sacharja 12,3.9–10; 14,1–3; Römer 11,25–26.
[901] 1. Mose 1,4; Johannes 1,5; 2. Korinther 6,14.

losigkeit wird nicht mehr ruhen auf dem Erbe der Gerechten, damit nicht auch die Gerechten ihre Hände nach Unrecht ausstrecken."[902]

Gott wird also eingreifen und verhindern, dass – im Gleichnis der Relativitätstheorie bzw. Astrophysik gesprochen – das Licht verschluckt wird vom supermassiven Schwarzen Loch, auch wenn die globale Gottlosigkeit im Antichristen gipfeln wird bzw. im „Mensch der Gesetzlosigkeit [...] mit Zeichen und Wundern der Lüge und mit jedem Betrug der Ungerechtigkeit".[903]

Zwar wird es dann hier auf dieser Erde zunächst so viel Leid geben wie nie zuvor: „Denn dann wird große Bedrängnis sein, wie sie von Anfang der Welt bis jetzt nicht gewesen ist und auch nie sein wird", aber Gott wird dadurch vor noch Schlimmerem bewahren. Insbesondere wird er die Christen, die in der Bibel auch als „Kinder des Lichts" und als „Auserwählten" bezeichnet werden, vor Schlimmerem bewahren, indem er diese schreckliche Zeit verkürzt – denn gleich im nächsten Vers heißt es: „Und wenn jene Tage nicht verkürzt würden, so würde kein Fleisch gerettet werden; aber um der Auserwählten willen werden jene Tage verkürzt werden."[904]

Allerdings greift Gott nicht jederzeit ein, sondern lässt für eine begrenzte Zeit das Licht in der Finsternis und lässt dabei der Finsternis ihren Lauf, weil er auch damit seinen Plan hat.

In diesem Leben bzw. in dieser Schöpfung sagt Jesus: „Lasst beides zusammen wachsen." Denn die „Kinder des Lichts" sollen ja in dieser finsteren Welt leuchten, wie Jesus gesagt hat: „So soll euer Licht leuchten vor den Menschen." Sie sollen leuchten „inmitten eines verdrehten und verkehrten Geschlechts [...] wie Himmels-Lichter in der Welt".[905]

Es gehört zur Charakterschulung der Christen dazu, dass sie von der Finsternis versucht werden und so lernen, der Versuchung zu widerstehen. Deshalb sagte Jesus: „Denn es ist notwendig, dass Verführungen kommen." Entsprechend diesem Charaktertraining ist gesagt: „Haltet es für lauter Freude, meine Brüder, wenn ihr in mancherlei Versuchungen geratet, indem ihr erkennt, dass die Bewährung eures Glaubens Ausharren bewirkt. Das Ausharren aber soll ein vollkommenes Werk haben, damit ihr vollkommen und vollendet seid."[906] Aber wir müssen festhalten: Alle Versuchung ist zeitlich begrenzt.

Diese zeitliche Begrenzung ist unsere kurze Zeit hier auf Erden, das irdische, vergängliche Leben; nach diesem Leben wird es eine ewige Trennung geben zwischen Licht und Finsternis.

---

902. Psalm 125,3.
903. 2. Thessalonicher 2,3.9-10
904. Matthäus 24,21; Epheser 5,8 (s. Lukas 16,8); Matthäus 24,22.
905. Matthäus 13,30; 5,16; Philipper 2,15.

Jesu Bericht von einem namenlosen Reichen und dem armen Lazarus zeigt uns diese Trennung, diese Kluft; sie dient nicht nur dazu, dass das Licht nicht von der Finsternis verschluckt wird, sondern auch als Ausgleich zur Gerechtigkeit. So sagt Abraham dem Reichen nach dessen Tod:

> Gedenke, dass du dein Gutes völlig empfangen hast in deinem Leben und Lazarus ebenso das Böse; jetzt aber wird er hier getröstet, du aber leidest Pein. Und zu diesem allen ist zwischen uns und euch eine große Kluft festgelegt, damit die, welche von hier zu euch hinübergehen wollen, es nicht können, noch die, welche von dort zu uns herüberkommen wollen.[907]

Jesus hat diese ewige Kluft so ausgedrückt. „Und diese werden hingehen zur ewigen Strafe, die Gerechten aber in das ewige Leben", und im letzten Buch der Bibel wird diese ewige Trennung, der Ort der „ewigen Strafe", bezeichnet als „zweiter Tod" und „Feuersee". Der Ort des „ewigen Lebens" hingegen wird „Jerusalem aus dem Himmel" genannt – von diesem Ort wird gesagt, er habe die „Herrlichkeit Gottes".[908]

5.4.4 Kann das wirklich wahr sein?

Kann das wirklich wahr sein, was die Bibel und das Gleichnis der Relativitätstheorie aussagen? Wie Einstein und Eddington anfangs die Vorstellung von Schwarzen Löchern rundweg ablehnten, so erging es auch mir zunächst mit der gleichnishaften Übertragung dieser Schwarzen Löcher. Um es ganz offen und direkt zu sagen: Diese Vorstellung, dass die Vielen auf dem breiten Weg ins Verderben sind, also zur ewigen Trennung von Gott mit ewiger Strafe, fand ich so schockierend, dass ich eine Zeit lang mit dem Evangelium und der Bibel nichts mehr zu tun haben wollte. „Das darf doch nicht wahr sein!", dachte ich damals. – Kann das wirklich wahr sein?

Um die Frage zu präzisieren: Wenn es einen allmächtigen, ewigen Gott der absoluten Gerechtigkeit gibt und wenn der ein Gott der absoluten Liebe ist, kann dann das Evangelium, so wie es in der Bibel steht, wirklich wahr sein?

Man kann die Frage aber auch umkehren: Wenn ein Gott der absoluten Gerechtigkeit und der absoluten Liebe existiert, gibt es dann überhaupt eine andere Möglichkeit als die des Evangeliums, so wie es in der Bibel steht? Ich habe das logisch durchdacht und keine andere Möglichkeit gefunden, als diese Frage zu bejahen. Hier folgt eine kurze Skizze der Logik, die mich zu diesem Ergebnis gebracht hat.

---

906. Matthäus 18,7; Jakobus 1,2–4.
907. Lukas 16,25-26

908. Matthäus 25,46; Offenbarung 20,14–15; 21,2.11.

5.4.4.1 Die Grundlage: Gott ist Liebe und er ist gerecht

Ein Gott der absoluten Liebe, der uns geschaffen hat zu einem persönlichen Gegenüber, zu einer Liebesbeziehung wie in Ehe und Familie,[909] solch ein Gott kann uns nicht wie Marionetten behandeln. Denn echte Liebe setzt Freiheit voraus und diese Freiheit ist nur dann vorhanden, wenn ich zu Gottes Plan auch „Nein" sagen kann.

Würde Gott immer sofort eingreifen, bei jedem Unrecht, jeder Lieblosigkeit und jeder Untreue, hieße das praktisch, dass er den Menschen mehr oder weniger als Marionette behandelte. Da Gott aber ein Gott der Liebe ist und deshalb eine echte, auf Freiwilligkeit beruhende Liebesbeziehung möchte, ist diese Möglichkeit ausgeschlossen. Also muss Gott seinen Geschöpfen die Freiheit geben, eigene Wege zu gehen ohne Gott, gottlose Wege zu gehen, den eigenen egoistischen, kurzsichtigen Willen zu tun, auch Böses zu tun.

Das gilt schon für die Engel: Satan und seine Engel sind eigene Wege gegangen. Der Vergleich zweier Bibelstellen legt nahe, dass Satan sich an die Stelle Gottes setzen, selber Gott sein wollte.[910] Auf jeden Fall ist er der Widersacher Gottes und tut alles, um Menschen von Gott abzubringen und sie zu verführen.[911] Denn zu Satans eigenen Wegen gehörte nicht nur, einen Teil der Engel auf seine Seite zu bringen; er wollte auch die Menschen dazu verführen, sich an die Stelle Gottes zu setzen, selber wie Gott zu sein, auch was die Erkenntnis von Gut und Böse angeht – diese Verführung der Menschheit gelang Satan schon bei den ersten Menschen.[912]

Die Logik der Freiheit generell sagt: Wem ich vertraue, dem gebe ich Macht über mich. So kamen schon die ersten Menschen unter die Macht Satans – und die meisten der Nachfahren von Adam und Eva folgten (gehorchten) lieber ihren Vätern als dem Gott, der sie geschaffen hatte und der einen Erlösungsplan für sie bereithielt. Denn Gott hatte schon auf den ersten Seiten der Bibel seinen Plan zur Errettung angedeutet, der Rettung von diesem Weg in den Abgrund, und diesen Plan von Anfang an prophezeit;[913] aber die Mehrheit hat ihn bis heute ignoriert, ja, verworfen.

Ein Gott der absoluten Gerechtigkeit kann allerdings die vielen Ungerechtigkeiten der Menschen nicht einfach so stehen lassen, sondern muss sie dafür zur Rechenschaft ziehen. So schrecklich das Ergebnis für jene ist, die das Evangelium abgelehnt haben,

---

909. Gegenüber: 1. Mose 1,27. Ehe: 2. Korinther 11,2; Epheser 5,31–32; Offenbarung 19,7–8. Familie: Johannes 20,17; Römer 8,19.29. Gemeinschaft/Einheit: 1. Johannes 1,3; Johannes 17,22.
910. Vergleiche Jesaja 14,12–14 mit Hesekiel 28,14–15.17. Zwar ist hier einerseits vom König von Babel (bei Jesaja) bzw. König von Tyrus (bei Hesekiel) die Rede; das aber kann nur ein Schatten einer höheren Macht dahinter sein, da anderseits vom „schirmenden Cherub" die Rede ist, also einem besonderen Engelwesen – offensichtlich Satan.
911. 1. Petrus 5,8; Offenbarung 12,9–10.
912. Satan und seine Engel: Matthäus 25,41. Offenbarung 12,9. Als Mensch wie Gott sein (auch im Wissen darum, was „gut" und „böse" ist): 1. Mose 3,5.
913. Den Vätern gefolgt (statt Gottes Erlösungsplan): 1. Petrus 1,18. Erlösungsplan von Anfang an prophezeit: 1. Mose 3,15.

es gäbe etwas unendlich Schrecklicheres: Wenn all die Gräueltaten, die im Verborgenen passiert sind, nie ans Licht gebracht würden, wenn für alle Ewigkeit diejenigen das letzte Wort hätten, die sich am brutalsten durchsetzen, wenn es also keine absolute Gerechtigkeit gäbe – das wäre unendlich schrecklicher.

Denn dann wäre das Leben völlig hoffnungslos, bedeutungslos und sinnlos. Es wäre auch sinnlos, heute überhaupt noch Gerechtigkeit zu erwarten, geschweige denn, gerecht zu leben. Keiner würde zur Rechenschaft gezogen für die Vergasung der sechs Millionen Juden: Ein Hitler macht Selbstmord und wäre mit diesem Abschluss seines Lebens aller Verantwortung enthoben! Wären all jene, die solches getan und das nicht echt und freiwillig bereut und so durch Umkehr Gnade erlangt haben – wären solche uneinsichtigen Verbrecher ebenfalls in der Herrlichkeit Gottes im himmlischen Jerusalem: Wie schrecklich! Entweder geschähe dort alles unter Zwang oder wir hätten in der Herrlichkeit Gottes für alle Ewigkeit dieselbe Ungerechtigkeit wie hier auf der Erde.

5.4.4.2 Die Umsetzung von Gottes Gerechtigkeit und Liebe

Einerseits sagt uns die Heilige Schrift: „mit welchem Maß ihr messt, wird euch zugemessen werden". Gott ist gerecht behandelt uns so, wie wir ihn behandeln.[914] Demnach ist zu erwarten: Menschen, die in diesem Leben gleichgültig an Gott vorbeigingen oder sich gegen ihn auflehnten, nichts mit ihm zu tun haben wollten, werden auch nach dem Tod in der Ewigkeit von Gott getrennt sein. Jeder bekommt, was er verdient hat. Die Devise „Auge um Auge, Zahn um Zahn" dient letztlich als Schutz vor noch größerer Ungerechtigkeit[915]

Wer nur ohne Gott lebt und nur auf das Diesseits ausgerichtet ist, bringt Gottes ewige Pläne durcheinander und produziert damit einen ewigen Schaden. Die Strafe richtet sich allerdings nicht – oder nicht nur – danach, wie lange es gebraucht hat, den Schaden zu produzieren, sondern nach dem, wie groß der entstandene Schaden ist: Es ist möglich, mit dem Revolver jemanden in einer Sekunde zu töten – aber so schnell diese Tat geschah, so unermesslich groß ist der Schaden. Eine gerechte Strafe richtet sich vor allen Dingen auch nach dem verursachten Schaden. Wer Gottes ewige Pläne durcheinanderbringt (z. B. indem er andere durch sein gottloses Vorbild dazu verführt, ebenso zu leben), produziert einen ewigen Schaden. Die gerechte Vergeltung dafür ist

---

914. 1) Zitat: Matthäus 7,2 (vgl. Markus 4,24);.
2) Gott behandelt uns so, wie wir ihn behandeln: Psalm 18,27//2. Samuel 22,27; Josua 24,20; 2. Chronik 15,2; Sacharja 1,3.
915. (Einerseits:) 2. Mose 21,24; 3. Mose 24,20; 5. Mose 19,21. Man beachte den Zusammenhang: 2. Mose 21,18–27 ist eindeutig intendiert zum Schutz der Schwächeren, zur Verhinderung von Gewalttätigkeit z. B. gegen Sklaven, nicht ganz so explizit auch 3. Mose 24,20. Außerdem wird in diesen Stellen die Vergeltung eingegrenzt, jegliche verstärkte Vergeltung, alles Aufschaukeln ist verboten. 5. Mose 19,21 ist eine Schutzbestimmung gegen Verleumdung, also gegen eine Tat mit der Absicht der Schädigung des Nächsten – dem Verleumder soll die Strafe zuteilwerden, die er seinem Nächsten aufbrummen lassen wollte!

ewige Strafe. Bei alledem wird es im Gericht vor dem großen leuchtenden Thron Gottes zwischen den einzelnen Menschen freilich riesige Unterschiede geben. Es geht alles sehr gerecht zu.

Andererseits sehe ich als Christ (und gewiss spreche ich da für viele Christen): Das Maß, in dem Gott mich in seiner Liebe und Güte behandelt, übersteigt bei Weitem das Maß, in dem ich fähig bin, Gott oder anderen Liebe und Güte zu erweisen; diesen Standpunkt bezieht grundsätzlich auch die Bibel. Nichts, was wir tun, kommt auch nur in die Nähe der Güte Gottes und dessen, was er bereit ist, für uns zu tun. Kein Mensch, der gerettet wird, bekommt, was er *verdient*. Er bekommt reine Gnade, *unverdiente* Gnade – *verdient hat sie Jesus Christus* durch sein in Kreuz und Auferstehung vollbrachtes Erlösungswerk, und dieses Verdienst reicht er weiter an die, die sich seiner Herrschaft unterstellen.

Die Liebe der Christen zu Jesus und ihr Gehorsam ist nicht Vorleistung, sondern *Reaktion* auf diese Gnade durch Jesu Blut, das er am Kreuz vergossen hat. Es gibt hier keine Vorkasse, keine auch noch so kleine Anzahlung: Denen, die ihm vertrauen, bietet Gott bedingungslose Gnade an; wer die ausschlägt, den trifft, was er verdient hätte gemäß „Auge um Auge, Zahn um Zahn".[916]

Umgekehrt: Wer Gottes Gnade annimmt, der ist freigesprochen; ihm ist zugesagt: „Ihr seid nicht unter Gesetz, sondern unter Gnade."[917]

Und weiter geht Gott denen nach, die nicht nach ihm suchen; dafür gibt es in der Bibel reichlich Beispiele – und in der Menschheitsgeschichte noch viel mehr.[918]

Aus Gottes ewiger Sicht wird das, was in der Zukunft liegt, oft so beschrieben, als wäre es schon geschehen, und in der Vergangenheitsform geschildert – so auch im letzten Buch der Bibel, der *Offenbarung*. (Johannes gibt Visionen wieder, die er gesehen hat): „Bücher wurden geöffnet [...] Und die Toten wurden gerichtet nach dem, was in den Büchern geschrieben war, nach ihren Werken." Dabei berücksichtigt Jesus Fähigkeit und Wissen des Einzelnen; er beachtet, ob und inwieweit jemand das Evangelium schon kannte oder nicht kannte.[919]

Ein Gott der Gerechtigkeit kann gar nicht anders, als so vorzugehen. Aber wer sind wir Geschöpfe, dass wir dem Schöpfer verbieten wollten, gerecht zu verfahren?!

Ist es nicht vielsagend, wenn sich jemand – trotz der schreienden Ungerechtigkeit in dieser Welt – wünschen würde, dass es gar keine absolute Gerechtigkeit gäbe, dass es gar kein Gericht geben sollte!? Was sagt es aus über den Herzenszustand, wenn je-

---

916. (Andererseits:) Matthäus 5,38–48.
917. Römer 6,14
918. Allgemein: Jesaja 65,1//Römer 10,20; Matthäus 5,3; 22,8–10; Lukas 5,31-32.; Beispiele: Manasse (2. Chronik 33,2–13); Nebukadnezar (Daniel 4,27–34);
919. Gericht nach Werken: Offenbarung 20,12. Jesus berücksichtigt
1.) Fähigkeit/Wissen: Lukas 12,47–48; 2.) Kenntnis des Evangeliums: Matthäus 11,21–24; 12,41–42.

mand eher wünscht, dass nach dem Tod alles aus ist? Dies zeugt von der Sündhaftigkeit und Verderbtheit des Menschenherzens; wer das wirklich wünscht, sieht nur sich selbst – das schreiende Unrecht in der Welt ist ihm gleichgültig.

Noch ein Aspekt dieses Gerichtes: Der Standard der absoluten Gerechtigkeit des Schöpfers führt zwangsläufig zu einem einzigen Ergebnis: „Darum: aus Gesetzeswerken wird kein Fleisch vor ihm gerechtfertigt werden", oder: „Denn wer das ganze Gesetz hält, aber in einem strauchelt, ist aller Gebote schuldig geworden."[920]
Albrecht Kellner beschreibt Gottes Gerechtigkeits-Standard als

> derart hoch, dass auch die kleinste Zielverfehlung unter dieses Gericht fällt. Auch die kleinste Lüge, die kleinste Unfreundlichkeit, die kleinste Ungerechtigkeit, der kleinste Seitensprung führt nach dem Tod dazu, dass der Mensch von der Geborgenheit in der Liebe Gottes getrennt ist,
> [...]
> Das ist ein Zustand, vor dem die Bibel in unüberhörbarer Eindringlichkeit warnt. „Ich bin doch ganz in Ordnung, habe mich immer bemüht – warum sollte ich auch unter das Gericht Gottes fallen?" [– das] gilt vor diesem absoluten Maßstab des Schöpfers nichts. Und wo wäre auch die Grenze zu ziehen zwischen Gericht und „Durchgehen-lassen"? Zwischen kleiner Lüge und großer Lüge? Was wäre klein und was wäre groß? Zwischen einem einmaligen Seitensprung und dem permanenten Ehebruch? Zwischen verbaler Aggression und Körperverletzung? Auch hier ist die Bibel eindeutig: Jeder Verstoß gegen die Liebe, Gerechtigkeit und Wahrheit zieht das Gericht nach sich, egal wie groß oder klein dieser Verstoß sein mag.[921]

Jesus hat das z. B. in der Bergpredigt sehr deutlich gemacht:

> Ihr habt gehört, dass zu den Alten gesagt ist: Du sollst nicht töten; wer aber töten wird, der wird dem Gericht verfallen sein. Ich aber sage euch, dass jeder, der seinem Bruder zürnt, dem Gericht verfallen sein wird; wer aber zu seinem Bruder sagt: Raka!, dem Hohen Rat verfallen sein wird; wer aber sagt: Du Narr!, der Hölle des Feuers verfallen sein wird. [...]
> Ihr habt gehört, dass gesagt ist: Du sollst nicht ehebrechen. Ich aber sage euch, dass jeder, der eine Frau ansieht, sie zu begehren, schon Ehebruch mit ihr begangen hat in seinem Herzen.[922]

---

920. Römer 3,20; Jakobus 2,10.
921. Kellner, S. 94.
922. Matthäus 5,21–22.27–28.

Da der Gott der Bibel aber nicht nur ein Gott der absoluten Gerechtigkeit ist, sondern auch ein Gott der absoluten Liebe und Gnade, stellt sich die Frage: Wenn sein Standard so hoch ist, dass sowieso kein Mensch ihm jemals gerecht werden könnte – warum erlässt dieser Gott dann nicht eine Generalamnestie für alle Menschen? Etwa so: „Schwamm drüber, kommt alle zu mir in den Himmel in meine Herrlichkeit"?

Dagegen gibt es zwei logische Einwände: Zum einen müsste Gott dann seine Gerechtigkeit aufgeben, seiner Liebe wegen. Dieser erste Einwand gegen eine Amnestie ließe sich noch entkräften unter der Voraussetzung, dass es einen Weg geben müsste, seine absolute Liebe in Einklang zu bringen mit seiner absoluten Gerechtigkeit.

Dazu sehe ich rein logisch nur eine einzige Möglichkeit, nämlich, dass Gott selbst kommt und die Strafe auf sich nimmt, bezahlt, stellvertretend für die anderen. Die einzig wahre Alternative zur ewigen Gottesferne ist also nicht das unterschiedslose „Schwamm drüber!", sondern Jesu Christi Tod auf Golgatha.

Der zweite Einwand wäre, ob dann nicht im Himmel wieder wie hier auf der Erde das Spiel von vorne beginnt – zugespitzt formuliert: Wie könnte das sein, wenn auch Satan und seine Engel wieder im Himmel sind? Als Marionetten, die – gegen den eigenen Willen – dann doch alles tun, was Gott will?

Und die Menschen, die auch lieber ihre eigenen Wege gehen wollten: Solange Gott sie als Marionetten hält, wäre alles doch nur Zwang und ohne echte Liebe. Würde Gott ihnen im Himmel aber die Freiheit lassen, dann würden Satan und seine Engel wieder rebellieren und die Menschen verführen zu ebensolcher Rebellion gegen den Allmächtigen. Das von so viel Leid geprägte Muster der Weltgeschichte würde sich wiederholen, dann aber im Himmel für alle Ewigkeit.

Auch zu diesem Einwand gibt es eine Lösung, allerdings greift sie leider nicht für alle, oder, präziser ausgedrückt: Nicht alle ergreifen sie. Hier die Lösung: Alle, die wirklich einsehen, wo ihre eigenen, gottlosen Wege hinführen, könnten davon umkehren. Wenn sie die Sünde, die Zielverfehlung ihres Lebens samt ihren Konsequenzen sehen und dann tief im Herzen erkennen, was Jesus für sie getan hat, können sie ihr Leben freiwillig – nicht als Marionetten! – ganz Jesus Christus zur Verfügung stellen. Von diesem Moment an ist ihr Leben nicht mehr Ziel-verfehlt, sondern es trifft genau das Ziel, das der Schöpfer mit seinen Geschöpfen im Auge hat: eine persönliche Liebesbeziehung für alle Ewigkeit im Himmel.

Das ist die „Gute Nachricht", die „Frohe Botschaft", auf Griechischen: das „Evangelium". Aber leider gehen eben nur die Wenigen auf dem schmalen Weg darauf ein, nur sie haben das Evangelium angenommen, Gottes perfekte Lösung zur Vereinbarkeit von absoluter Gerechtigkeit und absoluter Liebe.

Und Sie? Wo stehen Sie? Wie gedenken Sie, der Hölle zu entgehen, der ewigen Trennung von Gott mit ewiger Strafe?

5.4.4.3 Das Ziel dieser Schöpfung

Vielleicht ist so manchem erst jetzt klargeworden, was diese ganze Schöpfung eigentlich soll. Was hat sich Gott dabei gedacht, wenn er uns in seinem Wort sagt: „Die Himmel sind die Himmel des HERRN, die Erde aber hat er den Menschenkindern gegeben"[923]?

Was hat sich Gott dabei gedacht, dass er diese Erde der Menschheit überlassen hat, die aber ihre eigenen Wege geht in all der Gottlosigkeit und mit so viel Leid und Kriegen?

Was denkt sich Gott dabei, dass das Leid noch viel schlimmer wird, wie er in seinem Wort vorhergesagt hat? Was denkt sich der Schöpfer dabei, dass er es eskalieren lässt bis zur antichristlichen Weltregierung mit einem Weltdiktator an der Spitze? Warum wird er dem „Mensch der Gesetzlosigkeit", dem Antichrist, freien Lauf lassen, so dass der Antichrist dann von fast allen Menschen auf der Welt angebetet werden wird? Warum wird er es zulassen, dass der Antichrist die Christen verfolgt bis in den Tod? Denn „es wurde ihm gegeben, mit den Heiligen Krieg zu führen und sie zu überwinden"[924]. Was denkt sich Gott dabei?

Gottes Antwort auf diese Fragen lautet: „Und deshalb sendet ihnen Gott eine wirksame Kraft des Irrwahns, dass sie der Lüge glauben, damit alle gerichtet werden, die der Wahrheit nicht geglaubt, sondern Wohlgefallen gefunden haben an der Ungerechtigkeit."[925]

So wird nicht nur beim Einzelnen im Kleinen deutlich, worauf das hinausläuft; auch an der Weltgeschichte im Großen sieht man, wo die gottlosen Wege der Lüge enden. Noch in der begrenzten Zeit der Erdgeschichte wird offensichtlich, wo es hinführt, wenn wir ohne Gott durchs Leben gehen. Alle, die diese Lektion begreifen und das Geschenk des Evangeliums freiwillig annehmen, also ohne Zwang, diese alle hat Gott damit fähig gemacht „zum Anteil am Erbe der Heiligen im Licht [...] errettet aus der Macht der Finsternis und versetzt in das Reich des Sohnes seiner Liebe". Der Sinn dieser Schöpfung besteht also darin, dass deutlich wird, wer zur Familie Gottes im Himmel dazugehört: „Denn das sehnsüchtige Harren der Schöpfung wartet auf die Offenbarung der Söhne Gottes."[926]

So richtig deutlich wird das erst, wenn man sich klarmacht, dass der zukünftige Himmel für alle Ewigkeit bleiben wird, während die Zeit hier auf der Erde im Vergleich dazu nur ein kurzer Hauch ist, der bald verschwindet. Die Lage der wiedergeborenen Christen hier in dieser Welt und ihre ewige Wohnung im Himmel, wo sie als Braut und dann Ehefrau Jesu[927] im himmlischen Jerusalem sein wird, das kann man vergleichen mit einem Hausbau samt seinem Gerüst darum herum: In diesem Gleichnis ist das Gerüst

---

923. Psalm 115,16.
924. Offenbarung 13,7. Die Offenbarung berichtet über die zukünftigen Dinge so, als wären sie schon geschehen; der Autor Johannes schildert, was er in Visionen zu sehen bekam. Deswegen ist hier die Vergangenheitsform als Zukunft zu verstehen.
925. 2. Thessalonicher 2,11–12.
926. Reich des Sohnes im Licht bzw. Liebe: Kolosser 1,12–13. Sinn der Schöpfung: Römer 8,19.
927. Offenbarung 19,7; 21,9; Epheser 5,31-32.

diese Welt, das Haus ist die Braut. Wenn das Haus fertig ist, wird das Gerüst abgebaut, das Haus aber bleibt. Entsprechend wird diese Welt bald vergehen, nach dem 1000-jährigen Reich, und an ihre Stelle treten ein neuer Himmel und eine neue Erde.

5.4.5 Abschließende Bewertung der zentralen Behauptung dieses Buches und Vorschlag einer Konsequenz

5.4.5.1 Die Bewertung hängt ab von den Motiven des Herzens – ist Herzenssache

Am Schluss dieses Buches angelangt, sagen Sie vielleicht: „Die Darstellung der Fakten der Relativitätstheorie in diesem Buch mag stimmen. Mag auch sein, dass die Bibelzitate nicht willkürlich-manipulativ aus dem Zusammenhang gerissen sind, sondern tatsächlich der Gesamtaussage der Bibel entsprechen. Aber zeigt das wirklich, dass die Relativitätstheorie das Denkmuster des Evangeliums enthält bzw. ein Gleichnis dafür ist?"

Wie schon in der Einleitung gesagt: Dieses Buch ist kein Gottesbeweis und auch kein Beweis für die Wahrheit der Bibel, sondern eine Darstellung des Evangeliums im Gleichnis der Relativitätstheorie. Ein Gleichnis kann man nicht beweisen, wohl aber kann man damit etwas zeigen, etwas veranschaulichen.

Veranschaulicht die Relativitätstheorie wirklich das Evangelium bzw. die Kernaussagen der Bibel?

Die Antwort auf diese Frage werden Sie selbst geben müssen – und sie wird wahrscheinlich nicht bei allen Lesern gleich ausfallen; denn das ist nicht nur eine Frage der Fakten, sondern vor allen Dingen eine Frage des Herzens.

Eine letztgültige Beurteilung ist nicht rein objektiv, sondern auch subjektiv, hängt also auch mit Ihnen als Person zusammen, wie Norbert Pailer und Alfred Krabbe sehr treffend schreiben: „Naturwissenschaft kann einem die Entscheidung für oder gegen ein Weltbild nicht abnehmen. Sie kann dafür nur Anhaltspunkte liefern."[928] Es geht dabei ja letztlich um die persönliche Beziehung zwischen Ihnen und dem Schöpfer – und das ist eindeutig Herzenssache.

Die Bewertung hängt also zusammen mit der Frage, was Ihre Motivation ist, was Sie wollen: Wollen Sie doch Ihre eigenen Wege gehen? Wollen Sie lieber hier in dieser diesseitig-vergänglichen, sichtbaren Welt Ihr Glück suchen, Ihre Selbstverwirklichung und Ihre eigene Ehre?

---

928. Pailer & Krabbe, S. 54.

Oder schreit Ihr Herz danach, wirklich die Wahrheit zu finden? Dann gilt auch Ihnen die Verheißung, die Jesus im Gespräch mit Pilatus äußerte: „Jeder, der aus der Wahrheit ist, hört meine Stimme."[929]

Oder wollen Sie Ihren Horizont erweitern auf die Ewigkeit, weil Ihnen Unvergänglichkeit wichtiger ist als alles andere – wie dem Petrus, der bei Jesus blieb mit der Begründung „Du hast Worte ewigen Lebens": Wollen Sie das wirklich? Wollen Sie auf dem Weg des ewigen Schöpfers gehen, eine persönliche Beziehung zu ihm haben und ihn verherrlichen? Dann haben Sie die Verheißung, die „denen [gilt], die mit Ausdauer in gutem Werk Herrlichkeit und Ehre und Unvergänglichkeit suchen, ewiges Leben"[930].

Grundsätzlich: Wollen Sie den Menschen, das Geschöpf, z. B. Ihr eigenes Ego, in den Mittelpunkt des Lebens stellen – oder Gott, den Schöpfer? Denn die Heilige Schrift bindet die Erkenntnis des Schöpfers anhand dessen, was er erschaffen hat (also auch anhand der Relativitätstheorie), an genau diese letztgenannten Motive:

> weil das von Gott Erkennbare unter ihnen offenbar ist, denn Gott hat es ihnen offenbart. Denn sein unsichtbares Wesen, sowohl seine ewige Kraft als auch seine Göttlichkeit, wird seit Erschaffung der Welt in dem Gemachten wahrgenommen und geschaut, damit sie ohne Entschuldigung seien; weil sie Gott kannten, ihn aber weder als Gott verherrlichten noch ihm Dank darbrachten, sondern [...] haben die Herrlichkeit des unvergänglichen Gottes verwandelt in das Gleichnis eines Bildes vom vergänglichen Menschen [...] sie, welche die Wahrheit Gottes in die Lüge verwandelt und dem Geschöpf Verehrung und Dienst dargebracht haben statt dem Schöpfer, der gepriesen ist in Ewigkeit.[931]

Anders ausgedrückt: Was man an der Schöpfung („dem Gemachten") von Gott erkennen kann, haben die Menschen (die Mehrheit) nicht erkannt, weil sie nicht bereit waren, Gott in den Mittelpunkt zu stellen, sondern stattdessen den Menschen: Alles dreht sich um ihn, sei es um das eigene Ego oder um andere Menschen, sei es aus Egoismus, Menschenfurcht oder durch Manipulation.

Letztlich geht es bei der Erkenntnis des Evangeliums um das eine Motiv, ob jemand seinen eigenen Willen tun will oder den Willen Gottes – wie Jesus gesagt hat: „Meine Lehre ist nicht mein, sondern dessen, der mich gesandt hat. Wenn jemand seinen Willen tun will, so wird er von der Lehre wissen, ob sie aus Gott ist oder ob ich aus mir selbst rede."[932] Laut dieser Aussage Jesu ist unsere Erkenntnis der Wahrheit untrennbar verbunden mit unserer Bereitschaft, den Willen Gottes zu tun. Ob wir Jesus als Gott erkennen und ob wir erkennen, dass die Bibel Gottes Wort, also die Wahrheit ist, das ist

---

929. Johannes 18,37
930. Johannes 6,68; Römer 2,7.
931. Römer 1,19–21.23.25.
932. Johannes 7,16–17.

keine Frage der Bildung, nicht des Wissens noch des Intellekts oder der Intelligenz; entscheidend ist allein unsere Bereitschaft, Gottes Willen zu tun.

Die Jünger Jesu waren grundsätzlich bereit, Jesus nachzufolgen und damit Gottes Willen zu tun. Wir haben festgestellt, dass sie Jesus fragten, warum er in Gleichnissen rede; und Jesus antwortete: „Weil euch gegeben ist, die Geheimnisse des Reiches der Himmel zu wissen, jenen aber ist es nicht gegeben". Als immer deutlicher wurde, dass die Juden ihr Herz verhärteten und Jesu Botschaft ablehnen würden, hielt Jesus durch Gleichnisse seine Botschaft verborgen; sie richtete sich an seine Jünger: „Ohne Gleichnis aber redete er nicht zu ihnen; aber seinen Jüngern erklärte er alles besonders."[933]

Auch die Relativitätstheorie ist ein Gleichnis. Ob Sie dieses Gleichnis verstehen, dahinter die Geheimnisse des Reiches Gottes sehen, das hängt folglich auch davon ab, ob Sie bereit sind, den Willen Gottes zu tun. Sind Sie bereit, Jesus als Jünger nachzufolgen, sollte sich herausstellen, dass er wirklich „der Weg, die Wahrheit und das Leben"[934] ist, wie er behauptet hat?

Wenn Sie tief im Herzen vorab beschlossen haben, dass Sie das nicht wollen, dann werden Sie auch dieses Gleichnis der Relativitätstheorie nicht verstehen. Wenn Sie tief im Herzen beschlossen haben, dass Ihnen die Anerkennung bei den Menschen und die Dinge dieser Welt wichtiger sind als die Wahrheit über die Errettung zum ewigen Leben, wird Sie auch dieses Gleichnis der Relativitätstheorie nicht überzeugen. Wenn Ihnen die Liebe zur Wahrheit nicht wichtiger ist als das, was diese Welt zu bieten hat, werden Sie auch dieses Gleichnis der Relativitätstheorie im tiefsten Sinne nicht verstehen bzw. nicht annehmen wollen.

Dabei mag es durchaus sein, dass Sie zwar rein intellektuell alles verstanden haben, vielleicht sogar für eine gewisse Zeit begeistert sind; aber wenn Sie in Ihrem Herzen nicht wirklich bereit sind, diese Welt zu relativieren[935], wird das Gleichnis der Relativitätstheorie nie Teil ihres Lebens werden. Denn tief im Herzen verstehen, das ist mehr als nur ein rein intellektueller Vorgang: Wer tief im Herzen etwas verstanden bzw. erkannt hat, der vertraut sich dieser Sache an, macht sie zum Teil seines Lebens und bleibt bis zum Ende dabei. Wer tief im Herzen das Licht mit seiner absoluten Geschwindigkeit als Gleichnis erkannt hat, wer Jesus Christus erkannt hat, der vertraut sich ihm bedingungslos an und legt sein Leben in Jesu Hand.

Wenn Sie dagegen nur mit dem Kopf verstanden haben, dann gehören Sie zu denen, über die Jesus gesagt hat:

Bei dem aber auf das Steinige gesät ist, dieser ist es, der das Wort hört und es sogleich mit Freuden aufnimmt; er hat aber keine Wurzel in sich, sondern ist nur ein Mensch des Augenblicks; und wenn Bedrängnis entsteht oder Verfolgung um des Wortes willen, nimmt er sogleich Anstoß. Bei dem aber unter die Dornen gesät ist,

---

933. Matthäus 13,11; Markus 4,34.
934. Johannes 14,6.
935. Gemäß 1. Johannes 2,15-17.

dieser ist es, der das Wort hört, und die Sorge der Zeit und der Betrug des Reichtums ersticken das Wort, und er bringt keine Frucht.[936]

Wer mit einem steinernen Herzen reagiert auf das, was der Allmächtige, der Schöpfer, am Kreuz auf Golgatha für uns getan hat, der wird nicht bei Jesus bleiben. Wenn Sie nur rein intellektuell verstanden haben, dass das Licht absolut ist und deswegen die Dinge dieser Welt nur relativ sind, wird Ihnen das auf lange Sicht nichts nützen; früher oder später werden Bedrängnis, Ihre Sorgen oder andere Ziele in dieser Welt das absolute Licht wieder ersticken.

5.4.5.2 Erste Schritte und die vier Pfeiler

Was also wollen Sie? Was ist das Ziel Ihres Lebens? Mag sein, dass Ihre ehrliche Antwort ist: „Selbstverwirklichung, Erfolg in dieser Welt, Anerkennung – alles das habe ich bisher gesucht, ohne mir ernsthafte Gedanken zu machen, wie es nach diesem Leben weitergeht." Es mag weiter sein, dass Sie – sei es durch die Lektüre dieses Buches oder durch andere Umstände – erkannt haben, dass dieses Ihr Ziel eigentlich ein verfehltes Ziel ist. Dann wäre die Ausrichtung Ihres Lebens bisher am Ziel vorbeigeschossen.

Wenn solche Gedanken aktuell in Ihrem Herzen sind, haben Sie den allerersten Schritt zur Umkehr bereits getan. Zur Erinnerung: Zielverfehlung ist Sünde – bei solchen Überlegungen hätten Sie also schon eine erste Sündenerkenntnis; und wie Sie in diesem Buch gelesen haben, ist Sündenerkenntnis die Voraussetzung zur Umkehr.

Der nächste Schritt nach Sündenerkenntnis, der zweite, wäre das Sündenbekenntnis. Das hat eine Verheißung, während Abstreiten oder Kleinreden uns von der Wahrheit wegführt: „Wenn wir sagen, dass wir keine Sünde haben, betrügen wir uns selbst, und die Wahrheit ist nicht in uns. Wenn wir unsere Sünden bekennen, ist er treu und gerecht, dass er uns die Sünden vergibt und uns reinigt von jeder Ungerechtigkeit."[937]

Der dritte Schritt wäre, von Herzen nach dem Gleichnis der Relativitätstheorie zu leben, also konsequent diese Welt zu relativieren. Das funktioniert nur, wenn Sie dauerhaft das absolute Licht im Blick haben, und auch ist konkret fassbar durch Gottes Wort, die Bibel. Der Zusammenhang zwischen Jesus Christus und Gottes Wort, der Schrift, wurde bereits erläutert [Abb. 25] – Jesus ist Gottes Wort: „Und das Wort wurde Fleisch und wohnte unter uns"; und von ihm heißt es: „Und sein Name heißt: Das Wort Gottes."[938]

Dieses absolute Licht haben wir also in der Heiligen Schrift: „Und so halten wir nun fest an dem völlig gewissen prophetischen Wort, und ihr tut gut daran, darauf zu achten als auf ein Licht, das an einem dunklen Ort scheint."[939] Wer das Gleichnis der Relativitätstheorie nicht nur rein intellektuell verstehen, sondern es auch ausleben will, muss

---

936. Matthäus 13,20–22.
937. 1. Johannes 1,8–9.
938. Johannes 1,14; Offenbarung 19,13.
939. 2. Petrus 1,19.

sich mit der Bibel befassen, sie lesen, kennenlernen und beherzigen. Voraussetzung ist freilich die Erkenntnis, dass Gottes Wort absolut ist, und die Bereitschaft, alles Vergängliche zu relativieren zugunsten dieses „unvergänglichen Samens".

Wenn Sie so weit kommen, dass Sie jedes Angebot in dieser Welt und auch Ihr bisheriges Leben verleugnen, sofern Sie erkennen, dass es nicht mit Gottes Wort übereinstimmt, dann sind Sie durch Gottes Wort ein neuer Mensch geworden, sind neu geboren bzw. wiedergeboren: „Denn ihr seid wiedergeboren nicht aus vergänglichem, sondern aus unvergänglichem Samen, durch das lebendige Wort Gottes, das in Ewigkeit bleibt."[940]

Sollten Sie dazu durchgedrungen sein, dann brauchen Sie als neugeborenes Kind Gottes täglich diese geistliche Nahrung von Gottes Wort wie ein Säugling die Muttermilch: „Und seid als neugeborene Kindlein begierig nach der unverfälschten Milch des Wortes, damit ihr durch sie heranwachst."[941] Auch wenn Sie noch nicht so weit sind, aber bereit, weiterzusuchen, sollten Sie im Wort Gottes suchen. Nehmen Sie sich täglich Zeit dafür. Sie könnten z. B. im NT mit einem der Evangelien anfangen und täglich ein Stück weiterlesen.[942]

Dies ist allerdings nur ein Anfang. Wenn Sie Ihr Leben wirklich Jesus Christus anvertrauen und ihm nachfolgen wollen, haben Sie mit der Bibel als Gottes Wort den ersten der vier Pfeiler, den die Bibel nennt gleich nach der Entstehung der Urgemeinde: „Sie verharrten aber in der Lehre der Apostel und in der Gemeinschaft, im Brechen des Brotes und in den Gebeten."[943]

In der deutschen Sprache kann man sich diese vier Pfeiler am besten merken mit „4 G": Der **erste Pfeiler**, das erste G, wurde bereits genannt: **Gottes Wort**. Nun gab es zur Zeit der Urgemeinde noch kein Neues Testament, aber sie hatten „die Lehre der Apostel" und damit das Neue Testament in mündlicher Form.

Ich vermute nun, dass es vielen (den meisten?) so ergeht, wie es mir erging: Allein, ohne Anleitung verstehen die meisten die Bibel nicht. Die richtige Anleitung bekommt man in einer bibeltreuen Gemeinde. Das ist der **zweite Pfeiler**, das zweite G: die **Gemeinde**. Damit kommt man wieder ein Stück weiter; und vieles in Gottes Wort kann man nur im Rahmen einer Gemeinde in die Tat umsetzen. Ein isolierter Christ dagegen ist wie eine brennende Kohle, die man aus dem Feuer nimmt und auf die Seite legt: Bald hört sie auf zu brennen, sie kühlt ab.

Gottes Wort, Gemeinde: Diese beiden Pfeiler reichen noch nicht aus, um wirklich ein Täter von Gottes Wort zu werden, der nicht auf Sand baut, sondern auf Felsen.[944] Doch

---

940. 1. Petrus 1,23 (Schlacter-2000-Übersetzung)
941. 1. Petrus 2,2 (Schlachter2000-Übersetzung).
942. Ein weiterer Vorschlag, in die Bibel hineinzufinden, ist z. B. „Der Bibelstarter", ISBN 978-3-945716-17-5. In diesem „Bibelleseplan für Einsteiger" finden Sie einen Vorschlag, welche Teile der Bibel man zum Einstieg lesen sollte und welche Teile man zunächst auslassen könnte, weil sie anfangs für das Gesamtverständnis unwesentlich sind. - Eine weitere Möglichkeit gibt es per Telefon, sich Kapitel für Kapitel die Bibel täglich in ca. 25 Minuten erklären zu lassen, so dass man in ca. fünf Jahren durch die ganze Bibel ist (Tel.: 0231-586949; oder im Internet (www.twr360.org oder www.ttb.twr.org)
943. Apostelgeschichte 2,42.
944. Jakobus 1,22–25; Matthäus 7,24–27.

mit diesen beiden Pfeilern allein wird es kaum gelingen. Das Christentum ist ja nicht irgendein System, auch keine Religion, sondern eine persönliche Liebesbeziehung zwischen Jesus Christus und einem selbst.

Grundvoraussetzung für eine echte Beziehung ist das Gespräch; Gottes Wort allein bliebe ein Monolog von Gott zu uns. In den Dialog mit Gott, mit Jesus, kommen wir, wenn wir mit ihm über sein Wort sprechen. Ein solcher Dialog geschieht, wenn man in den Linien von Gottes Wort betet, z. B. Jesus um die Kraft bittet, Gottes Wort in die Tat umzusetzen; aus eigener Kraft wird das nicht gelingen.

Damit haben wir den **dritte Pfeiler**, das dritte G: das **Gebet**.

Nun kann es sein, dass man beim Bibellesen seine Lieblingsthemen findet, aber dabei an der zentralen Botschaft des Evangeliums vorbeigeht. Eine Gemeinde kann abgelenkt sein vom Kern des Evangeliums und sich immer mehr um sich selbst oder andere Dinge drehen. Auch unser Gebet kann mehr und mehr um uns selbst kreisen, z. B. um die Erfüllung vergänglicher Wünsche, statt um den Herrn und sein Evangelium im ewigen Reich Gottes.

Um dieser Gefahr zu entgehen, brauchen wir den vierten Pfeiler, der für die rechte Ausrichtung dieser drei Pfeiler sorgt und immer wieder an das Zentrale erinnert: Der vierte Pfeiler soll uns immer wieder neu ins Gedächtnis rufen, was Jesus Christus für uns am Kreuz auf Golgatha getan hat, damit wir das im Herzen bewegen. Damit diese Erinnerung fortlaufend geschieht, hat Jesus am Passah-Fest, kurz vor seiner Kreuzigung, Brot und Wein als Symbol für das Opfer seines Leibes und Blutes eingesetzt: „Dies tut zu meinem Gedächtnis!"[945]

Das Abendmahl als Erinnerung an Golgatha kann man daher auch „Gedächtnismahl" nennen. Damit haben wir den **vierten Pfeiler**, das vierte G: das **Gedächtnismahl**.

Diese vier G: **Gottes Wort, Gemeinde, Gebet, Gedächtnismahl,** waren nicht nur bei der Urgemeinde die vier Pfeiler; schattenhaft, gleichnishaft gab es sie bereits im jüdischen Gottesdienst des Alten Testaments. Sie entsprechen den vier Geräten in der Stiftshütte, später im Tempel: Die *Bundeslade* stand im Allerheiligsten, sie enthielt die beiden Gesetzestafeln mit den Zehn Geboten. Diese Bundeslade steht symbolisch für *Gottes Wort*. Der Tisch mit den *Schaubroten* steht für das Gedächtnismahl. Dass der *Leuchter* der *Gemeinde* entspricht, hat Jesus selber erklärt. Und ebenfalls in der Offenbarung lesen wir, dass der Räucheraltar für die *Gebete* steht.[946]

Diese vier geistlichen Mittel hat Gott uns gegeben als Hilfe in der Nachfolge Christi. Diese vier Pfeiler braucht jeder, der auf dem schmalen Weg bleiben und ins ewige Leben gelangen will.

---

945. Zitat: Lukas 22,19; Zusammenhang von Passah-Fest und Einsetzung des Gedächtnismahls: Lukas 22,14–20
946. Die vier Geräte sind beschrieben in 2. Mose 25,10–40 und 30,1–9. In der Bundeslade („Lade") waren die beiden Steintafeln mit den Zehn Geboten (5. Mose 10,5; 1. Könige 8,9). Der Leuchter symbolisiert die Gemeinde (Offenbarung 1,20) und der Räucheraltar bzw. das Räucherwerk die Gebete der wiedergeborenen Christen (Offenbarung 5,8; 8,3).

6 Anhang

6.1 Hawking-Strahlung und die Verdampfung Schwarzer Löcher

6.1.1 Ausblick auf den aktuellen Stand der Physik

In diesem Buch ging es physikalisch um die Relativitätstheorie und was damit zusammenhängt – Mechanik, Elektrodynamik und Astrophysik. Die Quantentheorie ist noch viel spannender, wurde aber bewusst ausgeklammert, um das Thema einzugrenzen. Die Vereinigung von Quantentheorie und Relativitätstheorie ist bis heute noch ein ungeklärtes Rätsel:

> Heutige Physiker stehen vor einem Dilemma. Einsteins allgemeine Relativitätstheorie, unsere beste Theorie der Gravitation, lässt sich nicht mit der Quantentheorie verbinden.[947]

Günter Spanner führt zunächst aus, wie verschiedene Teilbereiche der Physik zu einer einheitlichen Theorie integriert wurden, stellt dann aber fest:

> Allein die Schwerkraft entzieht sich bislang erfolgreich allen Versuchen einer Integration in die bestehenden Theoriegebäude. Alle Ansätze, die Gravitation mit der starken und elektroschwachen Wechselwirkung zu kombinieren, führen zu grundlegenden Schwierigkeiten. [...] Die Unvereinbarkeit der beiden Theorien bleibt daher ein grundlegendes Problem auf dem Gebiet der theoretischen Physik.[948]
>
> So hat man beweisen können, dass die allgemeine Relativitätstheorie unvereinbar ist mit der Quantenmechanik, mit der Theorie also, die Atome und Derartiges beschreibt. Und das ist merkwürdig, denn beide Theorien führen zu korrekten Ergebnissen: die allgemeine Relativitätstheorie für das sehr Große und die Quantenmechanik für das sehr Kleine.[949]

In diesem Buch geht es um das „sehr Große": um die Relativitätstheorie und ihre Anwendung in der Astrophysik, z. B. auf Sterne und die Schwarzen Löcher, die wir im Weltall finden.

---

947. Cox & Forshaw, S. 237.
948. Spanner, S. 272.
949. Vermeulen, S. 409.

6.1.2 Die Irrelevanz der Hawking-Strahlung für astrophysikalische Schwarze Löcher

Wir haben gesehen, was beim Schwarzen Loch ab einer bestimmten Grenze geschieht, jenseits des Ereignishorizonts bzw. innerhalb des Schwarzschild-Radius:

> In diesem Raumbereich kann Materie nur hinein, nicht aber wieder heraus gelangen und bleibt deshalb dort gefangen. Dies gilt auch für elektromagnetische Wellen wie das sichtbare Licht; daher erscheint das Objekt absolut schwarz. Erst quantenmechanische Überlegungen zeigen, dass diese Beschreibung nicht völlig korrekt ist. Sogar Schwarze Löcher können über die sogenannte Hawking-Strahlung Energie abgeben.[950]

Daher seien hier im Anhang der Vollständigkeit halber auch quantentheoretische Überlegungen dargelegt, die zeigen, warum sie für das sehr Große, für Schwarze Löcher im heutigen Universum, nicht relevant sind:

> Quantentheoretische Überlegungen zeigen, dass jedes Schwarze Loch auch Strahlung abgibt. Dies scheint im Widerspruch zu der Aussage zu stehen, dass nichts das Schwarze Loch verlassen kann. Jedoch lässt sich der Vorgang als Produktion von Teilchen/Antiteilchen-Paaren nahe am Schwarzschild-Radius deuten, bei dem eines der Teilchen ins Zentrum des Schwarzen Lochs fällt, während das andere in die Umgebung entkommt. Auf diese Weise kann ein Schwarzes Loch Teilchen abgeben, ohne dass etwas den Ereignishorizont von innen nach außen überschreitet. Die Energie für diesen Hawking-Strahlung genannten Prozess stammt aus dem Gravitationspotential des Schwarzen Lochs. Das heißt, es verliert durch die Strahlung an Masse. Von außen betrachtet sieht es also so aus, als würde das Schwarze Loch „verdampfen" und somit langsam kleiner werden, je kleiner, desto schneller.[951]

Markus Pössel schreibt dazu:

> Für astrophysikalische Schwarze Löcher mit ihren sehr großen Massen ist die Intensität der Hawking-Strahlung unnachweisbar niedrig.[952]

---

[950] Spanner, S. 40.
[951] https://de.wikipedia.org/wiki/Schwarzes_Loch#Hawking-Strahlung (Kursive Hervorhebung im Original).
[952] Pössel, S. 270.

Kip Thorne führt weiter aus:

> Je größer das [Schwarze] Loch ist, desto geringer ist seine Temperatur, desto schwächer ist seine Teilchenemission und desto langsamer wird es verdampfen. Die Lebensdauer eines Schwarzen Loches von doppelter Sonnenmasse beträgt nach einer Rechnung von Don Page aus dem Jahre 1975 $1,2 \cdot 10^{67}$ Jahre. [...] Verglichen mit dem gegenwärtigen Alter des Universums von etwa 10^{10} Jahren, sind diese Lebensdauern so enorm groß, dass das Phänomen der Verdampfung für die Astrophysik völlig irrelevant ist.
>
> [...]
> Wenn Schwarze Löcher von weniger als zwei Sonnenmassen existieren könnten, sollte die Zeit, in der sie verdampfen, wesentlich kürzer als 10^{67} Jahre sein. Solche kleinen Löcher können im heutigen Universum nicht entstehen, da der Entartungsdruck und der Druck aufgrund von Kernreaktionen den Gravitationskollaps so kleiner Massen verhindern.[953]

Da es in diesem Buch um Schwarze Löcher im Universum geht, ist die Hawking-Strahlung für „normale" Zeiträume nicht relevant, man könnte sogar sagen, reine Spekulation:

> „Eine Möglichkeit, die Existenz der Strahlung experimentell zu verifizieren, ist nach dem derzeitigen Stand der Technik nicht in Sicht."[954]

---

[953] Thorne, S. 511–512.

[954] https://de.wikipedia.or g/wiki/Hawking-Strahlung .

6.2 Stichwortverzeichnis

Dieses Stichwortverzeichnis ist weder vollständig noch nach systematischen Kriterien, sondern als Ergänzung gedacht zu den im Inhaltsverzeichnis bereits genannten Stichwörtern. Zusätzlich kurz erklärt werden nur einige zentrale, immer wiederkehrende Begriffe; bei anderen Begriffen wird auf die jeweiligen Stellen im Buch verwiesen. Als Erklärung oder Definition am besten geeignet sind Verweise in Fettdruck.

Annihilation (Paarvernichtung): **5.2.2.2**; 5.2.3; 5.3.1.1.2.3; 5.3.2.4

*Äquivalenzprinzip: **4.1.1; 4.1.2.3;** 4.1.3.1

Nach dem Äquivalenzprinzip kann nicht unterschieden werden, ob die Wirkung auf eine Masse durch Beschleunigung erfolgt (träge Masse) oder durch Gravitation (schwere Masse). So kann man in einer Rakete ohne Fenster nicht unterscheiden, ob ein Stein zu Boden fällt, weil die Rakete auf einem Planeten (z. B. auf der Erde) steht oder ob deshalb, weil die Rakete im Weltall stark nach oben beschleunigt wird. Das Äquivalenzprinzip gilt nur innerhalb eines begrenzten, kleinen Raumes (klein im Verhältnis zur Krümmung des Planeten).

***Äther** (auch Lichtäther, Ätherwind oder Weltäther genannt): **2.1.1.1;** 2.1.1.2; 2.2.1.1; 2.4.1–3; 3.5.1

Der Äther ist ein hypothetischer Stoff, der das ganze Weltall erfüllt. Physiker hatten diesen Äther erdacht (in Analogie zum *Medium für Wasserwellen oder Schallwellen), **um zu erklären, wie Licht** (bzw. elektromagnetische Wellen) **sich im Raum ausbreiten kann;** dieser Äther wurde aber nie nachgewiesen. Das Michelson-Morley-Experiment hat die **Hypothese vom Äther widerlegt.**

***Bezugssystem:** ab 1.2; **1.2.1**; (u. a.)

Das Bezugssystem ist der Ort (System, Koordinatensystem), **von wo aus beobachtet wird.** In der Mechanik ist ein Ort durch drei Zahlen festgelegt, entsprechend den drei räumlichen Dimensionen. Die bekanntesten Orts-Systeme sind die rechtwinkligen Koordinatensysteme. In der speziellen Relativitätstheorie kommt als vierte Zahl (Dimension) noch die Zeit dazu. (Die Zeit des Bezugssystems wird auch „Eigenzeit" genannt.)

In diesem Buch wird der Begriff nicht nur im physikalisch-technischen Sinne gebraucht, sondern auch in seiner Übertragung auf unser persönliches Leben: Menschen in verschiedenen Kulturen oder Religionen leben in verschiedenen Bezugssystemen; auch hat jeder Mensch sein eigenes Bezugssystem der Werte und Meinung.

Einstein'sche Feldgleichungen: **4.1.3.4;** 4.2.6.2; 4.3.1; 5.4.2.2.1

Elektrisches Feld: **1.4.1.1;** 1.4.3

Elektromagnetische Wellen (Licht): **1.4.4**

Ereignishorizont: siehe Schwarzschild-Radius

*euklidisch/nicht-*euklidisch: 4.1.2.2; 4.1.3.2–3; 4.2.6.2

Nach der Definition von Wikipedia ist die euklidische Geometrie „zunächst die uns vertraute, anschauliche Geometrie des Zwei- oder Dreidimensionalen". Entsprechend „ist der euklidische Raum zunächst der ‚Raum unserer Anschauung' […] Den zweidimensionalen euklidischen Raum nennt man auch euklidische Ebene"[955]: **Eine euklidische Ebene ist das, was wir nach unserer Anschauung selbstverständlich als Ebene bezeichnen – eben das, was nicht gekrümmt ist. Im Gegensatz dazu gibt es die nicht-euklidische Raum-Ebene mit negativer Krümmung** (hyperbolische Geometrie – konkav) **oder positiver Krümmung** (elliptische Geometrie, z. B. die sphärische Geometrie auf einer Kugeloberfläche – konvex). Das sog. „Parallelaxiom" unterscheidet zwischen der euklidischen und nicht euklidischen Geometrie: Danach werden sich zwei Parallelen in einer euklidischen Ebene niemals schneiden, in einer nicht-euklidischen (also gekrümmten) Ebene aber sehr wohl (z. B. auf einer Kugeloberfläche).

Fluchtgeschwindigkeit: **4.3.1**

*Galilei-Transformation: 1.2.1; 1.3.1; 2.1.1.1; 2.1.2; 2.4.2.3; 2.4.3; 3.2.5.2; 3.3.4

Die Galilei-Transformation ist die Transformation (Übertragung) von einem kräftefreien Bezugssystem (*Inertialsystem) **in ein anderes unter den *Randbedingungen der Mechanik.** Kein *Inertialsystem ist gegenüber einem anderen ausgezeichnet; in jedem *Inertialsystem gelten dieselben physikalischen Gesetze. Die Galilei-Transformation gibt dann an, wie dieselben Ortsangaben und Geschwindigkeiten eines *Bezugssystems (wenn dieses ein *Inertialsystem ist) aussehen in einem anderen *Bezugssystem (wenn das ebenfalls ein *Inertialsystem ist).

---

955. https://de.wikipedia.org/wiki/Euklidische_Geometrie;
  https://de.wikipedia.org/wiki/Euklidischer_Raum.

Die Übertragung bezieht sich sowohl auf die Raumkoordinaten wie auf die Geschwindigkeit.

In diesem Buch wird dieser Begriff aber nur gebraucht für die Transformation von Geschwindigkeiten bei Wechsel des Bezugssystems.

*Geodäte: 4.1.2.2; 4.1.3.2; 4.1.4.1; 4.2.6; 4.3.1

Eine Geodäte ist die kürzeste Verbindung zwischen zwei Punkten. Licht im Vakuum bewegt sich entlang einer Geodäten. Bei *euklidischer Geometrie (also in normalen „geraden" oder „flachen" Räumen) ist die Geodäte stets eine Gerade. Bei nicht-*euklidischer Geometrie (also in gekrümmten Räumen) ist die Geodäte entsprechend gekrümmt. So ist z. B. die kürzeste Verbindung zweier Punkte auf der Erdkugel der Großkreis.[956]

Gleichzeitigkeit: 3.1.2; **3.2.1.1;** 3.2.2.1; 3.4.2; 3.4.3.1

*Gravitationswellen: 4.3.2

Gravitationswellen sind durch beschleunigte Masse erzeugte Wellen und damit analog den elektromagnetischen Wellen (Licht), die durch beschleunigte elektrische Ladungen erzeugt werden. Andererseits gibt es zu elektromagnetischen Wellen auch grundlegende Unterschiede.

*Inertialsystem: 1.3.1; 2.2.1; 2.4.1; 3.1.2; 4.1

Ein Inertialsystem ist ein kräftefreies *Bezugssystem. Jeder kräftefreie Körper verharrt in Ruhe oder bewegt sich gleichförmig und geradlinig. Alle Gesetze der Mechanik haben in Inertialsystemen die gleiche Form, gelten also in Inertialsystemen gleicherweise (*Relativitätsprinzip (GN)). Beispiel für ein Inertialsystem ist ein gleichförmig bewegtes (oder – je nach *Bezugssystem – ruhendes) Raumschiff ohne Antrieb fern von Gravitationsfeldern.

*Invariante, *invariant: 2.2.1.2; 3.4; 3.4.2; 3.4.3; 3.4.4.2; 3.5.1; 5.2.3; 5.3.1.2; 5.3.2.4

Invarianten sind Größen, die auch beim Wechsel des *Bezugssystems unverändert bleiben, und daher absolute Größen.

---

956. https://de.wikipedia.org/wiki/Geodäte.

Die Lichtgeschwindigkeit ist invariant, da sie unabhängig vom *Bezugssystem immer gleichbleibt, sich also auch beim Wechsel des Bezugssystems nicht ändert.

Innerhalb der Mechanik bleibt beim Wechsel des *Bezugssystems (des Koordinatensystems) der räumliche Abstand zweier Punkte invariant (unverändert).

Innerhalb der speziellen Relativitätstheorie (SRT) bleibt der vierdimensionale Raumzeit-Abstand (Abstand zwischen zwei Ereignissen) beim Wechsel des *Bezugssystems invariant (unverändert).

In der modernen Darstellung der Fachwelt ist die Masse aufgrund ihrer Einheit mit der Energie so definiert, dass sie immer invariant (unverändert) bleibt (und entspricht damit dem, was man früher als „Ruhemasse" bezeichnete).

Längenschrumpfung: 3.2.2.1; 3.2.2.2; 3.2.4; 3.2.5; 3.3.1; 3.3.2.1; 3.3.5.1–2; 3.4; 3.4.2; 3.5.1–2; 4.1.2.1; 5.4.2.2.1

Lichtgeschwindigkeit: 1.4.5; ab 2; besonders **2.2.1.2; 2.4.2-3**

Die Lichtgeschwindigkeit ist eine der beiden Postulate der Relativitätstheorie, in diesem Buch als **L-Postulat** bezeichnet.

*Lorentz-Transformation: 3.2.5.2; 3.3.4

Während die Galilei-Transformation die Physik (die Koordinaten) von einem Bezugssystem in ein anderes überträgt unter den speziellen Randbedingungen der Mechanik, fallen diese Randbedingungen bei der Lorentz-Transformation der speziellen Relativitätstheorie weg: Die Übertragung der Koordinaten und der Zeit (als vierte „Kooradinate") gilt auch außerhalb dieser Randbedingungen, also auch bei Geschwindigkeiten nahe der Lichtgeschwindigkeit.. (Genau genommen ist hier also die sog. spezielle Lorentz-Transformation gemeint)

*LXX-Methode: 4.2.3; 4.2.5; 4.2.6.1–2

Die (älteste) griechische Übersetzung des AT heißt „Septuaginta", abgekürzt LXX („Siebzig"; sie wurde erstellt von siebzig Übersetzern). **„LXX-Methode" steht in diesem Buch für jene Methode, welche die LXX benutzt, um für die hebräischen Worte des Alten Testamentes entsprechende griechische Worte im Neuen Testament zu finden** (siehe dazu Abb. 71b).

Magnetostatische Felder / Magnetfelder / Magnetismus: **1.4.1**; 1.4.3; 3.5.1

Mechanik (klassische Mechanik): ab 1.2

*Medium: 1.2.3.1; 1.2.3.2; 1.3.4.2; 2.1

Das Medium ist der Träger für die Ausbreitung eines Signals, z. B. der Ausbreitung von Wellen. Wasserwellen, die z. B. durch einen Steinwurf (= Signal) erzeugt werden, breiten sich im Wasser aus. Somit ist Wasser der Träger bzw. das Medium für die Wasserwellen. Analog ist Luft (oder auch andere Stoffe) das Medium, in dem sich Schallwellen ausbreiten. (Zur Erklärung der elektromagnetischen Wellen hatten Physiker die Hypothese aufgestellt, es müsse auch für elektromagnetische Wellen – Licht – so etwas wie ein Medium geben, damit diese sich ausbreiten; dieses „Medium-Ähnliche" nannten sie *Äther. Diese Vorstellung hat sich jedoch als falsch erwiesen.)

Michelson-Morley-Experiment: 2.2.2; **2.4.2**; 2.4.2; 2.5; 3.1.1; 3.2.1; 4.1.4.3; 4.3.2; 5.3.1.2

Newton'sche Gesetze: **1.3.1.1**–3; 3.2.3; 4.1.1; 5.3.1.2

Paarerzeugung: **5.2.2.1**; 5.2.2.2

*Postulat: 2.2; 2.2.1–2; 2,3; 2.4.1–3; 3.1.1–2; 3.2.2–3

Ein Postulat ist ein Grundsatz (ähnlich einem Axiom). Die Relativitätstheorie hat zwei Postulate, in diesem Buch „L-Postulat" und „R-Postulat" genannt. **Das L-Postulat besagt, dass die Lichtgeschwindigkeit absolut bzw. konstant ist, d. h. unabhängig vom Bezugssystem. Das R-Postulat besagt, dass die Gesetze der Physik** (nicht nur die Mechanik, sondern auch die Elektrodynamik) **in jedem *Bezugssystem gleichermaßen gelten.** (Im Gegensatz zu Axiomen müssen Postulate nicht logisch voneinander unabhängig sein.)

*Randbedingungen: 1.2.3; **1.3.4**; 2; 2.5.1

Mit Randbedingungen sind in diesem Buch die Grenzen gemeint, innerhalb deren ein bestimmtes physikalisches Gedankengebäude (z. B. die Mechanik) Gültigkeit hat. Üblicherweise wird dieser Begriff in der Mathematik gebraucht (z. B. als spezifizierte Nebenbedingungen bei Differentialgleichungen oder in der mathematischen Optimierung spezifizierter Nebenbedingungen). In diesem Buch dagegen sind diese Nebenbedingungen auf die Physik bezogen, z. B. auf die Randbedingung (bzw. Nebenbedingung), dass die Mechanik nur gilt, solange man es mit Geschwindigkeiten zu tun hat, die sehr viel kleiner sind als die Lichtgeschwindigkeit.

*Raumzeit (Minkowski-Raum; Minkowski-Diagramm): 3.4; **3.4.2;** 3.4.3.1–2; 3.4.4; 3.5.1; 4.1.2.1; 4.1–4; 4.2; 4.3; 5.2.3; 5.4.2

Die Raumzeit verbindet den dreidimensionalen Raum mit der eindimensionalen Zeit zu einer vierdimensionalen Struktur. Diese wird mathematisch (mit einem Vierervektor) im **Minkowski-Raum** beschrieben und geometrisch im **Minkowski-Diagramm** dargestellt. Dabei ist die Zeit mit der Lichtgeschwindigkeit c zu multiplizieren. Nach der allgemeinen Relativitätstheorie wird die Raumzeit durch Masse gekrümmt bzw. verzerrt.

*Relativitätsprinzip (Relativitätsprinzip (GN); Relativitätsprinzip (SRT); Relativitätsprinzip (ART)): 2.2.1.1

Das Relativitätsprinzip ist das Prinzip, dass die Gesetze der Physik in allen *Bezugssystemen gelten bzw. dieselbe Form haben. Aufgrund dieses Prinzips müssen alle *Bezugssysteme relativ zueinander sein, daher der Name „Relativitätsprinzip". (Würde man den Namen nach dem Prinzip der absoluten Gültigkeit der Physikgesetze wählen, hieße es „Absolutheitsprinzip".)

Relativitätsprinzip (GN) (1.3.1; 1.3.1.1–3; 1.3.2; 1.3.4.1) ist in diesem Buch eine Abkürzung für das **Galilei-Newton'sche Relativitätsprinzip**. Dieses besagt, dass die von Galilei und Newton entdeckten Gesetze der Mechanik in allen *Bezugssystemen gelten bzw. überall dieselbe Form haben.

Relativitätsprinzip (SRT) (2.2.1.1; 2.2.2; 2.3.2; 2.4.1; 3.1.1; 3.2.1.2; 3.2.2.2; 3.2.3.1; 3.4.3.1; 3.5.1) ist in diesem Buch eine Abkürzung für das **Relativitätsprinzip der speziellen Relativitätstheorie;** dieses erweitert das Relativitätsprinzip (GN) um die Elektrodynamik. Sowohl die Gesetze der Mechanik wie die der Elektrodynamik gelten in allen Bezugssystemen (bzw. haben dieselbe Form). Das Relativitätsprinzip (SRT) ist eines der beiden Postulate der Relativitätstheorie und wird in diesem Buch als R-Postulat bezeichnet.

Relativitätsprinzip (ART) (4.1.1; 4.1.3.3; 4.2.1; 4.2.6; 4.3.4) ist in diesem Buch eine Abkürzung für das Relativitätsprinzip der allgemeinen Relativitätstheorie; dieses erweitert das Relativitätsprinzip (SRT) um die Gravitationstheorie der allgemeinen Relativitätstheorie (also um die geometrische Formulierung der Gravitationstheorie mit einer nicht-*euklidischen Geometrie). Die Gesetze der Mechanik, der Elektrodynamik und der geometrischen Formulierung der Gravitationstheorie gelten in allen (nicht nur in euklidischen) *Bezugssystemen (bzw. haben dieselbe Form).

Rotverschiebung: **4.1.4.3**

Schwarzes Loch: 4.3; **4.3.1;** 5.4.1; 5.3.2.7; 5.4; 6.1.2

Schwarzschild-Radius/Ereignishorizont: **4.3.1;** 4.3.3; 6.1.2

Schwingkreis: **1.4.4**

Urknall: 3.4.4.1; 5.4.2.2.1

Zeitdehnung: 3.1.2; 3.2.1.2; **3.2.1.3;** 3.2.2.2; 3.2.4; 3.2.5; 3.3.1; 3.3.2.2; 3.3.5; 3.4; 4.1.2.1; 4.1.3.1; 4.1.4.5–6; 5.3.1.2; 5.4.2.2.1

6.3 Bibelverzeichnis

(Die angegebenen Bibel-Referenzen beziehen sich z. T. auch auf Aussagen innerhalb der Fußnoten)

1. Mose

1,1	185
1,3-4	73
1,4	338
1,27	341
3,5	341
3,15	341
3,15-21	103
4,4-5	103
4,17-22	142
4,25-26	142
4,31	252; 253
5,1-32	142
5,22-24	142
6,5	238
6,5-8.22	336
7,21-24	336
8,21	238
12,1-3	139; 142; 158; 336
12,2-3	101
12,27	253
13,2	139
13,3.18	139
13,5-11	139
15,6	95
15,7	139
18,1-2	139
18,27-19,24	333
21,33	186
22,2.13	103
24,26	252
25,29-34	143; 158

2. Mose

1,22	336
2,1-5	143
2,1-10	336
3,15	186
9,16	76; 77
Kap. 12	103
13,1-2.31-33	336
14,1-2.6-10.30	336
14,28-30	336
14,29	144
15,18	186
16,3	144
17,3	144
20,5	239; 240
20,5-6	158
20,14	149
21,18-27	342
21,24	342
23,6	238
25,10-40	352
29,38	103
30,1-9	352
33,11	74
34,29-30.35	74
40,15	102

3. Mose

19,4	145
23,5	253
24,20	342

4. Mose

11,1.4-5	144
12,8	74
14,30.38	333
26,65	333

5. Mose

4,2	309
4,6-8	333
4,27	101
5,18	149
6,4-5	252
8,2-3	144
10,5	352
16,19	238
18,10-12	145; 198
19,21	342
24,17	238
28,36-37	101
28,50.53.64	101
30,3-4	101
32,15	152
32,17	144

Josua

Kap 2	
6,18-19	145
7,19-23	144
7,21	145
24,20	342

Richter

3,30	245; 250
8,28	245; 250
11,33	250
20,16	135

Ruth

Kap 1	333

1. Samuel

2,10	102
8,3	239
13,14	247

2. Samuel

5,17	102
7,14	241
11,1-5.15-25	247
12,13	247
16,1012	247
22,27	342

1. Könige

8,9	352
8,54	252
11,4	239
16,13.26	146
19,10	333
19,16	102

2. Könige

17,15	146
23,8	144

1. Chronik

16,22	102

2. Chronik

15,2	342
33,2-13	343
33,19	250
36,22-23	102

Esra

9,5	252

Hiob

8,3	246
12,9	17
31,7	239
34,12	246
36,30	74
37,21-22	74
40,12	250
42,5	152

Psalm

2,2.7	76
4,7	74
10,2-3.8-10	336
10,16	186
12,2-3.9	337
17,14	141
18,27	342
19,2	17
22,15-19	103
29,10	186
31,7	146
33,11	186
34,22	108
38,2,7	247
41,10	103
43,3	108
44,4	74
48,15	186
49,12-13.18	139
55,13-15	103

69,20-21.22	103	11,8.10	126	65,1	343	**Amos**	
78,34	152; 156	12,8	126	65,20	318		
81,15	250					2,7	239
89,16	74	**Jesaja**		**Jeremia**		5,10.13	337
90,2	186					8,5	246
90,4	137	1,1	248	1,18-19	333	9,11-12	240
90,8	74; 108	1,2	77	2,5	146		
90,10.12	138	1,9	333	6,19	270	**Jona**	
90,15	247	2,2-5	317	8,19	146		
97,5	234	2,5	74	10,3	146	2,9	146
102,13	186	2,11.17	246	10,15	146		
104,1-2	299	5,15	246	14,14	145	**Micha**	
104,2	73	6,1-5	76	15,17.20	333		
105,15	102	6,5.9-10	76	16,19	146	1,3-4	234
106,37	144	7,14	103	19,9	101	3,9	239
106,42	250	8,16-17	305	25,12	102	5,1	103; 304
107,12	250	9,5	288	29,13-14a	17	5,11-14	145
115,16	346	9,5-6	102	44,16-18.22-23	145	6,6	251; 253
118,5	152	10,20-22	333				
119,67.71.75	248	11,6-8	318	**Klagelieder**		**Habakuk**	
119,78	239	11,11.16	333				
119,89.105	77	14,12-14	341	2,20	101	3,6	234
119,152	187	14,22.30	333	4,10	101		
125,3	339	15,9	333			**Sacharja**	
125,5	239	16,14	333	**Hesekiel**			
135,13	186	17,3	333			1,3	342
141,4	239	21,3	241	1,4	316	9,23	317
144,4	138	24,1.14.16	313	1,26	316	11,17	145
146,9	245; 246	28,5	333	9.9	239	12,2-3	314
		35,1-2.6-7	318	11,17	102	12,3.9-10	338
		37,4.32	333	21,5	17	12,10	103
Sprüche		40,4	234	28,14-15.17	341	12,10-12	315
		40,28	186	Kap 40-48	316	13,6	103
3,11-12	152	42,9	187	43,2-5	316	14,1-3	338
10,9	238	44,7-8	187			14,1-4	314
10,28	137	44,15	240	**Daniel**			
14,12	272	44,28-45,4	102			**Maleachi**	
14,19	245	45,15	17; 305	2,31-45	100		
16,25	272	45,21	187	4,27-34	343	1,1-5	158
17,23	238	46,3	333	4,31	186		
28,18	238	46,6	240	7,2-8.17-18	100	**Matthäus**	
30,6	309	46,10	187	7,13-14	233		
		47,13	145	7,13	148	1,18	77
Prediger		48,5	187	7,14	186	2,1.10-11	333
		50,5.6	103	9,25	103	2,3	333
1,2.14	126	51,3	318			2,4-6	333
1,15	246	Kap. 53	103	**Hosea**		2,13-15.19-23	304
2,1.11.15.19.	126	53,4.7	248			3,3.7-10	233
20.23.26		53,7.9.12	103	2,18	239	4,4	147
3,19	126	54,5	239	2,20	318	5,3	343
4,4.7-8.16	126	57,1	337	12,11	17	5,11-12	197
5,6.9	126	57,13	146			5,16	339
6,2.4.9.11	126	59,8	239			5,17-18	77
7,6.15	126	60,1-4	102			5,21-22.27-28	344
7,13	246	60,1-5	317			5,28	149
8,10.14	126						

5,38-48	343	24,14	312	3,5	232	2,18.23-25	334
5,44-47	160	24,21	313; 33,9	3,7-14	233	2,23-25	296
6,19-20	139	24,22	339	5,8	291	3,3	294
6,10-21	302	24,27	313	5,31-32	343	3,3-5 (3,3.5)	160; 200; 320
6,24	140	24,29	319	7,47	292	3,16	320; 332
7,2	342	24,30	233; 312	8,5-8	231	3,19	75; 328
7,7-8	17; 310	24,30-31.36-44	148	8,11-15	232	3,19-21	108
7,13-14	320; 332	25,30	246	8,17	108; 320	3,29	297
7,21-23	296	25,31	148	8,26-33	42	3,36	289
7,24-27	351	25,31-46	320	9,23-24	160	4,19	199
8,12	246; 328	25,41	341	9,24	147	4,24	41
8,28-32	42	25,46	153; 246; 298;	9,50	202	4,48-50	202
10,9-10	302		315; 321;	11,23	202	5,22	153; 188; 320
10,22	197; 295		328; 340	12,15-21	138	5,28-29	148
11,21-24	343	26,17.26.28	103	12,35-37	148	5,44	146
12,30	202; 298	26,63-66	303	12,47-48	242; 343	6,10.66-69	334
12,38-40	146	26,64	148	13,23	328	6,27	187
12,41-42	343	27,17-18.23-26	297	13,23-24	331	6,37	332
13,3.10-11	17	27,45	244	14,11	249	6,37.44.65	17
13,10-11	157	27,62-66	104	14,12-14	160	6,66-71	296
13,11	305; 349	27,62-28,20	307	14,33	147; 302	6,68	348
13,15	250	27,63	146	16,8	75; 339	6,68-69	297
13,20-22	350	28,11-15	146	16,25-26	340	7,16-17	348
13,30	339	28,18	304	17,4	250	7,40-42	304
13,41-42	246	28,18.19	76	18,8	312	7,46	77
13,44.45-46	141			18,13-14	75	8,12	75; 77; 105;
16,24-25	289	**Markus**		18,18-23	139		243; 306
16,27	148			21,5-36	233	8,23	331
16,13-16	303	1,4-5	233	21,17	197	8,31	297
16,14	297	1,22	77	21,27	233	8,58	77
16,16	297	4,24	342	21,27-28	148	8,58-59	186
16,20	304	4,33-34	17	22,14-20	352	9,5	75; 105
17,1-2	74	4,34	349	22,19	352	9,22-23	300
17,1-5	77	5,1-13	42	22,32	250	9,27	300
17,2	299	7,8.13	305; 309	22,60-62	292	9,30-33	301
17,2.3	77	9,40	202	23,13-25	202	10,27	295; 297
17,9	304	10,17-22	139	23,39-43	75	10,28-29	295
18,7	340	Kap. 13	233	23,44	244	10,30	76; 304
19,17	158	13,13	197	Kap 24	307	10,35	77
19,16-22	139	13,26	233	24,21	307	12,24	294
19,21	202; 303	13,33-37	148	24,26-27.44-45	102	12,25-26	293
19,25	332	15,10	146			12,35-36	75
21,31	292	15,33	244	**Johannes**		12,36	75
21,33-46	146	Kap 16	307	1,1	76; 77	12,41	76
22,8-10	343	16,16	104	1,1.4	76	12,42	305
22,13	246			1,1.14	79; 186	12,46	108
22,36-38	252	**Lukas**		1,5	338	14,6	66; 76; 77;
22,36-40	159			1,5.7-13	75		79; 105; 108;
23,5.6-7	146	1,1-4	98	1,5.9-11	108		202; 272; 349
23,12	249	1,16	250	1,5.11.12-13	334	14,8-9	76
23,13	305	1,35	77	1,14	76; 77;	15,18-19	198
24,1-25,46	233	2,1-7	304		288; 350	15,19	328
24,9	197	2,7.12	288	1,18	74	16,2-3	197
24,11-12	312	2,8.15-17	333	1,29	103; 248	17,17	77; 79
24,13	295	2,25-28	333			17,20-23	290

17,21	288	19,25-27	199	11,5	333	4,17-18	137; 154; 187
17,21-22	291	20,30	272	11,10	245	5,1	136
17,22	322; 341	23,6	308	11,25-26	315; 338	5,7	17; 295; 310
18.28-40	202	23,12	197	11,26	148	5,10	162; 188; 320
18.37	77; 348	24,5	197	12,13	75	5,15	290
18,38	202	24,15	246	14,2	150	5,17	160; 200; 293
19,6.12.16	197	24,15.21	308	14,3	150	5,21	243; 244; 306
19,12	202	26,6-8	308	14,17	150	6,14	338
Kap 20-21	307	26,10.28	75	15,4	270	8,4	75
20,17	341	26,18	328	15,25-26.31	75	9,1.12	75
20,19-20.26.28	307	26,20	250	16,2.15	75	11,2	341
		28,25-26	76	16,4	201	13,12	75
				16,26	186; 289		

Apostelgeschichte

Römer

1. Korinther

Galater

1,3	307	1,2-4	99			1,11-12	75
1,9-12	307	1,5	289	1,2	75	2,16	272
1,11	148	1,7	75	1,7-8	148	2,20	250; 251; 290
2,14-36	308	1,18	308	1,18	59	Kap. 3	142
2,23.30	292	1,18.29	241	1,30	202	3,10-11	274
2,24-34	308	1,19-20	17; 76	2,2	59	3,13	306
2,36-37.40-41	292	1,19-20.23.25	348	3,11-15	162; 188	5,24	59
2,40	334	1,23.25	269	3,12-15	320	6,14	59
2,42	351	1,29-32	337	4,5	108; 148; 159		
2,44-45	302	2,4	332	4,6	309	**Epheser**	
2,45	200	2,4-5	270	6,1-2	75		
3,13.15	308	2,5	269	6,8	241	Kap. 1-3	252
3,20-21	148	2,7	348	6,9	246	1,1.15.18	75
3,21	233	3,9.23	293	6,17	290	1,3	252
4,1-2.10.33	308	3,19-20	274	7,29-31	138	1,4-5	17
4,12	272	3,20	237; 249; 344	10,5	333	1,13	77
4,32.34-37	200	3,20.23-24	272	10,6.11	270	1,22-23	200; 250
4,34-37	302	3,9.23	293	10,20	144	2,2-3	95
5,30	308	Kap. 4	142	11,26	148	2,8-9	272; 274; 332
7,23-29	143	4,3	95	12,13	200	2,19	75
7,27	241	5,18	158	13,4	158	3,8	75
8,9-11	145	6,3-6	290	13,7	159	3,14	252
8,23	242	6,3-11	250	13,11-15	162	4,12	75
9,3-5	299	6,5	163	14,33	75	4,22-24	295
9,3-5.13.32.41	75	6,14	343	15,2	295	5,3.8	75
9,35	250	7,5.14.25	238	15,4-8	308	5,5	145
10,40-41	308	8,3	244; 249; 307	15,4-8.20	307	5,8	339
11,21	250	8,7-8	238	15,6	105	5,31-32	160; 239; 250;
11,26	75	8,14-16	295	15,17	59; 105; 307		290; 297;
13,6-11	145	8,17-18	157	15,23	148		341; 346
13,16-41	308	8,19	346	15,51-52	104; 155; 311	6,12	144
(V30-37)		8,19.29	341	16,1.15	75		
14,15	250	8,28	152			**Philipper**	
14,19	197	8,29	162	**2. Korinther**			
15,16-17	240	9,17	76; 77			1,1	75
15,19	250	9,27	333	1,1	75	2,5-9	307
16,16-19	145	10,9	75	3,16	250	2,6-8	141
16,16-19.22-23	198	10,9-10	251; 320	3,16-18	74; 75	2,8	249
17,3.18.31-32	308	10,20	343	3,18	74	2,14-15	334
17,31	148	11,3	333	4,3-4	95; 144	2,15	339
19,19.24-29	145						

3,18-21	187
3,19	135; 331
3,20-21	136; 148; 322
3,21	155; 291; 299
4,21-22	75

Kolosser

1,4.12.26	75
1,12-13	346
1,12	75;109; 328; 331
1,23	328
1,12-13	76
1,15-16	17
1,16	231
1,16-17	148
1,17	77; 186
1,18	250
1,21-23	295
1,26-27	250
1,27	290
1,27-28	251
2,14	244
3,1-4	136; 187
3,2	331
3,2-4	295
3,3	163; 303
3,5	311
3,5	145
3,12	75

1. Thessalonicher

1,6-10	301
1,9	250
1,10	148
2,19	148
3,12	75
3,13	75; 148
4,13-5,11	148
4,14-17	103; 155
4,15-17	311
5,5	75
5,18	247

2. Thessalonicher

1,7-10	148
1,10	75
2,1.8	148
2,3	312
2,3-4	270
2,3-4.8-12	338
2,3.9-10	339

2,8-9	338
2,11-12	346
2,13	17

1. Timotheus

1,5	159
2,6	320
4,1	272
5,10	75
5,25	109
6,6-11	140
6,14	148
6,16	73; 186;

2. Timotheus

1,9-10	306
1,20	148
3,2-4	337
3,12	197
3,16	17; 77; 99; 309

Titus

2,11-12	332
2,13	148
3,5	160

Philemon

1,5.7	75

Hebräer

1,8-12	304
1,10-12	136; 148; 185
2,14	289
3,14	295
4,15	77; 244
6,10	75
7,26	77; 244
10,1	332
10,1-10	253
10,34	139
10,36-37	148
11,1.6	17
11,4	103; 142
11,13-16	147
11,15-16	187
11,24-26	144
10,35-36	295
11,39-40	147
12,2	147

12,5-11	247
12,5.11	156
(V6-7.10)	
12,5-7.10-11	152
12,16	158
12,16-17	143
12,22-23	109
12,22-24	321
12,23	142
13,24	75

Jakobus

1,2-4	157; 340
1,17	158
1,22-25	351
2,10	344
3,6	242
4,14	138
5,7	148
5,7-8	137
5,19-20	250

1. Petrus

1,4	299
1,6-7	157
1,7.13	148
1,13	148
1,17	135
1,18	341
1,18-19	141
1,23	160; 187; 200; 293; 295; 351
1,25	77
2,2	351
3,18	249
3,20	332
4,13	148
4,16	75
5,8	341

2. Petrus

1,3-4	155; 322
1,4	291
1,11	75; 251
1,16	77
1,16-18.19	77
1,19	350
1,21	17; 77; 99; 309
2,1	272
2,9	246
2,20	75; 251;

3,2.18	75; 251
3,8	137; 319
3,10	185
3,12	148
3,12-13	319
3,18	320

1. Johannes

1,2-3	291
1,3	341
1,5	73
1,8-9	350
2,15	200
2,15-17	141; 349
2,18-19	272
2,19	295
2,27-28	297
2,28	148
3,2	155; 299; 322
4,1	272
3,16-17	201
5,13	295
5,19	158; 237
5,20	66; 76; 200

Judas

1,3.25	75
1,4	272
1,13	246

Offenbarung

1,6.18	186
1,7	148; 314
1,20	352
2,25	148
3,11	148
3,15-16	202
4,9-10	186
4,10-11	253
5,1-4	157
5,8	75; 352
5,9.14	253
5,13	186
6,15-17	315
7,9-10.13-14	154
7,9.14	335
7,12	186
8,3	352
8,3-4	75
8,10	319
9,20	145
9,20-21	335

10,6	186
11,15	186
11,18	75
12,7-10	144
12,9	341
12,9-10	341
13,4.8	270
13,7	346
13,7.10	75
14,12	75
15,7	186
16,6	75
16,18-20	233
16,20	234
17,6.20.24	75
19,6	313
19,7	346
19,7-8	160; 341
19,8	75
19,11	148
19,13	77; 79; 350
20,2-7	315
20,4-5	315
20,9	75
20,11	318
20,11-15	246; 270
20,12	188; 320; 343
20,12.15	189
20,14-15	320; 340
20,15	298
21,1	185
21,1-22,5	321
21,2.9	322
21,2.9-10	297
21,2.11	340
21,3-8	298
21,8	145
21,9	346
21,9-11	75
21,9.11.23	322
21,10-11	109
21,23	75; 136
22,11	75; 241
22,12	162; 188
22,12.15	188
22,13	186
22,15	145
22,18	309

6.4 Literatur- und Quellenverzeichnis

Alle **fett gedruckten Buchtitel** handeln von Physik, meist populärwissenschaftlich; die wenigen wissenschaftlichen Bücher über Physik sind mit einem Paragrafen (§) gekennzeichnet, das eine mathematisch anspruchsvolle Werk mit Doppelparagraph (§§). Alle nicht fett gedruckten Bücher haben im Allgemeinen nichts mit Physik zu tun, es sind meistens erklärende Bücher zur Bibel.

§Alonso; Finn; *Fundamental University Physics – II _ Fields and Waves;* (1967) ohne ISBN-NR; Library of Congress Catalog Card Number: 66-10828; Addison-Wesley Publishing Company

§Berkeley Physics Course; Volume 1, Second Edition; *Mechanics;* Editoren: Farnsworth, Strock, Wolfson; (1963); ISBN: 0-07-004880-0

§Born, Max: *Die Relativitätstheorie Einsteins* (2003); ISBN 978-3-540-00470-7.

Breuer, Reinhard: *Mensch + Kosmos: Expedition an die Grenzen von Raum und Zeit* (1990), ISBN 3-570-03470-4.

Brockhaus, *Die Bibliothek: Mensch Natur Technik, Band 1: Vom Urknall zum Menschen* (1999), ISBN 3-7653-7001-0

Bührke, Thomas: *E = mc2: Einführung in die allgemeine und spezielle Relativitätstheorie* (2015), ISBN 978-3-7306-0305.

Cox, Brian; Forshaw, Jeff: *Warum ist E = mc2?* (2015), ISBN 978-3-440-14970-6.

Davis, John J.: *Paradise to Prison* (1975), ISBN 1-879215-35-7.

Deiters, Stefan; Pailer, Norbert; Deyerler, Susanne: *Astronomie – Eine Einführung in das Universum der Sterne;* (2008); ISBN: 978-3-89836-598-7

Doherty, Sam: *Die Biblische Grundlage der Kinderevangelisation,* Bestell-Nr. 4530 (KEB Onlineshop).

§Dransfeld, Klaus; Kienle, Paul; Vonach, Herbert: *Physik I – Newtonsche und relativistische Mechanik* (1974), ISBN 3-486-34391-2.

Einstein, Albert; Infeld, Leopold: *Die Evolution der Physik* (1950), ISBN 3-553-01416-0.

Epstein, Lewis: *Relativitätstheorie anschaulich dargestellt* (1988), ISBN 3-7643-2202-0.

§Feynman, Richard; Leighton, Robert; Sands, Matthew: *Feynman Vorlesungen über Physik, Band II, Teil 1 Elektromagnetismus und Materie* (1973), ISBN 3-486-33701-7.

Fuchs, Walter: *Knaurs Buch der modernen Physik* (1971), ISBN 3-426-00255-8.

§Finkelstein, Wolfgang: *Einführung in die Atomphysik* (1976), ISBN 3-540-03791-8.

§Gerthsen (Hrsg. Meschede, Dieter): *Gerthsen Physik* 25. Auflage (2015), ISBN 978-3-662-45976-8.

Gitt, Werner: *So steht's geschrieben* (1997), ISBN 3-7751-1703-2.

§§Goenner, Hubert: *Einführung in die spezielle und allgemeine Relativitätstheorie* (1996), ISBN 3-86025-333-6.

Goenner, Hubert: *Einsteins Relativitätstheorien (Raum, Zeit, Masse, Gravitation)* (1999), ISBN 3-406-45669-3.

Gustavsson, Stefan: *Kein Grund zur Skepsis – Acht Gründe für die Glaubwürdigkeit der Evangelien* (2019), ISBN 978-3-86256-150-6.

Grehn, Joachim: *PSSC Physik (Deutsche Fassung von Joachim Grehn, Gerd Harbeck, Peter Wessels)* (1975), ISBN 3-528-183500.

Hoffmann, Banesh: *Einsteins Ideen – Das Relativitätsprinzip und seine historischen Wurzeln* (1997), ISBN 3-8274-0252-2.

§Jammer, Max: *Der Begriff der Masse in der Physik* (1964), Wissenschaftliche Buchgesellschaft Darmstadt, ohne ISBN.

Junker, Reinhard: *Schöpfung oder Evolution – Ein klarer Fall!?* (2021), ISBN 978-3-86353-746-3.

Junker, Reinhard: *Leben – woher? – Das Spannungsfeld Schöpfung/Evolution* (2002), ISBN 3-89436-342-8.

Junker, Reinhard; Scherer, Siegfried: *Evolution – Ein kritisches Lehrbuch* 4. Auflage (1998), ISBN 3-921046-10-6.

Kahan, Gerald: *Einsteins Relativitätstheorie* (2000), ISBN 3-7701-1852-9.

Linnemann, Eta: *Original oder Fälschung – Historisch-kritische Theologie im Licht der Bibel* (1994), ISBN 3-89397-754-6.

Linnemann, Eta: *Was ist glaubwürdig – Die Bibel – oder die Bibelkritik?* (2007), ISBN 978-3-937965-86-4.

§Lüscher, Edgar: *Experimentalphysik II – Elektromagnetische Vorgänge* (1966), ISBN 3-411-00115-1.

Lutzer, Erwin: *Christus, der Einzige* (1996), ISBN 3-88002-601-7.

Kellner, Albrecht: *Christsein ist keine Religion – Ein Physiker entdeckt die Antwort* (2018), ISBN 978-3-4172-6846-1.

Klaus, Matthias: *Was sag ich, wenn ...?* (2019), ISBN 978-3-86699-296-2.

MacArthur, John: *The MacArthur New Testament Commentary, Matthew 16–23* (1988), ISBN 0-8024-0764-1.

MacArthur, John: *The MacArthur New Testament Commentary, Revelation 12–22* (2000), ISBN 978-0-8024-0774-0.

MacDonald, William: *Ist die Bibel Wahrheit?* (2009), ISBN 3-935558-04-X.

MacDonald, William: *Seiner Spur folgen* (2010), ISBN 978-3-89397-988-2.

McDowell, Josh: *Die Bibel im Test* (1979), ISBN 3-7751-1204-9.

McDowell, Josh: *Die Fakten des Glaubens* (2003), ISBN: 3-89397-632-9.

McDowell, Josh: *Die Tatsache der Auferstehung* (2009), ISBN 978-3-89397-712-3.

McIlwain, Trevor: *In 50 Lektionen durch die Bibel* (1998), ISBN 3-7751-2990-1.

Pailer, Norbert; Krabbe, Alfred: *Der vermessene Kosmos* (2016), ISBN 978-3-7751-5757-5.

Pailer, Norbert: *Geheimnisvolles Weltall* (1999), ISBN 3-7751-2198-6.

Pössel, Markus: *Das Einstein-Fenster – Ein Reise in die Raumzeit* (2005), ISBN 3-455-09494-5.

Rienecker, Fritz: *Das Evangelium des Matthäus,* Wuppertaler Studienbibel, Taschenbuch-Sonderausgabe (1983) (damals noch ohne ISBN)

Schaeffer, Francis: *Wie können wir denn leben?* (2000), ISBN 3-7751-3364-X.

Schick, Alexander: *Faszination Qumran* (1998), ISBN 3-89397-382-6.

Schirrmacher, Christine: *Der Islam 2 – Geschichte, Lehre, Unterschiede zum Christentum* (1994), ISBN 3-7751-2133-1.

Schwinger, Julian: *Einsteins Erbe – Die Einheit von Raum und Zeit* (1988), ISBN 3-922508-84-7.

Spanner, Günter: *Das Geheimnis der Gravitationswellen* (2018), ISBN 978-3-440-16110-4.

Spieß, Jürgen: *Aus gutem Grund* (1998), ISBN 3-417-20552-2.

Strobel, Lee: *Der Fall Jesus – Ein Journalist auf der Suche nach der Wahrheit* (2014), ISBN 978-3-86591-922-9.

Thorne, Kip: *Gekrümmter Raum und verbogene Zeit – Einsteins Vermächtnis* (1994), ISBN 3-426-26718-7.

Übelacker, Erich: *WAS IST WAS: Moderne Physik, Band 79* (1986), ISBN 3-7886-0419-0.

Vaas, Rüdiger: *Einfach Einstein* (2018), ISBN 978-3-440-15836-4.

Vermeulen, Frank: *Der Herr Albert – Ein Roman über Einsteins Gedankenexperimente* (2003), ISBN 3-8067-4977-9.

Walvoord, John F.; Zuck, Roy B.: *The Bible Knowledge Commentary* (1985), ISBN 0-88207-813-5.

Washer, Paul: *Der Zweck der Ehe* (2015), ISBN 978-3-939833-70-3.

Wheat, Ed: *Love Life For Every Married Couple* (1991), ISBN 0-06-104020-7.

Widenmeyer, Markus (Hrsg.): *Das geplante Universum* (2019), ISBN 978-3-7751-5960-9.

Sonstige Werke (Lexika, Nachschlagewerke; Internet-Link für Bildquelle):

Burkhardt, Helmut (Hrsg); Grünzweig, Fritz (Hrsg.); Laubach, Fritz (Hrsg.); Maier, Gerhard (Hrsg.): *Das große Bibellexikon 1* (1987), ISBN 3-417-24611-3.

Burkhardt, Helmut (Hrsg); Grünzweig, Fritz (Hrsg.); Laubach, Fritz (Hrsg.); Maier, Gerhard (Hrsg.): *Das große Bibellexikon 3* (1989), ISBN 3-417-24613-X.

Der Koran (Reclam 2007), ISBN 978-3-15-054206-4.

Bauer, Walter: *Wörterbuch zum Neuen Testament* 6. Auflage (1988), ISBN 3-11-010647-7.

Brockhaus, Elektronische Version: Bibliographisches Institut & F. A. Brockhaus AG (2007).

Gesenius, Wilhelm: *Hebräisches und Aramäisches Handwörterbuch über das Alte Testament* 17. Ausgabe (1962), Springer-Verlag, ohne ISBN.

Katechismus der katholischen Kirche (1993), ISBN 3-7462-1109-3.

Kassühlke, Rudolf; Newman, Barclay M. Jr.: *Kleines Wörterbuch zum Neuen Testament griechisch-deutsch* (1997), ISBN: 3-438-05127-3; Stuttgart: Deutsche Bibelgesellschaft [Elektronische Version im SESB-Programm].

Koehler, Ludwig; Baumgärtner, Walter: *Lexicon in Veteris Testamenti Libros* (1985), ISBN 9004-07639-5.

Menge. Hermann: *Langenscheidts Großwörterbuch Griechisch-Deutsch* 27. Auflage (1991), ISBN 3-468-02030-9.

Rienecker, Fritz (Hrsg.); Maier, Gerhard (Hrsg.); Schick, Alexander (Hrsg.); Wendel, Ulrich (Hrsg.): *Lexikon zur Bibel* 4. Auflage (2019), ISBN 978-3-417-26550-7.

https://www.lernhelfer.de/schuelerlexikon/physik/artikel/interferenz-von-licht

6.5 Dank

Vor allem und über allem gilt mein größter, innigster und tiefster Dank dem, der mir die in diesem Buch beschriebenen Zusammenhänge gezeigt hat: Der Schöpfer hat von Ewigkeit her diese Welt mit ihren Naturgesetzen geschaffen zum Abbild seines Wesens und seines Wortes. Von Jugend an hat er mir ein besonderes Interesse an der Relativitätstheorie ins Herz gegeben, hat bewirkt, dass ich zunächst Physik studierte und viel später noch Theologie, um mir auch dadurch diese Zusammenhänge zu offenbaren.

Dem Schöpfer danke ich auch dafür, wie er den weiteren Werdegang im Gemeindedienst gebraucht hat, um im Rahmen von Kursen oder Gesprächen einigen Menschen gerade auch mit der Relativitätstheorie die Augen für das Evangelium zu öffnen. Im Laufe dieser Zeit durfte ich selbst immer mehr Zusammenhänge entdecken zwischen der Relativitätstheorie und dem Wort Gottes.

Gleichzeitig brachte es die neue berufliche Situation mit sich, dass ich mit Physik kaum mehr etwas zu tun hatte. Als ich dann überlegte, wie ich diese Zusammenhänge in Form eines Buches populärwissenschaftlich und allgemeinverständlich weitergeben könnte, wurde ich sehr dankbar für die vielen populärwissenschaftlichen Werke und ihre Autoren; sie sind im Literaturverzeichnis in Fettdruck aufgeführt.

Weil ich mich beruflich so lange außerhalb der Physik bewegt hatte, danke ich ganz besonders Dr. Peter Trüb, der mit beiden Beinen in der Physik steht[957]: Er hat dieses Buch aus physikalischer Sicht gründlich korrigiert und ist damit Garant für die rein physikalischen Aussagen; auch hat Dr. Trüb mich aufmerksam gemacht auf einiges Neue in der Relativitätstheorie. Auch Robert Derksen hat sich (als Physikstudent) die Zeit genommen, den physikalischen Teil dieses Buches durchzuarbeiten und mich dabei auf Neues in der Physik hinzuweisen.

Dr. Trüb und Robert Derksen sind nur zwei von weiteren bei der „Studiengemeinschaft Wort und Wissen", die mir zur Seite gestanden haben. Auch Dr. Reinhard Junker hat bei der Organisation des Buches weitergeholfen: Er vermittelte den Kontakt zu Johannes Weiss, der für Wort und Wissen als Grafiker arbeitet – Johannes Weiss hat die Grafiken in diesem Buch erstellt. Damit sprang er ein für Eberhard Platte, der sich als Grafiker die Mühe gemacht hatte, das ganze Manuskript gründlich durchzuarbeiten, und mir wertvolle Tipps gab, dann aber aus gesundheitlichen Gründen von dem Projekt zurücktreten musste.

---

957. Nach seinem Diplom in theoretischer Physik hat Dr. Trüb im Rahmen seines Promotionsstudiums bei CERN gearbeitet. Spanner, S. 40.

Obwohl Physiker, hat Johannes Steffens bei seiner Durchsicht den Schwerpunkt auf geistliche Aussagen gelegt und wurde mir damit zur wunderbaren Hilfe. Auch Gerhard Weber, promovierter Techniker, hat das ganze Buch durchgesehen und mir wertvolle Hinweise gegeben, hinzu kommt seine Hilfe im orthografischen Bereich. Letzteres gilt auch für Bradley McKenzie. Dr. Albrecht Kellner hat mich mit seiner Schnelldurchsicht sehr ermutigt. Michael Zirpel half mir durch einen grundsätzlichen kritischen Einwand, das Verhältnis von Wissenschaft und Glauben ins rechte Licht zu rücken.

Weiter danke ich Stefan Giesbrecht, der als Jura-Student einiges Grundsätzliche zum Urheberrecht im technisch-naturwissenschaftlichen Bereich geklärt hat. Auch Markus Pössel bin ich dankbar, dass ich die Grafiken in seinem Buch kostenlos nutzen darf.

Durch den Grafiker Johannes Weiss kam ich über Birgit Brandl zur Lektorin Gabriele Pässler, die das Buch lektoriert hat und dabei durch ihre vielfältige sprachliche Bearbeitung einen ganz wesentlichen Teil zur Verständlichkeit dieses Buches geleistet hat, wofür ich sehr dankbar bin.

Schließlich hat das Schreiben eines solchen Buches auch eine familiäre Seite: Meine Frau hat es ertragen, wenn ich das Buch immer wieder zum Gesprächsstoff machte. Aber noch wichtiger: Ich konnte sie jederzeit fragen, wenn ich allgemein Hilfe brauchte oder einfach mal eine andere Meinung hören wollte. Unserem Sohn Johannes bin ich dankbar, dass er mir für die Einleitung Anregungen gegeben hat.